개정판

원자로재료

초판 1쇄 인쇄일 2025년 12월 09일
초판 1쇄 발행일 2025년 12월 29일

지 은 이 이기순
펴 낸 이 양옥매

펴낸곳 도서출판 책과나무
출판등록 제2012-000376
주소 서울특별시 마포구 방울내로 79 이노빌딩 302호
대표전화 02.372.1537 **팩스** 02.372.1538
이메일 booknamu2007@naver.com
홈페이지 www.booknamu.com
ISBN 979-11-6752-716-5 (03550)

개정판

원 자 로 재 료

Nuclear Reactor Materials

이기순 저

머 리 말

개정판 발간에 즈음하여

지구 온난화는 우리가 반드시 해결해야 할 중요한 과제로 화석연료에서 배출하는 이산화탄소의 영향이 크므로 유엔기후변화협약 당사국회의(COP, Conference of the Parties)에서도 모든 나라가 탄소 중립(carbon neutral)을 달성하기 위해 가일층 노력할 것을 강력하게 촉구하고 있다. 이러한 흐름에 따라 많은 나라가 화석연료의 사용을 줄이기 위해 태양광발전, 풍력발전과 같은 신재생에너지의 공급 확대를 도모하고 있지만, 경제성과 공급성을 고려하면 화석연료를 대체하기에는 많은 한계가 있다. 그러므로 현실적인 대안으로 원자력발전이 주목을 받고 있는데, 원자력발전은 유럽연합에서도 녹색분류체계(taxonomy)에 포함시켜 친환경에너지로 분류하고 있어서 앞으로도 에너지 공급에서 큰 역할을 담당하여 줄 것으로 기대되고 있다. 특히 우리나라와 같이 신재생에너지를 개발하는데 입지적으로 유리한 조건을 갖지 못한 나라가 탄소 중립 정책을 추진하면서 국가 발전에 필요한 에너지를 확보하기 위해서는 원자력발전에 의존할 수밖에 없을 것이다.

그러므로 원자력에너지에 대한 막연한 기우를 해소하기 위한 노력과 함께 지속적인 연구 개발이 요구되는데, 이를 위해서는 원자력 분야의 전문인력 양성이 절대적으로 필요하다. 『원자로재료』는 저자가 원자력공학과 학부 및 대학원 학생에게 강의하였던 내용을 중심으로 집필하여 2006년에 발간하였는데 그 후 규제 규정의 개정, 각종 고연소도용 지르코늄 합금의 개발과 상용화, 4세대 원자로 개발, 국제열핵융합시험로(ITER) 건설 등 여러 분야에서 새로운 자료가 발표되고 있어서 일부 내용의 추가 및 보완이 필요하여 개정판을 출간하게 되었다.

이 교재는 학부 및 대학원 학생이 원자로 재료를 이해하는데 도움이 되도록 재료 별로 기술하지 않고 원자로 노형 별로 구분하여 경수로 재료, 중수로 재료, 가스냉각로 재료, 고속로 재료, 핵융합로 재료 등으로 나누어 관련된 부분에 중점을 두고 총괄적으로 기술하였으며 방사선에 의한 재료 손상은 원자로 재료에서만 일어나는 특이한 현상이므로 다른 부분보다 상세하고 심도 깊게 다루었는데, 아래와 같이 8개의 장으로 구성되었다.

1장과 2장은 결정고체의 조사손상(radiation damage)에 관한 기초적인 내용을 다루었다. 조사손상은 방사선 환경에서만 나타나는 특이한 현상으로 이해를 돕기 위하여 1장에서는 방사선과 결정고체 사이에 일어나는 상호작용에 관하여 그리고 2장에서는 방사선 조사가 재료의 손상에 미치는 영향에 관하여 기술하였다.

3장과 4장에서는 경수로 재료와 중수로 재료를 다루었다. 경수로 재료에서는 압력용기, 증기발생기, 배관 그리고 피복관 재료를 취급하였는데 압력용기 재료와 피복관 재료를 상세하게 다루었으며 중수로 재료에서는 증기발생기, 배관 및 피복관 재료가 경수로와 유사하므로 압력관 재료에 중점을 두고 기술하였다.

5장과 6장은 가스냉각로 재료와 고속로 재료를 취급하였다. 가스냉각로 재료에서는 콘크리트 용기, 내열재료, 흑연 감속재, 마그녹스 피복재 등을 다루었는데 특히 감속재로 사용되는 흑연에 대하여 많은 지면을 할애하였고, 고속로 재료에서는 원자로 용기와 피복관 재료로 사용되는 스테인리스강의 조사거동을 심도 깊게 다루었다.

7장의 핵융합로 및 4세대 원자로 재료에서는 핵융합로 개발에서 해결해야 할 당면 과제인 제1벽 재료와 블랭킷 재료를 중점적으로 그리고 4세대 원자로 재료는 차세대 구조재로 제안되고 있는 재료를 중심으로 기술하였으며, 8장의 기타 원자로 재료에서는 제어재, 감속재, 냉각재 등을 간략하게 소개하였다.

끝으로 이 교재가 원자력을 전공하는 학부와 대학원 학생 그리고 원자력 분야에 종사하는 연구자, 기술자가 원자로 재료를 이해하는데 보탬이 되었으면 하는 소박한 바람과 함께 언제나 깊은 마음과 한없는 사랑으로 돌봐주시던 떠나신 부모님과 저서를 출간할 때마다 흔쾌히 도와준 가족에게도 고마운 마음을 여기에 적어 둡니다.

원자력 르네상스 시대가 다시 오는 것을 보면서

2025년 5월
이 기 순

차 례

1. 방사선 조사손상의 기초

1.1 조사손상의 개념

결정물질에 높은 에너지의 입자(중성자, 전자, 하전입자 등)를 조사하면(쬐면) 입사입자 (incident particle)와 격자원자의 충돌에 의해 물성과 기계적성질의 변화, 좀 더 구체적으로 말하면 물성과 기계적성질의 악화가 일어나는데 이러한 현상을 방사선 조사손상(radiation damage) 또는 간단히 조사손상이라 한다. 조사손상이 일어나기 위해서는 1차적으로 입사입자와 격자원자의 충돌과정에서 원자가 충분한 에너지를 전달받아 격자 위치에서 튕겨나가 원자빈자리(vacancy)와 격자간원자(interstitial atom)를 생성해야 하는데, 입사입자에 충돌된 격자원자가 격자 위치에서 튕겨 나와 원자빈자리와 격자간원자를 생성하는 과정을 검토해 보면 아래와 같다.

우선 최초의 과정은 입사입자와 격자원자가 충돌하는 과정인데, 이와 같은 충돌이 어느 정도의 빈도를 갖고 일어나는지는 입사입자의 수, 물질의 단위체적당 원자수 그리고 충돌 단면적 등에 의존한다. 원자가 격자 위치에서 튕겨 나오기 위해서는 충돌과정에서 전달받는 에너지가 원자의 탈출문턱에너지(displacement threshold energy)보다 커야 하는데, 원자의 탈출문턱에너지는 25∼40 eV 정도이므로 충돌과정에서 그 이상의 에너지를 전달받아야 원자가 격자 위치에서 튕겨 나올 수 있다. 조사손상을 취급하는 기초 이론의 범위에서 생각해 보면, 입사입자와 격자원자의 충돌과정에서 원자가 격자 위치에서 튕겨 나갈 수 있는 확률 P_d는 아래와 같다.

$$
\begin{aligned}
P_d &= 1 \quad (T > E_d) \\
&= 0 \quad (T < E_d)
\end{aligned}
\tag{1.1}
$$

여기서 T는 격자원자가 전달받는 에너지이고, E_d는 원자의 탈출문턱에너지이다. 격자원자가 입사입자와 충돌하여 E_d 이상의 에너지를 전달받으면 격자 위치에서 튕겨 나오게 되는데, 이 원자를 1차탈출원자(primary knock-on atom)라 하며 보통 PKA로 약칭하여 부르고 있다.

입사입자와 격자원자의 충돌과정에서 PKA가 전달받은 에너지가 탈출문턱에너지보다 크면 입사입자와 같이 주변의 격자원자와 충돌하여 원자를 격자 위치에서 튕겨 나오게 하여 2차탈출원자를 만들 수 있다. 그리고 2차탈출원자도 큰 에너지를 전달받으면 또 다른 격자원자를 탈출시킬 수 있다. 따라서 PKA가 전달받은 에너지가 큰 경우에는 주변의 격자원자와 연쇄적으로 충돌하여 2차, 3차, 4차 등으로 원자를 격자 위치에서 탈출시킨다. 그러므로 PKA를 중심으로 주변에 있는 다수의 원자가 튕겨 나감으로 그림 1-1에 개념적으로 나타낸 바와 같이 원자빈자리가 과밀하게 분포된 영역, 즉 캐스케이드(cascade)가 만들어지는데 캐스케이드가 중첩된 영역을 원자빈자리 과밀영역(depleted zone)이라 한다.

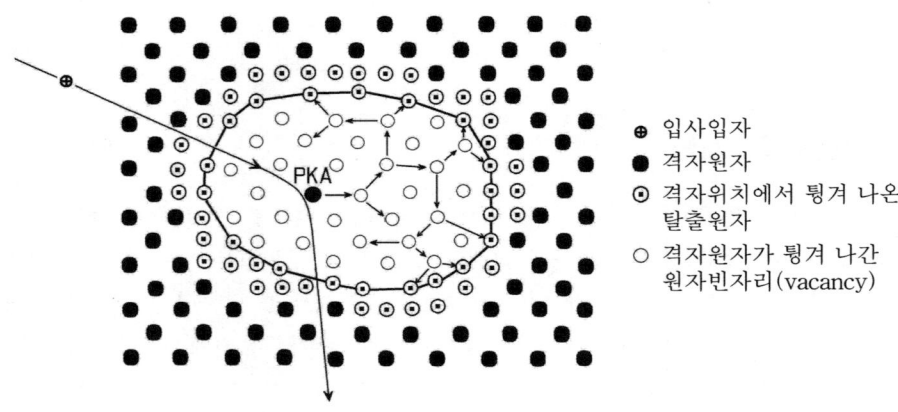

그림 1-1 1차탈출원자(PKA)에 의한 캐스케이드 형성 개념도 ($T \gg E_d$)

입사입자에 의해 물질에서 일어나는 조사손상의 정도를 알기 위해서는 1개의 PKA가 연속적으로 충돌을 일으켜 격자원자를 격자 위치에서 튕겨 내보내는 원자의 수 $\nu(T)$에 대한 정보가 필요한데, $\nu(T)$는 충돌과정에서 PKA가 전달받는 에너지 T의 함수이므로 $\nu(T)$를 손상함수(damage function)라 한다. 입사입자가 물질을 통과할 때 일어나는 원자의 탈출 빈도는 입사입자의 수와 에너지, 단위 체적당 원자의 수로 표시되는 원자의 수밀도(number density) 그리고 원자의 산란단면적에 비례한다. 그러므로 입사입자에 의한 격자원자의 원자당 탈출 빈도(dpa, displacement per atom) C_d는 아래와 같이 나타낼 수 있다.

$$C_d = \frac{N_d}{N} = \int_0^t \int_0^\infty \int_{Ed}^{T\max} \Phi(E,t) \frac{d\sigma_s(E,T)}{dT} \nu(T) dT dE dt \qquad (1.2)$$

여기서 N은 물질의 단위 체적당 원자의 수, N_d는 단위 체적당 탈출원자의 수, t는 조사시간, $\Phi(E,t)$는 조사량이며 $d\sigma_s(E,T)$는 원자의 산란단면적, $\nu(T)$는 손상함수, E_d는 원자의 탈출문턱에너지 그리고 $T_{\max}$는 PKA가 입사입자로부터 전달받는 최대에너지로 입사입자 에너지 E의 함수이다.

식 (1.2)에서 $d\sigma_s(E, T)$는 에너지 E의 입자가 원자와 충돌하여 원자에게 $T\sim T+dT$ 사이의 에너지를 전달하는 산란단면적으로 아래와 같다.

$$d\sigma_s(E, T) = k(E, T)dT \tag{1.3}$$

여기서 $k(E, T)$는 미분산란단면적이며, 전체 산란단면적 σ_s는 아래와 같은 식으로 구할 수 있다.

$$\sigma_s = \int d\sigma_s = \int_0^\infty k(E, T)dT \tag{1.4}$$

산란단면적 $d\sigma_s(E, T)$는 원자에게 전달하는 에너지의 확률로도 표시하는데, 원자에게 $T\sim T+dT$ 사이의 에너지를 전달하는 확률을 $W_s(E, T)dT$라 하면 $d\sigma_s(E, T)$는 아래와 같이 나타낼 수 있다.

$$d\sigma_s(E, T) = \sigma W_s(E, T)dT \tag{1.5}$$

그리고 원자가 격자 위치에서 튕겨 나가는 산란단면적, 즉 탈출단면적 σ_d는 식 (1.4)의 전체 산란단면적 중에서 원자에게 전달되는 에너지가 탈출문턱에너지보다 높은 경우의 산란단면적 합계와 같으므로 아래와 같은 식으로 구할 수 있다.

$$\sigma_d = \int_{Ed}^{T\max} k(E, T)dT \tag{1.6}$$

여기서 원자에 전달된 에너지가 E_d 이상에서 $T\sim T+dT$ 사이에 있을 확률을 $W_d(E, T)$라 하면, $d\sigma_s(E, T)$는 아래와 같이 나타낼 수 있다.

$$d\sigma_d(E, T) = \sigma_d W_d(E, T)dT \tag{1.7}$$

격자원자의 원자당 탈출 빈도 C_d를 구하는 식 (1.2)에서 필요한 산란단면적 $d\sigma_s(E, T)$는 식 (1.3) 또는 (1.7)에서 얻을 수 있다. 그리고 PKA에너지가 원자의 탈출문턱에너지 E_d에 비해 아주 크면 σ_s와 σ_d 그리고 W_s와 W_d 사이에 큰 차이가 없으므로 혼용하여 사용하기도 한다.

1.2 입자 충돌과 에너지 상실

1.2.1 입자간의 충돌

입사입자가 표적입자(target particle)에게 에너지를 전달하는 과정을 단순화하기 위해 입사입자와 표적입자의 충돌에서 핵변환이 일어나지 않으며 충돌 전후에 충돌계의 전체 에너지도 변하지 않는 경우를 생각하여 볼 수 있다. 이와 같은 경우가 탄성충돌에 해당되는데, 탄성충돌에서는 충돌 전과 후에 운동에너지와 운동량의 보존법칙이 성립하므로 입자와 입자 사이에 작용하는 퍼텐셜에너지에 관한 정보가 없어도 충돌과정에서의 산란각과 에너지 전달량을 구할 수 있다.

두 입자 사이의 충돌과정은 실험실계, 중심계 또는 상대운동계 등으로 해석할 수 있는데, 실험실계에서 생각하는 것보다는 좌표 원점을 두 입자의 중심에 이동시켜 생각하는 중심계 또는 좌표 원점을 표적입자로 이동시켜 표적입자를 정지상태로 보고 입사입자의 운동만을 고려하는 상대운동계로 전환하면 충돌과정을 해석하는데 편리하다. 그림 1-2의 (a)는 실험실계에서 질량 M_1의 입사입자가 질량 M_2의 표적입자에 v_{1o}의 속도로 접근할 때 충돌 전과 충돌 후에 입사입자와 표적입자의 운동방향과 속도를 보여 주는데, 산란각 은 ϕ_1 및 ϕ_2 등 2개로 표시된다.

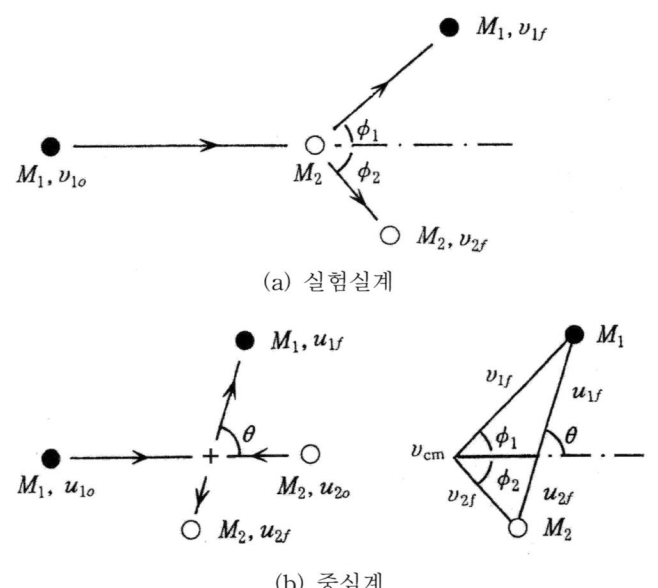

(a) 실험실계

(b) 중심계

그림 1-2 실험실계 및 중심계에서의 충돌과정

그림 1-2의 (b)는 입사입자와 표적입자의 충돌과정을 중심계로 나타낸 것으로 질량중심 속도를 v_{cm} 이라 하면, v_{cm} 은 충돌 전후에 변하지 않고 일정하며 아래와 같다.

$$v_{cm} = \frac{M_1 v_{1o}}{M_1 + M_2} \tag{1.8}$$

따라서 실험실계의 입자 속도 v_i는 질량중심 속도 v_{cm} 과 중심계의 입자 속도 u_i의 벡터 합 과 같으므로 아래와 같이 나타낼 수 있다.

$$v_{io} = u_{io} + v_{cm} \quad (i = 1, 2) \tag{1.9}$$
$$v_{if} = u_{if} + v_{cm} \quad (i = 1, 2) \tag{1.10}$$

여기서 v_{io}와 v_{if}는 실험실계에서 충돌 전과 충돌 후의 입자 속도이고, u_{io}와 u_{if}는 중심계 에서 충돌 전과 충돌 후의 입자 속도이다.

탄성충돌에서는 충돌 전후에 운동량과 운동에너지가 보존되므로 중심계에서도 아래와 같은 관계가 성립해야 한다.

$$M_1 u_{1o} + M_2 u_{2o} = M_1 u_{1f} + M_2 u_{2f} \qquad (1.11)$$

$$M_1 u_{1o}^2 + M_2 u_{2o}^2 = M_1 u_{1f}^2 + M_2 u_{2f}^2 \qquad (1.12)$$

여기서 식 (1.11)과 (1.12)를 만족하기 위해서는 아래 조건이 충족되어야 한다.

$$u_{1f} = u_{1o} \ (= v_{1o} - v_{cm}) \qquad (1.13)$$

$$u_{2f} = u_{2o} \ (= v_{cm}) \qquad (1.14)$$

따라서 중심계에서는 충돌 전과 충돌 후에 각 입자의 속도벡터 크기가 변하지 않는다. 즉 충돌 전후에 입자 속도는 변하지 않으며 방향만 변한다. 그리고 산란각도 그림 1-2의 (a)와 (b)에서 보는 바와 같이 실험실계에서는 ϕ_1, ϕ_2 등 2개의 각으로 표시되지만, 중심계에서는 1개의 각 θ로 표시된다. 충돌 후에 표적입자의 실험실계 산란각 ϕ_2와 중심계 산란각 θ 사이에는 아래와 같은 관계가 성립한다.

$$\phi_2 = \frac{\pi}{2} - \frac{\theta}{2} \qquad (1.15)$$

한편 실험실계에서 충돌 후의 표적입자 속도 v_{2f}는 그림 1-2(b)의 벡터 그림에서 얻을 수 있다. 즉 cos 법칙을 적용하고 식 (1.14)를 사용하면 충돌 후의 표적입자 속도는 아래와 같은 식으로 구할 수 있다.

$$\begin{aligned} v_{2f}^2 &= v_{cm}^2 + u_{2f}^2 - 2 v_{cm} u_{2f} \cos\theta \\ &= 2 v_{cm}^2 (1 - \cos\theta) \end{aligned} \qquad (1.16)$$

충돌과정에서 표적입자가 입사입자로부터 전달받는 에너지는 식 (1.8)과 (1.16)을 이용하면 간단하게 얻을 수 있다. 즉 충돌 후에 표적입자가 입사입자로부터 전달받는 운동에너지 T는 $(M_2 v_{2f}^2)/2$이므로 식 (1.8)과 (1.16)에 의해 T를 구하면 아래와 같다.

$$T = \frac{1}{2} \frac{4 M_1 M_2}{(M_1 + M_2)^2} E (1 - \cos\theta) \qquad (1.17)$$

여기서 Λ를 도입하여 아래와 같이 놓으면,

$$\Lambda = \frac{4 M_1 M_2}{(M_1 + M_2)^2} \qquad (1.18)$$

식 (1.17)은 아래와 같이 간단한 식으로 나타낼 수 있다.

$$T = \frac{1}{2} \Lambda E (1 - \cos\theta) = \Lambda E \sin^2 \frac{\theta}{2} \qquad (1.19)$$

입사입자는 표적원자와 정면으로 충돌시, 즉 $\theta = \pi$에서 표적입자에게 최대로 에너지를 전달할 수 있으며, 이때 전달되는 에너지 $T_{\max}$는 아래와 같다.

$$T_{\max} = \Lambda E \qquad (1.20)$$

따라서 입사입자의 질량과 표적입자의 질량이 같은 경우에는 Λ가 1이 되므로 식 (1.19)에서 알 수 있는 바와 같이 입사입자는 충돌과정에서 $0{\sim}E$ 사이의 에너지를 표적입자에게

전달할 수 있다.

　실험실계의 입사입자 산란각 ϕ_1도 그림 1-2(b)의 벡터 그림에서 구할 수 있는데, sin과 cos 법칙에 따라 아래의 관계식을 얻는다.

$$\frac{v_{1f}}{\sin(\pi - \theta)} = \frac{u_{1f}}{\sin\phi_1} \tag{1.21}$$

$$v_{1f}^2 = u_{1f}^2 + v_{cm}^2 - 2v_{cm}u_{1f}\cos(\pi - \theta) \tag{1.22}$$

여기서

$$u_{1f} = v_{cm}\left(\frac{v_{1o}}{v_{cm}} - 1\right) = v_{cm}\frac{M_2}{M_1} \tag{1.23}$$

위 식을 정리하면 충돌에 따른 입사입자의 산란각 ϕ_1에 대해 아래와 같은 식을 얻을 수 있다.

$$\tan\phi_1 = \frac{(M_2/M_1)\sin\theta}{1 + (M_2/M_1)\cos\theta} \tag{1.24}$$

그러므로 무거운 하전입자(이온)가 전자와 충돌하는 경우와 같이 입사입자의 질량 M_1이 표적입자의 질량 M_2에 비해 아주 크면, 입사입자는 매우 작은 각으로 산란하므로 거의 직선적으로 움직인다.

　지금까지의 충돌과정 해석은 충돌 전후에 입사입자와 표적입자가 충분히 멀리 떨어져 있어서, 두 입자 사이에 작용하는 퍼텐셜에너지가 운동에너지에 비해 무시할 수 있을 만큼 작은 경우에 대해서만 성립한다. 그러나 충돌과정에서 두 입자 사이의 거리가 작으면 운동 에너지 일부가 퍼텐셜에너지로 전환되므로 충돌과정이 영향을 받게 된다. 특히 정면충돌 ($\theta = \pi$)의 경우에는 입자가 충돌하는 위치에서 질량중심의 운동에너지를 제외한 나머지 운동에너지는 0이 된다.

　그러므로 충돌과정에서 퍼텐셜에너지를 고려하는 경우에는 중심계보다는 상대운동계로 해석하는 것이 편리하다. 상대운동계에서 표적입자를 좌표의 원점으로 취하면 그림 1-3 에서 보는 바와 같이 표적입자의 퍼텐셜에너지가 작용하는 범위에서는 입사입자의 운동만 생각하면 된다.

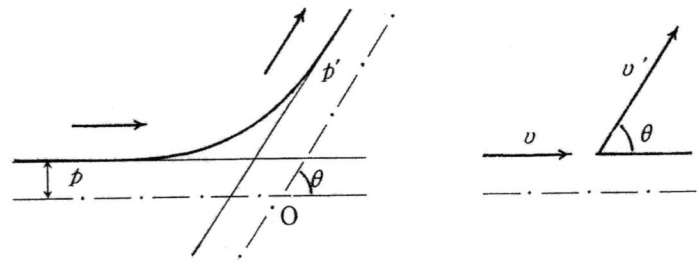

그림 1-3　상대운동계에서의 충돌과정

상대운동계에서 입사입자는 환산질량(reduced mass) μ를 갖는 입자로 운동하는데, μ는 아래와 같다.

$$\mu = \frac{M_1 M_2}{M_1 + M_2} \tag{1.25}$$

그리고 실험실계에서 v_1과 v_2의 속도를 갖는 입사입자와 표적입자의 전체 운동에너지 TE 는 아래와 같이 나타낼 수 있다.

$$TE = \frac{M_1 v_1^2}{2} + \frac{M_2 v_2^2}{2} \tag{1.26}$$

따라서 입사입자와 표적입자의 전체 운동에너지를 질량중심 속도 v_{cm}과 두 입자 사이의 상대속도 $g(v_1 - v_2)$ 그리고 환산질량 μ로 표시하면 아래와 같다.

$$TE = \frac{(M_1 + M_2) v_{cm}^2}{2} + \frac{\mu g^2}{2} \tag{1.27}$$

그러므로 충돌계의 전체 운동에너지는 질량중심 속도 v_{cm}으로 표시되는 질량중심의 운동에너지와 두 입자 간의 상대속도 g로 표시되는 환산질량 μ의 상대운동에너지로 구분하여 나타낼 수 있다. 여기서 질량중심의 운동에너지는 변하지 않으나 환산질량의 상대운동에너지는 두 입자가 접근할수록 퍼텐셜에너지가 증가하므로 감소하게 되는데, 상대 운동에너지와 퍼텐셜에너지의 합은 언제나 일정하게 보존된다. 따라서 위치 r에서 상대 운동에너지 E_r은 아래와 같이 나타낼 수 있다.

$$E_r = E_{ro} - V(r) \tag{1.28}$$

여기서 E_{ro}는 두 입자가 무한대 거리에 있을 때의 운동에너지, 즉 퍼텐셜에너지가 0일 때의 운동에너지이며 $V(r)$은 두 입자의 거리가 r일 때의 퍼텐셜에너지이다. 두 입자가 최대로 접근하면 상대속도 g는 0이 되므로 퍼텐셜에너지가 최대값을 갖는데, 두 입자의 질량이 같다면 이때 작용하는 최대 퍼텐셜에너지 $V(r_m)$은 아래와 같다.

$$\begin{aligned} V(r_m) &= E_{ro} \\ &= \left(\frac{\mu g^2}{2} \right)_{\max} = \frac{E}{2} \end{aligned} \tag{1.29}$$

1.2.2 에너지 상실 및 저지능

가. 에너지 상실 기구

물질에 들어오는 입사입자는 물질내 원자와 충돌을 통해 에너지를 상실하는데, 입자의 에너지 상실에는 아래와 같은 반응이 영향을 미칠 수 있다.

    (1) 핵의 들뜸(excitation) 및 핵반응
    (2) 제동방사선(Bremsstrahlung) 방출

   (3) 체렌코프(Cerenkov) 방사선 방출
   (4) 전자적 충돌(비탄성충돌)
   (5) 핵적 충돌(탄성충돌)

　여기서 (1)의 핵의 들뜸 및 핵반응은 에너지가 0.1 eV 이하인 열중성자를 제외하고는 일반적으로 일어나기 어려운 반응이며, (2)의 제동방사선 방출은 입자가 원자핵 주위의 전장을 통과할 때 전장에 제동을 받아 운동에너지의 일부가 전자파로 방출되는 현상으로 방사선의 방출 강도는 하전입자의 가속도 제곱에 비례하므로 질량이 가벼운 전자와 같은 하전입자를 제외하면 무시할 수 있다. 그리고 (3)의 체렌코프 방사선 방출은 입자가 물질에서 빛의 속도보다 더 빠르게 움직일 경우에 일어나는 전자파의 방출로 높은 에너지의 감마선 또는 전자와 같이 가벼운 입자에서나 일어날 수 있다. 그러므로 전자보다 무거운 입자는 주로 (4)의 전자와의 충돌인 전자적 충돌과 그리고 (5)의 원자핵과의 충돌인 핵적 충돌에 의해 에너지를 상실한다.

　전자적 충돌은 입자의 에너지가 높아서 입자가 보어 전자속도보다 빠르게 움직일 경우에 일어나는 충돌반응으로 입사입자의 속도가 궤도전자보다 빠르므로, 입사입자는 궤도전자가 떨어져 나간 나핵(naked nucleus)의 상태로 움직이게 된다. 이러한 상태에서는 입사입자가 표적원자의 궤도전자와 비탄성충돌을 일으키면서 에너지를 상실하는데, 에너지가 높은 경우에 중요한 역할을 한다. 반면에 핵적 충돌은 입사입자의 에너지가 작아서 궤도전자를 데리고 이동하는 상태, 즉 중성 상태에서 표적입자의 원자핵과 탄성 충돌하여 에너지를 상실하는 것으로 에너지가 작은 경우에 중요한 역할을 한다.

　따라서 입사입자가 물질을 통과할 때 핵적 충돌과 전자적 충돌이 일어나는 에너지 영역은 서로 다르다. 그리고 핵적 충돌과 전자적 충돌이 동시에 일어날 수 있는 에너지 영역이라도 그림 1-4에서 보는 바와 같이 핵적 충돌은 충돌계수가 작은 경우에 일어나는 반면에 전자적 충돌은 두 핵 사이에 궤도전자의 중첩으로 차폐효과가 강하게 나타나는 핵간거리, 즉 차폐정수(screening radius) 정도로 충돌계수가 큰 경우에 일어나므로 핵적 충돌과 전자적 충돌은 각각 독립적으로 일어난다고 볼 수 있다.

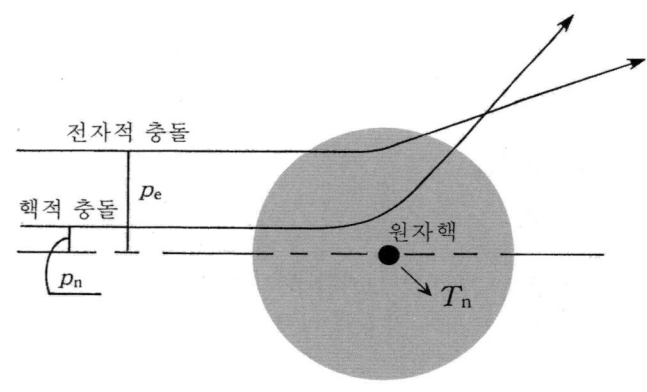

그림 1-4　핵적 충돌과 전자적 충돌

나. 저지능

입사입자가 물질을 통과할 때는 물질 내의 원자핵이나 전자와 탄성 또는 비탄성충돌을 하면서 에너지를 상실한다. 이때 충돌이 탄성적으로 일어난다고 가정하면 입사입자가 매 충돌당 상실하는 에너지 T는 식 (1.19)로 표시되는데 아래와 같다.

$$T = \Lambda E \sin^2 \frac{\theta}{2} \tag{1.30}$$

입사입자는 물질을 통과할 때 많은 원자와 충돌하면서 통과한다. 이때 입사입자가 충돌과 충돌 사이에서 이동하는 거리의 평균을 평균자유행정(mean free path)이라 하는데, 이 개념은 입사입자가 물질을 통과할 때 물질의 저항 척도인 저지능(stopping power)을 도출하는데 대단히 편리하다.

입사입자가 단위 체적당 N개의 원자가 불규칙하게 분포한 물질을 통과한다면, 이동궤적에 따라 움직인 거리 dr에서 원자와 충돌하는 횟수 ν는 아래와 같다.

$$\nu = N\sigma(E)\,dr \tag{1.31}$$

여기서 N과 $\sigma(E)$는 원자 밀도와 산란단면적이다. 그러므로 $N\sigma(E)$는 단위 길이에서 일어나는 충돌 횟수가 되는데, 입자의 평균자유행정 λ는 단위 길이당 충돌 횟수의 역수이므로 아래와 같이 표시된다.

$$\lambda = \frac{1}{N\sigma(E)} \tag{1.32}$$

그리고 입자는 물질을 통과하면서 원자와 충돌하여 에너지를 상실하는데, 충돌당 상실하는 평균 에너지 $\overline{T}$는 아래 식으로 구할 수 있다.

$$\overline{T} = \frac{1}{\sigma(E)} \int_0^{T\max} T\sigma(E,T)\,dT \tag{1.33}$$

그러므로 물질을 통과하는 입사입자가 단위 길이에서 원자와 ν번 충돌한다면, 단위 길이에서 상실하는 에너지는 $\nu\overline{T}$가 된다. 따라서 $\triangle r \to 0$인 극한에서의 에너지 상실은 식 (1.31)과 (1.33)으로부터 아래와 같이 표시되는데 이를 저지능이라 한다.

$$\frac{-dE}{\triangle r} = \frac{dE}{dr} = N \int_0^{T\max} T\sigma(E,T)\,dT \tag{1.34}$$

저지능은 입사입자가 단위 길이를 움직이는데 상실하는 에너지이므로, 물질에서 입사입자를 점진적으로 정지시키는 마찰력에 해당된다. 그러므로 저지능은 충돌과정에서 상실하는 에너지가 입사입자의 에너지보다 현저하게 작은 소분율의 에너지 상실이 연속적으로 일어나는 경우에 중요한 역할을 한다. 충돌시에 에너지 상실이 작으면 식 (1.30)에서 알 수 있듯이 충돌에 따른 산란각이 대단히 작아서, 입사입자의 이동 궤적은 실질적으로 직선에 근접하게 된다. 이러한 경우에 입사입자가 이동하는 거리 R은 입사면에서의 직각 방향 길이와 거의 같으므로 저지능은 아래와 같이 표시된다.

$$\frac{dE}{dx} = N \int_0^{T\max} T\sigma(E,T)\,dT \tag{1.35}$$

그리고 저지단면적(stopping cross section)은 아래와 같이 정의한다.

$$\frac{1}{N}\frac{dE}{dx} = \int_0^{T\max} T\sigma(E, T)dT \tag{1.36}$$

앞에서도 기술하였지만 입사입자가 물질을 통과할 때 일어나는 핵적 충돌과 전자적 충돌은 각각 일어나는 에너지 영역이 다르다. 그러므로 입사입자에 대한 전체 저지능은 아래와 같이 핵적 저지능과 전자적 저지능을 합한 형태로 나타낼 수 있다.

$$\frac{dE}{dx} = \left(\frac{dE}{dx}\right)_n + \left(\frac{dE}{dx}\right)_e \tag{1.37}$$

여기서 $(dE/dx)_n$은 핵적 충돌에서 상실하는 에너지를 의미하며, $(dE/dx)_e$는 전자적 충돌에서 상실하는 에너지를 의미한다.

저지능 개념은 하전입자와 전자의 충돌과 같이 무거운 입자가 가벼운 입자와 충돌하여 에너지 상실이 작은 충돌이 연속적으로 일어날 때 대단히 유용하다. 이러한 경우에는 산란각이 아주 작아서 하전입자는 거의 직선적으로 움직이게 된다. 일예로 양성자(proton)가 전자와 충돌하는 경우를 생각해 보면, 양성자가 전자에게 전달할 수 있는 최대에너지는 식 (1.20)에 의하면 양성자 에너지의 ~0.2%에 불과하며, 최대 산란각도 식 (1.24)에 따르면 0.03° 정도로 아주 작아서 거의 직선적으로 움직인다.

1.3 하전입자의 에너지 상실

1.3.1 전자적 저지능

하전입자의 물질내 정지에 관한 기본 개념은 전자적 충돌과 핵적 충돌에 의한 에너지 상실인데, 높은 에너지 영역에서는 전자적 충돌이 에너지 상실을 주도하는데 반하여 낮은 에너지 영역에서는 핵적 충돌이 에너지 상실을 주도한다. 따라서 수 MeV 이상의 높은 에너지를 갖고 있는 하전입자는 초기에는 전자적 충돌에 의해 그리고 에너지가 약해진 다음에는 핵적 충돌에 의해 에너지를 상실하는데, 전자적 충돌의 특징은 아래와 같다.

(1) 입자의 에너지 상실에 미치는 인자는 에너지가 아니고 속도이다. 즉 충돌당 에너지 상실은 입자의 운동에너지보다는 속도의 함수이다.
(2) 입자의 하전상태는 속도에 의해 명확하게 정의되는 함수는 아니지만, 평균 유효 전하는 입자 속도에 의존한다.
(3) 입자는 전자에게 에너지를 전달할 뿐만 아니라, 원자에 구속된 전자의 이동에 대한 운동에너지도 제공한다.
(4) 충돌당 입자의 에너지 상실이 대단히 작으므로 입자 속도는 연속적으로 감소한다. 그리고 산란각도 작아서 입자는 거의 직선적인 운동 궤적을 갖는다.

전자적 저지능을 정량적으로 취급하기 전에 먼저 하전입자가 에너지를 상실하는 과정에 대해 검토해 보면 아래와 같다. 에너지가 높아서 하전입자가 고속(궤도전자의 속도 이상)

으로 움직이면 궤도전자가 떨어져 나가므로 입자는 전하가 $Z_1 e$인 나핵(bare nucleus)이 되어 원자의 궤도전자와 쿨롱 충돌을 일으키면서 연속적으로 에너지를 상실한다. 이러한 충돌은 하전입자 속도가 원자의 최외각 전자의 속도로 낮아질 때까지 계속된다. 그리고 에너지가 이 단계까지 감소하면 하전입자는 궤도전자를 흡수하여 중성이 되므로 전자와 의 충돌에 의한 에너지 상실은 작아지고 그 대신에 원자핵과 핵적 충돌을 일으켜 에너지를 상실하게 된다.

가. 높은 에너지에서의 전자적 저지능

앞에서도 기술하였지만 하전입자의 에너지가 높아서(수 MeV 이상) 궤도전자보다 빠르게 움직이면 궤도전자를 떨쳐 버리게 된다. 따라서 에너지가 충분히 높으면 하전입자는 전하가 $Z_1 e$인 나핵이 되므로 쿨롱 상호작용에 의해 전자와 충돌하면서 에너지를 상실하게 된다. 고전적인 러더퍼드 산란식이 하전입자와 전자의 충돌에서도 성립한다면 전자의 산란단면적은 아래와 같은 식으로 구할 수 있다.

$$
\begin{aligned}
d\sigma &= k(E, T_e)\, dT_e \\
&= \frac{\pi b^2}{4} \frac{T_{e,\max}}{T_e^2}\, dT_e
\end{aligned}
\tag{1.38}
$$

여기서 $k(E, T_e)$는 전자의 미분산란단면적 그리고 b는 두 입자 사이의 최대 접근거리, 즉 두 입자가 정면으로 충돌할 때 입자와 입자 사이의 거리로 아래와 같다.

$$
b = \frac{Z_1 Z_2 (M_1 + M_2) e^2}{M_2 E}
\tag{1.39}
$$

식 (1.39)에서 Z_1은 하전입자의 원자번호 그리고 Z_2는 표적입자의 원자번호이며, 표적입자가 전자인 경우에는 Z_2는 1이므로 전자의 산란단면적은 아래와 같이 된다.

$$
\sigma(E, T_e) = \pi Z_1^2 e^4 \left(\frac{M_1}{M_e}\right) \frac{1}{E T_e^2}
\tag{1.40}
$$

여기서 M_e는 전자질량이다. 따라서 입사입자와 충돌하는 전자의 밀도를 N_e라 하면, 전자와 충돌에 의한 저지능은 식 (1.35)에 의해 아래와 같다.

$$
\left(\frac{dE}{dx}\right)_e = N_e \int_0^{T_{e,\max}} T_e\, \pi Z_1^2 e^4 \left(\frac{M_1}{M_e}\right) \frac{dT_e}{E T_e^2}
\tag{1.41}
$$

입사입자의 에너지가 충분히 커서 물질 내의 모든 전자를 들뜨게 할 수 있다면 충돌과정에 기여하는 전자밀도는 $Z_2 N$(Z_2는 원자번호, N은 원자밀도)이다. 그리고 전자적 충돌에 따른 에너지 상실은 주로 이온화에너지보다 높은 에너지 영역에서 일어나므로 적분 하한 값은 대략적으로 물질내 원자의 평균 이온화에너지 $\bar{I}$(또는 원자의 결합에너지)로 볼 수 있다. 그러므로 전자적 저지능에 대해 아래와 같은 식을 얻을 수 있다.

$$
\left(\frac{dE}{dx}\right)_e = Z_2 N \int_{\bar{I}}^{T_{e,\max}} T_e\, 2\pi \left(\frac{Z_1^2 e^4}{M_e v_1^2}\right) \frac{dT_e}{T_e^2}
\tag{1.42}
$$

여기서 적분 상한값 $T_{e,\max}$는 식 (1.20)에 의해 아래와 같다.

$$T_{e,\max} = \frac{4M_1 M_e}{(M_1 + M_e)^2} E$$
$$\approx \frac{4M_e}{M_1} E = 2 M_e v_1^2 \tag{1.43}$$

따라서 식 (1.42)를 적분하면 전자적 저지능에 대해 아래와 같은 식을 얻는다.

$$\left(\frac{dE}{dx}\right)_e = (Z_2 N)\, 2\pi \frac{Z_1^2 e^4}{M_e v_1^2} \ln\left(\frac{2M_e v_1^2}{\bar{I}}\right) \tag{1.44}$$

식 (1.44)는 충돌과정에서 일어날 수 있는 원자의 들뜸에너지(이온화에너지에 비해 무시할 수 있을 정도로 작음)를 무시하였다. 그리고 평균 이온화에너지 $\bar{I}$ 도 간단한 방법으로는 잘 추정되지 않는다. 그러므로 식 (1.44)는 저지능의 대략적인 추정에 불과하지만 높은 에너지 영역에서 저지능이 입자 속도의 제곱에 반비례하는, 즉 $1/v^2$에 비례하는 특징을 잘 나타내고 있다.

높은 에너지 영역에서 입사입자의 전자적 저지능은 식 (1.44)에서 알 수 있듯이 Z_1과 v_1에 의존한다. 그러므로 전자적 저지능은 하전입자의 속도와 관계가 있지만 질량과는 관계가 없다. 식 (1.44)를 정리하면 저지능은 아래와 같은 식이 된다.

$$\left(\frac{dE}{dx}\right)_e = \frac{4\pi Z_1^2 e^4}{M_e v_1^2} NB \tag{1.45}$$

여기서 B는 저지계수(stopping number)로 아래와 같다.

$$B = \frac{1}{2} Z_2 \ln\left(\frac{2M_e v_1^2}{\bar{I}}\right) \tag{1.46}$$

식 (1.45)는 높은 에너지 영역에서 저지능을 나타내는 식으로 입사입자 속도가 표적원자의 가장 안쪽 전자궤도인 K각의 전자보다 빠른 경우에 한하여 유효하다.

나. 낮은 에너지에서의 전자적 저지능

토머스-페르미 통계모델에 따른 전자의 분포함수에 의하면 대부분의 궤도전자는 식 (1.47)보다 빠른 속도를 갖는다.

$$v_s = v_0 Z_1^{2/3} \tag{1.47}$$

여기서 v_0는 보어 전자속도로 아래와 같다.

$$v_0 = e^2/h = 2.19 \times 10^8\ \text{cm/sec} \tag{1.48}$$

하전입자의 에너지가 작아서 입자가 식 (1.47)의 v_s보다 느리게 움직인다면 대부분의 궤도전자는 하전입자와 함께 이동하므로 거의 중성에 가까운 입자로 움직인다. 이러한 경우에는 원자핵에 인접한 내각 궤도의 전자와는 충돌하지 못하고, 원자핵에 아주 느슨하게 결합되어 있는 외각 궤도의 전자와 충돌하는 과정을 통해 에너지를 상실한다. 즉 속도

v_1으로 입사되는 낮은 에너지의 하전입자는 토머스–페르미 표면에 인접하여 상당히 약하게 결합되어 있는 전자, 다시 말하면 페르미 속도와 하전입자 속도 사이에 있는 전자와 충돌하여 전자를 페르미 속도 v_F로 들뜨게 하면서 에너지를 상실한다. 이때 하전입자가 상실하는 에너지, 즉 $v_F - v_1$의 속도를 갖는 전자가 하전입자로부터 전달받는 에너지 $\triangle E$는 아래와 같은 식으로 구할 수 있다.

$$\triangle E = \frac{1}{2} M_e v_F^2 - \frac{1}{2} M_e (v_F - v_1)^2$$
$$\approx M_e v_F v_1 \qquad (1.49)$$

궤도전자는 페르미 표면에 근접하여 느슨하게 결합되어 있을수록 식 (1.49)의 $\triangle E$보다 작은 에너지에 의해서도 전이가 일어난다. 1가 금속에서 전도전자의 밀도는 대략적으로 원자밀도와 비슷하지만, 하전입자와 충돌하여 $\triangle E$의 에너지를 전달받아 페르미 속도 v_F로 가속될 수 있는 전자는 v_F로부터 v_1의 범위 내에 있는 전도전자뿐이다. 그러므로 이들 전자만이 하전입자의 에너지 상실에 기여하므로 이 에너지 범위에 있는 전자를 저지능 유효전자라 부른다. 저지능에 기여하는 유효 전자밀도 N_{ef}는 아래와 같다.

$$N_{ef} = N_e \, \frac{v_1}{v_F} \qquad (1.50)$$

여기서 N_e는 전도전자 밀도이다. 그러므로 전도전자 속도를 v_e 그리고 하전입자와 궤도전자의 상대속도를 g라 하면, 원자에 구속되어 있는 유효 전자빔 I_e는 아래와 같이 나타낼 수 있다.

$$I_e = N_{ef} \, g = N_{ef} (v_1 + v_e)$$
$$\approx N_{ef} v_e \approx N_{ef} v_F \qquad (1.51)$$

따라서 하전입자에 대한 전자의 산란단면적을 σ_e라 하면, 1개의 하전입자가 유효전자와 충돌하는 횟수는 $\sigma_e I_e$이다. 그러므로 하전입자가 전자와 충돌하여 단위 시간당 상실하는 에너지는 아래와 같다.

$$\frac{dE}{dt} = \sigma_e \, I_e \, \triangle E \qquad (1.52)$$

저지능은 하전입자가 전도전자와 충돌하여 상실하는 에너지를 입자가 이동한 거리로 나누면 얻을 수 있다. 그러므로 하전입자의 전자적 충돌에 의한 저지능은 아래와 같이 쓸 수 있다.

$$\left(\frac{dE}{dx} \right)_e = \frac{(dE/dt)}{(dx/dt)}$$
$$= \frac{1}{v_1} \frac{dE}{dt} = \frac{1}{v_1} \sigma_e \, I_e \, \triangle E \qquad (1.53)$$

식 (1.53)에 식 (1.49)와 (1.51)을 대입하면 낮은 에너지 영역에서 전자적 충돌에 의한 저지능이 얻어지는데 저지능은 아래와 같다.

$$\left(\frac{dE}{dx}\right)_e \approx \sigma_e N_e M_e v_F v_1 \tag{1.54}$$

여기서 v_F를 $(2E_F/M_e)^{1/2}$ 그리고 v_1을 $(2E/M_1)^{1/2}$로 놓으면 식 (1.54)는 아래와 같다.

$$\left(\frac{dE}{dx}\right)_e \approx 2\sigma_e N_e \left(\frac{M_e}{M_1}\right)^{1/2} E_F^{1/2} E^{1/2} = kE^{1/2} \tag{1.55}$$

식 (1.54)를 보면 낮은 에너지 영역에서도 높은 에너지 영역과 같이 저지능은 입자 속도에 영향을 받는다. 그러나 입자 속도가 미치는 영향은 에너지 영역에 따라 다르다. 즉 높은 에너지 영역에서는 식 (1.45)에서 보는 바와 같이 저지능이 입자 속도의 제곱에 반비례하므로 에너지가 클수록 에너지 상실이 작게 일어나는데 반해 낮은 에너지 영역에서는 식 (1.54)에서 보는 바와 같이 저지능이 입자 속도에 비례하여 증가하므로 입자 에너지가 클수록 에너지 상실이 크게 일어난다.

1.3.2 핵적 저지능

입자 속도가 K각 전자의 속도인 $\sim Z_1 v_0$ (Z_1은 원자번호, v_0는 보어 전자속도)보다 빠른 경우에는 궤도전자가 없는 나핵(bare nucleus)의 상태로 움직이므로 입사입자의 에너지는 대부분이 전자와의 충돌에 의해 상실한다. 그러나 에너지가 감소하여 입자 속도가 보어 전자속도보다 느려지면, 입자는 전자를 포획하여 중성화되므로 전자와의 충돌 대신에 원자핵과의 충돌, 즉 핵적 충돌이 에너지 상실에 중요한 역할을 한다.

입사입자와 표적입자 사이의 핵적 충돌은 척력퍼텐셜에 의해 합리적으로 기술할 수 있으며, 아래와 같은 점에서 전자적 충돌과는 구별이 된다.

(1) 충돌에 따른 에너지 상실은 입사입자의 속도보다는 운동에너지에 의존한다. 즉 입사입자 에너지의 함수이다.

(2) 충돌에 따른 에너지 상실량이 크므로 산란각도 크다. 그러므로 입사입자의 운동 궤적은 직선으로부터 상당한 편차를 보이며, 특히 에너지가 작은 정지점 부근에서 심하다.

(3) 충돌에 따른 에너지 상실은 충돌계수(impact parameter)와 에너지에 의해서만 결정된다.

핵적 충돌에 의한 에너지 상실은 입사입자와 표적입자 사이에 작용하는 퍼텐셜이 중요한 역할을 하는데, 입사입자 원자핵과 표적입자 원자핵 사이에 작용하는 퍼텐셜은 두 입자의 핵간 거리에 영향을 받는다. 그런데 핵간 거리에 작용하는 퍼텐셜은 단일함수로 나타낼 수 없으므로 아래와 같이 세 경우로 구분하여, 즉 (1) 입사입자의 에너지가 커서 핵간 거리가 원자의 가장 안쪽 전자궤도인 K각의 반경보다 작은 경우, (2) 입사입자의 에너지가 작아서(~10 eV 정도) 핵간 거리가 원자 직경과 비슷하거나 또는 조금 작아서 바깥쪽 궤도의 전자 일부만 중첩하는 경우 그리고 (3) 위 두 경우의 중간 경우로 구분하여 생각하는 것이 해석에 편리하다.

입사입자 에너지가 큰 경우에는 그림 1-5의 (a)에 나타낸 것과 같이 입사입자 원자핵이 표적입자 원자핵에 가까이 접근하므로 두 핵 사이 거리가 원자의 가장 안쪽 전자각인 K각 (K-shell) 반경보다 작다. 이에 따라 두 입자를 나핵으로 취급할 수 있으므로 핵에 의한 정전기력이 두 입자의 퍼텐셜에너지에 중요하게 작용한다.

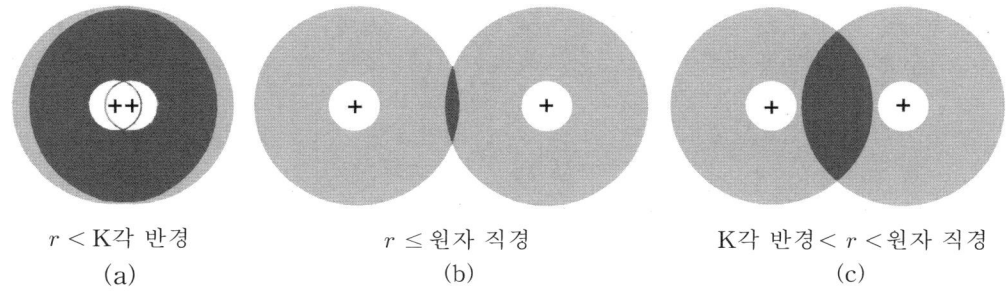

$r <$ K각 반경
(a)

$r \leq$ 원자 직경
(b)

K각 반경 $< r <$ 원자 직경
(c)

그림 1-5 핵간 거리(r)에 따른 입자의 중첩(진한 부분); 내부의 **+**는 원자핵
그리고 내부 원과 외부 원은 각각 K각과 원자의 직경을 나타낸다.

따라서 입사입자 에너지가 큰 경우에는 두 입자 사이에 작용하는 퍼텐셜에너지를 아래와 같이 쿨롱퍼텐셜로 나타낼 수 있다.

$$V(r) = \frac{Z_1 Z_2 e^2}{r} \tag{1.56}$$

여기서 Z_1 및 Z_2는 입사입자와 표적입자의 원자번호, r은 두 입자의 핵간 거리이다.

한편 입사입자 에너지가 $\sim 10\,\mathrm{eV}$ 정도로 작은 경우에는 그림 1-5의 (b)에 나타낸 것과 같이 입사입자는 표적입자에 가까운 거리로 접근하지 못하므로 두 입자의 핵간 거리가 원자 직경과 비슷하거나 또는 조금 작아서 궤도전자의 일부만이 중첩하게 된다. 이러한 경우에는 핵의 전하가 두 핵 사이에 있는 전자에 의해 대부분이 차폐되므로 두 핵 사이에 작용하는 퍼텐셜에너지는 상당히 작아지는데, 이 에너지 영역에서의 퍼텐셜에너지는 아래와 같이 Born-Mayer 식으로 나타낼 수 있다.

$$V(r) = A \exp\left(-\frac{r}{\rho}\right) \tag{1.57}$$

여기서 A와 ρ는 상수로 이론적으로는 구할 수 없으며 실험에 의해서만 구할 수 있는데, Brinkman[1]이 비조사 Cu, Ag 및 Au에 대해 압축률과 탄성계수를 사용하여 구한 결과에 의하면 A와 ρ는 아래와 같다.

$$A = 2.58 \times 10^{-5}\,(Z_1 Z_2)^{11/4}\,\mathrm{eV} \tag{1.58}$$

$$\rho = \frac{1.5\,a_h}{(Z_1 Z_2)^{1/6}} \tag{1.59}$$

위 식에서 a_h는 수소 원자의 보어 반경이다.

그리고 입사입자 에너지가 중간 에너지 영역($\sim 1\,\mathrm{MeV} < E < \sim 10\,\mathrm{eV}$)인 경우에는 입자의

에너지가 높지도 낮지도 않아서 그림 1-5의 (c)에 나타낸 것과 같이 입사입자 원자핵과 표적입자 원자핵 사이의 거리가 K각 반경보다는 크고 원자 직경보다는 작은 경우인데, 조사손상은 대부분이 이 에너지 영역에서 일어난다. 이 영역에서는 입사입자의 원자핵 전하가 내각 전자에 의해 차폐되므로 두 핵 사이의 퍼텐셜은 핵간 거리의 증가에 따라 급속한 감소가 일어난다. 그러므로 입사입자와 표적입자 사이의 퍼텐셜에너지를 쿨롱식이나 Born-Mayer 식으로는 나타낼 수 없으며, 아래와 같은 차폐쿨롱퍼텐셜(screened Coulomb potential)로 나타낸다.

$$V(r) = \frac{Z_1 Z_2 e^2}{r} \Phi\left(\frac{r}{a}\right) \tag{1.60}$$

여기서 a는 차폐정수(screening radius)로 차폐효과가 강하게 나타나는 핵간 거리의 기준이 되며, r은 두 입자의 핵간 거리이다. 그리고 $\Phi(r/a)$는 차폐함수로 $\Phi(0)=1$, $\Phi(\infty)=0$ 이기 때문에, $\Phi(1)$에서는 1보다 아주 작은 값이 된다. 차폐함수에 관해서는 여러 식이 제안되었는데, 그중에서 가장 많이 이용하는 것이 보어 식이다. 보어는 보어퍼텐셜로 불리는 아래와 같은 차폐쿨롱퍼텐셜에 관한 식을 제시하였다.

$$V(r) = \frac{Z_1 Z_2 e^2}{r} \exp\left(-\frac{r}{a_B}\right) \tag{1.61}$$

$$a_B = a_0 \left(Z_1^{2/3} + Z_2^{2/3}\right)^{-1/2} \tag{1.62}$$

여기서 a_0는 보어 반경(0.529Å)이다.

앞에서도 기술하였지만 입사입자의 에너지가 작으면 전자적 저지능은 입자 속도에 비례하여 감소하므로 전자적 충돌 대신에 핵적 충돌이 입사입자의 에너지 상실에 중요한 역할을 하게 된다. 충돌과정에서 입사입자가 작은 각으로 산란한다고 가정하면, 핵적 저지능은 아래와 같은 식으로 나타낼 수 있다.

$$\left(\frac{dE}{dx}\right)_n = N \int_0^{Tn,\max} T_n \, d\sigma_n (E, T) \tag{1.63}$$

식 (1.63)에서 N은 원자밀도이다. 그리고 Lindhard[2]에 의하면 입자 사이에 작용하는 퍼텐셜을 차폐쿨롱퍼텐셜로 나타낼 수 있는 에너지 영역에서는 원자핵의 산란단면적이 아래와 같은 식으로 표시된다.

$$d\sigma = \pi a^2 \frac{dt}{2t^{3/2}} f\left(t^{1/2}\right) \tag{1.64}$$

여기서

$$t = \epsilon^2 \sin^2 \frac{\theta}{2} = \epsilon^2 \frac{T}{T_{\max}} \tag{1.65}$$

그리고

$$\epsilon = \frac{1}{V(a)} \frac{M_2}{M_1 + M_2} E \tag{1.66}$$

식 (1.66)에서 $V(a)$는 차폐정수 a에서의 차폐쿨롱퍼텐셜이다. 식 (1.65)를 보면, $\theta = \pi$에서 t가 최대가 되며 이때 $t_{max} = \epsilon^2$이 된다. 그러므로 식 (1.64)를 식 (1.63)에 대입하면, 핵적 저지능에 대해 아래와 같은 식을 얻을 수 있다.

$$\left(\frac{dE}{dx}\right)_n = \frac{\pi a^2 N T_{n,\,max}}{\epsilon^2} \int_0^\epsilon d(t^{1/2}) \, f\left(t^{1/2}\right) \tag{1.67}$$

1.3.3 저지능 실험치

저지능은 입사입자의 물질내 투과력을 나타내는 중요한 척도로 사용된다. 그러므로 다양한 종류의 입사입자와 표적물질(target material)로 여러 조합을 만들어 넓은 에너지 범위에 걸쳐서 많은 실험이 수행되었다. 저지능의 측정실험에서는 일반적으로 표적물질의 두께를 변경하면서 입사입자를 조사시켜 투과된 입자의 에너지를 측정하는 방법으로 저지능을 구하는데, 특수한 경우를 제외하면 핵적 저지능과 전자적 저지능을 분리하여 측정하는 것은 불가능하다.

그림 1-6은 실험과 이론식으로 계산한 결과를 나타낸 것으로 알루미늄에 대한 여러 입자의 저지능을 보여 주는데, 실선은 실험에서 얻은 측정값이고 점선은 이론식으로 계산한 값이다. 그림에서 보는 바와 같이 저지능의 최대값을 초과하는 높은 에너지에서는 입자에너지의 증가에 따라 저지능이 급격하게 감소하여 식 (1.44)와 같이 저지능이 입자 속도의 자승에 반비례하여 감소하였다. 이에 반하여 최대값보다 낮은 에너지에서는 입자에너지의 증가에 따라 저지능이 증가하여 식 (1.54)와 같이 저지능이 입자 속도에 비례하여 증가하는 것을 보여 준다. 그리고 입자에너지가 더욱더 낮아지면 핵적 저지능에 의한 기여가 현저하게 나타나는데, 이러한 실험결과를 정성적으로 검토해 보면 앞에서 기술한 전자적 저지능과 핵적 저지능에 관한 이론이 타당하다는 것을 알 수 있다.

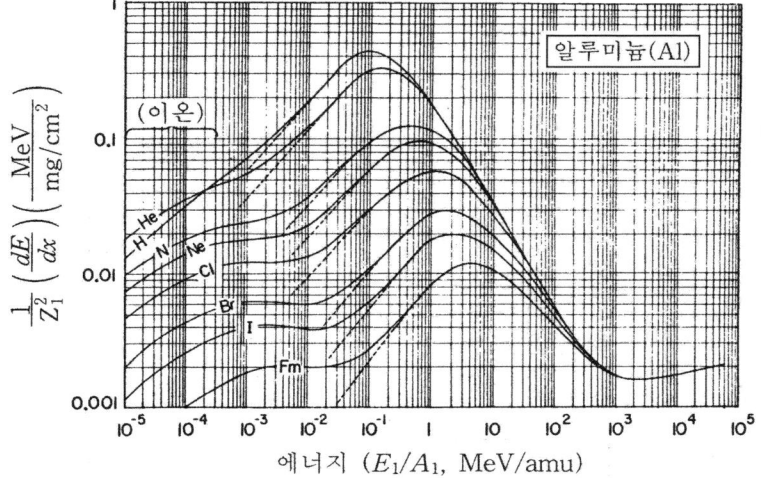

그림 1-6 각종 하전입자(이온)에 대한 알루미늄의 저지능[3]

1.4 중성자의 에너지 상실

1.4.1 중성자와 입자의 반응

중성자는 전하를 갖고 있지 않다. 그러므로 중성자와 입자의 충돌에서는 원자핵과의 반응만 고려하고 전자와의 반응은 고려하지 않는다. 그리고 핵분열에서 생성되는 중성자와 같이 에너지가 1 MeV 정도인 경우에는 중성자와 입자의 충돌을 등방산란으로 취급할 수 있으므로 충돌과정의 해석이 비교적 간단하다. 그러나 핵융합에서 생성되는 중성자와 같이 에너지가 14 MeV 정도로 높아지면 충돌과정에서 전방산란 성분이 증가하여 충돌입자에게 전달하는 에너지 분포가 일정하지 않으므로 비등방산란으로 취급해야 하는데, 이러한 경우에는 충돌과정의 해석이 복잡해진다.

그림 1-7은 중성자와 입자 충돌시에 에너지에 따른 산란의 비등방성을 보여 주는 예로, 니오브(Nb)에 중성자를 조사할 때 에너지에 따른 PKA(1차탈출원자)의 에너지 분포가 있다. 그림에서 보는 바와 같이 중성자에너지가 1 MeV 정도이면 등방산란으로 취급할 수 있으나, 그 이상으로 에너지가 높으면 전방산란이 증가하므로 등방산란으로 취급할 수 없다.

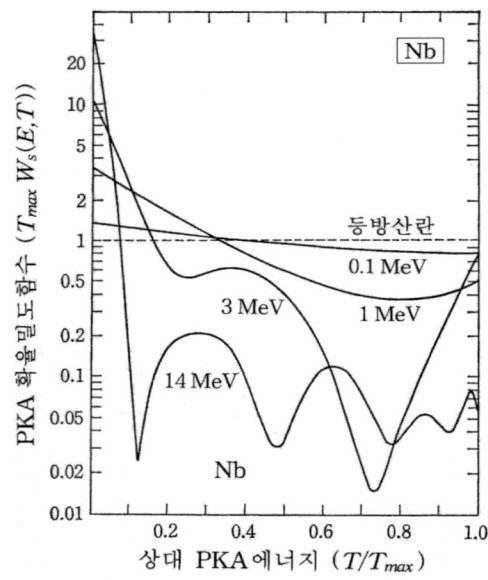

그림 1-7 니오브의 중성자 산란[4]; 1 MeV 이하는 등방산란으로 취급할 수 있다.

한편 중성자에너지가 열중성자($E = 0.025$ eV) 정도로 작아지게 되면 원자핵과 여러 반응에 대한 단면적, 즉 (1) (n, n') 비탄성산란, (2) (n, p), (n, α) 등과 같은 하전입자 방출반응, (3) (n, n'p), (n, n' α) 및 (n, 2n) 등과 같은 다량입자 방출반응 그리고 (4) (n, γ) 반응 등에 대한 단면적이 증가하지만, He를 생성하는 (n, α) 반응을 제외하면 조사손상에는 영향을 미치지 않는다.

1.4.2 탄성산란

원자 질량에 따라 다르지만 중성자에너지가 ~1 MeV 이하이면, 그림 1-7에서 보는 바와 같이 원자핵과의 충돌은 거의 등방적으로 일어난다고 볼 수 있다. 이러한 경우에 산란단면 적 $\sigma(E, T)$는 산란각에 관계없이 일정하므로 아래와 같이 쓸 수 있다.

$$\sigma(E, T) = \frac{const}{T_{\max}} \tag{1.68}$$

여기서 $T_{\max}$는 충돌과정에서 원자핵에 전달되는 최대에너지인데, 식 (1.20)에 의해 아래와 같다.

$$\begin{aligned} T_{\max} &= \frac{4M_1 M_2}{(M_1 + M_2)^2} E \\ &= \frac{4A}{(1+A)^2} E \approx \frac{4}{A} E \end{aligned} \tag{1.69}$$

위 식에서 M_1과 M_2는 중성자와 원자핵의 질량이고, A는 M_2/M_1으로 원자핵의 원자단위 질량(amu, atomic mass unit)이다.

등방산란에서는 중성자와 원자핵이 충돌할 때, 원자핵에 전달되는 에너지의 분포가 산란 각에 관계없이 일정하다. 그러므로 중성자가 1회 충돌에서 표적원자에게 전달하는 평균 에너지 $\overline{T}$는 아래와 같이 나타낼 수 있다.

$$\overline{T} = \frac{T_{\max} + E_d}{2} \tag{1.70}$$

1.4.3 비탄성산란

탄성산란에서는 충돌에 의해 원자핵의 들뜸(excitation)이 일어나지 않으므로 운동에너 지가 보존된다. 그러나 비탄성충돌에서는 원자핵이 들뜬 상태로 튕겨 나가므로 운동에너지 가 보존되지 않으며, 중성자에너지가 원자핵의 들뜸에너지 Q_i보다 큰 경우에 한하여 비탄 성산란이 일어날 수 있다.

비탄성산란이 일어나면 원자핵은 충돌과정에서 에너지를 흡수하므로 중성자는 우선 원자 핵에 흡수되어 복합핵을 만든 후 들뜬 상태에서 중성자를 재방출한다. 그러므로 중심계로 보면 중성자의 비탄성산란은 거의 등방적으로 일어난다고 볼 수 있다. 따라서 중성자의 비탄성 산란단면적 $\sigma_{in}(E_n, \phi)$은 아래와 같이 나타낼 수 있다.

$$\sigma_{in}(E_n, \phi) = \frac{\sigma_{in}(E_n)}{4\pi} \tag{1.71}$$

여기서 $\sigma_{in}(E_n)$은 중성자의 거시 비탄성산란단면적이다.

중성자와 충돌한 원자핵이 기저에너지 상태에서 Q_i의 들뜸준위 상태로 되면, 원자핵의 운동에너지는 들뜸에너지 $|Q_i|$만큼 감소한다. 그러므로 충돌 후의 상대운동에너지 $E_r{}'$는 아래와 같다.

$$E_r{}' = E_r - |Q_i| \tag{1.72}$$

따라서 비탄성산란에서는 원자핵이 흡수하는 에너지 Q_i 만큼 운동에너지가 감소하므로 원자핵에 전달하는 에너지는 아래와 같은 식으로 표시된다.

$$T_{in} = \frac{1}{2}\Lambda E\left[1 - \frac{M_1+M_2}{2M_2}\frac{Q_i}{E} - \left(1 - \frac{M_1+M_2}{M_2}\frac{Q_i}{E}\right)^{1/2}\cos\theta\right] \tag{1.73}$$

여기서 Λ는 식 (1.18)과 같으며, 들뜸에너지 Q_i가 0 이면 식 (1.73)은 식 (1.19)가 된다.

식 (1.73)은 비탄성 충돌과정에서 단일 들뜸에너지를 갖는 간단한 경우에 대해서만 성립하는데, 중성자 질량은 원자질량 단위로 1 amu 이므로 원자핵의 질량이 A amu 이면 비탄성 충돌에서 원자핵이 전달받는 최대에너지는 아래와 같다.

$$T_{in,\,max} = \frac{T_{max}}{4}(1 + t_i^2 - 2t_i) \tag{1.74}$$

여기서

$$t_i = \left[1 - \frac{(1+A)}{AE}|Q_i|\right]^{1/2} \tag{1.75}$$

1.4.4 입자방출 반응

입자방출 반응에는 (n, p), (n, α) 반응과 같이 1개 하전입자를 방출하는 경우와 (n, n′p), (n, n′α) 및 (n, 2n) 반응과 같이 여러 개 입자를 방출하는 반응으로 구분된다. 일반적으로 양성자나 α입자를 방출하는 하전입자 방출반응은 원자핵의 쿨롱장벽 (Coulomb barrier) 때문에 점결함의 생성에 기여하지 못한다. 그러나 (n, 2n) 반응과 같이 중성자를 방출하는 반응은 방출입자가 원자핵의 쿨롱장벽에 영향을 받지 않으므로 하전입자 방출반응과는 다르게 점결함의 생성에 영향을 미친다.

중성자와 핵반응을 일으킨 원자핵이 중성자를 방출한 후에도 원자핵의 중성자 결합에너지 이상으로 들뜬 상태에 있으면 두 번째 입자를 방출하게 되는데, 원자핵이 두 번째 입자를 방출할 수 있는 상태로 존재하는 확률은 중성자에너지에 따라 증가한다. 그러므로 중성자에너지가 증가하면 (n, n′) 반응 대신에 (n, n′p), (n, n′α), (n, 2n) 반응과 같은 다량 입자 방출반응이 증가하게 된다.

1.4.5 (n, γ) 반응

열중성자 ($E = 0.025$ eV)와 같이 에너지가 작은 경우에는 (n, γ) 반응이 크게 일어날 수 있으므로, (n, γ) 반응도 점결함 생성에 영향을 미칠 수 있다. 일반적으로 (n, γ) 반응단면적은 중성자에너지가 큰 경우에는 무시할 수 있지만, 열중성자 정도로 에너지가 작은 경우에는 (n, γ) 반응을 고려해야 할 정도로 핵반응단면적이 증가하는 경우가 있다. 열중성자와 원자핵의 (n, γ) 반응은 중성자가 원자핵에 포획되어 복합핵을 만든 후 γ입자를 방출하는 비탄성 반응으로, 중성자를 포획한 복합핵에서 방출되는 γ입자의 상대론적 운동량 P_γ

은 아래와 같이 표시된다.

$$P_\gamma = \frac{h}{\lambda} = \frac{E_\gamma}{c} \tag{1.76}$$

여기서 h는 플랑크 상수, λ는 드브로이 파장, c는 광속 그리고 E_γ은 복합핵에서 방출하는 γ입자의 에너지이다.

그러므로 (n, γ) 반응에서 중성자를 포획한 복합핵의 질량을 M_2'라고 하면, 복합핵에서 방출되는 γ입자에 의해 복합핵 자체가 받는 리코일에너지(recoil energy) T'는 아래와 같은 식으로 구할 수 있다.

$$T' = \frac{P_\gamma^2}{2M_2'} = \frac{E_\gamma^2}{2M_2'c^2} \approx \frac{1}{A}\left(533\times10^{-6}\frac{E_\gamma^2}{\mathrm{MeV}}\right) \tag{1.77}$$

여기서 M_2'는 복합핵의 원자질량 그리고 A는 질량번호이다. 중성자를 포획한 복합핵은 중성자 1개당 평균 결합에너지가 8 MeV 정도로 높은데, 복합핵은 (n, γ) 반응으로 이 에너지를 1개 또는 그 이상의 γ입자로 방출하여 안정한 상태로 돌아간다. 그러므로 중간 정도의 질량을 갖는 원자핵이 (n, γ) 반응에서 받는 리코일에너지는 식 (1.77)에 의하면 수백 eV 정도가 되는데, 이러한 리코일에너지는 원자의 탈출문턱에너지(~25 eV)보다 상당히 크므로 원자를 탈출시키기에 충분하다.

1.5 1차탈출원자(PKA)의 생성

1.5.1 탈출문턱에너지

입사입자에 충돌된 원자가 격자 위치에서 튕겨 나와 탈출원자가 되기 위해서는 최소한 원자와 원자 사이의 퍼텐셜 장벽을 뛰어 넘을 수 있는 양의 에너지를 입사입자로부터 전달받아야 한다. 만약에 이 에너지보다 작은 양의 에너지를 전달받으면 원자는 격자 위치에서 튕겨 나가지 못하고 다만 그 자리에서 진동만 하면서 전달받은 에너지를 열로 소모하게 된다. 원자가 격자 위치에서 탈출하는데 필요한 최소한의 에너지를 탈출문턱에너지(displacement threshold energy) 또는 간단히 탈출에너지라 부르는데, 원자가 격자 위치에서 튕겨 나갈 수 있는 탈출문턱에너지는 결정방향에 따라 다르다.

원자의 탈출문턱에너지는 원자와 원자 사이에 작용하는 퍼텐셜을 알고 있으면 원자가 이동할 때 각 위치에서 인접한 원자와의 상호작용에너지(척력)를 종합하여 구할 수 있으며, 원자의 이동 과정에서 만나는 최인접 원자와의 척력으로는 Born-Mayer 퍼텐셜이 주로 사용된다. 그림 1-8은 결정방향에 따른 최인접 원자와 탈출문턱에너지를 보여 주는데, 그림 (a)와 같이 fcc 격자에서 입사입자에 충돌된 원자가 [111] 방향으로 이동한다면 점선으로 연결된 최인접한 3개 원자의 중심을 통과해야 하므로 인접 원자에 의해 척력을 받게 된다. 원자가 [100], [110] 및 [111] 방향으로 이동할 때 이동 방향에 따른 탈출문턱에너지가 그림 (b)에 개략적으로 표시되어 있다.

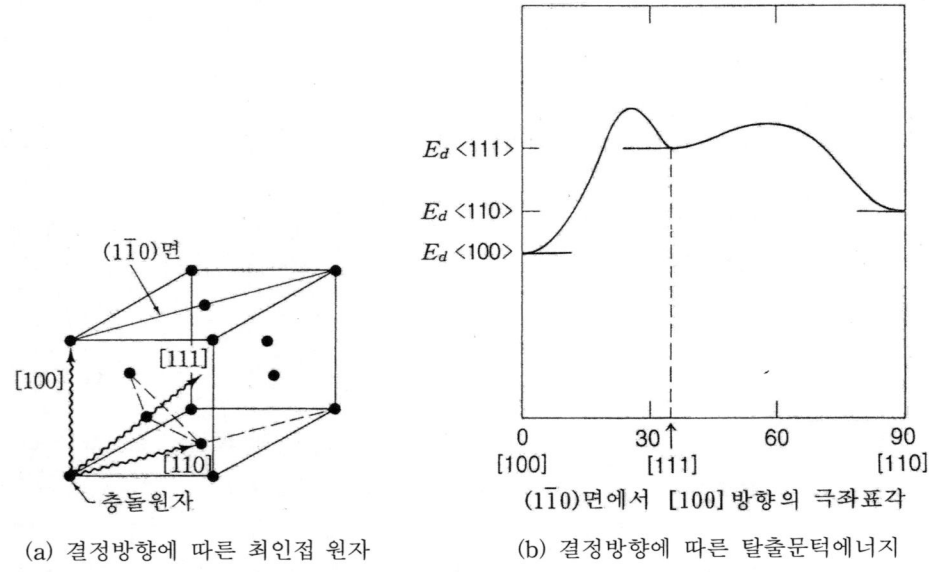

(a) 결정방향에 따른 최인접 원자   (b) 결정방향에 따른 탈출문턱에너지

그림 1-8 Fcc 격자에서 탈출문턱에너지의 결정방향 의존성

원자와 원자 사이에 작용하는 퍼텐셜에너지는 결정방향에 따라 다르다. 따라서 원자가 격자 위치에서 튕겨 나가는데 필요한 탈출문턱에너지도 탈출하는 방향에 따라 차이가 있는데, 임의의 결정축에 대해 결정방향을 (θ, ϕ)로 표시하고 충돌된 원자가 (θ, ϕ) 방향으로 튕겨 나가는데 필요한 탈출문턱에너지 $E_d(\theta, \phi)$를 각(θ, ϕ)에 대해 나타낸 것을 탈출에너지면(displacement threshold energy surface)이라 한다. 그림 1-9에 Cu에 대한 탈출에너지면을 조사시험과 컴퓨터 시뮬레이션으로 얻은 결과가 있다. 그림에서 (a)는 저온에서 Cu 단결정 박막에 전자빔(electron beam)을 조사하여 전기저항이 빔의 입사방향에 따라 변하는 양으로부터 탈출문턱에너지를 측정한 것으로 탈출문턱에너지는 원자가 조밀하게 배열된 〈110〉과 〈100〉 방향에서 작은 값을 보이며, 원자가 덜 조밀하게 배열된 〈111〉 방향에서는 큰 값을 나타내고 있다.

원자가 조밀하게 배열된 방향에서 탈출문턱에너지가 작은 이유는 원자열에서 원자와 원자가 정면충돌에 가까울 정도로 산란각이 아주 작은 충돌이 연속적으로 일어나서 원자가 다음 원자 위치로 차례차례 이동하는 집속충돌(focusing, 1.7.1절에서 상세히 기술)에 의해 원자가 쉽게 탈출할 수 있기 때문으로 보고 있다. 그리고 그림 1-9의 (b)는 컴퓨터 시뮬레이션으로 계산하여 얻은 탈출문턱에너지인데, 많은 가정에도 불구하고 이론값과 측정값이 잘 일치하는 것을 보여 준다.

원자가 격자 위치에서 튕겨 나갈 때는 탈출하는 방향이 일정하지 않고 여러 방향이므로 원자의 탈출문턱에너지는 그림 1-9의 (a)에서 보는 바와 같이 $E_{d,min} \sim E_{d,max}$ 사이에 있다. 따라서 조사손상을 정확하게 계산하기 위해서는 $E_d(\theta, \phi)$에 관한 정확한 자료를 사용해야 하지만 이러한 방법으로 조사손상을 계산하기는 대단히 복잡하고 어렵다. 그러므로 조사

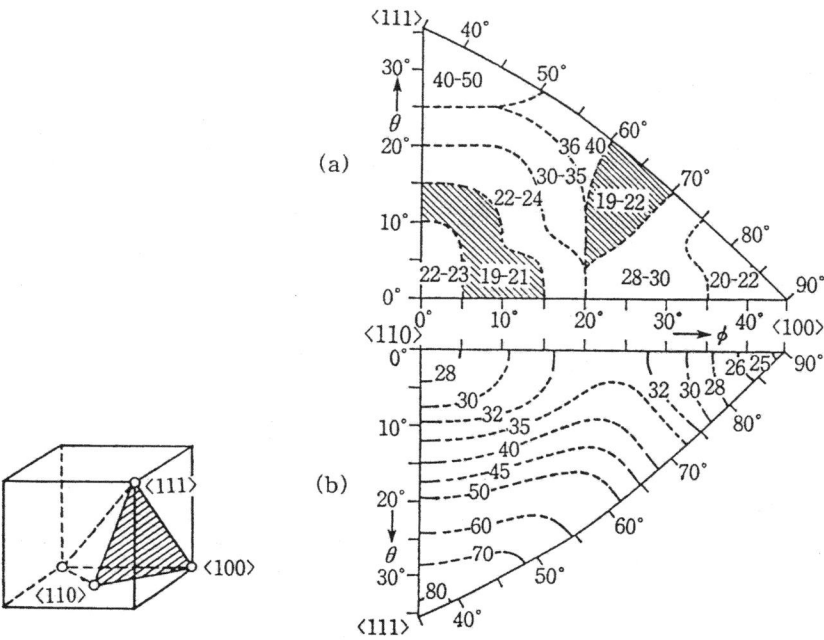

그림 1-9 Cu 단결정 박막에서 결정방향에 따른 탈출문턱에너지 $E_d(\theta, \phi)$;
(a) 실험값[5], (b) 컴퓨터 시뮬레이션으로 계산한 값[6]

손상의 계산에서는 격자원자의 탈출확률 개념을 사용하는데, 탈출확률 $P_d(T)$는 아래와 같이 정의된다.

$$
\begin{aligned}
P_d(T) &= 0 && (T < E_{d,\min}) \\
&= f(T) && (E_{d,\min} < T < E_{d,\max}) \\
&= 1 && (T > E_{d,\max})
\end{aligned}
\tag{1.78}
$$

앞에서도 기술하였지만 원자의 탈출문턱에너지는 결정방향에 따라 차이가 있다. 그러므로 조사손상 계산에서는 탈출문턱에너지의 방향성을 고려해야 하지만 간단하게 하기 위하여 원자의 탈출문턱에너지를 1개의 에너지 준위로 보는 단일 탈출문턱에너지 개념을 많이 사용하고 있다. 이 개념에서는 $E_{d,\min} = E_{d,\max} = E_d$로 가정하고, 원자의 탈출확률 $P_d(T)$를 아래와 같이 스텝함수(step function)로 나타낸다.

$$
\begin{aligned}
P_d(T) &= 0 && (T < E_d) \\
&= 1 && (T > E_d)
\end{aligned}
\tag{1.79}
$$

주요 금속에 대한 원자의 탈출문턱에너지가 그림 1-10에 있는데, 원자의 탈출문턱에너지는 물질의 종류에 따라 다르며 온도에도 영향을 받아서 온도가 높을수록 탈출문턱에너지가 감소한다. 그러므로 고온에서 조사손상을 계산하는 경우에는 온도의 영향도 고려해야 한다.

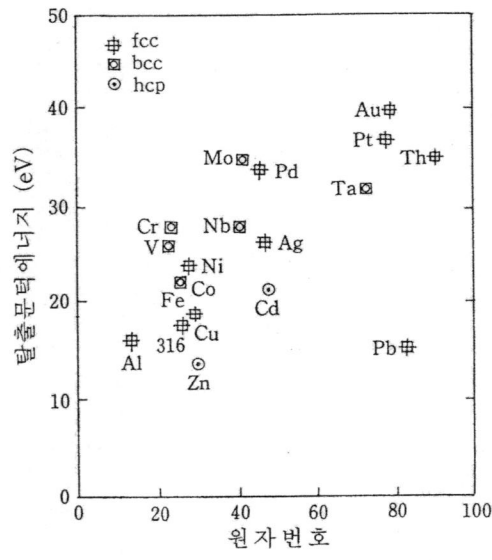

그림 1-10 주요 다결정 금속의 탈출문턱에너지[7]

1.5.2 하전입자에 의한 PKA 생성

하전입자가 물질을 통과할 때는 전자와 비탄성충돌에 의해 또는 원자핵과의 탄성충돌에 의해 에너지를 상실한다. 격자원자가 하전입자와 충돌하여 격자 위치에서 튕겨 나가기 위해서는 핵적 충돌에서 전달받는 에너지의 양이 중요한데, MeV 정도의 에너지를 갖는 하전입자는 대부분의 에너지를 전자적 충돌에 의해 상실하고 일부 에너지만 핵적 충돌에 의해 원자핵에 전달되어 원자의 탈출에 기여한다.

하전입자의 에너지가 높아서 하전입자와 표적입자의 핵간 거리가 가장 안쪽 전자궤도인 K각의 반경보다 작으면, 내각 전자에 의한 차폐효과를 무시할 수 있다. 이러한 경우에 하전입자와 표적입자 사이에 작용하는 퍼텐셜에너지 $V(r)$은 아래와 같이 쿨롱퍼텐셜로 나타낼 수 있다.

$$V(r) = \frac{Z_1 Z_2 e^2}{r} \tag{1.80}$$

여기서 Z_1과 Z_2는 하전입자와 표적입자의 원자번호, r은 두 입자의 핵간 거리이다. 따라서 하전입자의 에너지가 충분히 높아서 하전입자가 표적입자의 K각 반경보다 더 작은 거리까지 접근할 수 있으면, 입자의 산란과정은 러더퍼드 산란으로 취급할 수 있다. 그러므로 하전입자에 의한 PKA의 탈출단면적 σ_d는 아래와 같다.

$$\sigma_d = \int_{E_d}^{T_{\max}} \frac{\pi b^2}{4} \frac{T_{\max}}{T^2} dT$$
$$= \frac{\pi b^2}{4} \left(\frac{T_{\max}}{E_d} - 1 \right) \approx \frac{\pi b^2}{4} \frac{T_{\max}}{E_d} \tag{1.81}$$

그리고 $d\sigma_d = \sigma_d W_d(E, T)dT$로부터 PKA의 스펙트럼 함수 W_d를 구하면,

$$W_d = \frac{E_d T_{\max}}{T_{\max} - E_d} \frac{1}{T^2} \approx \frac{E_d}{T^2} \tag{1.82}$$

따라서 PKA가 핵적 충돌에 의해 하전입자로부터 전달받는 평균 에너지 $\overline{T}$는 아래와 같이 쓸 수 있다.

$$\overline{T} = \int_{Ed}^{T\max} T W_d(E, T)dT \approx E_d \ln\frac{T_{\max}}{E_d} \tag{1.83}$$

1.5.3 중성자에 의한 PKA 생성

D–T 핵융합 반응에서 생성되는 중성자와 같이 에너지가 $14\,\mathrm{MeV}$ 정도로 높으면 중성자와 원자의 충돌에서 전방산란이 증가하여 비등방산란이 일어나므로 그림 1–7에서 보는 바와 같이 PKA의 에너지 스펙트럼이 복잡해진다. 그러나 중성자에너지가 $1\,\mathrm{MeV}$ 정도면 그림에서 보는 바와 같이 중성자와 원자의 충돌이 등방적으로 일어난다고 볼 수 있다. 그러므로 우라늄이나 플루토늄의 핵분열에서 생성되는 중성자, 즉 핵분열중성자와 원자의 충돌은 등방산란으로 취급해도 무리가 없다.

등방산란이 일어나는 에너지 범위에서 원자의 산란단면적 $\sigma(E, T)$는 충돌시에 원자에게 전달되는 에너지에 관계없이 언제나 일정하다. 따라서 중성자와 원자의 충돌에서 첫 번째 충돌원자, 즉 PKA가 전달받는 평균 에너지 $\overline{T}$는 아래와 같다.

$$\begin{aligned} \overline{T} &= \int_{E_d}^{T\max} T W_d(E, T)dT \\ &= \frac{T_{\max} + E_d}{2} \end{aligned} \tag{1.84}$$

여기서 원자질량을 A라 하면, $T_{\max}$는 식 (1.20)으로부터 아래와 같이 된다.

$$T_{\max} = \frac{4A}{(A+1)^2} E \approx \frac{4}{A} E \tag{1.85}$$

원자로의 중성자에너지 스펙트럼은 핵분열중성자의 에너지 스펙트럼과 비슷하다. 그러므로 원자로에서 생성되는 중성자의 평균 에너지를 $1.5\,\mathrm{MeV}$ 정도로 보고 이에 대한 산란단면적을 사용하면 개략적이지만 원자로에서 조사된 재료의 손상을 추정할 수가 있다.

중성자와 하전입자는 질량과 에너지가 같은 경우라도 원자에 전달하는 평균 에너지는 큰 차이가 나는데, 식 (1.84)에서 구한 중성자의 $W(E, T)dT$와 식 (1.83)에서 구한 하전입자(양성자)의 $W(E, T)dT$를 비교한 것이 그림 1–11에 있다. 그림에서 보는 바와 같이 중성자와 양성자는 질량이 같으므로 원자에게 전달하는 최대에너지 $T_{\max}$는 같지만, 원자에게 전달하는 평균 에너지 $\overline{T}$는 중성자가 양성자보다 현저하게 크다. 즉 하전입자의 경우에는 전방산란이 많이 일어나므로 PKA의 평균 에너지가 탈출문턱에너지의 수배에 불과할 정도로 아주 작다.

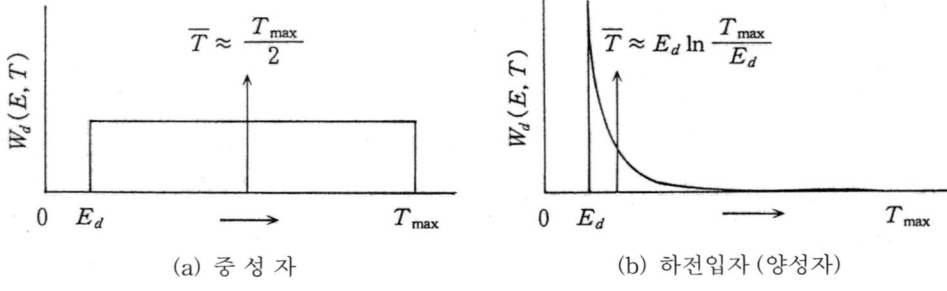

(a) 중 성 자   (b) 하전입자 (양성자)

그림 1-11   중성자 및 하전입자에 의한 PKA의 에너지 스펙트럼 비교[8]

1.5.4 고속전자에 의한 PKA 생성

고속전자도 높은 에너지의 하전입자와 같이 대부분의 에너지를 주로 궤도 전자를 들뜨게 하는데 소모하지만, 에너지가 큰 경우에는 원자핵과 탄성적으로 충돌하여 원자를 탈출시킬 수 있다. 전자의 정지질량을 M_e 라고 하면, 정지상태에서의 등가에너지는 0.51 MeV이므로 MeV 정도의 에너지를 갖는 고속전자는 무거운 하전입자의 경우와는 달리 상대론적으로 취급해야 한다. 고속전자를 상대론적으로 취급하면 운동량 $P_e{}'$ 와 운동에너지 $E_e{}'$ 는 아래와 같다.

$$P_e{}' = M_e{}' v \tag{1.86}$$
$$E_e{}' = (M_e{}' - M_e) c^2 \tag{1.87}$$

여기서 $M_e{}' = M_e / (1 - v^2/c^2)^{1/2}$ 그리고 c 는 광속도인데, 전자 질량은 원자핵의 질량에 비해 무시할 수 있을 만큼 작으므로 식 (1.8)과 (1.9) 그리고 식 (1.24)에서 알 수 있듯이 전자의 속도와 산란각은 중심계와 실험실계 사이에 거의 차이가 없다.

따라서 그림 1-12에서 보는 바와 같이 θ 로 산란되는 충돌과정에서 질량 M_2 의 원자핵이 전자로부터 전달받는 운동량 $\triangle P$ 와 에너지 T 는 아래와 같다.

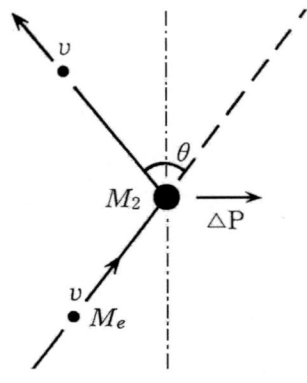

그림 1-12   전자의 탄성산란

$$\triangle P = 2 M_e{}' v \sin\frac{\theta}{2} \tag{1.88}$$

$$T = \frac{\triangle P^2}{2 M_2} \tag{1.89}$$

여기서 전자의 상대운동에너지 $E_e{}'$를 도입하면 원자핵이 전자로부터 전달받는 에너지 T는 아래와 같이 나타낼 수 있다.

$$T = 2 E_e{}'(E_e{}' + 2 M_2 c^2)\sin^2\frac{\theta}{2} \cdot \frac{1}{M_2 c^2} \tag{1.90}$$

그러므로 $\theta = \pi$에서, 즉 정면 충돌시에 전자는 원자핵에 최대로 에너지를 전달하며 이때 전달되는 에너지 T_{max}는 아래와 같다.

$$T_{max} = 2 E_e{}'(E_e{}' + 2 M_e c^2) \cdot \frac{1}{M_2 c^2} \tag{1.91}$$

위 식을 보면 전자에너지가 1 MeV 그리고 원자핵의 질량이 100 amu인 경우에 전자가 원자핵에게 최대로 전달할 수 있는 에너지는 ~40 eV 정도가 된다. 그러므로 MeV 정도의 에너지를 갖는 고속전자는 원자의 평균 탈출문턱에너지인 ~25 eV 이상의 에너지를 원자에 전달할 수 있으므로 원자를 격자 위치에서 탈출시킬 수 있다.

1.5.5 감마선에 의한 PKA 생성

감마선도 에너지가 크면 원자를 탈출시킬 수 있다. 감마선이 물질에 미치는 중요한 영향으로는 전자의 들뜸과 이온화를 들 수 있지만, 에너지가 높으면 확률은 작지만 원자를 탈출시킬 수 있다. 감마선이 원자를 탈출시키는 방법은 감마선이 전자와 충돌하여 일으키는 콤푸톤 산란 또는 원자핵의 쿨롱전장 속에서 일어나는 전자쌍 생성 등에 의해 MeV 이상의 고속전자를 생성하고, 이 고속전자가 원자와 충돌하여 원자를 탈출시키는 과정을 통해 일어난다.

이 외에도 감마선과 원자핵의 충돌에 의한 리코일(recoil) 등 감마선과 핵의 직접 충돌에 의한 원자의 탈출도 고려할 수 있지만, 1 MeV 부근에서는 반응단면적이 무시할 수 있을 정도로 작으므로 원자의 탈출에는 영향을 미치지 못한다.

1.6 PKA에 의한 캐스케이드 형성

격자원자가 입사입자에 충돌되어 격자 위치에서 튕겨 나오면 원자빈자리(vacancy)와 격자간원자(interstitial atom)의 쌍인 프렌켈 결함이 생성된다. 이와 같은 점결함 쌍은 가장 기초적인 격자결함으로 결정물질에 높은 에너지의 입자를 조사시키면(쬐면) 대량으로 생성된다. 입사입자와 충돌한 원자가 PKA(primary knock-on atom, 1차탈출원자)가 되어 많은 에너지를 전달받으면, 이 PKA는 에너지를 상실하여 정지할 때까지 다른 원자와 연속적으로 충돌하여 더 많은 원자를 격자 위치에서 튕겨 나가게 만든다.

이에 따라 입사입자로부터 큰 에너지를 전달받은 PKA는 다수의 격자원자를 격자 위치에서 탈출시키므로 격자원자가 없는 영역, 즉 원자빈자리가 모여 있는 소위 캐스케이드(cascade)를 형성한다. PKA가 캐스케이드를 형성하는 데는 10^{-11}초 정도 그리고 여러 개의 캐스케이드가 결합하여 원자빈자리 과밀영역(depleted zone)을 형성하는 데는 10^{-6}초 정도 소요된다.

캐스케이드 형성 이론에는 Kinchin-Pease 모델[9], Lindhard 모델[2], NRT 모델[10] 등 여러 모델이 있는데, 이러한 모델로 구한 원자의 탈출수(number of displacement atom)는 확산에 의한 소멸을 제외하더라도 측정값보다 ~10배 이상 많다. 이와 같이 이론값과 측정값 사이에 큰 차이가 있는데, 그 원인으로는 캐스케이드 모델에서 가정하고 있는 아래와 같은 것을 생각하여 볼 수 있다.

(1) 연성충돌을 무시하고 모든 충돌을 강체구 충돌로 취급
(2) 원자빈자리에 재배치되는 탈출원자 무시
(3) 비탄성충돌에 의한 에너지 상실 무시
(4) 결정구조의 효과 무시
(5) 캐스케이드 생성 후 원자빈자리와 격자간원자의 즉발 재결합 무시

여기서 (1), (2), (3)은 여러 캐스케이드 모델에서 철저하게 검토하였는데, 측정값과 이론값의 큰 차이에는 별로 영향을 미치지 못하는 것으로 알려져 있다. 그리고 (4)도 컴퓨터 시뮬레이션으로 실험한 결과에 의하면[11,12] 집속충돌(focusing) 또는 채널링(channelling)에 의한 결정구조 효과도 캐스케이드 생성에는 별로 영향을 주지 않는다. 따라서 이론값과 측정값 사이에 큰 차이를 일으키는 중요 원인으로 생각할 수 있는 것은 (5)의 원자빈자리와 격자간원자의 즉발 재결합인데, 캐스케이드 형성에 관해 컴퓨터 시뮬레이션으로 실험한 결과에 의하면[13,14] 점결함의 80% 이상이 캐스케이드 형성 후에 급격하게 소멸한다. 이러한 결과는 점결함 생성량이 PKA에너지에 비례한다고 가정한 캐스케이드 이론과는 상당한 차이가 있다. 그러므로 원자빈자리와 격자간원자의 즉발 재결합을 무시하는 것이 캐스케이드 이론의 큰 단점으로 되어 있다.

1.6.1 Kinchin-Pease 모델

캐스케이드를 나타내는 가장 간단한 양은 캐스케이드의 형성과정에서 생기는 탈출원자의 수량이다. PKA에너지가 원자의 탈출문턱에너지보다 충분히 크면 PKA는 입사입자와 같이 행동하여 또 다른 원자와 충돌을 일으켜 원자를 차례차례로 탈출시킨다. 그러므로 최종적으로 격자 위치에서 탈출시키는 원자 수는 PKA가 갖고 있는 에너지 E의 함수로 나타낼 수 있으며, 이를 탈출손상함수(displacement damage function) 또는 간단히 손상함수(damage function)라고 부르며 $\nu(E)$로 표시하고 있다. Kinchin-Pease 모델[9]은 탈출손상함수 $\nu(E)$를 계산하는데 기본적인 동시에 가장 간단한 모델로서 아래와 같은 가정에 기초를 두고 있다.

(1) 캐스케이드는 2개 개체의 연속충돌로 생긴다.

(2) 원자의 탈출확률은 전달받은 에너지가 탈출문턱에너지보다 작으면 0, 크면 1이다.

(3) 원자의 탈출문턱에너지는 충돌과정에서 원자가 전달받은 에너지에 비해 작으므로 무시한다.

(4) PKA에너지는 이온화에너지 이상에서는 전자적 저지능에 의해 그리고 이온화에너지 이하에서는 핵적 저지능에 의해 에너지를 상실한다.

(5) 에너지 전달 단면적은 강체구 모델에 따른다.

(6) 결정구조에 의한 효과, 즉 집속충돌(focusing)과 채널링(channelling)에 의한 효과를 무시한다.

따라서 이 모델에서는 한 종류의 원소로 구성된 물질에서 일어나는 충돌을 2개 개체사이의 탄성충돌로 보고 있으며, 충돌과정에서 일어나는 개체 간의 상호작용도 무시하였다. 그러므로 PKA에 의해 생성되는 탈출원자의 양은 PKA의 충돌과정과 PKA에 첫 번째로 충돌된 1차충돌원자의 충돌과정을 검토하면 구할 수 있다. 즉 PKA의 충돌과정에서 탈출시킨 원자의 수와 PKA에 첫 번째로 충돌되어 에너지를 전달 받은 1차충돌원자의 충돌과정에서 탈출시킨 원자의 수를 합하면 PKA에 의해 격자 위치에서 탈출시킨 전체 탈출원자의 양을 구할 수 있다.

그림 1-13에 나타낸 바와 같이 에너지 E의 PKA가 1차충돌원자에게 에너지 T를 전달하고, 잔여 에너지인 $(E-T)$를 갖는다면 손상함수 $\nu(E)$는 아래와 같이 쓸 수 있다.

$$\nu(E) = \nu(E-T) + \nu(T) \tag{1.92}$$

여기서 $\nu(E-T)$는 PKA가 탈출시키는 원자의 수이고, $\nu(T)$는 PKA에 충돌되어 에너지 T를 전달받은 1차충돌원자가 탈출시키는 원자의 수이다.

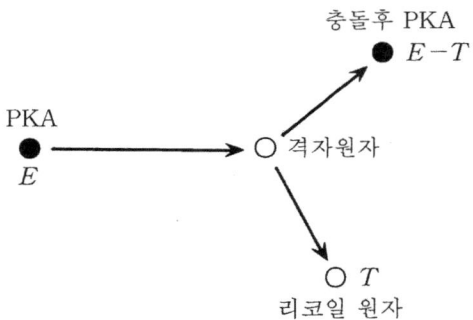

그림 1-13 PKA와 격자원자의 탄성충돌에 의한 원자 탈출

식 (1.92)를 보면 원자를 격자 위치에서 탈출시키는데 소요되는 에너지 E_d를 무시하였다. 따라서 PKA가 1차충돌원자를 격자 위치에서 탈출시키는데 소요되는 에너지를 고려한다면 식 (1.92)의 마지막 항 $\nu(T)$를 $\nu(T-E_d)$로 수정해야 한다. 그리고 식 (1.92)에서는 에너지 전달량 T도 규정되지 않아서 $\nu(E)$를 결정하기에는 충분하지 않다. 그러므로

$\nu(E)$를 결정하기 위해서는 에너지 전달량 T를 규정해야 하는데, PKA에 첫 번째로 충돌된 1차충돌원자가 충돌과정에서 전달받을 수 있는 에너지 T는 PKA와 1차충돌원자의 질량이 같으므로 $0 \sim E$ 사이에 있다.

PKA와 격자원자의 충돌을 같은 질량을 갖는 강체구의 충돌로 가정하면 결정물질이라도 PKA와 원자의 충돌과정에서 특별한 방향 의존성이 없다. 그리고 원자의 열진동도 PKA의 방향 의존성에 장애로 작용하므로 PKA와 격자원자의 충돌을 등방산란으로 볼 수 있다. 따라서 PKA에 의한 원자의 탈출을 통계적으로 취급할 수 있는데, PKA가 원자에게 $T \sim T+dT$ 사이의 에너지를 전달하는 확률 $W(E, T)$는 아래와 같다.

$$W(E, T) = W(E, E-T) = \frac{1}{E} \tag{1.93}$$

그러므로 에너지 E의 PKA에 의한 손상함수 $\nu(E)$는 아래와 같이 된다.

$$\nu(E) = \frac{1}{E} \int_0^E [\nu(E-T) + \nu(T)] dT \tag{1.94}$$

여기서 오른쪽 괄호 안의 적분핵은 $T/2$에 대해 대칭이 된다. 따라서 식 (1.94)는 아래와 같이 간단한 식으로 나타낼 수 있다.

$$\nu(E) = \frac{2}{E} \int_0^E \nu(T) dT \tag{1.95}$$

식 (1.95)의 적분을 구하기에 앞서 탈출문턱에너지 E_d 부근에서 PKA에너지 E가 손상함수 $\nu(E)$에 미치는 영향에 대해 검토하여 볼 필요가 있다. 만약 PKA에너지 E가 탈출문턱에너지 E_d보다 작으면 PKA는 원자를 탈출시키지 못하므로 $\nu(E)$는 0이 된다. 즉

$$\nu(E) = 0 \qquad (0 < E < E_d) \tag{1.96}$$

그러나 PKA가 $E_d \sim 2E_d$ 사이의 에너지를 갖게 되면 원자와의 충돌에서 다음의 두 가지 결과 중에서 하나가 일어나게 된다. 즉 PKA에너지가 E_d 보다 크고 $2E_d$ 보다 작은 에너지를 원자에게 전달하면 원자는 탈출하지만, 충돌과정에서 에너지를 상실한 PKA는 E_d보다 작은 에너지를 보유하게 되므로 탈출하지 못하고 운동에너지를 열로 상실하면서 빈 격자위치로 떨어지게 된다. 그리고 반대로 PKA가 E_d 보다 작은 에너지를 원자에 전달하면 원자는 탈출하지 못하고 PKA만 탈출하게 된다. 그러므로 위의 두 가능성 중에서 어느 것이 일어나든 관계없이 PKA는 다만 한 개의 원자만 탈출원자로 만든다. 따라서 $E_d \sim 2E_d$ 사이의 에너지를 갖는 PKA는 다만 1개의 원자만 탈출시킨다. 즉 아래와 같다.

$$\nu(E) = 1 \qquad (E_d < E < 2E_d) \tag{1.97}$$

그러므로 식 (1.95)의 적분계수 $0 \sim E$를 $0 \sim E_d$, $E_d \sim 2E_d$ 그리고 $2E_d \sim E$로 분리시키고 식 (1.96)과 (1.97)를 사용하면, 손상함수 $\nu(E)$는 아래와 같이 표시된다.

$$\nu(E) = \frac{2E_d}{E} + \frac{2}{E} \int_{2E_d}^E \nu(T) dT \qquad (E > 2E_d) \tag{1.98}$$

그리고 PKA에너지가 탈출문턱에너지의 두 배인 $2E_d$보다 아주 크면 식 (1.98)은 아래와

같이 쓸 수 있다.

$$\nu(E) = \frac{2}{E} \int_{2E_d}^{E} \nu(T) \, dT \qquad (1.99)$$

위 식의 해는 아래와 같다.

$$\nu(E) = CE \qquad (1.100)$$

여기서 상수 C는 $\nu(E)$의 연속적인 성질로부터 결정할 수 있다. 즉 $E = 2E_d$에서 $\nu(E)$는 1이 되므로 $E \geq 2E_d$인 경우에는 손상함수 $\nu(E)$에 대해 아래와 같은 식을 얻을 수 있는데, 이 식은 Kinchin과 Pease에 의해 처음으로 얻어졌다.

$$\nu(E) = \frac{E}{2E_d} \qquad (E \geq 2E_d) \qquad (1.101)$$

앞에서도 기술하였지만 PKA에너지가 이온화 문턱에너지 E_c ($\sim A$ keV, A는 원자질량) 보다 크면 주로 전자적 저지능에 의해 에너지를 상실한다. 즉 이온화 문턱에너지 이상에서는 PKA가 전자와 충돌하여 전자의 들뜸이나 이온화로 에너지를 상실하므로 원자의 탈출에 기여하지 못한다. 그러므로 식 (1.101)의 에너지 상한값을 PKA에너지 대신에 원자의 이온화 문턱에너지 E_c로 대체하는 것이 요구된다. 이온화 문턱에너지를 고려하면 Kinchin-Pease 식은 아래와 같이 된다.

$$\nu(E) = \frac{E_c}{2E_d} \qquad (E > E_c) \qquad (1.102)$$

따라서 위에서 검토한 결과를 종합하여 보면, Kinchin-Pease 모델에 의한 손상함수 $\nu(E)$는 아래와 같이 나타낼 수 있다.

$$\nu(E) = \begin{cases} 0 & (E < E_d) \\[2mm] 1 & (E_d \leq E < 2E_d) \\[2mm] \dfrac{E}{2E_d} & (2E_d \leq E < E_c) \\[2mm] \dfrac{E_c}{2E_d} & (E \geq E_c) \end{cases} \qquad (1.103)$$

1.6.2 Lindhard 모델

Kinchin-Pease 모델에서는 입사입자와 격자원자의 충돌과정에서 전자적 충돌과 핵적 충돌이 각각 독립적으로 일어난다고 가정하고 있다. 그리고 이온화에너지보다 작은 에너지에서는 전자적 충돌은 일어나지 않고 핵적 충돌만 일어난다고 가정하므로 전자적 충돌에 의한 PKA의 에너지 상실을 무시하고 있다. 따라서 Kinchin-Pease 모델에서는 원자의 탈출이 PKA에너지에 비례하는 $\nu(E) \propto E/E_d$ 라는 손상함수를 얻게 되므로 조사손상을 과대 평가하고 있다.

이에 반해 Lindhard 등[2]은 Kinchin-Pease 모델을 좀 더 일반화시켜 $\nu(E)$는 PKA에너

지에 비례하지 않고 PKA에너지 중에서 실제로 원자의 운동에너지로 전달되는 에너지에 대해서만 비례한다고 가정하고, 원자의 손상함수에 광범위하게 적용할 수 있는 이론을 제시하였다. PKA에너지 중에서 원자에게 운동에너지로 전달되는 에너지의 평균값을 손상에너지(damage energy)라 하는데, 손상에너지는 아래와 같은 가정을 통해 근사값을 구할 수 있다.

(1) 리코일 전자(recoil electron)는 원자를 탈출시키지 못한다.
(2) 원자가 결정에 속박되는 영향은 무시한다.
(3) 1회 충돌에서 전자에 전달되는 에너지 T_e는 충돌 후에 PKA가 갖고 있는 에너지 $E-T_e$에 비해 대단히 작다.
(4) 핵적 충돌과 전자적 충돌은 분리시킬 수 있다.

물질에서 PKA가 매우 얇은 두께 dx를 통과할 때 일어나는 에너지의 상실을 Lindhard 개념으로 검토하여 보면, 그림 1-14에 나타낸 것과 같이 세 가지 경우를 생각하여 볼 수 있다. 즉 PKA가 물질 내에서 그림 (a)와 같이 전자와 충돌하는 경우, (b)와 같이 원자핵과 충돌하는 경우 그리고 (c)와 같이 어떠한 충돌도 일어나지 않고 통과하는 경우를 생각하여 볼 수 있다.

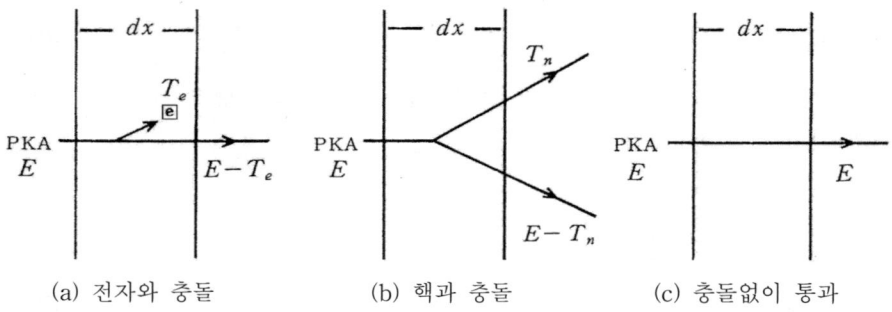

(a) 전자와 충돌　　　　(b) 핵과 충돌　　　　(c) 충돌없이 통과

그림 1-14 PKA의 에너지 상실에 대한 Lindhard 모델 개념도

우선 (a)와 같이 PKA가 전자와 충돌하는 경우를 생각해 보면, 두께 dx에서 전자와 충돌하여 (T_e, dT_e)의 에너지를 전달하는 확률 $P_e dT_e$는 아래와 같다.

$$P_e dT_e = N\sigma_e(E, T_e)dT_e dx \tag{1.104}$$

여기서 N은 원자밀도이며 $\sigma_e(E, T_e)$는 PKA가 전자에게 에너지 T_e를 전달하는 산란단면적이다. 그리고 (b)의 경우와 같이 PKA가 원자핵과 충돌하여 원자핵에게 T_n의 에너지를 전달하는 산란단면적을 $\sigma_n(E, T_n)$이라 하면, PKA가 두께 dx에서 원자핵과 충돌하여 에너지 dT_n를 전달하는 확률 $P_n dT_n$은 아래와 같이 표시된다.

$$P_n dT_n = N\sigma_n(E, T_n)dT_n dx \tag{1.105}$$

한편 (c)의 경우와 같이 PKA가 두께 dx에서 전자 또는 원자핵과 어떠한 충돌도 일어나지 않고 통과하는 확률 P_o는 아래와 같다.

$$P_o = 1 - Ndx[\sigma_e(E) + \sigma_n(E)]$$
$$= 1 - (P_e + P_n) \tag{1.106}$$

위 식에서 $\sigma_e(E)$와 $\sigma_n(E)$는 각각 전자와 원자핵의 산란단면적이다. 따라서 PKA에 의해 일어나는 탈출 원자수는 아래와 같이 쓸 수 있다.

$$\nu(E) = \int_0^E [\nu(E - T_n) + \nu(T_n)] P_n \, dT_n$$
$$+ \int_0^{Te,max} \nu(E - T_e) P_e \, dT_e + P_o \nu(E) \tag{1.107}$$

여기서 $T_{e,max}$는 에너지 E의 PKA가 전자에게 전달할 수 있는 최대 에너지이다. 그러므로 식 (1.107)에 식 (1.104), (1.105) 그리고 (1.106)을 대입하면, PKA에 의해 탈출되는 원자의 수를 구할 수 있는데, 아래와 같다.

$$[\sigma_n(E) + \sigma_e(E)]\nu(E) = \int_0^E [\nu(E - T_n) + \nu(T_n)] \sigma_n(E, T_n) \, dT_n$$
$$+ \int^{Te,max} \nu(E - T_e) \sigma_e(E, T_e) \, dT_e \tag{1.108}$$

식 (1.108)에서 가정 (3)에 의해 PKA가 전자에게 전달하는 에너지 T_e가 PKA에너지 E보다 상당히 작다고 보면, $\nu(E - T_e)$는 Taylor 급수로 전개할 수 있으며 전개 후 2항 이하를 생략하면 아래와 같이 된다.

$$\nu(E - T_e) = \nu(E) - \frac{d\nu}{dE} T_e \tag{1.109}$$

따라서 식 (1.108)의 오른쪽 마지막 항에 있는 PKA와 전자의 충돌에 따른 손상함수 $\nu(E)$는 아래와 같이 쓸 수 있다.

$$\int_0^{Te,max} \nu(E - T_e) \sigma_e(E, T_e) \, dT_e =$$
$$\nu(E) \int_0^{Te,max} \sigma_e(E, T_e) \, dT_e - \frac{d\nu}{dE} \int_0^{Te,max} T_e \sigma_e(E, T_e) \, dT_e \tag{1.110}$$

여기서 오른쪽의 첫 번째 적분항은 PKA에 대한 전자의 산란단면적이고, 두 번째 적분항은 식 (1.35)의 저지능을 원자밀도 N으로 나눈 값, 즉 $(dE/dx)_e/N$에 해당된다. 그러므로 식 (1.110)은 아래와 같이 된다.

$$\int_0^{Te,max} \nu(E - T_e) \sigma_e(E, T_e) \, dT_e =$$
$$\nu(E) \sigma_e(E) - \frac{d\nu}{dE} \frac{(dE/dx)_e}{N} \tag{1.111}$$

식 (1.111)을 식 (1.108)에 대입하고 가정 (1)에 따라 리코일 전자에 의한 원자의 탈출을 무시하면 그 결과는 아래와 같다.

$$\nu(E) + \left[\frac{(dE/dx)_e}{N\sigma_n(E)} \right] \frac{d\nu}{dE} = \tag{1.112}$$

$$\int_0^E \left[\nu(E - T_n) + \nu(T_n) \right] \left[\frac{\sigma_n(E, T_n)}{\sigma_n(E)} \right] dT_n$$

PKA와 원자핵의 충돌이 강체구 모델에 따라 일어난다면 등방산란이 된다. 그러므로 식 (1.112)의 오른쪽에 있는 에너지 전달 확률은 일정하게 된다. 따라서 전자적 저지능 $(dE/dx)_e$를 무시하고 PKA와 원자핵의 충돌을 강체구 충돌로 보면 식 (1.112)는 식 (1.94)가 되므로 Kinchin-Pease의 기본식인 식 (1.101)이 얻어진다.

전자적 정지능이 원자 탈출에 미치는 영향을 검토하기 위해 충돌이 강체구 모델에 따라 일어난다고 가정하고, 식 (1.112)의 $(dE/dx)_e$를 식 (1.55)와 같이 $kE^{1/2}$로 대치하고 적분한계를 $0 \sim E_d$, $E_d \sim 2E_d$ 그리고 $2E_d \sim E$로 구분하면 아래와 같은 식이 얻어진다.

$$\nu(E) = \frac{2E_d}{E} + \frac{2}{E} \int_{2E_d}^E \nu(T) dT - \frac{kE^{1/2}}{\sigma_n N} \frac{d\nu}{dE} \tag{1.113}$$

여기서 PKA에너지 E가 탈출문턱에너지의 두 배인 $2E_d$보다 크고 그리고 전자적 저지능이 손상함수에 미치는 영향이 미미하다고 가정하면, 식 (1.113)은 근사적으로 아래와 같이 쓸 수 있다.

$$\nu(E) = \left[1 - \frac{4k}{\sigma_n N (2E_d)^{1/2}} \right] \left(\frac{E}{2E_d} \right) \tag{1.114}$$

위 식에서 오른쪽 첫째 괄호는 PKA에너지 중에서 핵적 저지능에 의해 전달되는 에너지 분율이다. 따라서 PKA에너지 중에서 이 분율 만큼의 에너지만 원자를 탈출시킬 수 있다. 이러한 의미에서 Lindhard 모델을 에너지분할론(energy partitioning theory)이라고 부르기도 한다.

Lindhard의 에너지 분할론도 원자의 손상함수를 계산하는데 사용할 수 있다. 그러나 식 (1.114)에서 보는 바와 같이 PKA에너지가 이온화 문턱에너지 E_c보다 큰 경우에도 탈출 원자수는 Kinckin-Pease 기본 모델과 같이 에너지 증가에 따라 계속 증가하는 문제가 있다. 그러므로 Lindhard의 에너지분할론은 주로 Kinchin-Pease 기본식인 식 (1.101)의 보완 인자로 사용되고 있다. 에너지분할론을 사용하면 Kinchin-Pease의 기본식인 식 (1.101)은 아래와 같이 된다.

$$\nu(E) = \xi(E) \frac{E}{2E_d} \tag{1.115}$$

여기서

$$\xi(E) = \left[1 - \frac{4k}{\sigma_n N (2E_d)^{1/2}} \right] \tag{1.116}$$

그림 1-15는 입사입자(이 경우는 PKA)의 에너지 중에서 원자의 운동에너지로 이용되는 에너지의 분율을 PKA에너지에 따라 나타낸 것이다. 그림에서 보는 바와 같이 PKA에너

지가 크면 클수록 전자적 충돌에 의한 에너지 상실이 증가하므로 원자 탈출에 이용되는 에너지의 분율은 그만큼 작아지게 된다. 그러므로 전자의 들뜸 및 이온화에너지로 보정하지 않은 Kinchin-Pease 모델은 조사손상을 과대 평가하게 된다.

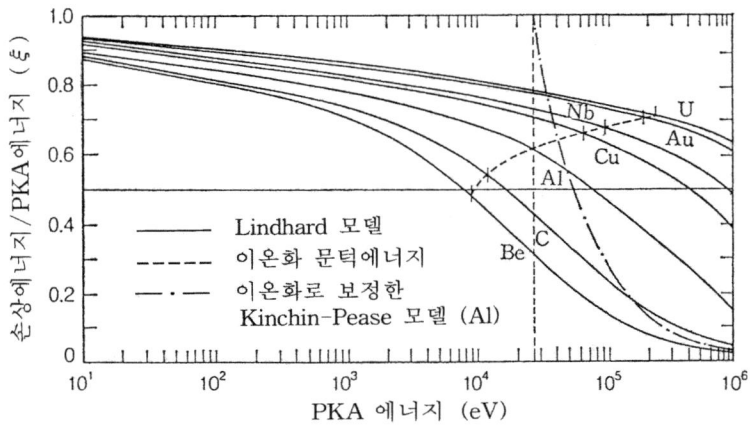

그림 1-15 PKA에너지 중에서 조사손상에 이용되는 에너지 분율[4]

1.6.3 NRT 모델

PKA에너지 중에서 이온화나 전자의 들뜸 등에 사용되는 에너지는 원자의 탈출에 기여하지 못하고, 원자의 운동에너지로 전달되는 에너지만이 원자를 탈출시키는데 기여한다. 이러한 개념을 토대로 Norgett 등은 PKA에너지 중에서 원자의 운동에너지로 전달되는 에너지의 평균값인 손상에너지를 도입하여 Kinchin-Pease 기본식인 식 (1.101)과 유사한 아래와 같은 손상함수에 관한 식을 제안하였다.

$$\nu(E) = \mathrm{k}\, \frac{E_D}{2E_d} \tag{1.117}$$

여기서 E_D는 손상에너지 그리고 k는 손상효율인데, PKA에너지의 일부는 전자적 충돌에 의해 전자의 들뜸 또는 이온화에 이용되므로 k는 1보다 작다.

식 (1.117)은 전자적 충돌에 의한 에너지 상실이 간단하게 표시되지 않는 등 여러 문제점을 갖고 있다. 그럼에도 불구하고 합리적으로 손상함수를 계산할 수 있는 모델로 평가되어 1972년에 개최된 국제원자력기구(IAEA) 산하의 전문가 회의에서 조사손상의 표준 계산법으로 권장하였는데[10], 모델의 기초를 만든 3인의 연구자 Norgett, Robinson 그리고 Torrens의 이름을 따서 NRT 모델이라 부르고 있다.

두 입자 사이에서 일어나는 충돌을 탄성충돌로 취급하고 bcc와 fcc 결정에서 생성되는 캐스케이드를 컴퓨터 시뮬레이션으로 계산한 결과에 의하면[13] 손상효율 k가 0.8이면 식 (1.117)과 계산값이 잘 일치한다. 특히 bcc 금속인 철, 강 및 Ni기(Ni-base) 합금에 대해서는 k를 0.8 그리고 E_d를 40 eV로 가정하고 아래와 같은 식으로 손상함수 $\nu(E)$를 계산하는데, 이것을 NRT 표준모델이라 한다.

$$\nu(E) = \beta E_D \tag{1.118}$$

여기서 $\beta = 10 \text{ keV}^{-1}$

$\qquad E_D = E/(1 + kg(\epsilon))$

$\qquad k = 0.13372 Z^{2/3}/A^{1/2}$ (Z: 원자번호, A : 원자질량)

$\qquad g(\epsilon) = 3.4008\,\epsilon^{1/6} + 0.40244\,\epsilon^{3/4} + \epsilon$

$\qquad \epsilon = E/(86.931 Z^{7/3})$　(E : eV)

지금까지 검토한 캐스케이드 이론으로 구한 손상함수를 식 (1.2)에 대입하면 입사입자에 의한 탈출원자의 수를 구할 수 있다. 그러나 이 값을 단순하게 입사입자에 의해 생성되어 물질에 존재하는 탈출원자의 수로 보아서는 안된다. 왜냐하면 입사입자에 의해 물질에 생성된 원자빈자리와 격자간원자는 극저온(10 K 이하)에서 조사시키는 특수한 경우를 제외하면 대부분이 열활성화에 의한 확산으로 재결합이 일어나서 소멸하기 때문이다. 그러므로 하전입자나 중성자로 조사시킬 때 물질 내에 존재하는 탈출원자의 수는 손상함수로 계산한 값보다는 상당히 작다.

1.7 결정구조가 조사손상에 미치는 영향

지금까지는 원자가 무질서하게 배열되어 있다는 가정 아래 조사손상을 검토하였으므로 결정구조가 캐스케이드 형성에 미치는 영향을 고려하지 않았다. 그러나 입자가 통과하는 물질이 결정물질이라면 캐스케이드 형성에 결정구조가 영향을 미칠 수 있다. 즉 결정물질은 원자의 배열 방향에 따라 원자 밀집도가 다른데, fcc의 경우를 예로 들면 〈110〉 방향으로는 원자가 조밀하게 배열되어서 원자 밀집도가 높은데 비해 〈111〉 방향으로는 원자가 상대적으로 덜 조밀하게 배열되어 있어서 원자 밀집도가 낮다. 그리고 결정면도 관찰하는 방향에 따라 원자열로 둘러싸인 여러 모양의 채널(channel)이 나타나므로 격자원자 탈출에 영향을 줄 수 있다.

결정구조가 원자 탈출에 미치는 영향에는 집속충돌(focusing)과 채널링(channelling)이 있다. 집속충돌은 원자열에서 원자와 원자 사이에 정면충돌에 가까운 작은 각도의 충돌이 연속적으로 일어나서 인접 원자를 차례차례 다음 원자 위치로 밀어내는 현상이며, 채널링은 원자열로 둘러싼 채널에 원자가 포획되어 경면충돌(glancing collision)을 일으키면서 장거리 이동하는 현상이다. 집속충돌과 채널링은 둘 다 캐스케이드의 탈출원자 수와 형태에 영향을 주는데, 집속충돌은 에너지가 작은 경우에 일어나는 반면에 채널링은 에너지가 작거나 크면 일어나지 않고 일정 범위의 에너지 영역에서만 일어난다.

1.7.1 집속충돌

집속충돌은 입자에너지가 작은 경우에 잘 일어나는데, 보통 수백 eV 이하의 에너지 영역에서 일어난다. 집속충돌의 가장 기본적인 형태로는 그림 1-16에서 보는 바와 같이 원자열에서 원자와 원자가 작은 각도로 연속적으로 충돌하여 원자를 한 개씩 차례차례로 밀어내는 현상을 생각하여 볼 수 있다.

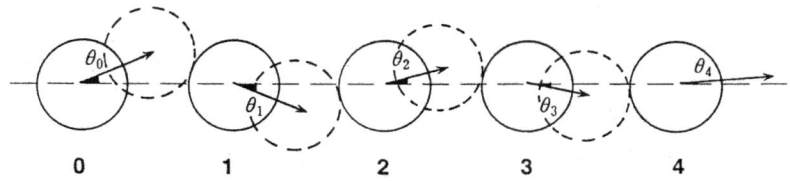

그림 1-16 강체구의 1차원적 연속 집속충돌; 점선으로 표시된 원은 충돌 후에 이동한 위치를 나타낸다.

문제를 간단하게 취급하기 위하여 원자를 강체구로 보면, 낮은 에너지 영역에서는 입사입자와 원자 사이에 작용하는 퍼텐셜에너지를 Born-Mayer 퍼텐셜에너지로 취급할 수 있다. 그러므로 퍼텐셜에너지 $V(r)$은 아래와 같이 표시된다.

$$V(r) = A \exp\left(-\frac{r}{\rho}\right) \tag{1.119}$$

여기서 A와 ρ는 상수이고 r은 두 강체구 사이의 거리인데, 강체구 사이의 최근접 거리는 상대운동에너지 E_r과 퍼텐셜에너지 $V(r)$이 같아지는 위치로부터 구할 수 있다. 이 위치에서 퍼텐셜에너지 $V(r)$은 아래와 같다.

$$V(r) = E_r = \frac{E}{2} \tag{1.120}$$

그러므로 식 (1.119)와 (1.120)을 사용하면 두 강체구가 최대로 접근할 수 있는 거리 R에 대해 아래와 같은 식을 얻는다.

$$R = \rho \log\left(\frac{2A}{E}\right) \tag{1.121}$$

여기서 R은 두 강체구가 최대로 접근할 때의 거리이므로 두 강체구의 반경을 합한 것으로 볼 수 있다. 그러므로 강체구의 반경은 $R/2$이 된다.

집속충돌을 취급하는데 충돌반경 개념을 사용하면 편리하다. 즉 집속충돌에서 일어나는 두 입자 사이의 충돌을 한 개의 점입자와 실제 반경의 2배를 갖는 입자 사이의 충돌로 보면, 충돌과정을 비교적 간단하게 취급할 수 있다. 그림 1-17에서 보는 바와 같이 실제 반경의 두 배인 원자 1이 축방향에 대해 각 θ_0 방향으로 운동하는 점입자인 원자 0에 충돌되어 각 θ_1 방향으로 산란하면 각 θ_0과 θ_1의 관계는 아래와 같다.

$$\sin\theta_1 = \sin\theta_0\left(\alpha\cos\theta_0 - \sqrt{1 - \alpha^2\sin^2\theta_0}\right) \tag{1.122}$$

여기서

$$\alpha = \frac{D}{R} \tag{1.123}$$

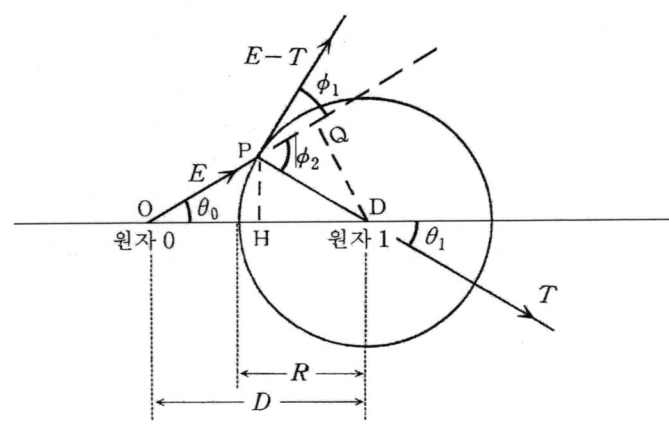

그림 1-17 강체구 충돌에서의 산란각 관계

위 식에서 D는 원자와 원자 사이의 거리 그리고 R은 충돌반경으로 두 원자의 반경을 합한 거리이다. 한편 그림 1-2에 나타낸 표적입자의 실험실계 산란각 ϕ_2와 중심계 산란각 θ 사이에는 식 (1.15)의 관계가 성립하므로 아래의 관계가 있다.

$$\cos^2\phi_2 = \sin^2\frac{\theta}{2} \tag{1.124}$$

따라서 그림 1-17에서 △PDQ에 대해 생각해 보면 아래와 같은 관계식을 얻을 수 있다.

$$\cos^2\phi_2 = 1 - \alpha^2\sin^2\theta_0 \tag{1.125}$$

그러므로 원자 1과 원자 0의 충돌에서 원자 1이 전달받는 에너지 T_1은 식 (1.19)에 따라 아래와 같다.

$$\begin{aligned} T_1 &= T_{1,\max}\sin^2\frac{\theta}{2} \\ &= T_{1,\max}(1 - \alpha^2\sin^2\theta_0) \end{aligned} \tag{1.126}$$

따라서 α가 작을수록 또는 θ_0가 작을수록 에너지 전달효율은 증가하게 된다.

집속충돌이 일어나는 조건에 대해 생각하여 보면, 그림 1-16에서 보는 바와 같이 산란각이 입사각보다 작아야 한다. 즉 $|\theta_1| \le |\theta_0|$이어야 한다. 그러므로 집속충돌이 일어나기 위해서는 그림 1-17에서 알 수 있는 바와 같이 △OPD에서 PD가 OP보다 커야 하는데, 집속충돌에서는 입사각 θ_0가 작아서 OP≈OH 이므로 $R \ge D/2$를 집속충돌이 일어날 수 있는 조건으로 볼 수 있다.

집속충돌에서 차례차례로 옆 원자와의 충돌을 생각해 보면 m번째와 m_1번째 원자 사이에는 식 (1.122)와 마찬가지로 아래와 같은 식이 성립한다.

$$\sin\theta_{m+1} = \sin\theta_m\left(\alpha\cos\theta_m - \sqrt{1 - \alpha^2\sin^2\theta_m}\right) \tag{1.127}$$

그리고 집속충돌에서는 θ_m이 아주 작아서 $\sin\theta \rightarrow \theta$로 대치할 수 있으므로 식 (1.127)은

아래와 같이 쓸 수 있다.

$$\theta_{m+1} \simeq \theta_m(\alpha - 1) = f\theta_m \ (f = \alpha - 1) \tag{1.128}$$

식 (1.128)의 f를 집속파라미터(focusing parameter)라 하는데 집속충돌이 연속적으로 일어나기 위해서는 f가 1보다 작아야 하며, 이 경우 θ_m은 아래와 같이 표시된다.

$$\theta_m = f^m \theta_0 \tag{1.129}$$

앞에서도 기술하였지만 집속충돌이 일어나기 위해서는 그림 1-17에서 R이 $D/2$보다 커야 하므로 $R = D/2$가 집속충돌이 일어날 수 있는 임계조건이 된다. 따라서 집속충돌은 $R = D/2$에서의 퍼텐셜에너지보다 작은 에너지에서 일어난다. 식 (1.119)와 (1.120)을 사용하면 집속충돌이 일어나는 에너지 상한값 E_f는 아래와 같다.

$$E_f = 2V\left(\frac{D}{2}\right) \tag{1.130}$$
$$= 2A \exp\left(-\frac{D}{2\rho}\right)$$

여기서 E_f를 집속충돌에너지라 하며, 이 에너지보다 작은 에너지에서만 집속충돌이 일어날 수 있다.

1.7.2 채널링

가. 채널링 현상

결정을 낮은 지수 방향에서 보면 두 가지 특징이 있는데, 하나는 원자가 낮은 지수 방향으로 조밀하게 배열되어 있어서 집속충돌이 일어나기 쉬우며 다른 하나는 낮은 지수 방향일수록 그림 1-18에서 보는 바와 같이 원자열과 원자열로 구성하는 채널을 많이 만들 수 있다. 이러한 채널에 입자가 들어가면 채널원자가 되어 채널 벽을 구성하는 원자와 경면충돌(glancing collision)을 일으키면서 채널에서 빠져나오지 못하고 마치 기다란 원통 내를 이동하는 것과 같이 결정 내를 장거리 이동하게 된다. 이와 같이 입자가 채널에 포획되어 장거리 이동하는 현상을 채널링(channelling)이라 하며, 〈001〉 채널이나 〈110〉 채널과 같이

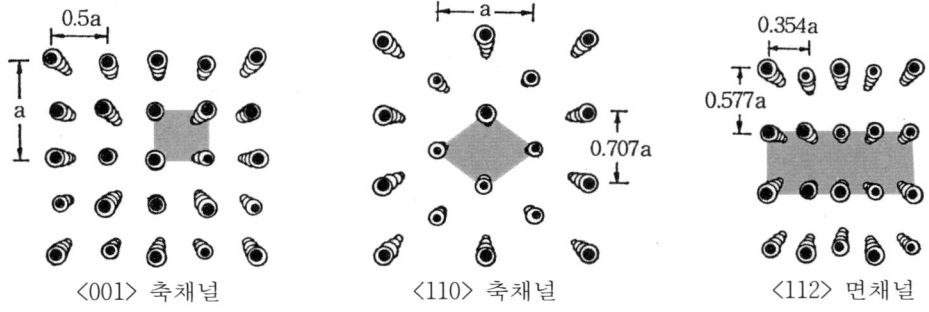

그림 1-18 Fcc 금속의 〈001〉, 〈110〉 축채널과 〈112〉 면채널의 예

낮은 지수 방향으로 열려있는 채널을 축채널(axial channel)이라 부른다. 한편 ⟨112⟩ 채널에서 보는 바와 같이 원자면과 원자면으로도 채널을 구성할 수 있으며 입자가 이러한 채널에 포획되어 장거리 이동하는 경우도 있는데, 이와 같은 채널을 면채널(planar channel)이라 한다.

그림 1-19는 채널링 현상에 대한 예로, 40 keV의 ^{85}Kr 이온을 fcc 결정구조를 갖고 있는 Al 금속과 비결정물질인 Al_2O_3 산화물에 조사시켜 얻은 결과이다. 그림에서 보는 바와 같이 비결정물질로 채널을 구성하지 못하는 Al_2O_3에서는 채널링이 일어나지 못하므로 입자 투과율이 상당히 작다. 이에 비해 채널을 구성할 수 있는 Al 금속에서는 채널링 효과로 입사입자의 투과율이 상대적으로 큰데, 결정방향에 따라 채널을 구성하는 확률이 다르므로 입자의 투과율도 결정방향에 따라 차이가 생긴다.

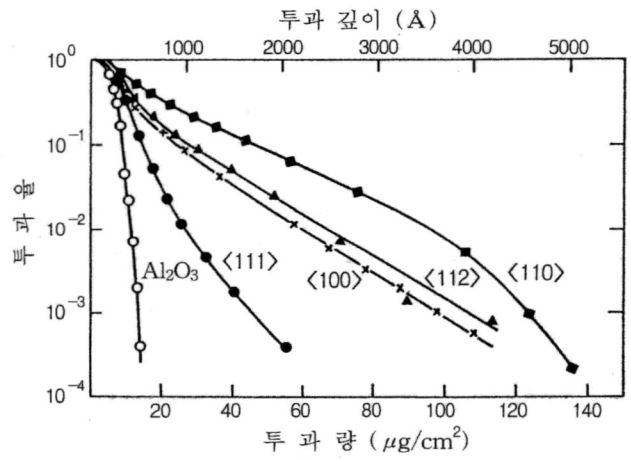

그림 1-19 Al과 비결정물질 Al_2O_3에서 40 keV Kr 이온의 결정방향에 따른 투과율[15]

앞에서도 기술하였지만 결정은 원자가 조밀하게 배열한 방향으로 채널을 구성할 확률이 높은데, 결정구조가 fcc인 Al에서 원자가 가장 조밀하게 배열한 방향은 ⟨110⟩ 이다. 그러므로 Al에서는 ⟨110⟩ 채널을 구성할 확률이 가장 크다. 따라서 채널링을 고려하면 입자의 투과율도 ⟨110⟩ 방향에서 클 것으로 예상할 수 있는데, 실험 결과도 그림 1-19에서 보는 바와 같이 ⟨110⟩ 방향에서 투과율이 가장 크다.

채널링에서는 충돌반경이 중요한데, 충돌반경은 상대운동에너지가 원자와 원자 사이의 퍼텐셜에너지와 같아지는 위치로부터 구할 수 있는데, 식 (1.121)에서 보는 바와 같이 입자 에너지에 지수함수적으로 반비례한다. 그림 1-20은 Cu 이온을 Cu 단결정에 조사하여 에너지에 따른 충돌반경을 식 (1.121)로 계산하여 나타낸 것으로, 에너지가 작으면 충돌반경이 증가하여 채널 내부를 채우게 되고 반대로 에너지가 너무 높으면 충돌반경이 작아져 채널 외부로 쉽게 탈출하므로 채널원자가 되기 어렵다. 그러므로 입사입자가 채널원자로 되기 위해서는 일정한 범위의 에너지가 필요하다.

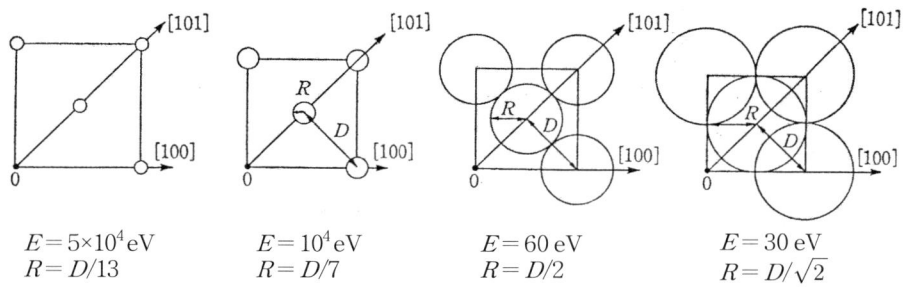

$$E = 5 \times 10^4 \, eV \qquad E = 10^4 \, eV \qquad E = 60 \, eV \qquad E = 30 \, eV$$
$$R = D/13 \qquad\quad R = D/7 \qquad\quad R = D/2 \qquad\quad R = D/\sqrt{2}$$

그림 1-20 Born-Mayer 퍼텐셜에너지를 이용하여 계산한 등가 강체구 반경[16]

나. 채널내 입자 운동

채널 내에서 움직이는 입자의 운동을 취급하는 경우에는 입사입자와 채널벽원자 사이에 작용하는 퍼텐셜에너지가 중요하다. 채널내 한 지점에서의 퍼텐셜에너지는 채널벽을 구성하는 원자열에 있는 각 원자가 기여하는 에너지의 합으로 구할 수 있으며, 이 에너지의 합을 원자와 원자 사이의 평균 거리 D로 나누면 연속적인 원자열에서의 퍼텐셜에너지를 구할 수 있다. 그리고 연속적인 원자열 또는 원자면에서의 퍼텐셜에너지를 합하면 채널의 퍼텐셜에너지가 얻어지는데 대부분은 최인접 원자열 또는 원자면의 퍼텐셜에너지에 의해 결정된다.

채널내 입자 운동의 간단한 모델로서 그림 1-21과 같이 입사입자가 2개의 원자열에 둘러싸여 2차원적으로 이동하는 경우를 생각하여 볼 수 있다.

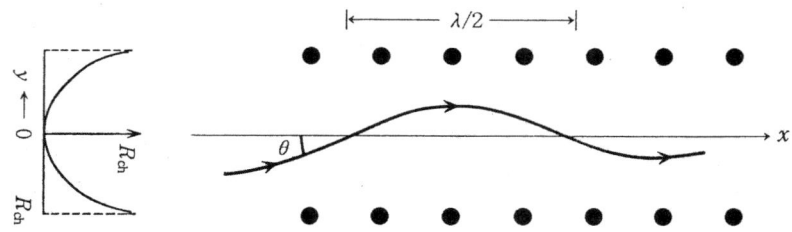

그림 1-21 채널 내에서 입자의 2차원적 운동

이 경우에 입사입자의 진동 폭이 채널의 등가반경 R_{ch}에 비해 작으면 채널벽원자로부터 입사입자가 전달받는 퍼텐셜은 거의 포물선에 유사하다. 따라서 채널의 퍼텐셜에너지 $U(y)$는 아래와 같이 조화함수로 나타낼 수 있다.

$$U(y) = \beta y^2 \qquad\qquad (1.131)$$

여기서 y는 채널 축과 입사입자 사이의 거리이며 β는 입사입자와 채널벽원자 사이의 척력과 채널 폭 R_{ch}로 기술되는 퍼텐셜 함수에 의존하는데, 입사입자의 진동 폭이 작으면 입사입자와 채널벽원자 사이의 거리가 크므로 입사입자와 채널벽원자 사이의 퍼텐셜에너지는 식 (1.57)의 Born-Mayer 퍼텐셜에너지로 나타낼 수 있다. 이 경우에 β는 아래와 같은 식으로 표시된다[17].

$$\beta = \frac{A}{D\rho}\left(\frac{2\pi R_{ch}}{\rho}\right)^{1/2}\exp\left(-\frac{R_{ch}}{\rho}\right) \tag{1.132}$$

위 식에서 D는 채널벽원자 열에서 원자와 원자 사이의 거리 그리고 A와 ρ는 상수이다.

채널에 들어온 입사입자는 단순조화진동을 하면서 전자적 저지능에 의해 에너지를 상실하는데, 에너지 E와 질량 M의 입자가 그림 1-21과 같이 채널축과 θ의 입사각으로 들어오면 x방향의 속도는 아래와 같이 나타낼 수 있다.

$$v_x = \left(\frac{2E}{M}\right)^{1/2}\cos\theta \tag{1.133}$$

그리고 y방향으로의 진동주기 τ는 아래와 같다.

$$\tau = 2\pi\left(\frac{M}{2\beta}\right)^{1/2} \tag{1.134}$$

따라서 입사입자가 채널에 들어올 때 입사각 θ가 작으면 진동의 초기파장 λ는 아래와 같이 표시된다.

$$\lambda = 2\pi\left(\frac{E}{\beta}\right)^{1/2} \tag{1.135}$$

채널에 들어온 입자의 진동 폭은 입사각 θ와 운동에너지 E에 의존한다. 그리고 집속충돌의 경우와는 다르게 채널링에서는 에너지 상한값이 없으며 오히려 채널벽원자와의 연속 충돌에 의해 발진 운동이 끝나는 에너지 하한값이 있다. 식 (1.135)를 보면 입자의 진동파장은 에너지 감소에 따라 감소하므로 에너지가 감소하여 파장이 작아지면 채널벽을 구성하는 원자와 큰 각도의 충돌이 일어나서 에너지 상실이 크므로 채널에서 탈출하게 된다. 그러므로 식 (1.135)의 λ가 $2D$인 경우를 채널링이 일어날 수 있는 에너지의 하한값으로 본다면 채널링이 일어날 수 있는 에너지 하한값 E_{ch}는 아래와 같다.

$$E_{ch} = \beta\left(\frac{D}{\pi}\right)^2 \approx 0.1 \times D^2\beta \tag{1.136}$$

여기서 E_{ch}를 채널링에너지라 부르며, 이 에너지보다 낮은 에너지에서는 채널링이 일어나지 않는다.

채널링에너지는 식 (1.136)에서 보는 바와 같이 β의 증가에 따라 증가하는데, Cu의 경우를 보면 채널링에너지는 약 300 eV 정도이다. 원자 사이에 작용하는 퍼텐셜에너지를 Born-Mayer 퍼텐셜에너지로 나타낼 수 있다면 β는 식 (1.132)와 같은데, β는 식 (1.58)과 (1.59)의 A와 ρ에서 알 수 있듯이 대략 Z^5(Z는 원자번호)에 비례한다. 따라서 원자번호가 큰 원소일수록 채널링에너지가 큰 폭으로 증가하므로 채널링은 중금속보다는 경금속에서 잘 일어난다. 이에 반해 집속충돌은 작은 에너지에서 잘 일어나는데, 식 (1.130)에서 알 수 있듯이 원자간거리 D가 증가하면 집속충돌 에너지가 작아지므로 경금속보다 중금속에서 잘 일어난다.

그림 1-22는 Cu 결정에 고속 Cu 이온을 〈110〉 채널 방향으로 입사시켜 얻은 결과로, Cu 원자가 채널 내를 이동할 때 위치에 따른 퍼텐셜에너지를 등고선으로 나타낸 것으로 그림에서 S는 채널면에서 원자와 원자 사이의 중간점(saddle point)이다. 채널 퍼텐셜에서 중요한 것은 퍼텐셜에너지가 가장 작은 위치인데, 그림에서 보는 바와 같이 에너지가 가장 작은 위치는 채널의 중앙이 아니고 중앙에서 조금 벗어난 곳인 M에 있다.

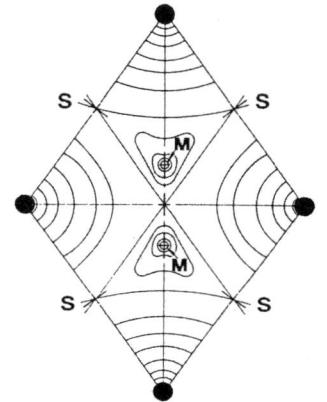

그림 1-22 Cu 결정에서 〈110〉 채널 방향으로 이동하는 고속 Cu 원자의 퍼텐셜에너지 등고선[18]
● Cu 원자열
M 퍼텐셜에너지의 최소 위치
S 채널면에서 원자와 원자 사이의 중간점

그림 1-23은 Cu 결정의 〈110〉 채널에 들어온 고속 Cu 원자가 채널 내에서 움직이는 궤적을 컴퓨터로 시뮬레이션하여 (110)면에 투영한 것으로, Cu 원자는 퍼텐셜에너지가 낮은 구역에서 이동하는 것을 보여 준다. 특히 오른쪽 상단에 표시한 M의 위치는 그림 1-22의 M 위치에 해당하는 곳으로 결정에서 퍼텐셜에너지가 가장 낮은 지점인데, 채널에 포획된 Cu 원자가 다른 곳으로 이동하지 않고 M 부위를 중심으로 움직인다.

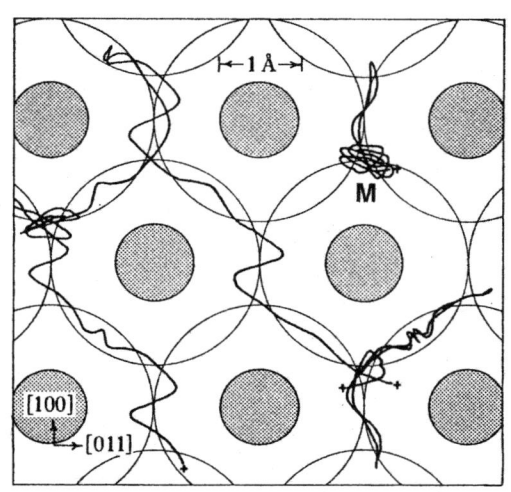

그림 1-23 Cu의 〈110〉 채널에서 고속 Cu 원자의 이동 궤적[19]; 컴퓨터 시뮬레이션에 의함

1.7.3 집속충돌과 채널링이 손상함수에 미치는 영향

PKA가 캐스케이드(cascade)를 형성할 때 탈출원자가 집속충돌을 일으키든가 또는 채널링을 일으키면 더 이상 원자를 탈출시키지 못한다. 즉 충돌과정에서 전달받은 에너지가 탈출문턱에너지보다 높을지라도 개개의 충돌에서 탈출문턱에너지보다 작은 에너지만을 상실하는 집속충돌이 반복하여 일어나든가 또는 채널에서 에너지 전달이 작은 경면충돌(glancing collision)이 연속적으로 일어나면, 원자의 탈출에 기여하지 못하므로 조사손상에 영향을 주지 않는다.

그러나 집속충돌의 경우에는 캐스케이드 구조에 영향을 미치는 것으로 알려져 있는데, 집속충돌이 일어나면 캐스케이드 주위에서는 비교적 격자간원자가 쉽게 생성된다. 그러므로 집속충돌이 일어나면 캐스케이드 체적이 증가하게 되며, 격자간원자도 원자빈자리와의 재결합을 피해 자유롭게 이동할 수 있는 기회를 갖게 된다. 캐스케이드에서 점결함의 공간적 배치는 어닐링에 따른 조사손상의 회복에 중요한 영향을 미친다.

탈출원자가 집속충돌을 일으키든가 또는 채널에 들어가서 채널원자가 되면 더 이상 원자를 탈출시키지 못한다는 가정 아래 Kinchin-Pease 모델을 사용하면 원자의 손상함수 $\nu(E)$는 식 (1.95) 대신에 아래와 같이 된다.

$$\nu(E) = p(E) + [1-p(E)]\frac{2}{E}\int_0^E \nu(T)dT \tag{1.137}$$

여기서 오른쪽의 첫째 항 $p(E)$는 PKA가 집속충돌을 일으키거나 또는 채널에 들어가는 확률이고, 둘째 항은 집속충돌원자나 채널원자가 되지 않은 PKA에 의한 손상함수이다. PKA가 집속충돌원자 또는 채널원자가 되는 확률 p가 에너지에 의존하지 않는다는 가정 아래서 식 (1.137)을 E에 대해 미분하면 아래와 같다.

$$E\frac{d\nu}{dE} = p + (1-2p)\nu(E) \tag{1.138}$$

그리고 식 (1.138)을 적분하면, 손상함수 $\nu(E)$에 대해 아래와 같은 식을 얻는다.

$$\nu(E) = \frac{CE^{(1-2p)} - p}{1-2p} \tag{1.139}$$

식 (1.139)의 적분상수 C는 식 (1.139)를 식 (1.137)에 대입하면 구할 수 있으며, C의 값은 아래와 같다.

$$C = \frac{1-p}{(2E_d)^{(1-2P)}} \tag{1.140}$$

따라서 식 (1.137)에 대해 아래와 같은 해를 얻을 수 있다.

$$\nu(E) = \frac{1}{1-2p}\left[(1-p)\left(\frac{E}{2E_d}\right)^{(1-2p)} - p\right] \quad (E \gg 2E_d) \tag{1.141}$$

위 식은 Robinson 등[19]에 의해 처음으로 얻어졌는데 p가 0이면, 즉 결정 효과를 무시하면 식 (1.141)은 Kinchin-Pease의 기본식인 식 (1.101)과 같다.

PKA가 채널원자가 되는 확률을 Robinson 등이 컴퓨터 시뮬레이션으로 계산한 결과에 의하면[20] p는 ~0.01 정도로 작으며, 좀 더 정확한 퍼텐셜에너지를 사용하면 p는 더욱더 작아진다. 그리고 비록 p가 크다고 해도 캐스케이드 내의 결함농도가 증가하면 p는 감소하므로 녹온(knock-on)에 의해 생성된 탈출원자는 외부에서 들어오는 입사입자와는 다르게 채널에 들어갈 가능성이 거의 없다. 그러므로 채널링과 집속충돌이 PKA의 손상함수에 미치는 효과는 무시할 수 있다.

참고 문헌

1) J. A. Brinkman, in *"Defects and Radiation Damage in Metals"*, ed. by M. W. Thompson, Cambridge Univ. Press, Cambridge, 1969, p100

2) J. Lindhard, V. Nielsen, M. Scharff, and P. V. Thomson, Mat.-Fys. Medd., Dan. Vidensk. Selsk., 33 (1963), No 10, 1

3) L. C. Northcliffe and R. F. Schilling, *"Nuclear Data Tables"*, Section A7 (1970), p233

4) M. T. Robinson, Proc. BNES Conf. on Nuclear Fusion Reactors, Culham, British Nuclear Energy Society, 1970, p364

5) P. Jung, in *"Atomic Collisions in Solids"* Vol. 1, ed. by S. Datz, et. al., Plenum Press, N.Y., 1975, p87

6) J. B. Gibson, A. N. Goland, M. Milgram and G. H. Vineyard, Phys. Rev. 120 (1960), 1229

7) M. J. Makin, S. N. Buckley and G. P. Walters, J. Nucl. Mater. 68 (1977), 161

8) D. S. Billington and J. H. Crawford Jr., *"Radiation Damage in Solids"*, Princeton Univ. Press, Princeton, 1961, p22

9) G. H. Kinchin and R. S. Pease, Rep. Progr. Phys. 18 (1955), 1

10) Recommendation for Displacement Calculations for Reactor/Accelerator Studies in Austenitic Steels, Nucl. Eng. & Design 33 (1975), 91

11) I. M. Torrens and M. T. Robinson, in *"Radiation Induced Voids in Metals"*, ed. by J. W. Corbett and I. C. Laniello, USAEC(CONF-710601), 1972, p739

12) M. T. Robinson, in *"Radiation Induced Voids in Metals"*, ed. by J. W. Corbett and I. C. Laniello, USAEC(CONF-710601), 1972, p397

13) I. M. Torrens, *"Interatomic Potentials"*, Academic Press, London, 1972

14) M. T. Robinson and I. M. Torrens, Phys. Rev. B9 (1974), 5008

15) G. R. Piercy, M. McCargo, F. Brown and J. A. Davies, Can. J. Phys. 42 (1964), 1116

16) G. Leibfried, in *"Radiation Damage in Solids"*, Proc. Inter. School of Physics *"Enrico Fermi"* Corse 18, ed. by D. S. Billington, Academic Press, N.Y., and London, 1962, p227

17) M. W. Thompson, *"Defects and Radiation Damage in Metals"*, Cambridge Univ. Press, Cambridge, 1969, p176

18) C. Lehmann and G. Leibfried, J. Appl. Phys. 34 (1963), 2821

19) M. T. Robinson and O. S. Oen, Phys. Rev. 132 (1963), 2385

20) O. S. Oen and M. T. Robinson, Appl. Phys. Lett. 2 (1963), 83

위 문헌 외에 이 장에서 참고한 주요 문헌은 아래와 같다.

- C. Lehrmann. *"Interaction of Radiation Damage with Solids and Elementary Defect Production"*, North-Holland Publ. Co., Amsterdam, 1977

- D. R. Olander, *"Fundamental Aspects of Nuclear Reactor Fuel Elements"*, Technical Information Center, ERDA, TID-26711-P1 (1976)

- M. W. Thompson, *"Defects and Radiation Damage in Metals"*, Cambridge Univ. Press, Cambridge, 1969

- D. S. Billington and J. H. Crawford Jr., *"Radiation Damage in Solids"*, Princeton Univ. Press, Princeton, 1961

2. 방사선이 재료 손상에 미치는 영향

2.1 방사선에 의한 결함 생성

높은 에너지의 입자를 금속에 조사시키면(쬐면) 입사입자와 격자원자의 충돌에 의해 다수의 원자가 격자 위치에서 튕겨 나가므로 다량의 원자빈자리(vacancy)와 격자간원자 (interstitial atom)가 생성되는 것은 잘 알려져 있는 사실이다. 그런데 이러한 점결함은 극저온에서 조사시키는 특수한 경우를 제외하면 열 활성화에 의한 격자진동으로 쉽게 이동하여 서로 만나게 되는데, 다른 종류의 점결함이 만나면 재결합하여 소멸하고 같은 종류의 점결함이 만나면 집합체를 형성하여 여러 종류의 결함을 만든다. 원자빈자리나 격자간원자는 둘 다 전위루프(dislocation loop)나 전위와 같은 면상결함을 형성하며, 원자빈자리의 경우에는 면상결함 외에 보이드(void)와 같은 구상결함도 만든다.

조사에 따른 결함 생성은 조사온도와 조사량 그리고 조사속도(dpa/sec) 등에 영향을 받으며, 이 외에 불순물과 합금 성분에 의해서도 영향을 받는다. 높은 에너지의 입자를 금속에 조사시킬 때 생성되는 결함에는 아래와 같은 것이 있다.

(1) 점결함 : 원자빈자리 및 격자간원자
(2) 면상결함 : 원자빈자리 과밀영역, 원자빈자리 전위루프, 격자간원자 전위루프, 전위 등
(3) 구상결함 : 보이드 또는 (n, α) 반응에서 생성된 He 등 기체원자가 모여 형성한 기포
(4) 석출물 및 편석물 : 조사에 의해 생성되는 석출물 또는 편석물

2.1.1 점결함의 이동

조사(irradiation)에 의해 생성된 점결함이 결정 내의 한 위치에서 다른 위치로 이동하기 위해서는 원자와 원자 사이의 에너지 장벽을 뛰어넘어야 한다. 즉 원자와 원자 사이에 작용하는 퍼텐셜에너지보다 더 높은 에너지를 갖는 점결함만이 이동할 수 있다. 결정에서 두 원자 사이에 존재하는 퍼텐셜에너지는 중간 위치에서 최대가 되며 그 위치를 지나면 본래의 기저상태로 되돌아오는데, 최대상태와 기저상태의 퍼텐셜에너지 차이가 점결함

이동에 대한 활성화에너지, 즉 원자의 탈출문턱에너지이다.

정상상태에서 원자의 활성화에너지는 격자진동에 의해서만 제공되는데 이 에너지가 맥스웰-볼츠만 법칙에 따른다고 보면, 격자진동이 점결함 이동에 기여하는 확률 P_v는 아래와 같은 식으로 나타낼 수 있다.

$$P_v = \exp\left(-\frac{F_m}{kT}\right) \tag{2.1}$$

여기서 k는 볼츠만 상수, T는 절대온도 그리고 F_m은 결함 이동에 대한 활성화에너지로 아래와 같다.

$$F_m = U_m - T \triangle S_m \tag{2.2}$$

식 (2.2)에서 U_m은 점결함이 안정한 위치에 있는 경우와 불안정한 위치에 있는 경우에 퍼텐셜에너지의 차이이며, $\triangle S_m$은 두 경우에서의 엔트로피 차이이다. 그러므로 점결함이 격자 내에서 ν의 진동수로 진동한다면 한 위치에서 이웃의 다른 위치로 이동할 수 있는 확률 P_m은 아래와 같이 나타낼 수 있다.

$$P_m = \nu \exp\left(-\frac{F_m}{kT}\right) \tag{2.3}$$

따라서 점결함의 이동 확률은 점결함 이동에 대한 활성화에너지 F_m과 온도 T에 의존하며, 활성화에너지가 작을수록 그리고 온도가 높을수록 점결함의 이동 확률은 증가한다. 일반적으로 $\triangle S_m$은 U_m보다 계산이 복잡하므로 점결함의 이동 확률을 구하기 위해서는 식 (2.3) 대신에 ν와 $\triangle S_m$의 불확실성을 함께 모아 A로 나타내는 아래와 같은 식을 많이 사용하고 있다.

$$P_m = A \exp\left(-\frac{U_m}{kT}\right) \tag{2.4}$$

여기서

$$A = \nu \exp\left(\frac{\triangle S_m}{k}\right) \tag{2.5}$$

식 (2.5)에서 A는 진동수 인자(frequency factor)로 실험으로 간단하게 구할 수 있는데, 온도에는 거의 영향을 받지 않는다.

위에서 기술한 바와 같이 점결함이 이동하기 위해서는 두 원자 사이의 퍼텐셜 장벽을 넘어야 하므로 그 이상의 활성화에너지가 필요한데, 금속 경우를 보면 격자간원자가 원자빈자리보다 이동에 대한 퍼텐셜에너지가 아주 작다. 예를 들면 Cu에서 원자빈자리의 U_m이 1 eV인데 비해 격자간원자의 U_m은 0.05 eV 정도로 대단히 작으므로[1] 격자간원자는 저온에서도 쉽게 이동이 일어난다. 실제로 격자간원자는 10 K 부근에서도 이동이 일어나는데 비해 원자빈자리는 금속의 융점에 관계가 있지만 보통 300 K 부근에서부터 이동이 일어난다. 그러므로 극저온에서 조사하는 경우를 제외하면 조사 중에 생성되는 격자간원자는 쉽게 이동이 일어난다.

2.1.2 면상결함

가. 블랙 스폿

조사온도가 낮거나 또는 조사량이 적은 재료를 전자현미경으로 관찰해 보면 다수의 검고 작은 반점이 나타나는 경우가 많이 있는데, 이러한 반점을 블랙 스폿(black spot) 또는 블랙 돗(black dot)이라 한다. 블랙 스폿은 조사온도가 낮거나 또는 조사량이 적은 경우에 생성되는 가장 간단한 형태의 조사결함으로 아주 작아서 전자현미경의 고배율 관찰에서도 구조를 명확하게 규명하지 못하고 다만 추측만 하고 있는데 일반적으로 다수의 캐스케이드(cascade)가 서로 중첩되어 형성된 원자빈자리 과밀영역(depleted zone)이라고 생각하고 있다. 블랙 스폿은 온도가 상승하면 불안정해지므로 원판 형태로 압착 붕괴되어 전위루프 또는 전위로 성장한다.

나. 전위루프 및 전위

그림 2-1의 왼쪽 그림에서 예시한 것과 같이 원자빈자리(vacancy)나 격자간원자가 모여 집합체를 형성하면 오른쪽 그림과 같이 주위의 결정면으로부터 압축력을 받아서 집합체가 원판 모양으로 압착되어 전위루프(dislocation loop)가 만들어지며, 전위루프와 전위루프가 접촉하면 분해되어 전위가 생성된다.

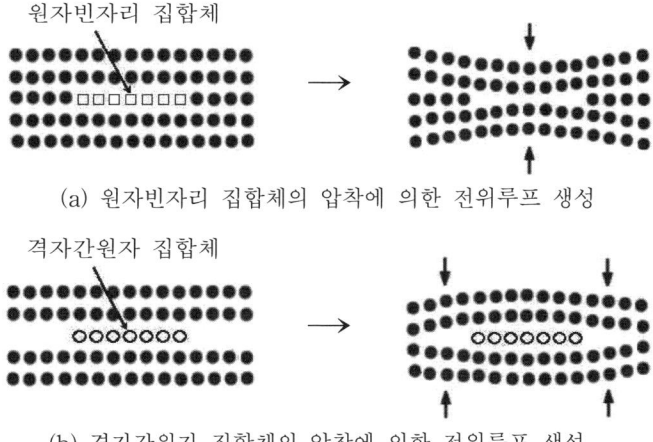

(a) 원자빈자리 집합체의 압착에 의한 전위루프 생성

(b) 격자간원자 집합체의 압착에 의한 전위루프 생성

그림 2-1 점결함 집합체의 압착에 의한 전위루프 생성

조사량 증가에 따라 원자빈자리와 격자간원자가 증가하면 원자빈자리와 격자간원자는 재결합에 의해 소멸하거나 또는 전위에 흡수되어 소멸하며, 그렇지 않으면 같은 종류의 점결함이 모여 집합체를 만든다. 그런데 격자간원자의 경우는 집합체가 3차원 결함인 구상결함이 되면 변형에너지가 크게 증가하므로 2차원 결함인 전위루프를 형성하여 성장한다. 이에 반해 원자빈자리의 경우는 구상결함을 형성해도 주위에 응력이 작용하지 않으므로

보이드(void)를 형성하려는 성질이 있어서 대부분의 금속에서 2차원 결함인 전위루프가
크게 성장하지 못한다. 그러나 Au와 같이 적층결함에너지가 작으면 보이드를 형성하기보다
원자빈자리 전위루프(vacancy dislocation loop)가 크게 성장하는 경향이 있다. 전위루프는
점결함의 흡수 또는 방출에 의해 성장하거나 수축하는데, 같은 종류의 점결함을 흡수하면
성장하고 다른 종류의 점결함을 흡수하면 재결합이 일어나서 루프가 작아진다. 그림 2-2
는 중성자를 조사시킨 지르코늄에 생성된 전위루프와 전위를 보여주고 있다.

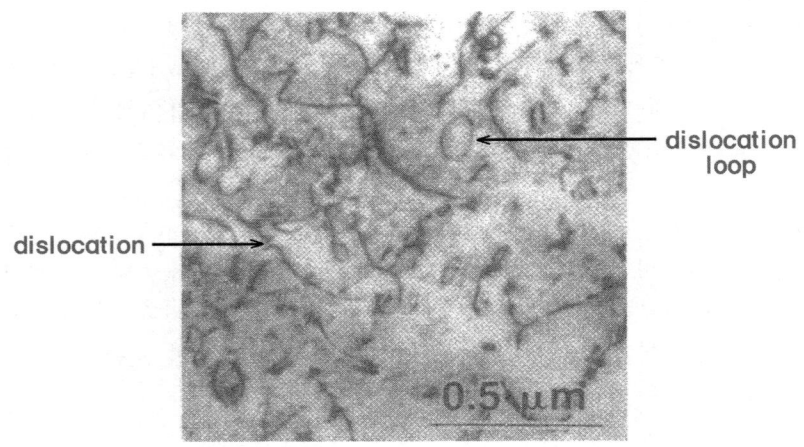

그림 2-2 중성자를 조사시킨 지르코늄에 생성된 전위루프와 전위[2];
조사온도 427℃, 조사량 1.5×10^{26} n/m^2 ($E > 1$ MeV)

앞에서도 기술하였지만 원자빈자리나 격자간원자 집합체가 압착되면 적층결함을 갖는
전위루프가 생성되며 같은 종류의 점결함을 흡수하면서 성장한다. 그리고 전위루프가 성
장하여 루프와 루프가 접촉하면 붕괴되어 전위가 생성되므로 전위루프와 전위의 생성은
점결함의 이동, 즉 온도에 영향을 받는데 그 예가 표 2-1에 있다. 표에서 보는 바와 같이
조사온도가 낮으면 작은 전위루프가 많이 생성되며 온도가 상승하면 전위루프가 성장하고
밀도는 감소한다. 그리고 전위는 전위루프가 소멸되는 높은 온도에서도 존재한다.

표 2-1 중성자를 조사시킨 몰리브덴에 생성된 결함 밀도[3]

조사온도 (℃)	전위루프		전 위
	평균 크기 (Å)	밀도 (loop/cm^2)	밀도 (dislocation/cm^2)
430	66	1.1×10^{16}	1.2×10^{9}
580	130	2.5×10^{14}	2.0×10^{9}
700	456	1.2×10^{13}	8.6×10^{8}
800			8.8×10^{8}
900			5.5×10^{8}

주) 중성자 조사량 ~1×10^{26} n/m^2 ($E > 1$ MeV)

전위루프의 성장은 적층결함에너지에 영향을 받는데, 적층결함에너지가 작으면 전위루프가 성장해도 안정하지만 적층결함에너지가 큰 경우에는 전위루프가 성장하면 불안정해진다. 그러므로 작은 전단변형에 의해서도 적층결함이 붕괴되어 적층결함이 없는 완전전위루프가 되는데, 이러한 루프는 쉽게 이동하여 슬립면에서 운동전위와 접촉하여 소멸하므로 결과적으로 보면 조사결함이 적은 영역이 형성된다. 이와 같이 결함이 적은 영역이 형성되면 이 영역은 다른 영역에 비해 강도가 떨어지므로 변형이 이 부위에 집중되어 일어나게 된다. 이에 따라 총 변형률이 크게 감소하는 현상이 나타나는데, 이러한 현상을 전위채널링(dislocation channelling)이라 한다.

2.1.3 구상결함

가. 보이드

고온에서 조사하거나 또는 저온에서 조사한 후 어닐링을 하면 전위루프가 성장하여 다른 루프와 접촉하게 되는데, 루프와 루프가 접촉하면 소멸되면서 전위가 생성된다. 이에 따라 전위밀도가 증가하게 되며 이 단계에서부터 보이드(void)가 나타나기 시작한다. 전위는 격자간원자를 흡수하는 기능이 있으므로 전위밀도가 증가하면 격자간원자의 흡수량도 많아지며 그 결과로 원자빈자리(vacancy)의 밀도가 증가하게 된다. 그러므로 전위밀도가 증가하면 원자빈자리가 집합체를 만들 수 있는 기회가 많아진다.

그림 2-3은 800℃에서 중성자를 조사시킨 몰리브덴의 조직사진으로 내부에 다량의 보이드가 생성된 것을 보여주고 있다. 조사에 의해 생성된 보이드는 원자빈자리가 모여 형성된 구형 결함으로 내압이 존재하지 않으므로 구형보다는 8면체에 가까운 형태를 갖고 있다. 이에 비해 기체원자가 모여 생성된 기포(bubble)는 내압을 갖고 있으므로 완전한 구형의 형태를 갖는다.

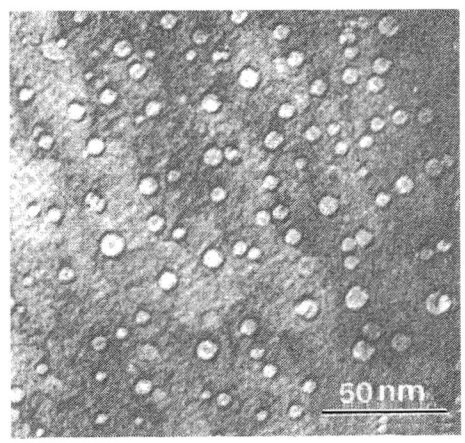

그림 2-3 중성자를 조사시킨 몰리브덴에 생성된 보이드[3];
조사온도 ~800℃, 조사량 ~1×10^{26} n/m^2 ($E \geq 0.1$ MeV)

원자빈자리 집합체(vacancy cluster)는 격자간원자 집합체와는 다르게 전위루프나 전위와 같은 면상결함으로 성장하기보다는 구상결함인 보이드로 성장하려는 성질을 갖고 있다. 그러므로 Au와 같이 적층결함에너지가 작아 전위루프가 크게 성장해도 안정한 몇 개의 금속을 제외한 대부분의 금속에서는 조사량이 많으면 보이드가 생성된다. 보이드는 보통 $0.3 \sim 0.5 T_m$(T_m은 절대온도로 표시한 융점)의 온도 범위에서 생성되며 문턱조사량이 있으므로 조사량이 어느 한도 이상이어야 생성된다.

조사에 의해 생성된 원자빈자리가 전위루프를 형성하여 크게 성장하느냐 또는 보이드를 형성하느냐는 보이드 스웰링(void swelling)에 직접적인 영향을 주는데, 일반적으로 적층결함에너지가 작은 금속에서는 전위루프가 크게 성장하는 반면에 적층결함에너지가 큰 금속에서는 전위루프보다는 보이드를 형성하려는 경향이 있다. 따라서 보이드 생성은 적층결함에너지와 관계가 있는 것으로 생각할 수 있다.

나. 헬륨 기포

(n, p) 반응단면적이 큰 Fe, Ni, Cr 등을 합금원소로 또는 (n, α) 반응단면적이 큰 B, N 등을 불순물로 함유한 금속이 중성자에 조사되면 수소나 He가 생성되는데, 수소는 대부분의 금속에서 용해도가 크고 또 쉽게 확산하여 외부로 유출되므로 손상에 영향을 주지 않는다. 그러나 He의 경우는 용해도가 아주 작아서 (n, α) 반응으로 He가 생성되면 기지에 용해되지 못하고 결정립계로 확산하여 기포를 형성하므로 연성, 피로, 크리프 등 기계적 성질에 영향을 주는데 특히 파단강도에 크게 영향을 미친다.

He는 이동도가 작아서 조사온도가 높지 않으면 기포를 형성하지 못하고 원자 상태로 존재한다. 그러나 He 확산이 활발하게 일어날 정도로 조사온도가 높으면 결정립계로 확산하여 기포를 형성하는데, 앞에서도 기술하였지만 He 원자가 모여 형성한 기포와 원자빈자리가 모여 형성한 보이드는 모양이 다르다. 즉 원자빈자리가 모여 형성하는 보이드는 다면체인데 반해 He 원자가 모여 형성하는 기포는 구형인데, 이것은 기포의 내부압력이 기포의 표면장력과 거의 균형을 이루고 있는 것을 의미한다. 그리고 원자빈자리가 모여서 형성하는 보이드는 어닐링에 의해 쉽게 소멸되지만 He 원자가 모여서 형성하는 기포는 어닐링에 의해서는 소멸되지 않는다.

2.1.4 석출물 생성

용질원자를 과포화 상태로 고용한 고용체를 2개 상(phase)이 공존하는 온도에서 시효처리하면 정상적인 고용상태로 되돌아 온다. 이 과정에서 과잉으로 고용되었던 용질원자가 모여 기지와는 화학조성이 다른 새로운 상으로 석출하는데, 석출은 용질원자의 확산에 의해 일어난다.

복잡한 조성을 갖는 합금을 조사시키는 경우에도 조사 전에는 존재하지 않았던 새로운 석출물이 생성되는가 하면, 이와는 반대로 조사 전에 존재하던 석출물이 분해되어 기지에 재용해되는 경우도 있다. 합금을 조사시키면 격자원자의 탈출로 인해 원자빈자리가 생성되므로 용질원자의 확산이 촉진되며 이에 따라 석출도 가속된다. 예를 들면 316 SS의 경우에 석출이 일어나지 않는 낮은 온도에서도 중성자를 조사시키면 $M_{23}C_6$(M은 주로 Cr이지만 Fe인 경우도 있음) 탄화물이 석출한다[4]. 한편 조사에 의해 석출물이 분해되는 경우로는 Nimonic PE 16이 있다. Ni기 합금인 Nimonic PE 16은 조사 중에 Ni_3Al 석출상이 분해되어 기지에 재용해되는데[5], 이러한 현상을 동적 재용해(dynamic resolution)라 한다. 조사에 의한 석출물의 재용해는 석출물과 기지의 계면에서 조사로 인해 고용도가 증가하기 때문으로 보고 있다.

2.2 조사손상의 회복

원자빈자리나 격자간원자가 이동하지 못하는 아주 낮은 온도에서 금속을 조사시키면 조사시에 생성된 점결함(원자빈자리와 격자간원자)은 확산이 일어나지 못하므로 이동이 동결된다. 그러나 조사 후에 온도를 상승시키면 이동이 동결되었던 점결함은 열 활성화에 의한 격자 진동으로 확산이 일어나서 이동하게 된다. 그러므로 금속을 조사시킨 후에 어닐링, 즉 조사후어닐링(post-irradiation annealing)을 하면 점결함의 이동이 일어나서 조사시에 생성된 결함이 소멸되어 조사 전의 상태로 회복된다.

조사시에 생성된 결함이 점결함으로 구성되어 있으며 서로 근접해 있다면 저온에서도 쉽게 재결합이 일어난다. 그러므로 저온 어닐링에 의해서도 조사 전의 상태로 회복된다. 그러나 조사시에 생성되는 점결함은 조사조건에 따라 서로 근접해 있는 경우가 있는가 하면 멀리 떨어져 있는 경우도 있으므로 점결함과 점결함의 간격에는 차이가 있다. 그리고 회복과정에서 같은 종류의 점결함이 모여서 결함을 형성하는 경우에도 2차원 결함인 면상결함을 형성하기도 하고 또는 3차원 결함인 구상결함을 형성하기도 하며 이와는 반대로 다른 종류의 점결함이 만나서 소멸되기도 한다. 그러므로 조사손상의 회복과정은 상당히 복잡하다.

합금원소가 함유되지 않은 순수한 금속을 원자빈자리와 격자간원자가 움직이지 못하는 10 K 이하의 극저온에서 전자, 중성자 그리고 중양성자(deuteron)로 조사시킨 후 일정 온도에서 일정 시간 어닐링하여 어닐링 온도에 따른 조사손상의 회복과정을 전기저항의 변화로 나타낸 것이 그림 2-4에 있는데, 그림에서 보는 바와 같이 조사입자에 따라 차이가 있지만 몇 개의 회복단계로 구분할 수 있다. 조사후어닐링에서 각 회복단계가 일어나는 온도를 해당 금속의 융점 온도로 규격화(normalizing)시켜 보면 각 회복단계가 나타나는 규격화 온도는 거의 비슷하다. 따라서 회복단계는 공통의 명칭을 붙여 I, II, III, IV 및 V 단계 등으로 부르고 있으며, I단계는 다시 세분하여 Ia, Ib, Ic, Id 및 Ie 등 5개의 세부 단계로 구분하고 있다. 그리고 다른 회복단계도 몇 개의 세부 단계로 회복과정을 구분하는 경우도 있다.

조사후어닐링에서 일어나는 각 회복단계는 입사입자의 종류, 에너지, 조사량 그리고 금속의 종류와 순도 등에 영향을 받는데, 금속에 따라서는 나타나지 않는 회복단계도 많이

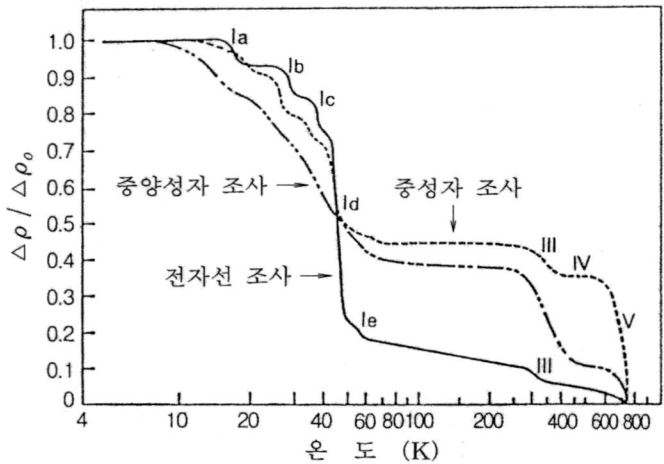

그림 2-4 개략적으로 나타낸 순수한 Cu의 조사후어닐링에 따른 회복과정[6] ;
$\triangle \rho_0$는 조사에 의한 전기저항 증가량이고 $\triangle \rho$는 조사후어닐링에서
회복되지 않고 남아있는 전기저항 증가량 (일부내용 보완)

있다. 예를 들면 순수한 Cu에서는 II 단계 회복이 잘 나타나지 않는다[7].

각 회복단계가 나타나는 온도 범위를 융점 온도로 규격화시키면 표 2-2와 같다. 순수한 금속을 극저온에서 조사시킨 후 어닐링 할 때 일어나는 조사손상의 회복과정을 살펴보면 I 단계 회복에서 세부 단계인 Ia, Ib, Ic에서의 회복은 근접한 위치에 생성된 원자빈자리와 격자간원자의 재결합에 의해 일어나는 것으로 생각하고 있으며, 원자빈자리와 격자간원자의 거리에 따라 Ia, Ib, Ic 단계로 구분된다. 그리고 Id 단계는 자유롭게 움직이는 격자간원자가 여러 번 도약(jump) 후 자기가 튕겨 나간 본래의 위치에 생성된 원자빈자리와 재결합하여 일어나는 것으로 보이는데, 이와 같은 재결합을 상관재결합(correlated recombination)이라 한다. 한편 격자간원자가 자유롭게 장거리를 이동하면서 어느 위치에서나 원자빈자리와 재결합하여 일어나는 회복은 Ie 단계에 해당된다.

표 2-2 각 회복단계가 나타나는 규격화 온도[8]

회복단계	I	II	III	IV	V
T/T_m	< 0.03	$0.03 \sim 0.10$	$0.1 \sim 0.2$	$0.2 \sim 0.3$	> 0.3

T_m : 절대온도로 표시한 융점

II 단계 회복은 완만하게 일어나는데, 불순물에 포획된 격자간원자가 불순물에서 다시 뛰쳐 나옴으로 일어나며, 전위루프의 성장도 동시에 일어난다. 이 단계에서 일어나는 회복의 크기는 불순물에 따라 변하기도 하므로 불순물에 영향을 받는 것으로 생각할 수 있지만, 근본적으로는 격자간원자가 모여 작은 전위루프를 형성하는 과정에서 일어나는 것으로 확인되고 있다. II 단계 회복에서는 세부 회복단계가 나타나는 경우가 있는가 하면 나타나지 않는 경우도 있다. 그리고 Ⅲ 단계 회복은 전형적인 조사결함의 2차 반응을 나타내는 것으로, 이 단계에서는 자유롭게 움직이는 원자빈자리가 격자간원자 전위루프 또는 전위 등에 흡수되어 소멸한다.

한편 Ⅳ 단계 회복에서는 원자빈자리가 미세한 보이드(micro void)를 형성하여 성장하는데, 전자현미경으로 관찰할 수 있을 정도로 보이드가 크게 성장한다. 그리고 Ⅴ 단계 회복은 보이드가 소멸하는 단계로 보이드가 분해되면서 방출하는 원자빈자리가 격자간원자 전위루프 또는 전위 등에 흡수되어 소멸된다. 그러므로 Ⅴ 단계 회복이 끝나면 조사에 의해 생성된 모든 결함이 소멸되어 조사전의 상태로 회복된다.

2.3 조사경화

2.3.1 원자빈자리 과밀영역에 의한 경화

저온에서 조사시키거나 또는 고온에서 적은 조사량으로 조사시킬 때 나타나는 가장 현저한 조직변화는 원자빈자리(vacancy)가 과밀하게 밀집된 영역, 즉 원자빈자리 과밀영역(depleted zone)의 생성으로 전자현미경으로 관찰하면 검은 반점(black spot)으로 나타난다. 이와 같은 결함은 조사시에 나타나는 가장 작은 결함으로 경수로 압력용기에서 많이 나타나며, 압력용기를 경화시키는 주요 원인으로 알려져 있다.

원자빈자리 과밀영역이 균일하게 분포된 영역을 전위가 통과하려면 이 영역을 절단해야 하므로 저항력을 받게 되어 경화가 일어난다. 원자빈자리 과밀영역에 의한 경화는 전위루프나 전위와 같은 조사결함이 생성되기 어려운 저온 조사 또는 적은 조사량에서 경화가 일어나는 원인으로 알려져 있다. 조사경화에 기여하는 원자빈자리 과밀영역의 역할은 중성자 조사와 전자빔 조사에서 일어나는 경화를 비교해 보면 잘 알 수 있다. 즉 같은 온도에서 같은 양의 원자빈자리가 생성되는 조건으로 조사하면, 원자빈자리 과밀영역이 생기는 중성자 조사에서는 경화가 일어나지만 원자빈자리 과밀영역을 생성하지 못하는 전자빔 조사에서는 경화가 일어나지 않는다.

중성자 조사와 전자빔 조사에서 생기는 결함 상태를 비교해 보면, 중성자 조사에서는 PKA에너지가 높아서 1차 충돌된 격자원자를 중심으로 주위에 있는 다량의 격자원자를 격자 위치에서 탈출시키므로 원자빈자리가 밀집된 원자빈자리 과밀영역을 만들 수 있다. 이에 비해 전자빔 조사는 PKA에너지가 작아서 Cu의 경우를 예로 들면 1차 충돌된 격자원자를 중심으로 2~3개 정도의 원자만 격자 위치에서 탈출시킬 수 있으므로 원자빈자리 과밀영역을 만들지 못하고 다만 원자빈자리와 격자간원자 등 점결함만 생성된다. 따라서 중성자 조사와 전자빔 조사에서 일어나는 경화와 조직변화를 비교해 보면 원자빈자리 과밀영역이 경화에 미치는 영향을 알 수 있다.

원자빈자리 과밀영역이 조사경화에 미치는 영향에 대해서는 Seeger[9]가 이론적인 검토를 하였는데, 원자빈자리 과밀영역에 의한 조사경화 σ_b에 대해 아래와 같은 식을 제시하였다.

$$\sigma_b = \sigma_b^o \left[1 - \left(\frac{T}{T_c} \right)^{1/2} \right]^{1/2} \tag{2.6}$$

여기서 σ_b^o는 0K에서 전위가 원자빈자리 과밀영역을 통과하는데 필요한 응력이며 T_c는 특성온도로 조사시험 조건과 조사후시험 조건에 따라 변하는데, σ_b^o와 T_c는 아래와 같은 식으로 나타낼 수 있다.

$$\sigma_b^o = \left[\frac{U_o}{4(2/3)^{1/2}} \right] \frac{1}{b^2 \mu^{1/2}} \frac{N^{1/2}}{r} \tag{2.7}$$

그리고

$$T_c = \frac{U_o}{k \ln \left[\rho b \nu / \dot{\epsilon} \, (2rN)^{1/2} \right]} \tag{2.8}$$

식 (2.7)에서 U_o는 전위가 원자빈자리 과밀영역과 접촉했을 때와 통과했을 때의 에너지 차이, 즉 원자빈자리 과밀영역을 통과하는데 따른 전위의 에너지 증가분이며, b는 버거스 벡터, μ는 강성률, r과 N은 원자빈자리 과밀영역의 반경과 체적 분율이다. 그리고 식 (2.8)의 k는 볼츠만 상수, ρ는 운동전위 밀도, ν는 진동수, $\dot{\epsilon}$는 변형속도인데 식에서 보는 바와 같이 T_c는 원자빈자리 과밀영역의 생성량에 비례하여 증가한다. 그러나 온도(조사온도 또는 시험온도)가 T_c 이상으로 상승하면 식 (2.6)에서 알 수 있듯이 원자빈자리 과밀영역에 의한 경화는 더 이상 일어나지 않는다.

Seeger 이론에 의한 조사경화는 식 (2.7)에서 보는 바와 같이 원자빈자리 과밀영역의 생성량에 비례한다. 그러므로 원자빈자리 과밀영역이 소멸되지 않도록 저온에서 조사시키면 경화는 아래와 같이 조사량 ϕt에 비례하여 일어난다.

$$\sigma_b \propto (\phi t)^{1/2} \tag{2.9}$$

그러나 원자빈자리 과밀영역에 의한 경화는 어느 한도까지만 조사량에 비례하여 일어나며, 그 이상에서는 경화가 더 일어나지 않는다. 이와 같은 경화의 포화 현상은 원자빈자리 과밀영역이 조사량에 따라 계속 증가하지 못하고 어느 한도 이상에서는 포화되는 것을 의미하는데, 그 원인으로는 원자빈자리 과밀영역 주위에서 더 이상 원자빈자리 과밀영역이 생성되지 못하거나 또는 원자빈자리 과밀영역이 원자빈자리나 격자간원자의 흡수 장소로 작용하기 때문으로 보고 있다.

2.3.2 전위루프에 의한 경화

조사에 의해 생성된 원자빈자리 집합체나 격자간원자 집합체가 그림 2-1의 (a)나 (b)와 같이 2개의 결정면에 의해 압착되면 적층결함을 갖는 전위루프가 형성된다. 이러한 루프는 움직이지 못하는 부동전위루프(sessile dislocation loop)로 주위에 응력장이 형성되어 전위의 이동을 방해하므로 경화가 일어난다. 일반적으로 전위루프의 직경은 슬립면에서 루프와 루프 사이의 간격에 비해 대단히 작으므로 전위루프가 전위 이동에 장애물로 작용하기 위해서는 전위가 전위루프의 직경 내에 들어가 루프와 교차해야 한다. 그러므로 전위루프는 접촉점에서만 전위 이동에 영향을 준다고 볼 수 있다.

전위가 전위루프를 통과하기 위해서는 루프로부터 받는 저항력을 극복해야 하는데, 전위가 루프를 통과하려면 전위와 루프 사이에 작용하는 최대 반발력 $F_{\max}$에 대응하는 반대 방향의 힘이 필요하다. 전위가 이동하는 슬립면에서 루프와 루프 사이의 평균 간격을 l이라 하면 전위선의 단위 길이에 미치는 힘은 $F_{\max}/l$이다. 그리고 전위에 미치는 전위루프의 저항력에 대해 반대방향으로 향하는 힘은 전단응력 σ_l에 전위의 버거스 벡터 b_d를 곱한 $\sigma_l b_d$이다. 그러므로 전위루프에 의한 경화 σ_l은 아래 식으로 나타낼 수 있다.

$$\sigma_l = \frac{F_{\max}}{b_d l} \tag{2.10}$$

따라서 전위와 전위루프 사이에 작용하는 최대 힘 $F_{\max}$와 전위가 이동하는 슬립면에서 루프와 루프 사이의 평균 간격 l을 안다면 전위루프에 의한 경화를 구할 수 있다. 그러나 전위루프는 전위가 이동하는 슬립면에 대해 한쪽 방향이 아니고 여러 방향을 갖고 있으며, 루프와 전위의 버거스 벡터도 각각 다르므로 $F_{\max}$를 정확히 구하기는 대단히 어렵고 대략적인 값만 구할 수 있다.

전위루프와 전위 사이에 작용하는 최대 반발력 $F_{\max}$를 구하는 데는 탄성론이 자주 사용되고 있다. 전위가 루프와 교차하지 않는다는 가정 아래 균일하게 분포한 루프에 대해 Kroupa-Hirsch[10]가 탄성론으로 구한 $F_{\max}$의 값은 아래와 같다.

$$F_{\max} \simeq \frac{1}{8} \mu b_d b_l \tag{2.11}$$

여기서 μ는 강성률, b_d는 전위의 버거스 벡터 그리고 b_l은 전위루프의 버거스 벡터이다. 식 (2.10)과 (2.11)을 사용하면 σ_l에 대해 아래와 같은 식을 얻는다.

$$\sigma_l = \frac{\mu b_l}{8l} \tag{2.12}$$

엄밀하게 말하면 탄성론은 전위와 전위루프가 교차할 때는 적용할 수 없다. 그러므로 탄성론으로 전위루프에 의한 경화를 구하는 대신 전위가 전위루프와 교차할 때 일어나는 전위루프와 전위의 결합상태에서 다시 전위를 분리하는데 필요한 힘으로 전위루프에 의한 경화를 구하는 방법도 제시되고 있다. Forman[11]은 이 방법에 따라 전위루프에 의한 경화를 구하였는데, 모든 전위와 전위루프의 방향을 평균화시킨 조건에서 컴퓨터 시뮬레이션으로 계산하여 구한 전위루프 경화 σ_l은 아래와 같다.

$$\sigma_l = \frac{\mu b_l}{4l} \tag{2.13}$$

여기서 l은 루프가 규칙적으로 배열한 경우의 간격으로 전위루프 반경을 R_l 그리고 수밀도(number density, n/cm^3)를 N_l이라 하면, l은 아래 식으로 구할 수 있다.

$$l = \frac{1}{(2 R_l N_l)^{1/2}} \tag{2.14}$$

식 (2.12)와 (2.13)을 비교하여 보면 식 (2.12)의 경우가 식 (2.13)보다 분모가 크다. 그리고 식 (2.12)에서는 전위가 전위루프를 통과할 때 전위의 방향이 수시로 변하면서 이동하는데 반해 식 (2.13)에서는 모든 전위와 루프의 방향을 평균화하였다. 따라서 전위루프와 전위루프 사이의 간격인 l 도 식 (2.12)의 l 이 식 (2.13)의 l 보다 크다. 그러므로 식 (2.13)으로 구한 전위루프에 의한 경화가 식 (2.12)로 구한 경화보다 큰 값을 갖는다.

전위루프에 의한 경화는 실험으로도 구할 수 있는데, 실험 결과로부터 도출한 경화는 식 (2.13)과 유사한 아래와 같은 식으로 나타낼 수 있다[12].

$$\sigma_l = \frac{\mu b_l}{\beta l} \tag{2.15}$$

여기서 l 은 식 (2.14)와 같으며 β 는 2~4 범위에 있다. 전위루프에 의한 경화와 석출물에 의한 경화를 비교하여 보면, 식 (2.15)에서 β 값을 최소로 하여도 전위루프에 의한 경화는 석출물에 의한 경화를 나타내는 식 (2.18)의 약 20% 정도에 불과하다.

2.3.3 전위에 의한 경화

전위가 이동하는 슬립면에 다른 전위가 존재하면 전위와 전위 사이에 반발력이 생기므로 장범위 응력이 나타난다. 따라서 전위가 움직이기 위해서는 이 반발력을 극복하기 위한 추가적인 힘이 필요하다. 슬립면에서 운동전위와 조사에 의해 생성된 전위 사이에 작용하는 반발력이 두 개의 평행한 칼날전위 사이에 작용하는 반발력과 같다고 보면, 전위에 의한 경화 σ_d 는 아래와 같다.

$$\sigma_d = \frac{\mu b}{2\pi l} \tag{2.16}$$

여기서 μ 는 강성률, b 는 버거스 벡터, l 은 전위와 전위 사이의 간격으로 전위밀도 ρ_d 와는 아래와 같은 관계가 있다.

$$l = \left(\frac{3}{\rho_d}\right)^{1/2} \tag{2.17}$$

따라서 조사에 의해 전위 밀도가 증가하면 전위와 전위 사이의 간격 l 이 감소하므로 장범위 응력이 증가되어 경화가 일어난다.

2.3.4 보이드에 의한 경화

석출물은 전위에 의해 절단되지 않는다. 그러므로 전위가 석출물을 통과하기 위해서는 그림 2-5의 (a)에 나타낸 바와 같이 석출물 앞에 정지한 다음 Frank-Read 전위증식기구[13]와 같이 외부에서 가해지는 응력에 따라 전위의 굽음 반경이 두 석출물사이 간격의 1/2이 되도록 구부려져야 한다. 전위의 굽음 반경이 두 석출물사이 간격의 1/2이 되면 전위와 전위의 접촉이 일어나서 석출물 주위에 전위루프를 남기면서 통과한다. 전위가 석출물을 통과하기 위하여 두 석출물 사이에서 계속 구부러지려면 추가적인 외부응력이 필요하므로 경화가 일어나는데, 이런 종류의 경화를 석출경화라 한다.

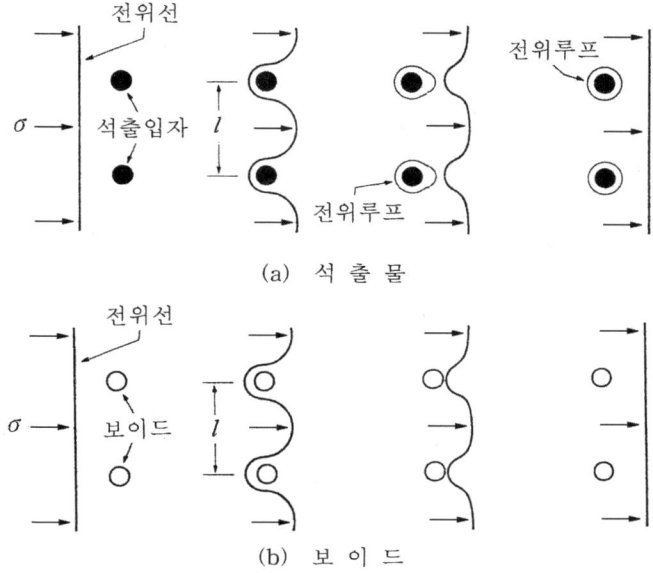

(a) 석 출 물

(b) 보 이 드

그림 2-5　전위가 석출물과 보이드를 통과하는 개념도

앞에서도 기술하였지만 전위가 석출물을 통과하기 위해서는 굽음 반경이 두 석출물사이 간격의 1/2이 될 때까지 전위가 이동해야 하는데, 전위의 선장력이 μb^2이면 석출물을 통과하는데 필요한 응력은 아래와 같다.

$$\sigma_v = \frac{2\mu b}{l} \tag{2.18}$$

여기서 μ는 강성률, b는 버거스 벡터 그리고 l은 전위가 이동하는 슬립면에서 석출물과 석출물 사이의 간격으로 식 (2.14)에서 구할 수 있다. Orowan 식[14]으로 부르는 식 (2.18)은 전위가 이동하는 슬립면에서 석출물이 규칙적으로 배열한 경우의 응력으로 석출물이 불규칙적으로 배열하면 σ_v는 감소한다. 그러므로 식 (2.18)은 전위 이동에 대한 석출물의 최대 저항력, 즉 최대 석출경화를 나타낸다.

방사선 조사로 보이드(void)가 생성되면 석출물과 같이 전위 이동에 장애물로 작용하므로 경화를 일으킨다. 전위가 보이드를 통과하기 위해서는 그림 2-5의 (b)에서 보는 바와 같이 석출물의 경우와 유사하게 우선 보이드 앞에 정지한 다음 보이드 표면과 직각으로 만나면서 보이드와 보이드 사이에서 구부러지기 시작한다. 전위의 구부러짐은 응력 증가에 따라 계속 일어나며, 전위의 굽음 반경이 보이드와 보이드 간격의 1/2이 되면 전위는 보이드를 절단하면서 통과한다.

따라서 전위가 보이드를 통과하는데 필요한 응력도 전위가 석출물을 통과하는데 필요한 응력과 비슷하다고 볼 수 있으므로 전위가 보이드를 통과하는데 필요한 응력도 식 (2.18)로 나타낼 수 있다. 그러나 전위의 통과 거동에는 차이가 있는데, 석출물의 경우는 그림 2-5의 (a)에 나타낸 바와 같이 전위가 절단하지 못하고 석출물 주위에 전위루프를 남기면서 통과하는데 반해 보이드의 경우는 그림 (b)에 나타낸 바와 같이 절단하면서 통과하므로 보이드 주위에 전위루프가 생성되지 않는다.

2.3.5 조사에 따른 경화량

지금까지 조사결함의 종류별로 경화에 미치는 기구를 검토하여 보았는데, 조사시에는 여러 결함이 함께 생성되므로 경화도 각각의 결함에 의한 경화가 중첩되어 일어난다. 조사시에 생성되는 전위, 전위루프, 보이드 등에 의한 경화를 $\triangle \sigma_d$, $\triangle \sigma_l$, $\triangle \sigma_v$라 할 때, 조사에 의해 일어나는 총 경화량 $\triangle \sigma_t$는 아래와 같은 식으로 나타낼 수 있다[15].

$$\triangle \sigma_t = (\triangle \sigma_d^2 + \triangle \sigma_l^2 + \triangle \sigma_v^2)^{1/2} \tag{2.19}$$

일반적으로 경도와 항복강도는 비례관계를 갖는데, 그림 2-6에 몰리브덴 조사에서 생성된 전위, 전위루프, 보이드에 의한 각각의 경화를 이론식으로 구한 경도값과 실험에서 얻은 경도값이 함께 제시되어 있다. 그림에서 보는 바와 같이 식 (2.19)에 의한 경화 증가량과 실험에서 얻은 경화 증가량이 비교적 잘 일치하는 것을 알 수 있다.

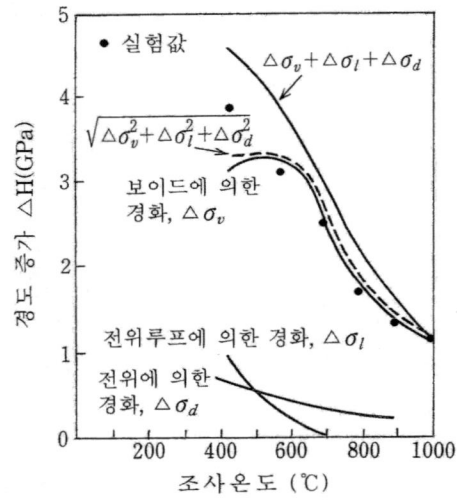

그림 2-6 몰리브덴 경화에 미치는 조사온도의 영향[15] ; 조사량 $1 \times 10^{26}\,\mathrm{n/m^2}$

2.4 조사취화

2.4.1 저온에서의 조사취화

조사취화가 일어나는 원인은 저온과 고온에서 각각 다르다. 저온에서는 조사경화에 의해 취화가 일어나지만, 고온에서는 주로 (n, α) 반응에서 생성되는 He가 결정립계에서 기포를 형성하므로 취화가 일어난다. 특히 bcc 금속이나 합금은 고유의 연성-취성 천이온도 (DBTT, ductile-brittle transition temperature)를 갖고 있는데, 조사에 의해 경화가 일어나면 DBTT가 고온측으로 이동한다.

그림 2-7에 개념적으로 나타낸 바와 같이 온도가 저온으로 내려가면 항복응력은 크게 증가하지만, 파괴응력은 온도에 대한 의존성이 적어서 크게 증가하지 않는다. 그러므로 온도가 저온으로 내려가면 그림에서 보는 바와 같이 항복응력과 파괴응력의 교차가 일어나는데, 교차점 이상의 온도에서는 항복응력이 파괴응력보다 작아서 소성변형이 일어나면서 파단되는 연성파괴가 일어나지만, 교차점 이하의 온도에서는 항복응력이 파괴응력보다 커서 소성변형 없이 파단되는 취성파괴가 일어난다. 이와 같이 연성파괴에서 취성파괴로 변하는 온도를 연성-취성 천이온도라 한다.

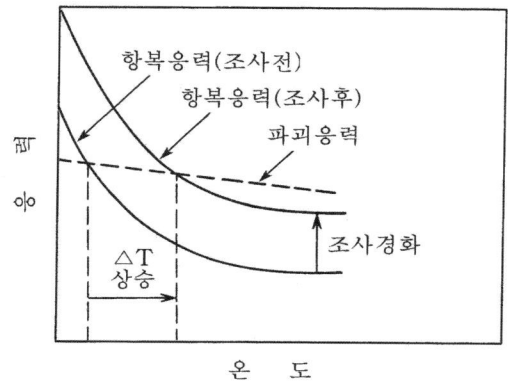

그림 2-7 항복응력 증가에 따른 연성-취성 천이온도(DBTT)의 상승 개념도[16]

금속에 높은 에너지의 입자를 조사시키면 조사결함의 생성으로 경화가 일어나서 항복응력이 증가하는데 반하여 파괴응력은 조사결함의 생성에 별로 영향을 받지 않는다. 따라서 연성-취성 천이온도를 갖고 있는 bcc 금속이나 합금을 조사시키면 항복응력의 증가에 의해 그림 2-7에 나타낸 바와 같이 연성-취성 천이온도가 고온 측으로 이동한다. 그러므로 bcc 금속이나 합금을 원자로에서 노심 재료로 사용하려면 중성자 조사로 인해 연성-취성 천이온도가 상승하는 문제를 검토하여야 한다. 예를 들면 경수로에서 압력용기 재료로 사용하는 저합금강은 원자로의 가동기간에 따라 연성-취성천이온도가 상승하므로 원자로 수명을 제한하는 큰 요인이 된다.

2.4.2 고온에서의 조사취화

합금원소로 Fe, Ni, Cr 등을 함유하거나 또는 불순물 원소로 B, N 등을 함유한 금속을 원자로에서 조사시키면 (n, α) 반응으로 He가 생성되는데, He는 금속에 고용도가 1 ppm 이하로 아주 작아서 기지에 거의 용해되지 않는다. 그러므로 (n, α) 반응으로 He가 생성되면, He는 원자 상태로 결정립계로 확산하여 기포(bubble)를 형성하는데 He가 기포를 형성하면 연성, 크리프, 피로 등 기계적 성질을 크게 악화시킨다.

앞에서도 기술하였지만 He는 이동성이 아주 낮아서 작은 고용도에도 불구하고 온도가 높지 않으면 기포를 형성하지 못하고 결정 내에서 원자 상태로 존재한다. 그러나 확산이 활발하게 일어날 정도로 온도가 상승하면 He는 결정립계(일반적으로 입계로 부름)에서 기포를 형성하여 입계를 취화시키므로 작은 응력에서도 입계가 쉽게 분리되어 파단이 일어난다. 이와 같이 (n, α) 반응으로 생성되는 He가 입계에서 기포를 형성하여 입계를 취화시키는 현상을 He 취성(He embrittlement)이라고 한다.

2.5 조사크리프

2.5.1 조사크리프 기구

중성자 분위기에서는 열크리프가 일어나지 않는 낮은 온도에서도 크리프가 일어나며, 열크리프가 일어나는 높은 온도에서는 크리프가 가속된다. 이런 현상을 조사크리프라 하는데, 보이드 스웰링(void swelling)과 함께 중성자 조사에서 나타나는 중요한 조사거동의 하나이다. 조사크리프는 그림 2-8에서 보는 바와 같이 크게 (1) 낮은 온도에서 일어나는 조사유도 크리프(irradiation induced creep), (2) 높은 온도에서 일어나는 조사가속 크리프(irradiation enhanced creep) 그리고 (3) 크리프가 억제되는 조사지연 크리프(irradiation retarded creep)로 구분되는데 조사온도, 조사속도(dpa/sec), 조사량 등과 같은 조사조건과 가공이력, 열처리 이력, 응력상태 등 재료조건에 영향을 받는다.

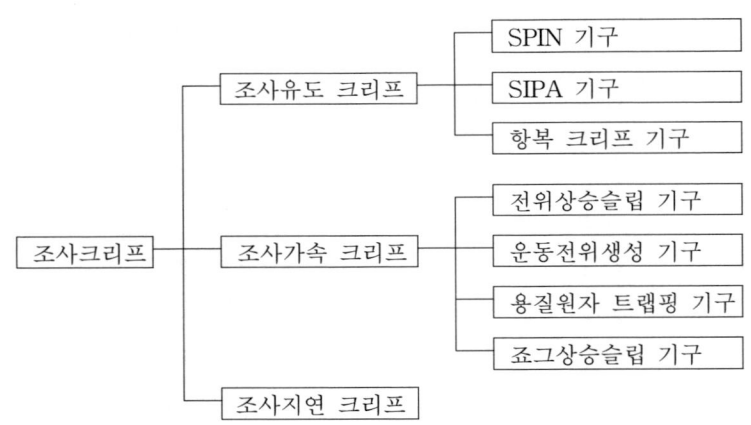

그림 2-8 조사크리프 분류 및 기구

조사크리프는 조사 중에 생성되는 원자빈자리(vacancy)와 격자간원자의 확산에 의해 일어나는 현상으로 여러 기구가 제시되고 있지만, 아직도 조사크리프가 일어나는 기구를 명확하게 규명하지 못하고 있다. 열크리프가 일어나지 않는 낮은 온도에서 일어나는 조사유도 크리프에는 SIPN(stress induced preferred nucleation) 기구와 SIPA(stress induced preferred absorption) 기구가 잘 알려져 있는데, SIPN 기구는 그림 2-9에 개념적

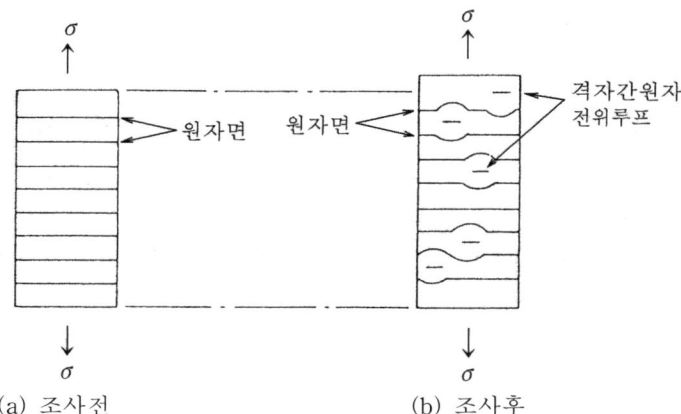

(a) 조사전   (b) 조사후

그림 2-9 SIPN 기구에 의한 크리프 개념도[17]; 격자간원자 전위루프에 의해
원자면과 원자면의 간격이 증가하므로 크리프가 일어난다.

으로 나타낸 바와 같이 조사에 의해 생성된 격자간원자가 인장응력을 구동력으로 하여 인
장응력에 수직인 원자면 사이의 틈새로 이동하여 전위루프를 형성하므로 일어난다고 보고
있다. 즉 원자면 사이의 틈새에서 격자간원자의 전위루프 형성에 따른 질량이송(mass
transfer)으로 인해 인장응력이 작용하는 방향으로 크리프가 일어난다고 보고 있다.

한편 SIPA 기구에서는 조사에 의해 생성된 격자간원자가 응력에 대해 수직방향인 전위

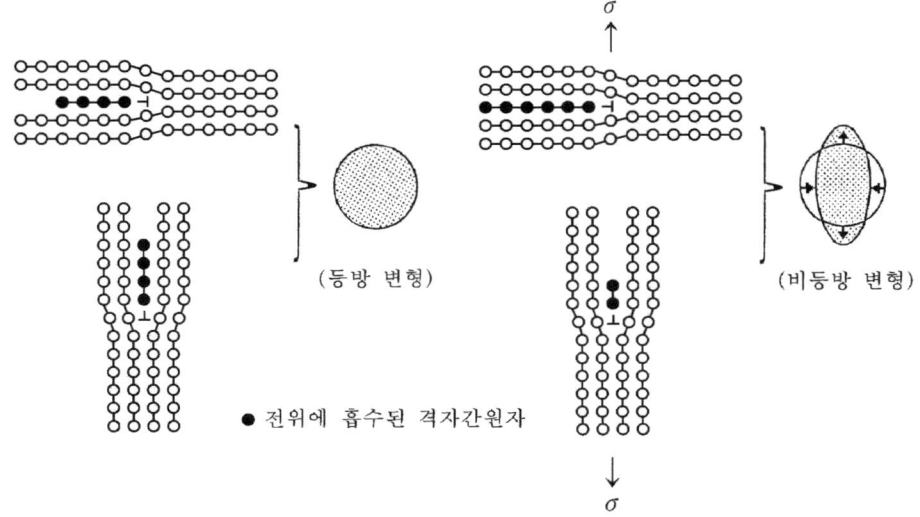

(a) 무응력 상태;
    전위의 격자간원자 흡수능이 방향에
    관계없이 동일하여 등방변형이 일어
    나므로 크리프가 일어나지 않는다.

(b) 응력이 작용하는 경우;
    전위의 격자간원자 흡수능이 응력의
    작용 방향으로 증가하여 비등방변형
    이 일어나므로 크리프가 일어난다.

그림 2-10 SIPA 기구에 의한 크리프 개념도

에 우선적으로 흡수되는 질량이송에 의해 크리프가 일어난다고 보고 있다. SIPA 기구를 개념적으로 나타낸 것이 그림 2-10에 있는데, 그림 (a)와 같이 무응력 상태에서는 전위의 격자간원자 흡수능이 같으므로 변형이 일어나지 않는다. 그러나 그림 (b)와 같이 인장응력 이 작용하면 격자간원자는 응력에 수직방향인 전위에 우선적으로 흡수되므로 인장방향으로 크리프가 일어난다.

조사가속 크리프는 열크리프를 가속시키는 크리프인데, 조사유도 크리프보다 높은 온도 에서 일어난다. 조사가속 크리프에도 아래와 같은 몇 개의 기구, 즉 (1) 점결함 흡수에 의 한 칼날전위의 상승슬립 기구(irradiation induced climb-glide mechanism), (2) 조사에 의 한 완전전위의 생성으로 운동전위가 증가하는 운동전위생성 기구(mobile dislocation production mechanism), (3) 조사결함이 전위를 고착시키는 고용원자를 흡수하여 전위의 고착작용을 감소시키는 용질원자 트랩핑(trapping) 기구 그리고 (4) 죠그(jog) 상승에 의해 크리프가 일어나는 죠그상승슬립 기구 등이 제안되어 있다. 이 중에서 응력이 큰 경우에 는 칼날전위의 상승-슬립 기구가 가장 합리적인 것으로 보고 있다.

크리프는 원자빈자리의 확산에 지배되므로 온도뿐만 아니라 원자빈자리의 농도와도 관 계가 있다. 따라서 조사시키면 원자빈자리가 생성되어 크리프가 촉진되는 것이 일반적인 현상이지만 경우에 따라서는 크리프가 억제되는 조사지연 크리프가 일어나기도 한다[18]. 조사지연 크리프는 고온조사에서 조사량이 적을 때 나타나는 경우가 있는데, 조사결함에 의해 일어나는 동적 경화가 크리프를 억제하는 것으로 보고 있다.

2.5.2 조사량 및 응력 의존성

원자빈자리의 이동이 활발하게 일어나지 못하는 저온 조사에서는 격자간원자의 이동에 의해 크리프가 일어난다. 저온 조사에서 크리프가 SIPA 기구에 의해 일어난다면 그림 2-10의 (b)에서 보는 바와 같이 격자간원자는 응력과 나란한 방향의 버거스 벡터를 갖는 전위($b//\sigma$), 즉 응력방향과 직각방향에 있는 전위에 우선적으로 흡수된다. 이러한 경우에 크리프 속도는 조사 중에 생성되는 격자간원자의 양과 응력에 비례하므로 아래와 같이 나타낼 수 있다.

$$\dot{\epsilon} \propto (\sigma/\mu)Kt \qquad (2.20)$$

여기서 $\dot{\epsilon}$ 은 크리프 속도, σ 는 응력 그리고 μ 는 강성률이며, K 와 t 는 격자간원자의 생성 속도와 조사시간으로 Kt 는 조사 중에 생성되는 격자간원자의 양을 나타낸다.

크리프는 조사량과 응력 외에 온도에도 영향을 받는데, 특히 원자빈자리의 확산이 활발 하게 일어나는 고온에서는 전위 이동이 크리프에 기여하므로 크리프 속도는 조사량보다 는 응력에 지배되어 응력에 지수함수적으로 증가한다. 그러므로 고온에서 크리프 속도와 응력의 관계는 아래와 같이 표시된다.

$$\dot{\epsilon} \propto \sigma^n \qquad (2.21)$$

여기서 n 은 상수인데, 조사크리프가 SIPA 기구에 의해 일어나면 n 은 1이므로 식 (2.21)

은 식 (2.20)이 된다. 조사온도가 크리프에 미치는 영향의 예로 여러 온도에서 조사시킨 316 SS의 크리프 거동이 그림 2-11에 있는데, 저온에서는 조사크리프에 의해 그리고 고온에서는 열 크리프에 의해 크리프가 지배되는 것을 보여 준다.

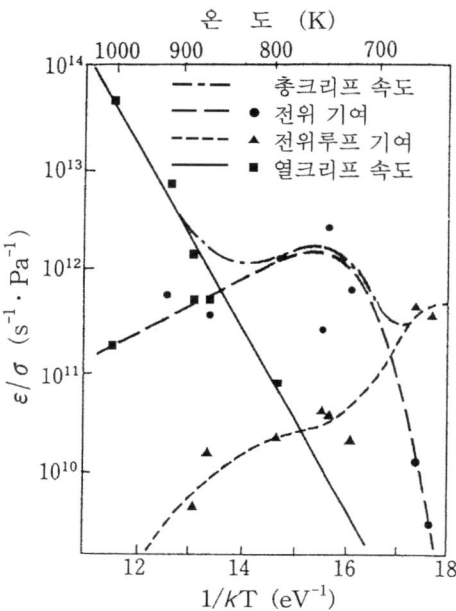

그림 2-11　316 SS의 조사중크리프와 열크리프의 온도 의존성[19]

2.5.3 조사중크리프와 조사후크리프

조사중크리프(in-pile creep)는 원자로에서 조사 중에 일어나는 크리프를 의미하며, 조사후크리프(out-pile creep)는 원자로에서 조사시킨 후 인출하여 원자로 외부의 비조사 분위기에서 일어나는 크리프를 말한다. 조사중크리프와 조사후크리프는 모두 점결함의 이동이 지배하므로 크리프 기구는 같다고 볼 수 있다. 그러나 전위 이동에 장애물로 작용하는 조사결함의 특성과 수밀도(number density)가 조사 중과 조사 후가 다르며, 전위에 흡수되어 전위를 상승시키는 원자빈자리의 농도도 조사 중과 조사 후가 다르다.

그러므로 조사중크리프와 조사후크리프는 조사량, 조사온도 등 조사조건이 같아도 크리프 변형에 차이가 생길 수 있다. 즉 조사시에 생성되는 점결함은 많은 양이 재결합에 의해 소멸되지만 재결합에는 시간이 소요되므로 단시간 동안은 존재할 수 있다. 따라서 조사 중에는 조사 후에 비해 점결함 농도가 높아서 크리프가 크게 일어날 수 있다. 그러므로 조사중크리프를 동적 크리프(dynamic creep)라 하여 조사량과 함께 조사 중에 점결함 농도를 지배하는 조사속도(dpa/sec)의 중요성도 강조하고 있다.

일반적으로 조사중크리프가 조사후크리프보다 크게 일어난다. 그러나 20% 냉간 가공한 316 SS와 같이 고온에서 조사량이 적으면 조사중크리프가 조사후크리프보다 작게 일어나는 경우도 보고되고 있다[20]. 앞에서 기술하였지만 조사조건이 같아도 조사중크리프와 조사후크리프는 다를 수 있다. 그러므로 조사후크리프 자료로 조사중크리프, 즉 원자로에서 사용 중에 일어나는 크리프를 예측하는 경우에는 각별한 주의가 필요하다.

2.6 보이드 스웰링

2.6.1 보이드 생성

고온 조사에서 나타나는 대표적인 조사손상의 하나가 체적 팽창, 즉 보이드 스웰링 (void swelling)이다. 원자빈자리(vacancy)가 자유롭게 움직일 수 있는 $0.3{\sim}0.5T_m$(T_m은 절대온도로 나타낸 융점)의 온도 범위에서 조사량이 1 dpa 이상이면 원자빈자리의 과포화 상태가 유지되므로 Au, Ti, Zr 등 몇 개의 금속을 제외한 대부분의 금속에서는 보이드가 생성되어 스웰링이 일어난다. 특히 고속로와 핵융합로의 가동온도가 이 온도 범위에 있으므로 고속로와 핵융합로 재료에서 큰 문제가 되고 있다. 중성자 조사시에 일어나는 보이드 생성에 대해서는 1970년대부터 많은 연구가 수행되어 왔으며, 그중에서도 특히 고속로에서 핵연료 피복관으로 사용되고 있으며 핵융합로에서도 노심 재료의 하나로 거론되고 있는 오스테나이트 스테인리스강에 관해 많은 연구가 수행되었다.

결정고체에 중성자를 조사시키면 캐스케이드(cascade) 형성으로 다량의 점결함, 즉 원자빈자리와 격자간원자가 생성되는데 대부분의 점결함은 재결합하여 소멸하고 일부의 점결함만 같은 종류끼리 모여 원자빈자리 집합체나 격자간원자 집합체를 형성한다. 스웰링은 원자빈자리가 전위루프나 전위와 같은 면상결함을 형성하는 경우에는 일어나지 않고 보이드와 같은 구상결함을 형성하는 경우에 한하여 일어난다. 물론 격자간원자도 전위루프를 형성하면 주위를 팽창시키므로 스웰링이 일어날 것으로 생각할 수 있다. 그러나 격자간원자가 모여 전위루프를 만들면 그에 대응되는 양의 원자빈자리도 집결하여 전위루프를 만들어 주위를 수축시켜 격자간원자 전위루프에 의해 일어난 팽창을 상쇄시키므로 전체적으로 보면 스웰링은 일어나지 않는다. 그러므로 스웰링이 일어나기 위해서는 과포화 상태의 원자빈자리가 전위루프를 만드는 대신에 응력장이 존재하지 않아 주위를 수축시키지 않는 보이드를 만들어 성장하는 것이 필요하다.

보이드를 형성하기 위해서는 다량의 원자빈자리가 존재해야 하므로 일정량 이상의 조사량이 필요하며, 이때의 조사량을 잠복 조사량(incubation dose)이라 한다. 조사량이 잠복 조사량을 초과하면 조사량의 증가에 따라 보이드의 수밀도(number density)가 증가하는 동시에 성장이 일어나며, 성장이 충분히 일어나면 보이드와 보이드가 결합하기 시작한다. 보이드의 결합 기구로는 확산에 의해 결합이 일어난다는 확산기구와 보이드 성장과정에서 보이드와 보이드의 충돌에 의해 결합이 일어난다는 충돌기구가 제시되고 있는데, 확산기구보다 충돌기구를 더 합리적인 기구로 생각하고 있다.

원자빈자리가 스웰링을 일으키는 보이드를 형성하느냐 또는 스웰링에 기여하지 못하는 전위루프를 형성하느냐는 격자에서의 상대적 안정성에 따른다. 즉 보이드나 전위루프의 안정성은 이러한 결함이 없는 완전격자와 이러한 결함을 갖고 있는 불완전격자 사이의 에너지 차이에 의존한다. 따라서 보이드를 형성하느냐 또는 전위루프를 형성하느냐는 보이드의 표면생성에너지와 루프에너지의 차이에 따른다고 생각할 수 있다. 보이드의 표면에너지를 γ_s, 반경을 R_v라 하면 보이드의 표면생성에너지 E_{void}는 아래와 같다.

$$E_{void} = 4\pi R_v^2 \gamma_s \qquad (2.22)$$

그리고 적층결함을 갖고 있는 루프에너지 E_{loop}도 아래와 같이 쓸 수 있다.

$$E_{loop} = (2\pi R_l)\tau_l + \pi R_l^2 \gamma_{sf} \qquad (2.23)$$

여기서 R_l과 τ_l은 전위루프의 반경과 선장력이며, γ_{sf}는 적층결함에너지이다.

일반적으로 금속은 보이드의 표면생성에너지와 루프에너지 사이에 큰 차이가 없으며[21], 전위루프의 선장력 τ_l도 정확하게 평가되지 않는다. 그러므로 식 (2.22)로 구한 보이드의 표면생성에너지와 식 (2.23)으로 구한 루프에너지를 비교하여, 보이드를 형성하는 것이 안정한지 또는 전위루프가 크게 성장하는 것이 안정한지를 평가하는 것은 문제가 있을 수 있다. 그러나 적층결함에너지가 작은 Au는 조사량이 많아도 보이드가 잘 생성되지 않는데 비해 적층결함에너지가 큰 Mo는 적은 조사량에서도 보이드가 생성되는 것을 보면, 예외는 있지만 적층결함에너지가 클수록 전위루프보다 보이드를 형성하는 경향이 있다고 생각할 수 있다.

2.6.2 조사량 의존성

조사크리프는 중성자를 조사시키는 즉시 일어나기 시작하는데 반해 스웰링을 일으키는 보이드는 조사량이 어느 정도 이상으로 축적되어야 생성하기 시작한다. 중성자를 조사하기 시작하여 보이드 핵이 생성될 때까지의 기간을 잠복기(실제는 조사량을 의미)라 하는데, 잠복기는 합금원소, 전위 그리고 석출물 등에 영향을 받는다. 몰리브덴이나 316 SS를 중성자로 조사시키면 $\sim 10^{26}$ n/m^{2}의 조사량에서 보이드가 생성되기 시작하여 스웰링이 일어나는데, 대부분의 금속에서도 이 정도의 조사량이면 보이드 스웰링이 일어난다. 그림 2-12는 몰리브덴의 보이드 스웰링에 관한 연구 결과를 종합하여 나타낸 것으로, 조사량에 따라 스웰링이 증가하는 것을 보여 준다.

보이드 스웰링은 조사량이 많은 고속로의 핵연료 피복관이나 핵융합로 제1벽에서 문제가 되고 있는데, 스웰링과 조사량의 관계는 근사적으로 아래와 같이 나타낼 수 있다[22].

$$\frac{\triangle V}{V} \propto (\phi t)^n \qquad (2.24)$$

여기서 ϕt는 조사량 그리고 n은 실험에서 얻는 상수로 보통 1~3의 범위에 있는데, 조사온도에 영향을 받아서 온도가 높으면 크고 온도가 낮으면 작다.

앞에서도 기술하였지만 보이드 생성에는 잠복기가 존재하므로 어느 한도 이상으로 조사량이 증가해야 보이드 스웰링이 일어나기 시작한다. 그러므로 조사량과 스웰링의 관계를

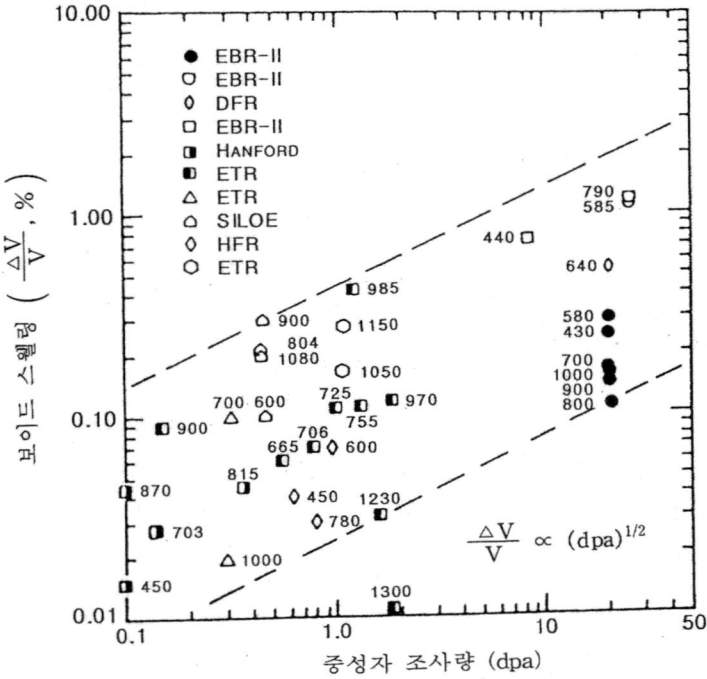

그림 2-12 중성자 조사량에 따른 몰리브덴의 보이드 스웰링[3]; 부호 옆의 숫자는
조사온도(℃)를 나타낸다.

아래와 같이 잠복기를 포함하는 식으로 나타내는 경우도 있다.

$$\frac{\triangle V}{V} \propto \phi t - (\phi t)_o \qquad (2.25)$$

여기서 ϕt는 조사기간 동안에 받는 조사량이고 $(\phi t)_o$는 보이드가 생성하기 시작하는 문턱
조사량으로 잠복기간 동안에 받는 조사량이다.

2.6.3 온도 의존성

원자빈자리는 저온에서는 잘 이동하지 못하는 반면에 고온에서는 너무 활발하게 이동하
므로 저온이나 고온에서는 보이드가 생성되기 어렵다. 그러므로 보이드 스웰링은 저온이
나 고온이 아닌 중간온도 영역에서 일어나는데, 보통 $0.3 \sim 0.5 T_m$(T_m은 절대온도로 표시한
융점) 사이에서 일어나며 보이드 스웰링이 최대로 일어나는 피크 온도는 조사속도
(dpa/sec)에 영향을 받아 조사속도가 클수록 고온 측으로 이동한다.

그림 2-13은 중성자와 Ni 이온을 304 SS와 316 SS에 조사시킨 경우에 일어나는 보이드
스웰링의 조사온도 의존성을 보여 주는데, 그림에서 보는 바와 같이 보이드 스웰링이 최대
로 일어나는 피크 온도는 중성자 조사보다 이온 조사에서 더 고온 측으로 이동한다. 이는
이온 조사가 중성자 조사보다 조사속도가 커서 원자빈자리를 더 많이 생성하므로 고온에
서도 원자빈자리의 과포화 상태가 유지되기 때문이다.

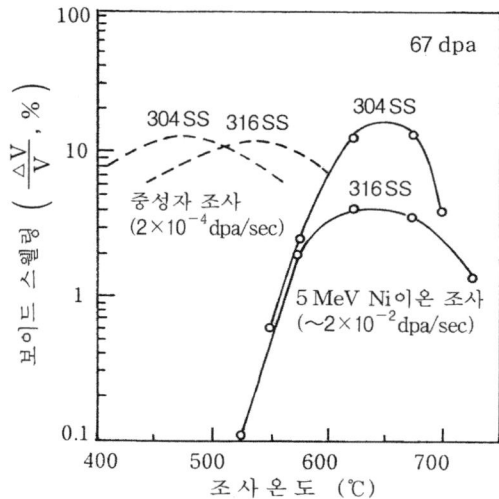

그림 2-13 중성자와 Ni 이온으로 조사시킨 오스테나이트 스테인리스강의
조사온도에 따른 보이드 스웰링[23]; 조사량 67 dpa

2.6.4 냉간가공 및 석출물의 영향

고착전위는 원자빈자리를 흡수하는 성질이 있다. 그러므로 고착전위 밀도가 증가하면 원자빈자리의 흡수가 많아지므로 보이드의 생성과 성장에 영향을 준다. 냉간가공은 전위밀도를 증가시키므로 보이드 스웰링에 영향을 주는데, 316 SS의 경우를 보면 냉간 가공도가 클수록 보이드 스웰링이 억제된다[24].

석출물도 보이드 스웰링에 영향을 주는데, 정합석출물(coherent precipitate)은 보이드의 성장을 억제시키는 것으로 알려져 있다. 정합석출물은 격자상수가 기지(matrix)의 격자상수와 비슷하므로 석출물과 기지의 계면이 연속적으로 결합되어 있다. 그러므로 정합석출물은 격자간원자와 원자빈자리의 재결합 장소로 활용되어 원자빈자리 과포화를 억제하므로 보이드 성장을 저지하여 스웰링을 감소시킨다. 그러나 석출물이 언제나 보이드 성장을 억제하는 것은 아니다. 오히려 그 반대로 보이드 성장을 억제하는 용질원자를 석출물로 석출시키는 경우에는 보이드 성장이 조장되므로 스웰링을 증가시키게 된다.

2.6.5 (n, α) 반응의 영향

(n, α) 반응에서 생성되는 He도 보이드 스웰링에 영향을 미친다. He는 금속에 고용도가 아주 작아서 기지에 존재하는 것보다 보이드에 기체원자로 존재하는 것이 안정하다. 그리고 원자빈자리가 모여 집합체를 형성할 때, 초기에는 집합체가 아주 작아서 구상결함인 보이드 보다는 면상결함인 전위루프가 안정하므로 압착되어 루프를 형성하려는 경향이 있다. 이러한 경우에 (n, α) 반응에서 생성된 He가 원자빈자리 집합체 내부에 존재하면 집합체가 압착되어 전위루프로 붕괴되는 것을 억제하므로 결과적으로 보이드 핵의 생성을 촉진시키는 역할을 하여 스웰링에 영향을 미치게 된다.

참고 문헌

1) M. W. Thompson, *"Defects and Radiation Damage in Metals"*, Cambridge Univ. Press, Cambridge, 1969, p37 & 43

2) M. Griffiths, J. Nucl. Mater. 159 (1988), 190

3) V. K. Sikka and J. Moteff, J. Nucl. Mater. 54 (1974), 325

4) H. R. Brager and J. L. Straalsund, J. Nucl. Mater. 46 (1973), 134

5) K. C. Russell, Proc. Inter. Conf. on Radiation Effects in Breeder Reactor Structural Materials, Scottsdale, 1977, ed. by M. L. Bleiberg and J. W. Bennett, p801 (TMS-AIME, 1977)

6) D. S. Billington and J. H. Crawford, *"Radiation Damage in Solids"*, Princeton Univ. Press, Princeton, USA, 1961, p118

7) J. W. Corbett, J. M. Denney, M. D. Fiske and R. M. Walker, Phy. Rev. 108 (1957), 4954

8) J. Takamura, in *"Point Defect in Physical Metallurgy"*, ed. by R. W. Cahn, North-Holland Publ., Amsterdam and London, 1970, p857

9) A. Seeger, Proc. of the 2nd U.N. Inter. Conf. on the Peaceful Uses of Atomic Energy, Geneva, 1958, Vol. 6, p250

10) F. Kroupa and P. B. Hirsh, Discuss. Faraday Soc. 38 (1964), 49

11) A. J. E. Foreman, Phil. Mag. 17 (1968), 353

12) D. R. Olander, *"Fundamental Aspects of Nuclear Reactor Fuel Elements"*, Technical Information Center, ERDA, TID-26711-P1 (1976), p441

13) F. C. Frank and W. T. Read, Symposium on Plastic Deformation of Crystalline Solids, Carnegie Institute of Technology, Pittsburgh, 1950, p44

14) E. Orowan, The Symposium on Internal Stresses in Metals and Alloys, Inst. of Metals, 1948, p451

15) J. Moteff, Nucl. Metallurgy 18 (1973), 19

16) F. A. Smidt, Jr. and L. E. Steele, NRL(Naval Research Laboratory) Rep. 7310 (1971)

17) D. G. Franklin, G. E. Lucas and A. L. Bement, ASTM STP 815 (1983), p77

18) E. F, Ibrahim, J. Nucl. Mater. 46 (1973), 355

19) W. G. Wolfer, Scripta Met. 9 (1975), 801

20) E. R. Gilbert and A. J. Lovell, in *"Radiation Effects in Breeder Reactor Structural Materials"*, ed. by M. L. Bleiberg and J. W. Bennett, TMS-AIME, 1977, p269

21) D. R. Olander, *"Fundamental Aspects of Nuclear Reactor Fuel Elements"*, Technical Information Center, ERDA, TID-26711-P1 (1976), p464

22) L. K. Mansur, Nucl. Technol. 40 (1978), 5

23) W. G. Johnston, J. H. Rosolowski, A. M. Turkalo and T. Lauritzen, ASTM STP 529 (1973), p213

24) W. K. Appleby, E. E. Bloom, J. E. Flinn and F. A. Garner, in *"Radiation Effects in Breeder Reactor Structural Materials"*, ed. by M. L. Bleiberg and J. W. Bennett, TMS-AIME, 1977, p509

3. 경수로 재료

3.1 경수로 구조

경수로(LWR, light water reactor)에는 가압경수로(PWR, pressurized water reactor)와 비등경수로(BWR, boiling water reactor)가 있는데, 가압경수로는 냉각재가 비등하지 않도록 원자로 노심을 높은 압력으로 가압하는 것이 특징으로 2023년말 기준으로 세계 원자력 발전용량의 약 75%를 차지하고 있다. 이에 비해 비등경수로는 노심에서 직접 냉각재를 비등시켜 증기를 생산하는데, 세계 원자력 발전용량의 16% 정도를 점유하고 있다.

3.1.1 가압경수로

가압경수로는 압력용기, 증기발생기, 가압기, 복수기, 냉각재 순환펌프 등으로 구성되어 있으며, 발전 시스템의 개략도가 그림 3-1에 있다. 가압경수로의 냉각계통은 노심과 증기발생기 사이를 순환하는 1차냉각계통과 증기발생기, 터빈, 복수기를 순환하는 2차냉각계통으로 구분되며, 노심이 포함된 1차냉각계통은 냉각재(냉각수라고 부르기도 함)가 비등하지 않도록 약 15 MPa(150 기압)의 높은 압력으로 가압하고 있다. 그러나 물은 아무리 압력을 높여도 374℃ 이상에서는 비등이 일어나므로, 가압경수로는 이 온도를 냉각재의 상한 온도로 정하고 있다. 이러한 냉각재의 상한 온도를 고려하여 가압경수로는 노심으로 들어오는 냉각재의 입구측 온도를 280℃ 전후, 노심에서 나오는 출구측 온도는 320℃ 전후로 설계하고 있다.

가압경수로는 노심에서 가열된 냉각재를 증기발생기로 보내어 증기를 발생시키며, 이 증기로 발전기 터빈을 구동시킨다. 따라서 노심에서 직접 증기를 발생시켜 발전기 터빈을 구동시키는 비등경수로에 비해 열효율 면에서 불리하다. 그러나 가압경수로는 냉각재 온도가 높아지면 핵반응도가 떨어지고, 냉각재 온도가 낮아지면 핵반응도가 상승하는 부(negative)의 온도 계수를 갖고 있으므로 소위 부하변동 추종성이 양호하다. 따라서 원자로의 제어 성능이 우수한 동시에 안전성이 좋은 장점을 갖고 있다.

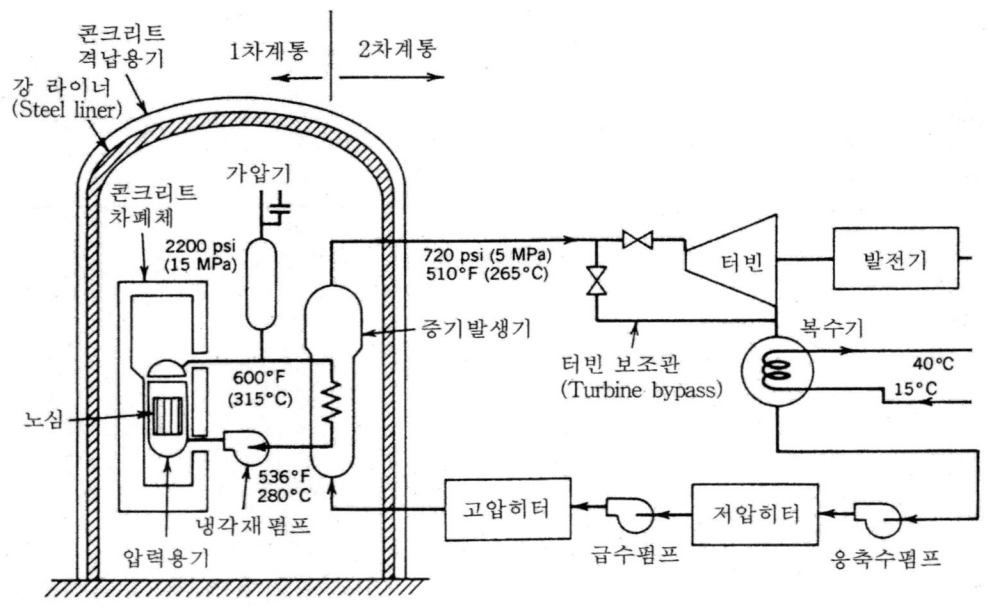

그림 3-1 가압경수로(PWR) 발전 시스템의 개략도[1]

가압경수로에서 원자로의 출력 조정은 열중성자 흡수단면적이 큰 Ag-In-Cd 합금, B_4C 등으로 제조한 제어봉(control rod)을 원자로 노심에 삽입하거나 노심에서 인출하는 방법을 사용하고 있다. 그러나 원자로의 완만한 출력 변화에도 일일이 제어봉을 노심에 삽입하거나 인출하는 방법으로 출력을 조정하기에는 운전상의 어려움뿐만 아니라, 제어봉 주위에서 중성자속(neutron flux) 분포도 균일하지 않으므로 원자로 전체로 보면 출력밀도가 감소하는 단점이 있다. 그러므로 원자로 출력을 완만하게 조정하는 경우에는 냉각수에 액체 첨가제(chemical shim)인 붕산(H_3BO_3)을 첨가하여 냉각수의 붕소 농도를 조절하는 방법을 사용하고 있다.

3.1.2 비등경수로

비등경수로(BWR)는 원자로 노심에서 직접 냉각수를 비등시켜 생성된 증기를 발전기 터빈으로 보내는 직접순환 방식의 원자로이다. 그러므로 노심에서 가열된 고온의 냉각수를 증기발생기로 보내 증기를 발생시키는 간접순환 방식의 가압경수로(PWR)에 비해 열효율이 높은 장점을 갖고 있다. 그러나 냉각수가 비등하여 물-증기의 2상류(two phase flow)가 되면 유량에 관계없이 증기 함유량에 따라 열교환 및 열운반 능력이 떨어지므로, 비등경수로는 어떠한 경우에도 포화 비등점을 몇 십℃ 이상 초과하여 사용할 수 없다. 이에 따라 그림 3-2에서 보는 바와 같이 포화 비등점보다 약간 높은 온도를 냉각수의 온도 조건으로 설정하고 있다.

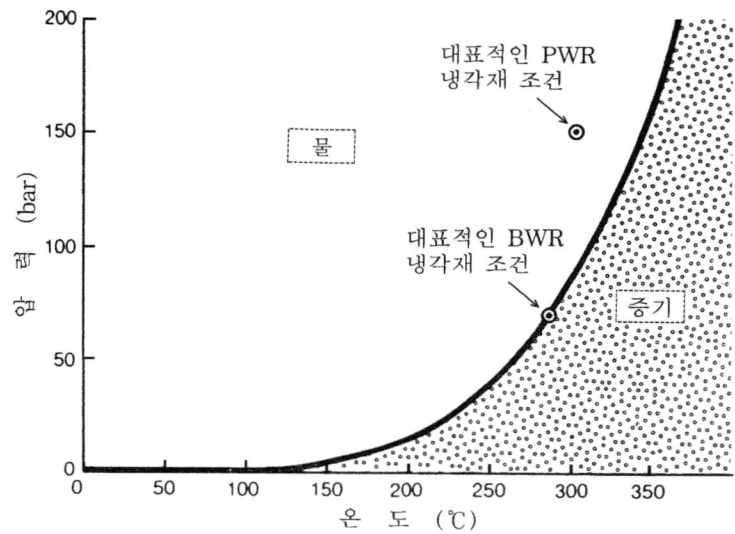

그림 3-2 온도에 따른 물의 포화 증기압[2]

비등경수로는 원자로 노심에서 냉각수를 비등시키므로 노심 압력도 7 MPa(70 기압) 정도로 가압경수로의 15 MPa에 비해 상당히 낮다. 그러므로 압력용기도 가압경수로에 비해 두께가 얇아 제작이 비교적 간단하며, 증기발생기를 설치하지 않으므로 경제적이다. 그러나 냉각수가 감속재 역할도 하여서 냉각수의 증기 함유량에 따라 원자로가 자기제어가 되기도 하고 반대로 자기촉매가 되기도 하므로 원자로 설계에서는 각별한 주의가 요구된다. 즉 비등경수로는 원자로 노심에서 증기를 발생시키므로 원자로 출력이 상승하면 그만큼 냉각수에 증기 함유량이 증가되어 기포가 많아진다. 그러므로 감속재의 관점에서 보면 감속재 양이 그만큼 줄어들어 핵반응도가 감소하므로 원자로 출력이 자동적으로 감소하게 된다. 반면에 냉각수의 관점에서 보면 중성자를 흡수하는 냉각수의 양이 그만큼 줄어들어 중성자 밀도가 증가하므로 핵반응도가 상승하여 원자로 출력이 증가하게 된다. 따라서 냉각수의 기포 발생에 따른 비등경수로의 출력변화는 원자로 크기, H_2O/U 비, 핵연료 농축도 등 설계조건에 따르지만 원자로의 안전성을 고려하여 냉각수의 기포 계수가 부(negative)의 값을 갖도록 설계한다. 그러므로 냉각수의 기포 함유량이 증가하면 비등경수로는 출력이 감소한다.

원자로 노심에서 비등한 냉각수는 증기분리기(steam separator)에서 원심분리 작용에 의해 물과 증기로 분리되어 물은 노심으로 보내고, 증기는 증기건조기(steam dryer)로 보낸다. 그리고 증기에 수분이 함유되면 발전기의 터빈 날개에 손상을 주므로 증기건조기에서는 증기 속에 남아있는 수분을 제거하여 99.9% 이상의 포화증기를 만들어 발전기 터빈으로 보낸다. 비등경수로는 보통 냉각수의 노심 입구측 온도가 215℃ 전후 그리고 출구측 온도가 285℃ 전후로 가압경수로에 비해 낮은 온도에서 가동되지만, 앞에서 기술한 바와 같이 증기발생기를 통하지 않고 노심에서 직접 증기를 발생시켜 발전기 터빈으로 보내는 냉각재 직접순환 방식이므로 열효율은 가압경수로보다 1% 정도 더 높다. 비등경수로는 다음의 두 가지 방법에 의해 원자로 출력을 조정하는데, 하나는 제어봉의 삽입과 인출에 의해 그리고 다른 하나는 냉각수가 물과 증기의 2상류인 것을 이용하여 냉각계통의 유량을 조절하는 방법으로 냉각수의 증기 함유량을 조절하여 원자로 출력을 제어한다. 그림 3-3에 비등경수로 발전 시스템의 개략도가 있다.

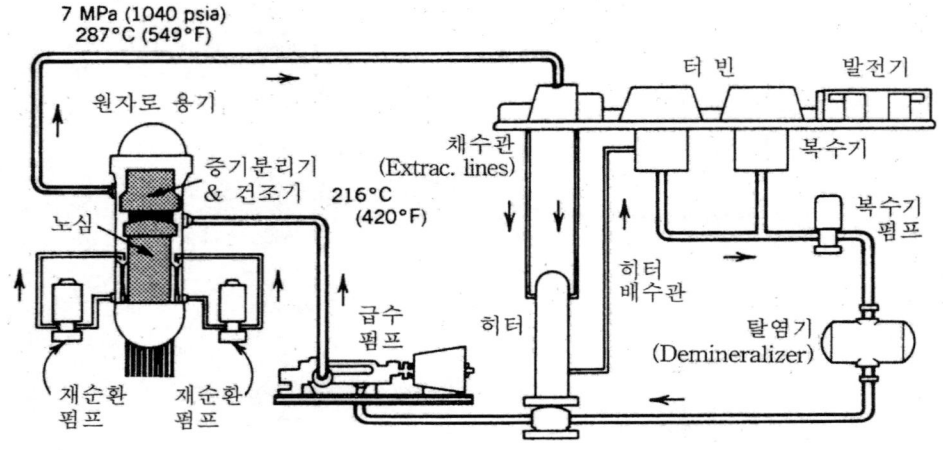

그림 3-3 비등경수로(BWR) 발전 시스템의 개략도[1]

3.2 압력용기

3.2.1 압력용기 구조

가압경수로는 노심에서 증기를 생산하지 않고 1차냉각계통과 2차냉각계통이 교차하는 증기발생기에서 증기를 발생시켜 발전기 터빈으로 보낸다. 이에 비해 비등경수로는 노심에서 직접 냉각수를 비등시켜 증기를 생산하여 발전기 터빈으로 보내는데, 양질의 증기를 얻기 위해 압력용기 내부에 물과 증기를 분리시키는 증기분리기와 증기 내의 수분을 제거하는 증기건조기가 설치된다. 따라서 비등경수로 압력용기는 가압경수로에 비해 내부가 복잡하며 용기도 상당히 크다. 표 3-1에 가압경수로와 비등경수로의 압력용기 제원을 비교한 예가 있다.

표 3-1 가압경수로와 비등경수로의 압력용기 제원

항 목	가압경수로 (1,000 MWe급)	비등경수로 (1,100 MWe급)
용기 내경	약 4.0 m	약 6.4 m
용기 높이	약 14 m	약 22 m
용기벽 두께	약 200 mm	약 160 mm
중량	약 300 ton	약 750 ton

가. 가압경수로 압력용기

압력용기는 본체와 뚜껑으로 구성되어 있으며 다수의 고장력 볼트로 본체와 뚜껑을 결합시킨다. 압력용기는 냉각수를 오염시키는 부식 생성물의 발생량을 줄이기 위해 용기 내면을 내식성 재료로 피복하는데 보통 304 SS를 3~6 mm 두께로 피복시키고 있다. 그림 3-4에 가압경수로 압력용기의 개략적인 구조가 있는데, 그림에서 보는 바와 같이 원자로 출력을 조정하는 제어봉은 용기 뚜껑의 관통구멍을 통해 용기 외부에 설치된 제어봉 구동장치에 연결되며, 용기 내부에는 노심을 지지하는 구조물과 배플(baffle), 열차폐체 등이 설치되어 있다. 압력용기 내부에 설치되는 구조물은 크게 상부 구조물과 하부 구조물로 구분되며, 상부 구조물에는 상부지지격자(upper grid), 지지칼럼(support column), 노심 상부지지격자(upper core grid) 등이 그리고 하부 구조물에는 노심 하부지지격자(lower core

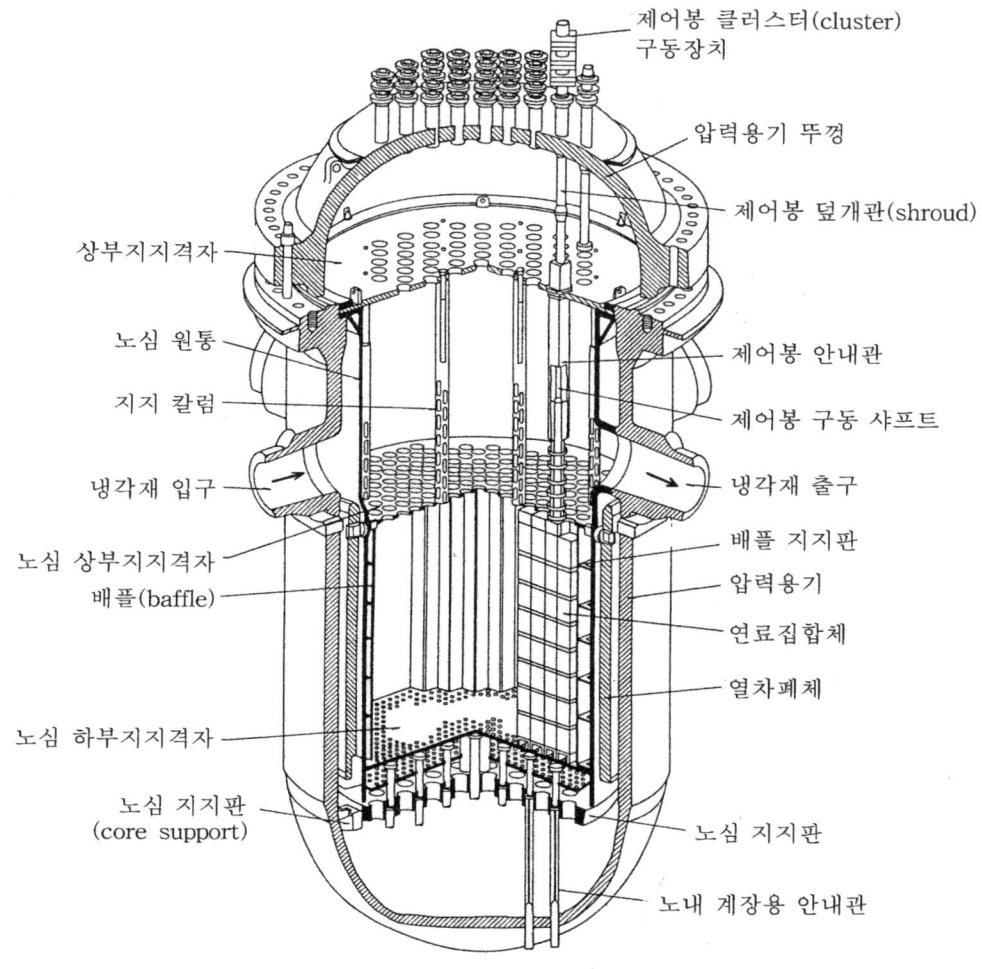

그림 3-4 가압경수로(PWR) 압력용기 개략도[3]

grid), 노심 지지판(core support) 등이 있다.

냉각수는 노심 상부에 설치된 입구 노즐을 통해 원자로에 유입되며 노심을 둘러싸고 있는 배플과 용기벽 사이의 통로를 통하여 압력용기 하부로 흐른 다음에 방향을 바꾸어 노심 상부로 향한다. 이때 냉각수는 핵연료에서 발생한 열을 전달받으면서 노심을 통과하여 상부에 부착된 출구 노즐을 통해 원자로 외부로 흘러나가 증기발생기로 향한다. 한편 노심 외측에 설치된 열차폐체는 핵연료에서 방출하는 감마선과 중성자의 일부를 차폐하여 압력용기의 조사손상과 열응력을 감소시켜 주므로 압력용기의 수명을 연장하는 기능을 한다. 표 3-2에 우리나라에서 개발한 1,000 MWe급 가압경수로인 한국표준형 원전 OPR (Optimized Power Reactor) 1000과 발전용량을 1400 MWe로 키우고 다중 안전장치로 안전성을 높인 동시에 설계수명을 60년으로 늘린 APR(Advanced Power Reactor) 1400의 압력용기 주요 제원이 있다.

표 3-2 OPR 1000 및 APR 1400의 압력용기 주요 제원

항 목	OPR 1000[4]	APR 1400[5]
설계 온도	343.3℃	343.3℃
설계 압력	17.23 MPa (170 기압)	17.23 MPa (170 기압)
운전 압력	15.50 MPa (153 기압)	15.50 MPa (153 기압)
용기 전체 높이	1,464.2 cm	1,463 cm
용기 내부직경	414 cm	462.92 cm
용기벽 두께	≥ 20.5 cm	≥ 23.0 cm
304 SS 피복층 두께	5 mm	5 mm
용기 재료	A508 Gr.3 Cl.1	A508 Gr.3 Cl.1

나. 비등경수로 압력용기

비등경수로의 압력용기도 용기 본체와 상부 뚜껑으로 구성되어 있으며 가압경수로와 같이 다수의 고장력 볼트로 본체와 뚜껑을 결합시킨다. 앞에서도 기술하였지만 비등경수로 압력용기는 증기분리기와 증기건조기가 압력용기 상부에 설치되며, 이 외에도 냉각수 유입 노즐과 유출 노즐 등 각종 노즐이 부착되어 있다. 그리고 가압경수로와는 다르게 제어봉 구동장치가 원자로 하부에 설치되므로 용기 하부에는 제어봉과 구동장치를 연결하기 위한 관통구멍이 있다. 비등경수로는 연료가 장전되는 노심과 용기벽 사이의 간격이 커서 중성자가 냉각수에 의해 많이 차폐된다. 그러므로 비등경수로 압력용기는 조사손상이나 열응력의 영향을 크게 받지 않으므로 용기 내부에 열차폐체를 설치하지 않는다.

비등경수로도 가압경수로와 같이 냉각수를 오염시키는 부식 생성물의 생성을 방지하기 위하여 압력용기 내면을 내식성이 좋은 금속으로 피복하는데 용기 내면은 대부분이 가압경수로와 같이 304 SS로 피복하지만 하부 공간은 스테인리스강보다 내식성이 좀 더 우수한 인코넬(Inconel) 합금으로 피복시키고 있다. 그리고 압력용기의 상부 뚜껑은 냉각수와 접촉이 일어나지 않으므로 내식성 금속으로 피복하지 않는다. 그림 3-5에 비등경수로 압력용기의 개략적인 구조가 있다.

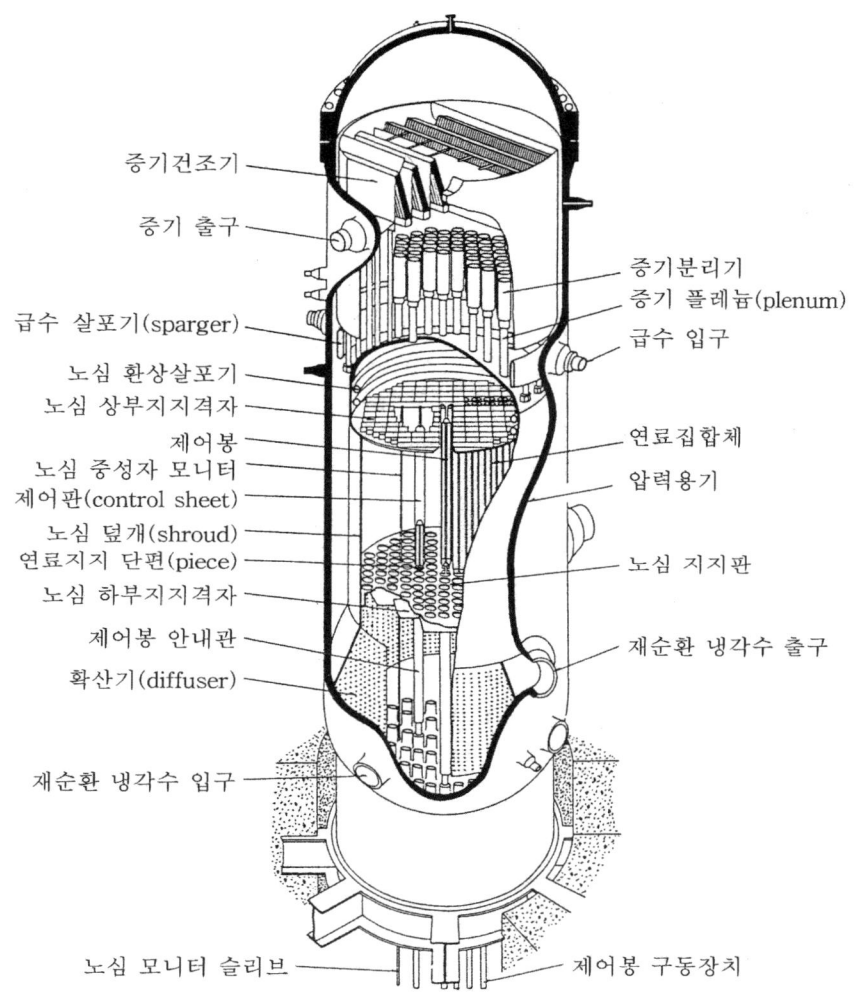

증기건조기
증기 출구
급수 살포기(sparger)
노심 환상살포기
노심 상부지지격자
제어봉
노심 중성자 모니터
제어판(control sheet)
노심 덮개(shroud)
연료지지 단편(piece)
노심 하부지지격자
제어봉 안내관
확산기(diffuser)
재순환 냉각수 입구

증기분리기
증기 플레늄(plenum)
급수 입구
연료집합체
압력용기
노심 지지판
재순환 냉각수 출구

노심 모니터 슬리브
제어봉 구동장치

그림 3-5 비등경수로(BWR) 압력용기 개략도[3]

3.2.2 압력용기관련 규정 및 코드

가. NRC 규정

미국 원자력규제위원회(NRC, Nuclear Regulatory Commission)는 연방법에 근거하여 원자력발전소 건설 및 운영에 관한 인허가 업무를 담당하며, 관련 규정을 제정하고 있다. 정부의 행정명령을 집대성한 연방규정집(CFR, Code of Federal Regulation)은 50개의 Title로 구성되어 있는데, 이 중에서 Title 10이 에너지 분야로 Part 1에서 Part 199까지가 원자력에 관련된 규정이며, Part 200 이상은 오일 등 다른 에너지와 핵폐기물 등에 관련된 규정이다. Title 10의 Part 50, 즉 10CFR50(Domestic Licensing of Production and Utilization Facilites)에 원자력 시설의 인허가에 요구되는 사항이 기술되어 있다.

10CFR50에서 압력용기에 관련된 규정으로는 (1) 파괴인성 요구사항을 규정한 Appendix G, (2) 감시시험에 대한 요구사항을 규정한 Appendix H 그리고 (3) 가압열충격 사고에 대비하여 파괴인성 요구사항을 규정한 10CFR50.61이 있다. 이 외에도 압력용기에 관련된 규정으로 신뢰할 수 있는 감시시험 자료가 없는 경우에 압력용기의 조사취화를 예측하는 계산 절차를 규정한 Regulatory Guide 1.99 등이 있다.

10CFR50 Appendix G

10CFR50 Appendix G는 원자로가 어떠한 운전상태에 있더라도 충분한 안전여유(safety margin)를 확보할 수 있도록 압력경계(pressure boundary)에서 사용되는 페라이트강의 파괴인성에 대한 요구사항을 규정한 것으로, ASME 코드에서 요구하는 사항을 토대로 작성되었다. 10CFR50 Appendix G에서는 페라이트강의 파괴인성을 평가하는데 ASME 코드 Section III의 Appendix G 또는 NRC가 인정하는 방법에 따라 평가할 것을 의무사항으로 규정하고 있는데, 1973년에 처음으로 발행되었으며 그 후 수차례에 걸쳐 보다 엄격한 방향으로 개정되었다. 10CFR50 Appendix G는 파괴인성에 대해 ASME 코드에 근거하여 작성하였지만 더 엄격한 요구를 하고 있는데, 주요 내용은 아래와 같다.

(1) 원자로 용기의 노심영역 재료는 최대 흡수에너지(upper shelf energy)가 원자로 운전개시 전에는 10.4 kg-m (102 Joule) 이상 그리고 원자로 운전 중에는 6.9 kg-m (68 Joule) 이상을 유지해야 한다.

(2) 원자로 용기의 노심영역 재료가 원자로 운전 중에 취성파괴가 일어나지 않도록 원자로의 압력-온도 한계(pressure-temperature limits)를 보수적으로 산정하고, 이를 준수해야 한다.

(3) 원자로 용기의 노심영역 재료가 조사취화로 인하여 파괴인성 요구조건을 만족하는 적절한 안전여유(safety margin)를 확보하지 못하면, 파괴인성 회복을 위해 10CFR50.66의 요구사항에 따라 용기를 어닐링 열처리 할 수 있다.

10CFR50 Appendix H

10CFR50 Appendix H는 경수로 압력용기 노심영역(core beltline region)의 페라이트 강이 원자로 운전 중에 받게 되는 중성자 조사량 및 열 이력에 의해 유발되는 파괴인성의 변화량을 감시하고 평가하기 위한 목적으로 감시시험 계획에 관한 요구사항을 기술하고 있다. 10CFR50 Appendix H는 1973년에 처음으로 도입되었으며 그 후 여러 번 개정되어 현재에 이르고 있는데, 압력용기 감시시험은 ASTM E185에 의거하여 수행할 것을 요구하고 있다.

10CFR50.61

10CFR50.61은 원자로의 냉각재 상실사고(LOCA, loss of coolant accident)에 대비하여 도입되었다. 이 규정은 냉각재 상실 사고시에 가압열충격(pressurized thermal shock)

에 의한 압력용기의 파손 사고를 방지하는데 필요한 파괴인성을 요구한 것으로, TMI-2 사고의 영향을 받아 1985년에 처음으로 발행되었으며 1996년에 개정되어 현재에 이르고 있다. 원자로 압력용기는 사용기간의 증가에 따라 조사취화가 크게 일어나는데, 이러한 상태에서 일정 크기 이상의 응력과 균열이 압력용기에 존재하면 균열이 전파되어 압력용기를 파손시킬 위험성이 있다. 즉 아래와 같은 현상이 압력용기에 복합적으로 존재하면 가압열충격에 의한 파손 사고가 일어날 수 있다.

  (1) 중성자 조사에 의해 연성-취성 천이온도가 고온 측으로 이동
  (2) 냉각재 상실 사고시에 노심 용해를 방지하기 위해 원자로에 긴급 주입하는 비상
      냉각수에 의한 열충격 발생 및 증기 발생에 따른 내압 증가
  (3) 압력용기에 전파가 가능한 임계 크기 이상의 균열 존재

이에 따라 10CFR50.61에서는 냉각재 상실사고로 원자로에 냉각수를 긴급 주입하는 경우에 가압열충격에 의해 일어나는 압력용기의 파손을 방지하기 위하여 압력용기 노심영역을 부위별로 구분하여 가압열충격 판정기준을 규정하고 있는데, 각 부위별 가압열충격 판정기준은 표 3-3과 같다.

표 3-3 압력용기 부위별 가압열충격 판정기준

재료 및 부위	RT_{PTS} 기준값
압연강판, 단조강, 축방향 용접부위	≤ 270°F (132℃)
원주방향 용접부위	≤ 300°F (149℃)

Regulatory Guide 1.99

Regulatory Guide 1.99는 감시시험 자료가 없는 경우에 압력용기의 조사취화를 예측하기 위하여 1975년에 처음으로 발간되었으며, 1988년에 Revision 2로 개정되어 현재에 이르고 있다. Revision 2에서는 신뢰성 있는 감시시험 자료를 사용할 수 없는 경우에 압력용기 노심영역(core beltline region)의 조사취화를 예측하는 기준인 조사후 기준무연성천이온도 (ART, adjusted reference temperature)를 계산하는 절차와 기준무연성천이온도(reference temperature)의 변화량($\triangle RT_{NDT}$)을 계산하는 절차를 규정하고 있다.

나. ASME 코드

ASME 코드는 보일러 및 압력용기에 관련된 재료·용접·검사 등에 관하여 미국기계학회(ASME, American Society of Mechanical Engineers)가 발행하는 코드로, 모두 11개 분야(Section)로 구성되어 있으며 3년마다 보완하여 재발간되고 있다. ASME 코드 중에서 원자력에 직접 관련된 분야로는 원자력 발전기기를 취급한 Section Ⅲ와 원자력 발전기기의 사용중검사를 취급한 Section ⅩⅠ이 있으며, 이 외에도 재료 규격을 취급한 Section Ⅱ, 비파괴시험을 취급한 Section Ⅴ 그리고 용접 및 브레이징(brazing) 시공법을 취급한

Section IX도 원자력 분야와 관계가 있다. ASME 코드 중에서 원자력과 관련있는 주요 코드의 내용이 표 3-4에 있다.

표 3-4 ASME 코드 중에서 원자력에 관련있는 분야

분야		제목 및 분류
II	재료 규격	Part A : 철강재료 Part B : 비철재료 Part C : 용접재료
III	Division 1 (경수로)	NCA : Division 1, Division 2의 품질보증에 관한 일반적인 요구사항 NB : Class 1 Components (1차냉각계통 기기) NC : Class 2 Components (긴급노심냉각계통에 중요한 기기) ND : Class 3 Components (발전소 운전계통에 필요한 기기) NE : Class MC[a] Components NF : Supports NG : Core Support Structures NH : 고온에서 사용되는 Class 1 Components
	Division 2	콘크리트 격납용기 (concrete containments)
	Division 3	사용후핵연료와 고준위폐기물의 수송용기 및 저장용기 계통
	Division 5	고온로 (HTGR 및 VHGR, GFR, SFR, LFR, MSR 등 4세대 원자로)
V	비파괴시험	
IX	용접 및 브레이징 (brazing) 시공법	
XI	Division 1 (경수로)	1WA : 일반적인 요구사항 1WB : Class 1 Components에 관한 요구사항 1WC : Class 2 Components에 관한 요구사항 1WD : Class 3 Components에 관한 요구사항 1WE : Class MC[a] 및 CC[b] Component Liners에 관한 요구사항 1WF : Class 1, 2, 3 및 MC Component Supports에 관한 요구사항 1WG : Core Internal Structures에 관한 요구사항 1WL : Class CC[b] Concrete Components에 관한 요구사항
	Division 2	비경수로의 신뢰성 및 안전성 관리 프로그램 (RIM Programs)
	Division 3	액체금속냉각로 (liquid-metal cooled plants) Components

a) metal containment
b) concrete containment

ASME 코드는 1914년 일반 보일러를 취급한 Section I이 발간된 후 계속 새로운 분야로 확장되고 있는데, 원자력 발전시대를 맞이하여 1963년에 원자력 기기를 취급한 Section III가 발행되었다. 그리고 1974년에는 Section III가 금속용기를 취급하는 Division 1과 콘크리트 격납용기를 취급하는 Division 2로 분리되었으며, 후에 Division 3과 Division 5가 추가되어 현재는 4개 Division으로 구성되어 있다. 금속용기를 취급하는 Division 1에는 NCA에서 NH까지 8개 세부 분야가 있으며, 그중에서 NB는 Class 1 Components, NC는 Class 2 Components 그리고 ND는 Class 3 Components의 재료·설계·제작 및 설치·검사·시험

등에 관련된 기술적인 사항을 기술하고 있다.

원자력발전소는 높은 안전성과 신뢰성이 요구되므로 압력용기, 배관 등 주요 기기는 사용기간 동안에 정기적으로 비파괴검사를 실시하여 안전성을 확인할 필요가 있다. 이에 따라 원자력 발전기기의 사용중검사에 관련된 ASME 코드 Section XI이 1970년에 발행되었으며, 그 후 수정 사항이 발생할 때마다 개정을 거듭하고 있다. Section XI에는 3개의 Division이 있으며, 그중에서 Division 1이 경수로에 관한 것으로 8개 세부분야로 구성되어 있는데 1WB는 Class 1 Components, 1WC는 Class 2 Components, 1WD는 Class 3 Components에 관한 규정으로 시험·검사·결함의 허용기준과 보수 방법 그리고 교체 등에 관한 기술적인 사항을 기술하고 있다.

ASME 코드에서 원자력에 관련된 Section III를 처음 도입할 당시에는 파괴역학 개념이 정립되지 않아서 압력용기의 비연성파괴(nil-ductility fracture)를 방지하기 위한 방안으로 천이온도 방법을 채택하였다. 이 방법은 Pellini[6]에 의해 제안되었으며 그림 3-6의 파괴해석도(FAD, fracture analysis diagram)를 토대로 파괴형태가 비연성파괴에서 연성파괴로 변하는 천이온도를 파악하여 그 온도보다 높은 온도에서 사용하는 방법인데, 천이온도는 주어진 응력에서 균열전파를 정지시키는데 충분한 온도를 나타내는 균열전파정지온도(CAT, crack arrested temperature) 곡선을 기준으로 결정하였다. 예를 들어 항복응력을 설계응력으로 정하면 항복응력과 CAT 곡선이 만나는 교차점인 FTE 온도가 천이온도가 된다. 즉 그림에서 보는 바와 같이 박판(두께 1inch 이하)의 경우는 NDT+33℃ 그리고 후판(두께 3 inch 이상)인 경우는 NDT+72℃가 천이온도가 되는데 결함과 파괴를 연관시키지 못하는, 즉 결함을 정량적으로 평가하지 못하는 단점이 있다.

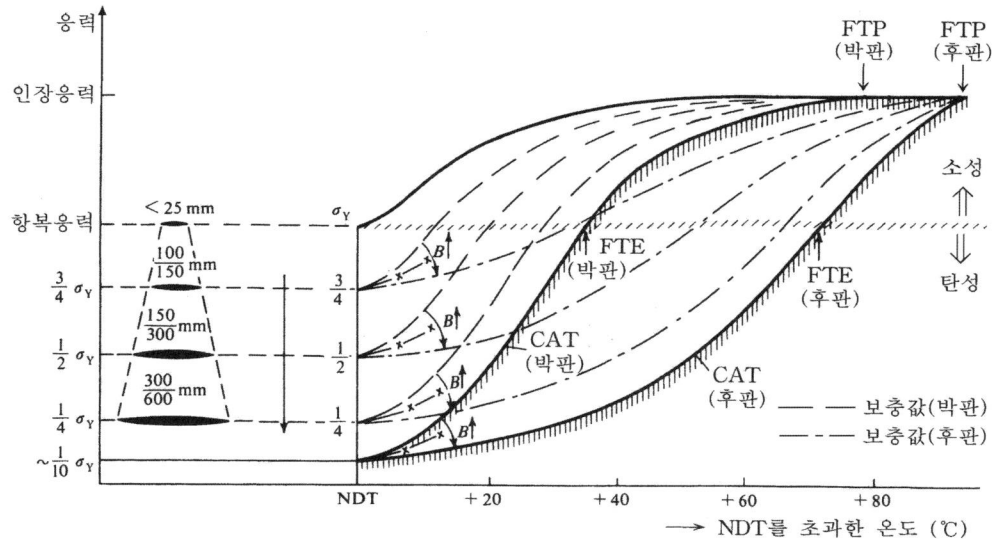

그림 3-6 파괴해석도(FAD)[7] ; FTE : fracture transition elastic,
FTP : fracture transition plastic, CAT : crack arrested temperature

이에 비해 파괴역학 방법은 균열 선단(crack tip)의 탄성응력장에 착안하여, 두꺼운 강판에 대응하는 균열 크기와 균열에 작용하는 응력값을 토대로 비연성파괴에 대한 건전성을 평가한다. 그러므로 균열의 정량적 평가가 가능하여 압력용기의 파괴 방지에 대한 신뢰성을 더 높일 수 있다. 이에 따라 ASME에서도 파괴역학 개념을 도입하여 1972년에 발간된 ASME Summer Addenda에서는 Section III에서 규정한 파괴인성 평가체계를 기존의 천이온도 개념에서 선형탄성파괴역학 개념으로 전면적인 개정을 하였다.

즉, 1972년 이전의 규정에서는 낙하 하중시험(drop weight test)에서 얻은 무연성온도(T_{NDT}, nil-ductility temperature) 또는 샤르피 충격시험에서 얻는 흡수에너지를 판정 기준으로 정하여, 최저 사용온도를 (1) 낙하 하중시험으로 정하는 경우에는 NDTT(nil-ductility transition temperature)보다 33℃ 높은 온도 그리고 (2) 샤르피 충격시험으로 정하는 경우에는 3개 시편 각각의 흡수에너지가 41 Joule을 초과하는 온도보다 33℃ 낮은 온도로 하였다. 그러나 원자로의 출력 증가에 따른 압력용기 대형화로 1972년 이후에는 천이온도의 결정방법으로 선형탄성파괴역학을 결부시킨 새로운 파괴인성 기준을 도입하였다.

1972년에 개정된 ASME 코드 Section III에서는 파괴인성과 관계가 있는 기준무연성천이온도(RT_{NDT}, reference nil-ductility transition temperature)를 파악하여 압력용기의 사용조건을 제한하는 방식을 채택하였다. 압력용기의 파괴인성에 관련된 규정은 1972년에 개정되어 현재에 이르고 있으며 횡팽창량과 수압시험이 추가되었는데, 수압시험은 압력용기의 용접부위 건전성과 용기의 누설 여부를 확인할 목적으로 수행한다.

표 3-5에 압력용기용 저합금강의 파괴인성 기준과 핵연료를 장전하기 전에 압력용기에 대해 실시하는 수압시험 조건이 있는데, 수압시험은 RT_{NDT}보다 33℃ 이상 높은 온도에서 설계압력의 1.25배 이상의 압력으로 10분간 실시한다[8].

표 3-5 압력용기용 저합금강의 파괴인성 기준 및 압력용기 수압시험 조건

시험 종류	DWT(drop weight test) C_V 충격시험(Charpy impact test)
시편채취 방향	압연 또는 단조 방향에 직각인 방향
판정 기준[a]	(1) DWT에서 T_{NDT} (≧NDTT) 결정 (2) ≦"T_{NDT} +33℃"에서 3개 시편에 대한 각각의 C_V 시험값이 아래 (a), (b) 조건을 만족하면, T_{NDT}를 RT_{NDT}로 결정 　　(a) 최대 흡수에너지 ≧ 68 J 　　(b) 횡팽창량 ≧ 0.89 mm 위 (a), (b) 조건을 만족하지 못하는 경우는 3개 시편의 C_V 시험값이 (a), (b) 조건을 만족하는 온도보다 33℃가 낮은 온도, 즉 "조건만족온도 − 33℃"를 RT_{NDT}로 결정
수압시험 조건	온도[b] : ≧ RT_{NDT} + 33℃ 수압[c] : ≧ 설계압력의 1.25배

a) ASME Code, Section III Division 1, NB-2331
b) ASME Code, Section XI Division 1, G-2400
c) ASME Code, Section III Division 1, NB-6221

다. ASTM 코드

미국재료·시험협회(ASTM, American Society for Testing and Materials)는 1898년에 재료 및 재료시험 방법의 규격화를 위해 설립된 단체(2001년 ASTM International로 개칭)로 2024년에 발행된 ASTM 코드는 15개 분야, 총 82권으로 되어있으며 규격(Standard)은 12,800여 개에 달한다. 이 중에서 원자력과 관련있는 분야는 Section 1 철강 제품, Section 2 비철금속 제품, Section 3 금속시험 방법 그리고 Section 12 원자력·태양·지열에너지 등이다. ASTM 코드에서 압력용기의 재료와 감시시험에 관련된 주요 규격은 아래와 같다.

① 재료 규격
- ASTM A533　압연강판의 성분 규격
- ASTM A508　단조강의 성분 규격

② 인장시험 방법
- ASTM E8　　인장시험
- ASTM E21　고온 인장시험

③ 파괴인성시험 방법
- ASTM E23　　충격시험 방법
- ASTM E208　낙하 하중시험(drop weight test) 방법
- ASTM E399　K_{Ic}시험 방법 (K_{Ic}: 평면변형 파괴인성)
- ASTM E1221　K_{Ia}시험 방법 (K_{Ia}: 평면변형 균열전파정지 파괴인성)
- ASTM E1820　J_{Ic}시험 방법 (J_{Ic}: 탄소성 파괴인성)

④ 감시시험 방법
- ASTM E185　감시시험 방법
- ASTM E706　감시시험 규격의 마스터 매트릭스(master matrix)
- ASTM E900　중성자 조사손상 예측방법

3.2.3 압력용기 재료

경수로 압력용기는 고온·고압의 중성자 분위기에서 2세대 원자로는 40년 그리고 3세대 원자로는 60년 이상 장기간에 걸쳐 사용되므로 보일러와 같은 일반 산업용 압력용기에 비해 보다 엄격한 조건이 요구된다. 원자로 압력용기에서 요구하는 주요 조건을 열거해 보면 아래와 같다.

(1) 기계적 특성과 피로 특성이 양호할 것
(2) 파괴인성이 우수할 것
(3) 조사취화가 작게 일어날 것
(4) 냉각재에 대한 내식성이 양호할 것
(5) 유도방사능이 생기는 원소의 함유량이 적을 것
(6) 용접성 및 가공성이 우수할 것

원자로 개발 초기인 1950년대 말에는 조사손상에 대한 이해와 시험자료의 부족으로 일반 보일러와 산업용 압력용기에 사용 실적이 많은 ASTM A212B(탄소강)를 압력용기 재료로 사용하였다. 압력용기에 사용된 A212B는 열간압연 후에 변태온도 이하에서 가열한 다음 공기 중에서 냉각시키는 노르말라이징(normalizing) 열처리를 하는데, 이 종류의 강이 압력용기에 사용된 대표적인 원자로가 1962년에 가동에 들어간 미국의 Indian Point-1(전기출력 262 MWe)이다.

그 후 ASTM 코드에서는 새로이 A302(Mn-Mo강)를 원자로 압력용기 재료로 규정하였는데, 그중에서 Grade B가 많이 사용되었다. 그러나 원자력 발전의 효율을 향상시키기 위해 원자로의 대형화가 추진되면서 압력용기도 대형화하여 기존에 사용하던 A302B로는 압력용기에서 요구하는 파괴인성을 확보하는데 어려움이 많았다. 이에 따라 새로운 압력용기 재료가 요구되어, 1965년에 ASTM 코드에서는 압력용기 재료로 A302(Mn-Mo강)에 Ni를 첨가한 A533(Mn-Mo-Ni강)을 변태온도 이상으로 가열한 후 수중에서 급랭시키고 다시 변태온도 이하로 재가열하여 적당한 속도로 냉각시키는, 즉 퀜칭·템퍼링(quenching and tempering) 열처리법을 규정하였다.

이 열처리 방법으로 A533은 템퍼드 마르텐사이트(tempered martensite) 조직을 얻는데, 노르말라이징 열처리를 하는 A212B(탄소강)에 비해 결정립이 미세하여 강도와 파괴인성이 우수하였다. 이러한 장점으로 1980년대 이전에 건설된 대부분의 원자력발전소는 압력용기용 압연강판으로 A533B Cl.1을 사용하였다.

압력용기의 조사취화(radiation embrittlement)는 원자로 건전성과 사용 수명에 직결되는데, 조사취화는 모재보다 용접 부위에서 크게 일어난다. 그러므로 압력용기 제작에서 용접 부위를 감소시키면 그만큼 건전성을 향상시킬 수 있는데, 특히 핵연료가 장전되는 노심 영역의 용접부위 감소는 원자로 건전성과 수명 연장에 대단히 중요하다. 이에 따라 압력용기 제작에서는 용접 부위를 줄이기 위해 압연강판 대신에 대형 단조강을 사용하게 되었으며, 단조강 재료로 처음에는 A508 Gr.2(Ni-Cr-Mo강)를 사용하였다. 그러나 A508 Gr.2는 용기 내면을 스테인리스강으로 피복 용접할 때, 피복층 바로 밑의 열영향부(HAZ, heat affected zone)에서 미세한 균열(UCC, under clad cracking)이 발생하는 단점이 있다. 이에 따라 A508 Gr.2의 용접 특성을 개선시킨 A508 Gr.3을 사용하게 되었으며, 지금도 압력용기 제조에서는 A508 Gr.3을 사용하고 있다.

압력용기 재료는 앞에서 언급한 재료 외에도 1970년 전후로 고강도에 관심을 가져 Ni와 Cr 첨가량을 증가시켜 강도와 인성을 향상시킨 A543(3.5Ni-1.7Cr-0.5Mo강)에 관하여 많은 연구가 수행되었지만 용접성과 응력제거 열처리시에 취화가 일어나는 문제 등으로 실용화에 이르지 못하였다. 그러나 용해 공정의 개량으로 P, S 등 불순물을 미량으로 조절하는 것이 가능해짐에 따라 적절한 용접조직을 얻기 위한 연구가 수행되고 있다. 그리고 Ni 첨가량이 많아도 조사취화에 대한 저항성을 확보할 수 있을 것으로 기대되면서, Ni와 Cr 첨가량을 증가시켜 강도가 크게 향상된 A543을 개량한 A508 Gr.4N도 새로운 압력용기 재료로 많은 관심을 받고 있다.

표 3-6에 원자로 압력용기용 저합금강의 조성이 있는데 불순물로 함유되는 Cu, P, S 등은 조사취화를 크게 악화시킨다. 그러므로 노심영역에 사용되는 A533 및 A508에서는 이들 불순물에 대하여 별도의 요구 사항을 규정하여 함유량을 다른 부위보다 낮추고 있다. 그리고 압력용기의 주요 부품인 플랜지(flange)와 노즐(nozzle)은 원자로 개발 초기부터 단조강을 사용하였으며, 단조강 재료로 처음에는 A105와 A336/Code Case 1332를 그리고 후에는 A508 Gr.2를 사용하였으나 UCC가 일어나는 문제가 있으므로 A508 Gr.3으로 대체하였다.

표 3-6 압력용기용 저합금강의 화학조성

ASTM 규격	화 학 조 성 (wt%)									
	C	Mn	P	S	Si	Ni	Cr	Mo	V	Cu
A302B	≤ 0.25	1.15– 1.50	≤ 0.035	≤ 0.040	0.15– 0.30			0.45– 0.60		
A533B Cl.1	≤ 0.25	1.15– 1.50	≤ 0.035	≤ 0.035	0.15– 0.30	0.40– 0.70		0.45– 0.60		
Cl.2	〃	〃	〃	〃	〃	〃		〃		
A508 Gr.1	≤ 0.35	0.40– 1.05	≤ 0.025	≤ 0.025	≤ 0.40	≤ 0.40	≤ 0.25	≤ 0.10	≤ 0.05	≤ 0.20
Gr.1a	〃	0.70– 1.35	〃	〃	〃	〃	〃	〃	〃	〃
Gr.2	≤ 0.27	0.50– 1.00	≤ 0.015	〃	〃	0.50– 1.00	0.25– 0.45	0.55– 0.70	〃	〃
Gr.3	≤ 0.25	1.20– 1.50	〃	〃	〃	0.40– 1.00	≤ 0.25	0.45– 0.60	〃	〃
Gr.4N	≤ 0.23	0.20– 0.40	≤ 0.020	≤ 0.020	〃	2.8– 3.9	1.50– 2.00	0.45– 0.60		≤ 0.25
A543 Gr.B	≤ 0.23	≤ 0.40	≤ 0.020	≤ 0.020	0.20– 0.40	2.6– 4.0	1.5– 2.0	0.45– 0.60	≤ 0.03	≤ 0.35
A543 Gr.C	〃	〃	〃	〃	〃	2.2– 3.5	1.2– 1.5	〃	〃	〃

(주) 노심영역(core beltline region)의 불순물 함유량
  A533B   : Cu ≤ 0.10%, P ≤ 0.012%, S ≤ 0.015%, V ≤ 0.05%
  A508 Gr.3 : Cu ≤ 0.10%, P ≤ 0.012%, S ≤ 0.015%

한편 저합금강의 용접에 관련된 규정은 ASME 코드 Section Ⅱ의 Part C (Specifications for Welding Rods, Electrodes and Filler Metals)에 있으며, SA(submerged arc) 용접용 저합금강 용접봉 및 플럭스(flux)를 규정한 SFA5.23 (Specification for Low-Alloy Steel Electrodes and Fluxes for Submerged Arc Welding)에 저합금강 용접금속(weld metal, ASME 코드에서 사용하는 용어로, 우리나라에서는 용착금속(weld deposit)으로 사용)의 조성과 기계적 특성에 관한 사항이 있다. ASME 코드 Section Ⅲ는 1976년에 채택된 여름회의 부록(Summer Addenda)에서 노심영역의 용접금속에 관한 규격으로 Grade N을 신설하여 용접봉 및 용접금속의 성분을 엄격하게 규제하였으며, 특히 용접봉 표면을 Cu 또는 Cu 합금으로 피복하는 것을 금지시켰다.

압력용기용 저합금강의 용접에서 중요한 점은 앞에서도 기술하였지만, ASME II Part C 의 SFA5.23에서 용접봉의 Cu 도금을 금지하고 이와 함께 용접금속의 P, V, Cu 함유량 을 엄격하게 규제한 것이다. 표 3-7에 ASME 코드 Section II의 Part C에서 규정한 저합 금강 용접금속의 조성이 있는데, 이 조성은 저합금강 용접봉에 대해서도 적용된다.

표 3-7 저합금강 용접금속의 화학조성

규 격	화 학 조 성 (wt%)									기타
	C	Mn	Si	S	P	Cr	Ni	Mo	Cu	
SFA5.23 F3	≤0.17	1.25–2.25	≤0.80	≤0.030	≤0.030	–	0.70–1.10	0.40–0.65	≤0.35	
SFA5.23 F4	≤0.17	1.60	≤0.80	≤0.035	≤0.030	0.60	0.40–0.80	0.25	≤0.35	Ti+V+Zr ≤0.03

(주) ASME II, Part C, SFA5.23 Grade N에서는 노심영역의 P, V, Cu 함유량 규제
    ($P \leq 0.012\%$, $V \leq 0.05\%$, $Cu \leq 0.08\%$)

3.2.4 압력용기 제작

가. 잉곳 주조

압력용기 제작에 사용되는 저합금강 잉곳(ingot)의 제조에는 일반적으로 대형 아크로가 사용되고 있으며, 잉곳 내부에 존재하는 비금속 개재물의 양을 줄이기 위해 진공 탄소탈 산법도 실용화되어 있다. 그리고 잉곳의 불순물 함유량을 줄이기 위해 잉곳 제조에 사용되 는 원자재도 불순물이 적은 원료를 사용하고 있다.

압력용기 제작용 부품 제조에서 특히 단조법으로 노심영역의 원통형 링(shell ring) 부품 을 제작하기 위해서는 대형 잉곳이 필요한데, 잉곳을 크게 주조하면 할수록 주조시에 응고 속도가 느려진다. 이에 따라 잉곳 내부에서는 편석이 심하게 생겨서 조성의 불균일 현상이 일어날 수 있으며, 이러한 조성의 불균일은 기계적 성질 및 용접에서 문제가 된다. 그리고 잉곳을 크게 제조하면 할수록 용탕에 존재하는 개재물의 분리 상승이 잘 일어나지 못하므 로 잉곳 내부에 불순물이 존재할 가능성도 커진다. 그러므로 압력용기 제작용 대형 잉곳을 주조할 때는 많은 주의가 필요하다.

나. 부품 가공

압력용기는 압연강판 또는 단조강으로 제작하는데, 1970년 중반까지는 압연강판으로 압 력용기를 제작하였다. 그러나 주조기술 향상으로 대형 단조강의 제작이 가능해지면서, 1980년대부터 단조강으로 압력용기를 제작하고 있다. 압력용기 제조에 단조강을 사용하 면 압연강판을 사용하는 경우에 비해 조사손상에 취약한 용접 부위가 감소하는 동시에 제작공정도 간편하고 사용중검사가 편리한 장점이 있다. 그림 3-7에 원자로 압력용기 제작 용 압연강판과 단조강의 제조공정이 있다.

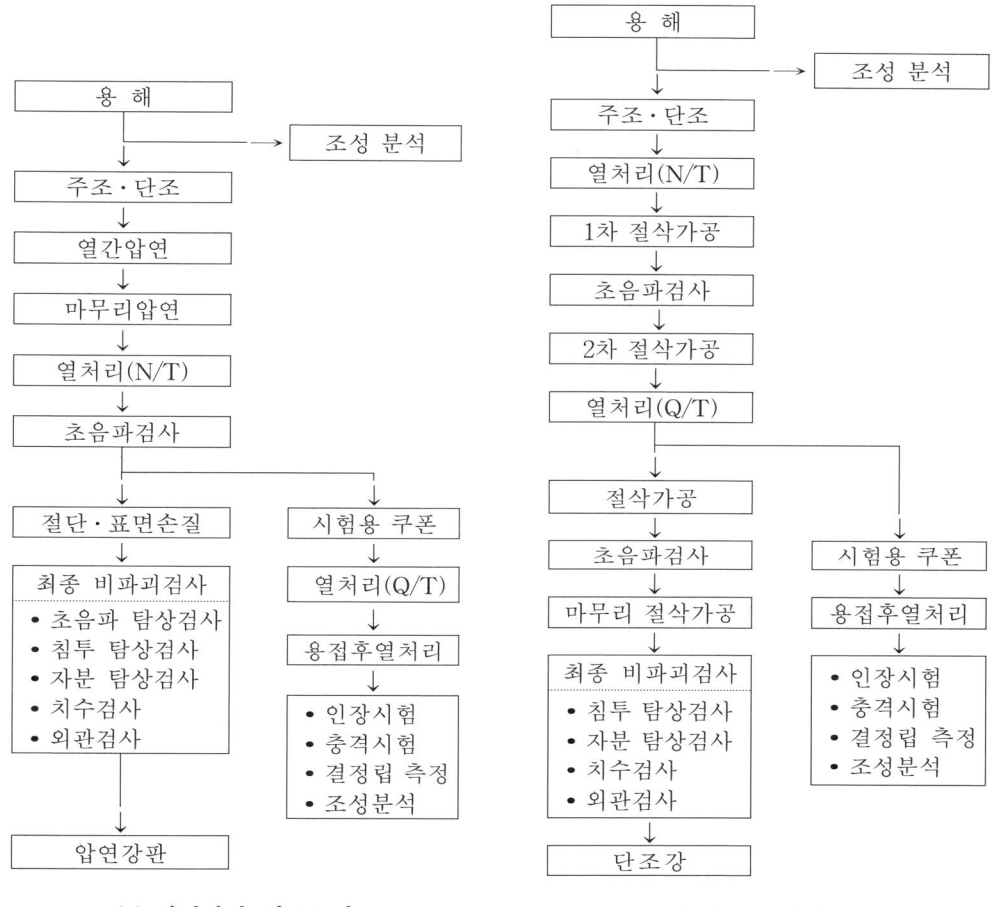

(a) 압연강판 제조공정 (b) 단조강 제조공정

그림 3-7 원자로 압력용기용 압연강판 및 단조강의 제조공정;
N: 노르말라이징, T: 템퍼링, Q: 퀜칭

압력용기 제작용 압연강판은 대형이고 두께도 원자로 용량에 따라 다르지만 대략 160
~240 mm 정도이므로 단순하게 압연공정만 실시해서는 압력용기에서 요구하는 조건을 만
족하기 어렵다. 그러므로 압연의 전 단계로 잉곳 내부에 존재하는 기포를 압축시키고 응고
조직도 파괴시키기 위해 단조를 한다. 한편 단조강의 경우에는 표면에 불순물의 편석 등
결함이 발생하기 쉬운데, 압력용기 내면에 결함이 존재하면 스테인리스강으로 피복용접을
할 때 피복층 바로 아래의 열영향 부위에서 균열이 발생할 가능성이 많아진다. 그러므로
균열발생을 방지하는 관점에서 단조강은 표면의 결함 및 편석을 적극적으로 감소시키는
것이 필요하다.
원자로 압력용기 제작용 부품으로 압연강판과 단조강을 비교해 보면, 압연강판은 내부
에 비해 표면에 결함이 적으며 파괴인성도 우수하지만 조직에 방향성이 있다. 이에 비해

단조강은 방향성이 거의 없지만 내측 표면에 불순물의 편석 밀도가 높으며 파괴인성도 국부적으로 열세인 경우가 많이 있으므로 제조할 때 주의가 필요하다.

압력용기는 원자로 가동 중에 다량의 중성자에 피폭되므로 피폭에 의한 손상, 즉 조사취화(radiation embrittlement)가 일어나는데 조사취화는 압력용기의 건전성과 사용수명에 직접 영향을 주므로 대단히 중요하다. 앞에서도 기술하였지만 압력용기의 조사취화는 용접 부위에서 크게 일어나므로 압력용기의 건전성을 높이기 위해서는 용접 부위가 적을수록 좋은데, 특히 핵연료가 장전되는 노심영영은 다른 부위에 비해 조사취화가 크게 일어나므로 용접 부위를 줄이는 것이 좋다.

그림 3-8은 가압경수로 압력용기를 압연강판으로 제작하는 경우와 단조강으로 제작하는 경우에 들어가는 부품을 비교한 것으로 단조강을 사용하는 경우에는 압력용기의 축방향 용접이 크게 감소하여 압연강판을 사용하는 경우에 비해 약 30% 정도 용접 부위가 감소한다. 특히 단조강을 사용하면 노심영역에 용접 부위가 없는 압력용기를 제작할 수 있는 장점이 있다.

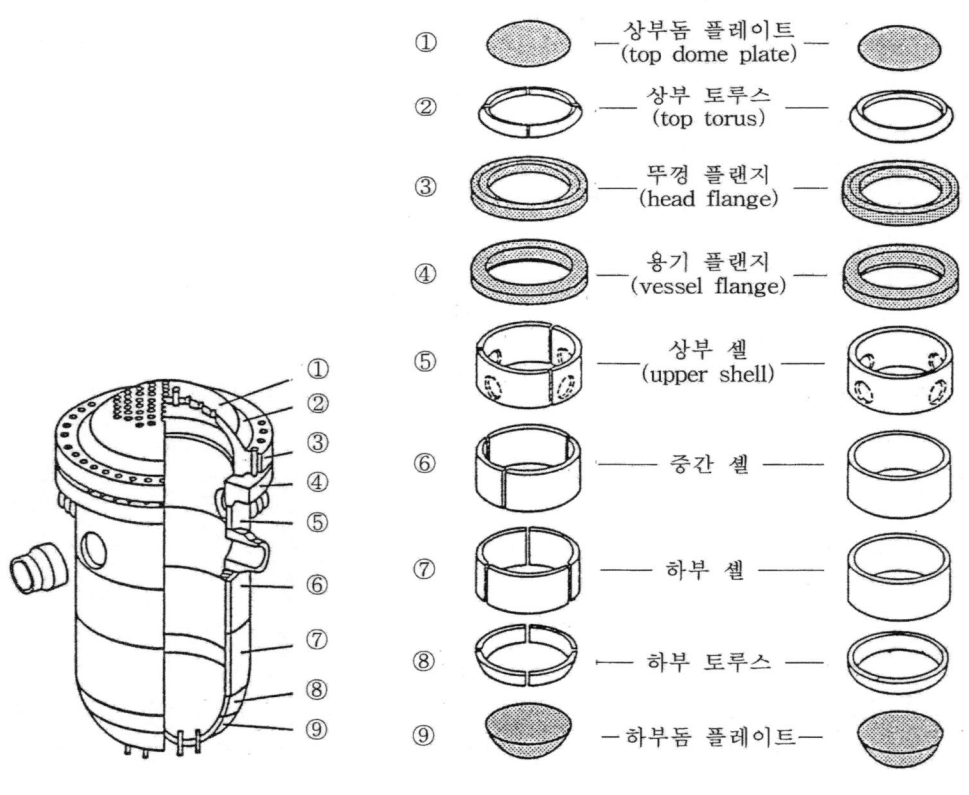

① ——상부돔 플레이트——
(top dome plate)

② —— 상부 토루스 ——
(top torus)

③ —— 뚜껑 플랜지 ——
(head flange)

④ —— 용기 플랜지 ——
(vessel flange)

⑤ —— 상부 셸 ——
(upper shell)

⑥ —— 중간 셸 ——

⑦ —— 하부 셸 ——

⑧ —— 하부 토루스 ——

⑨ ——하부돔 플레이트——

(a) 압연강판 부품   (b) 단조강 부품

그림 3-8 압력용기 제작용 압연강판 및 단조강 부품 ; 단조강 부품 ②, ⑤, ⑥,
⑦, ⑧은 축방향 용접이 없어서 조사손상에 유리하다.

다. 열처리

압력용기의 건전성을 확보하기 위해서는 강도와 파괴인성의 균형있는 확보가 중요하다. 그러므로 압력용기 제작용 강판이나 단조강은 강도와 파괴인성의 확보를 위해 퀜칭 (quenching) 후에 응력제거를 위한 템퍼링(tempering) 열처리를 한다. 압력용기와 같이 두꺼운 강판을 퀜칭하는 경우에는 두께방향 깊이에 따라 냉각속도가 변하므로 파괴인성의 저하를 가져오는데, 이러한 효과를 열처리 질량효과라 한다. 대형 강판의 열처리에서 두께 방향 깊이에 따라 변하는 냉각속도의 예가 그림 3-9에 있다.

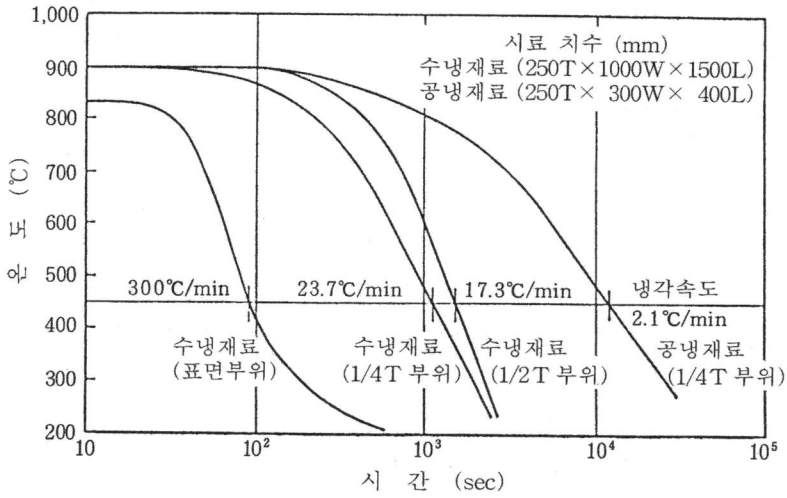

그림 3-9 압력용기용 모델 가공재(model product)의 수중 및 공기중 냉각곡선[9]

이 시험에서는 두께가 250 mm이고, 소형 압력용기의 반경과 비슷하게 1,845 mm의 반경 으로 열간 압연시킨 대형 쿠폰(coupon)을 시편으로 사용하여 오스테나이트 영역인 890℃ 로 가열한 다음 수중과 공기 중에서 냉각시켜, 표면과 1/4T(T는 시편 두께) 그리고 1/2T (중심부)에서 냉각속도를 측정하였다. 그림에서 보는 바와 같이 수중에서 냉각시키는 경 우(수냉), 즉 퀜칭하는 경우에는 냉각속도가 표면에서는 300℃/min로 빨랐으나 1/4T에서 는 23.7℃/min 그리고 1/2T에서는 17.3℃/min로 급격하게 떨어졌다. 한편 공기 중에서 냉 각시키는 경우(공냉), 즉 노르말라이징(normalizing)하는 경우에는 시편의 1/4T에서 냉각 속도가 2.1℃/min에 불과하였다.

저합금강에서 마르텐사이트나 바이나이트 조직이 생성되면 파괴인성이 확보되고 페라 이트나 펄라이트 조직이 생성되면 파괴인성이 떨어지는데, γ상에서 서서히 냉각시키면 페라이트·펄라이트 조직이 생성되고 급랭시키면 마르텐사이트·바이나이트 조직이 생성 된다. 그러므로 저합금강인 A533B와 A508이 충분한 파괴인성을 확보하기 위해서는 적절 한 냉각속도가 요구되는데, 탄소 농도에 따라 차이가 있지만 약 20℃/min 이상의 냉각속도 가 필요하다.

퀜칭후 템퍼링을 할 때 템퍼링 온도가 높으면 높을수록 인장강도가 떨어지는 반면에 연성과 파괴인성은 증가하는데, 템퍼링 조건에 따라서는 파괴인성이 급격히 떨어지는 현상도 있다. 이러한 현상을 템퍼취성(temper embrittlement)이라 하며, 고온(400~575℃)에서 일어나는 경우와 저온(250~400℃)에서 일어나는 경우로 구분된다. 고온에서 일어나는 템퍼취성은 저합금강에서 그리고 저온에서 일어나는 템퍼취성은 저합금강과 탄소강에서 나타나는데, 고온 템퍼취성은 P, Sn, As 등의 불순물 원소가 오스테나이트 입계에 편석하여 입계를 취화시키므로 일어난다. 이에 비해 저온에서 일어나는 템퍼취성은 탄화물(Fe_3C)의 입계 석출에 따른 P의 편석에 의해 일어난다. 즉 탄화물이 결정립계에 석출하면 입계에서 탄소의 농도가 저하되어 P의 입계 편석이 용이해지는데[10], P 편석이 크게 일어날수록 템퍼취성이 일어나는 온도가 낮아진다.

라. 용기본체 조립용접

압력용기 용접은 크게 동체 조립용접과 내면 피복용접으로 구분된다. 압력용기 제작에서 용접은 대단히 중요하므로 작업능률보다는 품질을 우선적으로 고려해야 하는데, 용접형태와 용접부위 형상 그리고 용접 치수 등에 따라 적절한 용접 방법을 선택해야 한다. 압력용기 제작에서 자동용접이 가능한 동체 부분은 SA 용접(submerged arc welding)으로 하며, 자동용접이 어려운 노즐 부착과 같은 용접에는 피복금속아크 용접(SMA 용접, shielded metal arc welding)이 사용되고 있다. 그리고 압력용기 용접은 두꺼운 대형 부품을 용접하는 것이므로 용접하기 전에 용접 부위를 충분히 예열하지 않으면 용접 부위에 미세한 균열이나 또는 일반적인 비파괴검사에서는 잘 발견되지 않는 미세한 비결합 부위가 생길 수 있다. 이 외에도 용착금속(weld deposit)에서 열영향 부위(HAZ)로 확산한 수소에 의한 지연균열(delayed crack)이 일어날 수 있다. 그러므로 압력용기 용접에서는 용접 부위를 충분히 예열시킨 후에 용접해야 한다.

압력용기는 고온·고압의 중성자 분위기에서 사용되므로 건전성을 확보하기 위해서는 파괴인성이 대단히 중요하다. 따라서 압력용기는 ASME 코드에서 요구하는 파괴인성을 보유해야 하는데, 압력용기와 같은 대형 구조물의 경우는 용접할 때 대량의 용접열이 용접 부위에 유입되어 주변 온도를 크게 상승시킴으로 조직변화가 일어나며 동시에 급속한 냉각에 따라 잔류응력이 생성되므로 파괴인성이 감소하게 된다. 그러므로 용접 부위와 용접할 때 열영향을 받는 주변 부위, 즉 열영향 부위도 ASME 코드에서 요구하는 파괴인성을 확보하기 위하여 용접 후에 열처리를 하는데 이를 용접후열처리(PWHT, post-welding heat treatment)라 한다.

용접후열처리에서는 입계 분리에 의한 균열이 열영향 부위에서 발생하는 경우가 있는데, 균열은 주로 큰 결정립의 입계 분리로 생긴다. 용접후열처리에서 생기는 균열은 불순물 원소인 P, S, As, Al, N 등에 영향을 받는데 불순물이 증가하면 균열 발생도 증가한다. 그리고 압력용기 용접에서 잔류응력은 균열 발생을 촉진하므로 용접 부위의 잔류응력을 완화시키기 위해 용접 중에도 열처리를 하는데, 이를 중간 용접후열처리라고 한다.

마. 용기 내면의 피복용접

냉각수와 접촉하는 압력용기 내면은 부식을 방지하기 위하여 가압경수로(PWR)에서는 스테인리스강으로 비등경수로(BWR)에서는 스테인리스강과 인코넬 합금으로 피복하며, 보통 3~6 mm 두께로 피복한다. 압력용기의 내면 피복에는 동체 조립에서와 같이 SA 용접이 사용되고 있으며, 용접 균열을 방지하기 위하여 용접 전에 피복 부위를 예열시킨 후에 다층(multi-pass layer) 용접으로 피복하는데 보통 두 번에 걸쳐서 용접하며 소모전극으로 폭이 75~100 mm인 스트립(strip)을 사용한다.

피복용접에서는 피복층 바로 밑에서 일어나는 균열(UCC, under clad cracking)이 문제되고 있다. UCC에는 용접후열처리 과정에서 생기는 재가열균열(reheat UCC)과 용접후열처리에 관계없이 수소 확산에 의해 일어나는 저온수소균열(cold hydrogen UCC)이 있는데, UCC는 불순물 원소, 피복층 주위의 편석, 용접 부위의 잔류응력 그리고 열처리시의 변형 등에 영향을 받는다. 그러므로 UCC를 방지하기 위해서는 이러한 인자의 영향을 감소시키는 것이 중요하다.

3.2.5 압력용기 조사취화에 영향을 미치는 인자

금속의 파괴거동에는 소성변형 후에 파괴가 일어나는 연성파괴와 소성변형이 일어나지 않고 탄성영역에서 그대로 파괴되는 취성파괴가 있는데, 결정구조가 bcc인 금속은 파괴형태가 연성파괴에서 취성파괴로 급격하게 변하는 연성-취성 천이온도(DBTT, ductile brittle transition temperature)를 갖고 있다. 압력용기 재료로 사용하는 저합금강도 결정구조가 bcc이므로 연성-취성 천이온도를 갖고 있으며 저온에서 취성파괴를 일으키는데, 중성자 조사에 의해 더욱 촉진되어 연성-취성 천이온도를 고온 측으로 이동시킨다. 이와 같이 중성자 조사에 의해 취성파괴가 촉진되는 현상을 조사취화(radiation embrittlement) 또는 조사취성이라 한다.

A533B나 A508 Gr.3 등 저합금강으로 제작하는 원자로 압력용기는 중성자 조사량이 $\sim 10^{21}$ n/m^2($E > 0.1$ MeV)에 도달하면 조사취화가 일어나기 시작하며, 조사량이 $\sim 10^{23}$ n/m^{2}를 초과하면 취화가 크게 진행된다. 가압경수로는 가동 중에 압력용기의 내측 표면에 조사되는 중성자속(neutron flux)이 $\sim 5 \times 10^{10}$ n/cm$^2 \cdot$ sec 이므로 원자로를 가동한지 10년 정도 지나면 누적조사량이 $\sim 1.2 \times 10^{23}$ n/m^{2}에 도달하므로 조사취화가 현저하게 나타난다. 조사취화를 평가하는 연성-취성천이온도는 인장시험보다 충격시험에서 명료하게 그리고 높게 나타나는데, 그 이유는 충격시험이 인장시험보다 변형속도가 빠르며 작용하는 응력상태도 인장시편은 단일축 응력인데 비해 충격시편의 V-노치(notch) 부위는 3축 응력이기 때문이다. 그러므로 연성-취성 천이온도는 충격시험으로 측정하고 있는데, 보통 V-노치 충격시편을 이용한 샤르피(Charpy) 충격시험으로 온도에 따른 흡수에너지의 변화를 측정하여 천이온도를 평가한다.

중성자 조사가 샤르피 흡수에너지에 미치는 영향은 그림 3-10에서 보는 바와 같이 Q_v-T 곡선을 고온측으로 이동시켜 천이온도를 상승시키는 동시에 최대 흡수에너지(USE, upper shelf energy)를 감소시킨다. 중성자 조사에 따라 압력용기에서 일어나는 흡수에너지 감소와 천이온도 상승은 압력용기 건전성에 나쁜 영향을 주는데, 이러한 현상은 화학성분, 미세조직, 조사량, 조사속도 그리고 조사온도 등에 영향을 받는다.

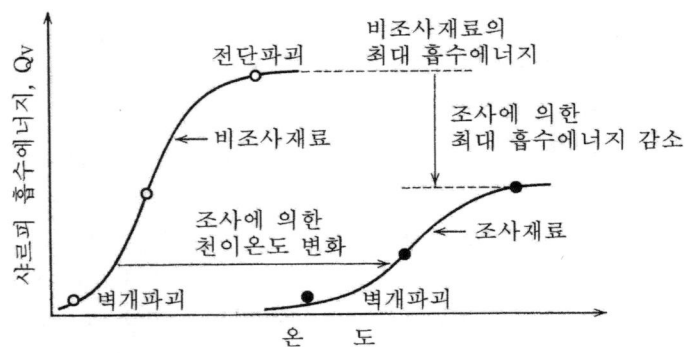

그림 3-10 페라이트강에서 중성자 조사에 따른 천이온도 상승과
샤르피 V-노치 흡수에너지의 변화[11]

가. 화학성분

압력용기의 조사취화는 화학성분에 영향을 받는데, 화학성분은 강도를 향상시킬 목적으로 첨가하는 합금원소와 제조과정에서 제거되지 않고 그대로 남아있는 불순물 원소로 구별된다. 원자로 압력용기용 저합금강에서는 Ni, Mn, Mo, Si, Cr 등이 합금원소에 해당하고 Cu, P, S, Si, As 등이 불순물 원소에 해당되는데, 조사취화에 영향을 미치는 성분으로는 합금원소로 첨가하는 Ni와 Mn 그리고 불순물 원소로 잔존하는 Cu, P, S 등이 있다.

Cu의 영향

저합금강의 조사취화에 미치는 Cu의 영향은 절대적이다. 그러므로 압력용기용 저합금강에서는 Cu 함유량이 대단히 중요하여 노심영역의 함유량을 별도로 규제하고 있는데, 모재(base metal)보다 용착금속(weld deposit, ASME 코드에서는 weld metal(용접금속)로 사용)에서 더 크게 영향을 받는다[12,13]. 그림 3-11은 Cu가 저합금강의 기준무연성천이온도(RT_{NDT})에 미치는 영향을 보여 주는데, Cu 함유량이 많을수록 그리고 중성자 조사량이 클수록 천이온도가 상승하며 특히 용착금속에서 크게 상승한다. 저합금강에 함유된 Cu는 조사 중에 열적으로 안정된 고밀도의 미세한 결함을 형성하여 취성에 영향을 주는 것으로 알려져 있는데, 이 결함에 대해서는 Cu-C-V 복합결함이라고 보는 견해가 있지만[14] 아직도 명료하게 규명하지 못하고 있다.

Cu가 저합금강의 조사취화에 영향을 준다는 사실은 1969년 Potapovs[15]에 의해 처음으로 알려졌는데, 1970년대 중반까지는 Cu가 압력용기의 조사취화에 미치는 영향에 대해 심각하게 생각하지 않았다. 이에 따라 압력용기 용접에서는 전기 전도성을 고려하여 Cu가 피복된 Linde 80 용접봉을 사용하였으므로 1970년대 후반 이전에 제작된 경수로 압력용기는

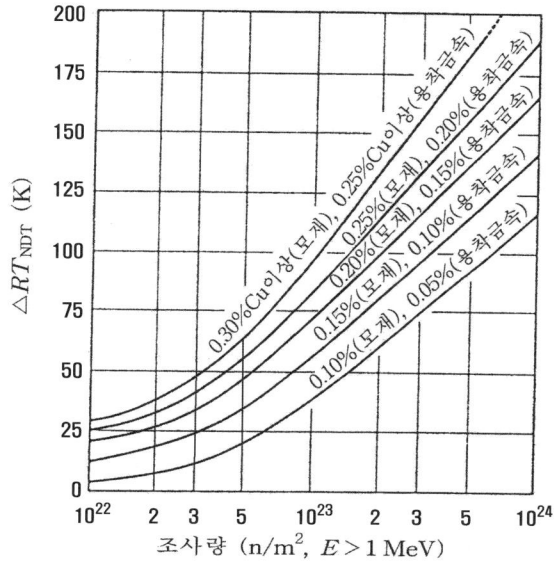

그림 3-11   압력용기용 저합금강의 기준무연성천이온도(RT_NDT)에 미치는 Cu
함유량과 중성자 조사량의 영향[12]; 조사온도 288℃

표 3-8에서 보는 바와 같이 용착금속의 Cu 함유량이 모재에 비해 상당히 높았다. 그러나 Cu가 압력용기의 조사취화에 심각한 영향을 미친다는 사실이 확인되면서 1976년에 개최된 ASME 코드 Section Ⅲ의 Summer Addenda에서 Grade N을 신설하여 용접봉의 Cu 피복을 금지하였다. 이에 따라 그 후에 제작된 압력용기에서는 모재의 Cu 함유량과 용착금속의 Cu 함유량에 큰 차이가 없다.

표 3-8   경수로 압력용기의 Cu 함유량

	1970년대 후반 이전	1970년대 후반 이후
모재(base metal)	0.04～0.07 wt%	0.04～0.07 wt%
용착금속(weld deposit)	0.21～0.23 wt%	0.044 wt%

P 및 Ni의 영향

P의 경우는 중성자 조사시에 결정립계로 이동하여 입계를 취화시킨다는[16] 보고가 있지만, 조사취화에 대한 P의 영향은 아직도 명확하게 알려져 있지 않다. 그러나 제강기술의 발달로 저합금강에 함유되는 P의 농도를 0.01% 이하로 억제하는 것이 가능하므로 조사취화에 미치는 P의 영향은 크지 않을 것으로 보고 있다. P가 조사취화에 미치는 영향에 대해 NRC Regulatory Guide 1.99 Revision 0에서는 Cu와 함께 P의 효과도 규정하였지만, 조사취화에 미치는 P의 효과가 명료하게 규명되지 않아서 개정된 Revision 2에서는 P의 효과를 고려하지 않고 있다.

그리고 Ni의 경우는 단독으로는 조사취화에 영향을 주지 않지만 Cu, P와 함께 존재하면 상호작용을 일으키므로 Ni가 조사취화에 미치는 영향은 Cu 및 P의 함유량과 밀접한 관계가 있다. 그림 3-12에 압력용기용 저합금강의 조사취화에 미치는 Cu, Ni, P의 상관관계가 있는데, 조사취화에 미치는 Ni의 영향은 P 함유량에 영향을 받는다. 즉 P의 함유량이 0.024 wt% 이상이면 그림 (a)에서 보는 바와 같이 Ni 농도가 증가할수록 조사취화에 미치는 Cu의 영향이 커지며, 반면에 P 함유량이 0.003 wt% 정도로 작으면 그림 (b)에서 보는 바와 같이 Ni 농도의 증가에 따라 조사취화에 미치는 Cu의 영향이 감소한다.

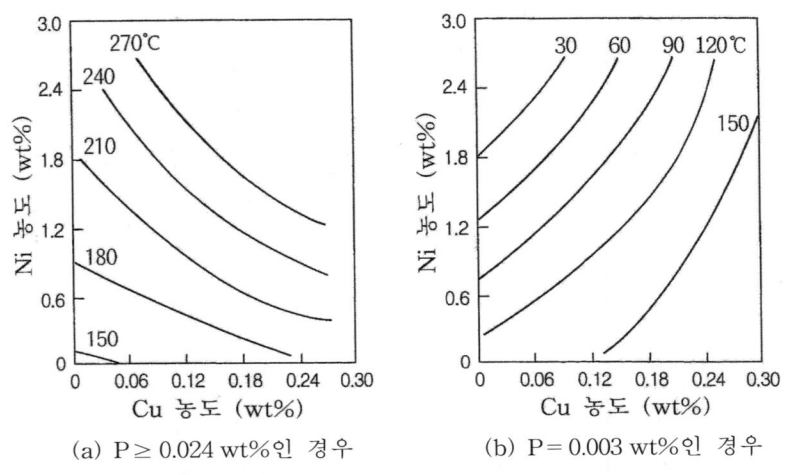

(a) P ≥ 0.024 wt%인 경우   (b) P = 0.003 wt%인 경우

그림 3-12 압력용기용 저합금강의 조사취화(△T)에 미치는 Cu, P, Ni의 상관관계[17]

기타 원소의 영향

저합금강에서 S는 균열 성장을 촉진하여 저에너지 전단파괴를 일으키는 원소이지만[18] 조사취화에 대해서는 영향을 준다는 견해와 영향을 주지 않는다는 견해가 있다. 그리고 탄소의 경우는 탄화물을 형성하면 조사취화를 촉진시키지만 고용상태로 존재하는 경우에는 반대로 조사취화를 완화시켜 주며, 비조사의 경우에도 파괴인성에 영향을 준다. 한편 질소는 고용상태로 존재하여도 250℃ 이하의 저온에서는 기지에 고용된 질소가 조사결함과 결합하여 경화를 일으켜 천이온도를 상승시킨다는 보고가 있지만, 250℃ 이상에서는 질소와 조사결함의 결합이 재분해되어 큰 영향을 주지 않으므로[19] 경수로 압력용기에서는 문제가 되지 않는다.

이 외에도 Mn은 비조사의 경우에는 파괴인성을 향상시키지만 1 wt% 이상 함유하면 조사취화를 촉진시키며 Sn, As 등은 조사취화보다는 용접후열처리에서 템퍼취성(temper embrittlement)을 촉진하므로 함유량을 적극적으로 억제해야 한다. 그러므로 합금원소와 불순물 원소가 미치는 영향은 조사취화뿐만 아니라 파괴인성 등 다른 관점에서도 검토할 필요가 있다. 압력용기용 저합금강에서 합금원소나 불순물 원소가 조사취화에 미치는 영향을 종합하여 나타낸 것이 표 3-9에 있다.

표 3-9 저합금강의 조사취화에 미치는 합금원소 및 불순물 원소의 영향

원 소	조사취화에 미치는 영향
Cu	조사취화 촉진
Ni	Cu, P 함유량이 많으면 조사취화 촉진, 적으면 조사취화 억제
P	조사취화 촉진
Mn	1 wt% 이상에서는 조사취화 촉진
Si	조사취화에 거의 영향을 미치지 않음
Cr	조사취화 완화
Sn, As, V	조사취화 촉진

상승 효과

지금까지는 각각의 원소가 저합금강의 조사취화에 미치는 영향을 검토하여 보았다. 그러나 원소는 대부분이 개별적으로 영향을 주기보다는 다른 원소와의 상승효과로 조사취화에 영향을 미치고 있다. 저합금강의 조사취화에 관해서는 많은 연구가 수행되었는데, 연구 결과를 통계적인 방법으로 검토 분석하여 조사취화에 미치는 합금원소와 불순물 원소의 상승효과를 종합적으로 나타낸 관계식이 1977년 Astafev에 의해 제시되었다[17].

Astefev가 제시한 C, Cu, Ni, P가 압력용기용 저합금강의 조사취화에 미치는 상승효과는 아래와 같다.

$$\triangle T_K = 110 - 1224\,C^2 + 76\,Ni + 129\,Cu + 4543(Ni \times P) +$$
$$164(Ni \times Cu) - 10320(Cu \times P) + 15.8\,F - 0.17\,T_{irr} \tag{3.1}$$

여기서 $\triangle T_K$는 천이온도 상승분(℃)이며, 각 원소는 wt%로 나타낸 농도, F는 중성자 조사량(n/m^2, $E > 1\,MeV$)을 $10^{23}\,n/m^2$로 나눈 값 그리고 T_{irr}는 조사온도(℃)이다.

한편 용착금속의 조사취화에 미치는 Cu와 합금원소의 효과, 즉 CR(chemical relation)에 대해서는 Varsik[20]의 연구 결과가 있는데 그가 제시한 용착금속의 조사취화에 미치는 Cu와 합금원소의 상승효과는 아래와 같다.

$$\triangle T_K = 377.9(\log CR) + 331.9 \tag{3.2}$$

$$CR = \left[\frac{1.5\,Ni + Si + 0.5\,C + 0.5(Mn - 0.5)}{0.5 + 0.5\,Mo} \right] \times Cu \tag{3.3}$$

여기서 Ni, Si, C, Mn, Mo, Cu는 at%로 나타낸 조성이다.

나. 금속조직

금속은 열처리 조건에 따라 조직이 변하는데, 조직이 변하면 조사취화에 대한 예민성이 영향을 받는다. 저합금강을 변태온도 이상으로 가열하여 수중으로 급랭시키면 마르텐사이트·바이나이트 조직이 되고, 열처리로에서 서서히 냉각시키면 페라이트·펄라이트 조직이 되므로 같은 재료라도 열처리 조건에 따라 조사취화에 대한 예민성이 다르다.

그림 3-13에 열처리에 따른 조직변화가 저합금강의 조사취화에 미치는 영향이 있는데, 그림에서 보는 바와 같이 γ상에서 퀜칭시킨 후 다시 변태온도 바로 아래로 가열하여 공기 중에서 서서히 냉각시키는 퀜칭·템퍼링 열처리에 의해 생성된 템퍼드 마르텐사이트 (tempered martensite) 조직(Q/T 재료)이 열처리로에서 서서히 냉각시켜 생성된 페라이트·펄라이트 조직(노냉 재료)보다 조사취화에 강하다. 그러나 변태온도 이하에서 장시간 가열하는 경우에는 탄소가 결정립계로 확산하여 탄화물을 형성하므로 조사취화에 예민해진다는 보고도 있다.

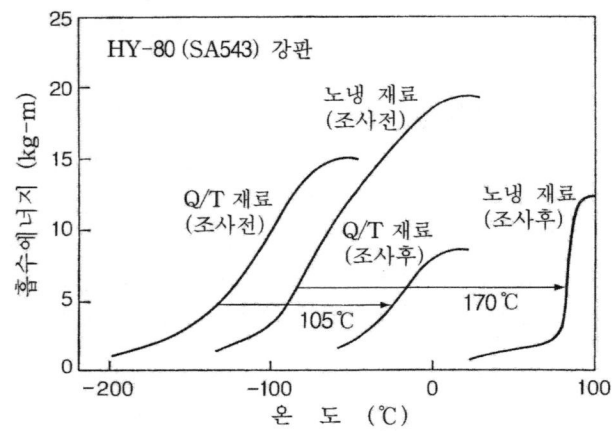

그림 3-13 금속조직이 HY-80(SA543)의 조사취화에 미치는 영향[21];
조사온도 < 394K, 조사량 $2.0 \times 10^{23} \, n/m^2$ ($E > 1$ MeV)
Q/T재료(템퍼드 마르텐사이트 조직), 노냉재료(페라이트+입계탄화물 조직)

결정립 크기가 조사취화에 미치는 영향에 대해서는 여러 견해가 있지만, 페라이트 조직에서는 결정립이 작을수록 조사취화에 강한 것으로 알려져 있다. 일반적으로 결정립이 작으면 작을수록 조사취화를 촉진하는 질소와 같은 침입형 불순물을 포획하는 결정립계가 많아지게 된다. 이에 따라 침입형 불순물이 균일하게 포획될 가능성도 많아지므로 조사취화에 강한 것으로 보인다.

다. 용 접

용접도 조사취화에 영향을 준다. 용착금속(weld deposit)은 모재와 여러 면에서 차이가 있는데, 우선 용착금속과 모재의 접합부위는 모재에 비해 약하게 결합되어 있다. 그리고 모재가 가공조직이고 열처리 과정을 통해 조사취화에 강한 템퍼드 마르텐사이트 조직으로 재질이 조절된데 비해 용착금속은 용해된 상태에서 서서히 응고된 펄라이트 조직으로 결정립이 크고 편석도 일어난다.

이러한 원인에 의해 용착금속은 그림 3-14에서 보는 바와 같이 모재보다 조사취화에 대한 민감성이 커서 연성-취성 천이온도가 크게 상승한다. 그리고 충격파괴에 대한 저항성

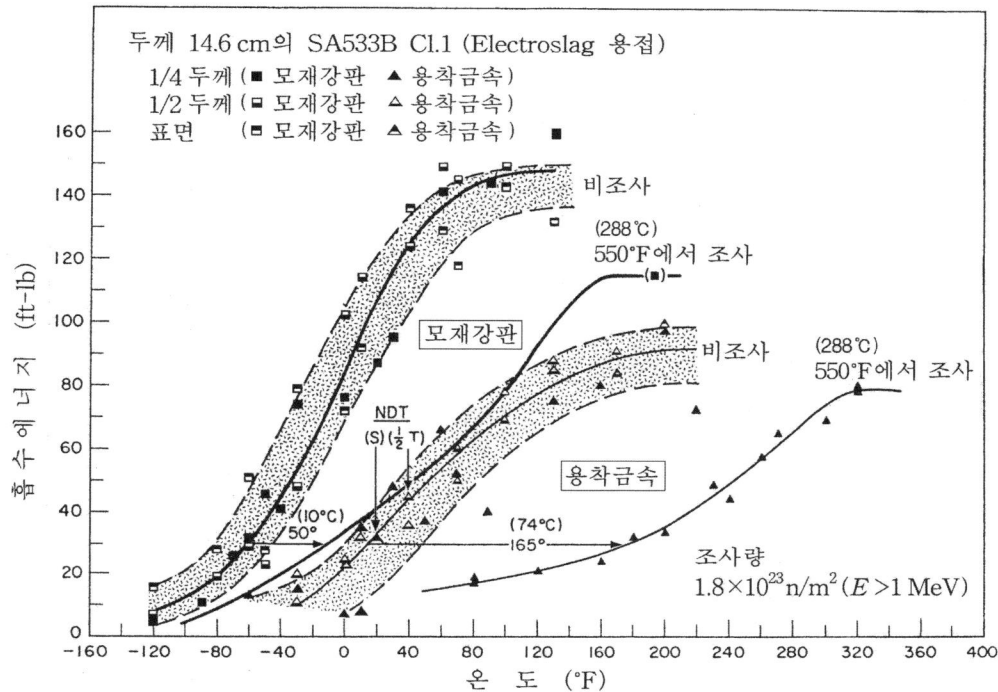

그림 3-14 A533B Cl.1 모재강판(base metal)과 용착금속(weld deposit)의
조사취화 예민성[22,23]

을 나타내는 최대 흡수에너지도 용착금속이 모재에 비해 상당히 작으므로 파괴인성도 떨어진다.

라. 조사량

금속를 조사시키면 조사결함이 생성되어 전위 이동을 방해하므로 항복강도가 증가하지만, 파괴강도의 경우는 조사결함에 별로 영향을 받지 않는다. 그러므로 연성-취성 천이온도를 갖고 있는 bcc 금속을 중성자에 조사시키면 항복강도의 증가로 천이온도가 상승하게 되는데, 원자로 압력용기용 저합금강도 bcc 결정구조를 갖고 있으므로 조사량에 따라 천이온도가 상승한다.

그림 3-15는 각종 저합금강의 조사량에 따른 연성-취성천이온도 상승을 종합하여 나타낸 것으로, 그림에서 보는 바와 같이 조사량이 증가할수록 천이온도가 상승한다. 저합금강의 연성-취성 천이온도는 조사량이 $\sim 10^{21}\,\mathrm{n/m^2}$ ($E > 0.1\,\mathrm{MeV}$)에 도달하면 상승하기 시작하는데, $10^{23}\,\mathrm{n/m^2}$를 초과하면 상승 폭이 크게 증가한다. 그러나 조사량이 $\sim 5 \times 10^{23}\,\mathrm{n/m^2}$를 초과하면 조사량을 증가시켜도 천이온도가 더 이상 상승하지 않는다. 즉 중성자 조사량이 $\sim 5 \times 10^{23}\,\mathrm{n/m^2}$를 초과하면 조사취화는 포화상태에 도달하여 조사량이 증가해도 천이온도의 상승은 일어나지 않는다.

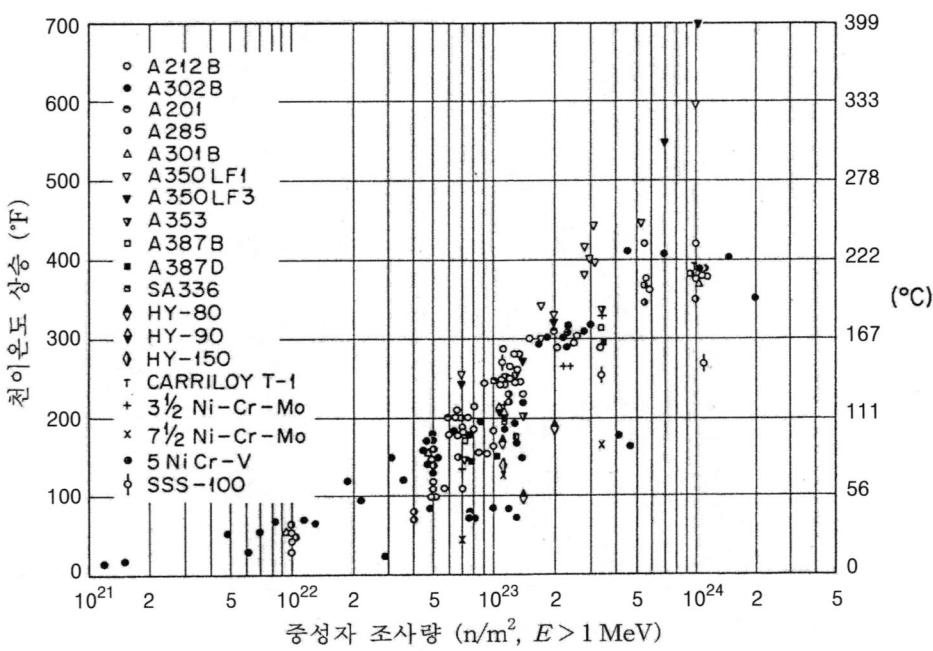

그림 3-15 각종 저합금강의 연성-취성 천이온도에 미치는 중성자 조사량의 영향[24] ;
조사온도 < 260℃

앞에서도 기술하였지만, 저합금강에서 조사량이 $10^{23}\,n/m^2(E>0.1\,MeV)$를 초과하면 천이온도가 크게 상승하는데, 조사량과 41 Joule 흡수에너지로 평가한 천이온도($\triangle T_{41-J}$)의 관계는 아래와 같은 식으로 나타낼 수 있다[25].

$$\triangle T_{41-J} = A(\phi t)^n \tag{3.4}$$

여기서 A는 재료에 관계되는 조사민감성 지수로 압력용기용 저합금강에서는 19.24이며 ϕt는 조사량 그리고 n은 정수로 약 0.5인데, 조사량이 많아서 조사취화가 포화상태에 도달하는 경우에는 식 (3.4)가 성립하지 않는다.

압력용기가 원자로 가동 중에 받는 조사량은 원자로 노형에 따라 그리고 압력용기의 두께방향 깊이에 따라 다른데, 예를 들면 설계수명이 40년인 가압경수로는 압력용기의 안쪽 표면에서 수명 말기인 32 EFPY(effective full power year)에서 받는 중성자 조사량이 ~$3\times10^{23}\,n/m^2(E>1\,MeV)$로 예측되므로 조사취화가 크게 일어난다. 이에 비해 비등경수로는 노심과 압력용기 사이에 냉각수 순환펌프가 설치되어 있으므로 노심과 압력용기 사이의 간격이 크며, 그 사이로 냉각수가 흐르고 있다. 따라서 중성자 감쇠 효과가 크게 일어나서 수명 말기에 압력용기 내부 표면이 받는 조사량은 ~$5\times10^{22}\,n/m^2(E>1\,MeV)$ 정도로 가압경수로에 비해 아주 작다. 그러므로 비등경수로에서는 압력용기의 조사취화가 크게 문제되지 않는다.

마. 중성자속(Neutron Flux)

조사취화는 조사에 따른 항복강도의 증가에 의해 일어나는데 항복강도의 증가는 점결함이 모여서 형성하는 집합체, 즉 조사결함에 영향을 받는다. 그리고 조사결함의 생성은 점결함 생성속도와 관계가 있으므로 조사취화 평가에서는 중성자속이 미치는 영향도 검토할 필요가 있다. 중성자속이 조사취화에 미치는 영향에 대해서는 두 가지 측면에서 생각하여 볼 수 있는데 하나는 조사속도(dpa/sec), 즉 점결함의 생성속도이고 다른 하나는 점결함이 확산하여 조사결함을 형성하는데 관계되는 조사시간이다.

동일한 조사량으로 조사시키는 경우를 생각해 보면, 중성자속이 크면 조사속도가 커서 점결함 생성율은 크지만 조사시간이 단축되므로 점결함의 확산시간이 짧아지며 반대로 중성자속이 작으면 조사속도가 작아서 조사시간이 길어지므로 점결함이 확산하는 시간이 늘어나게 된다. 그러므로 같은 온도에서 동일한 조사량으로 조사시켜도 중성자속이 다르면 손상거동이 다르게 나타날 수 있다. 그리고 중성자속이 손상에 미치는 영향은 조사온도에 따라 다를 수 있는데, 온도가 높으면 점결함의 이동이 활발하므로 조사속도 즉 중성자속이 중요한 역할을 하며, 온도가 낮으면 점결함이 느리게 움직이므로 조사속도 보다는 조사시간이 중요한 역할을 하게 된다.

그림 3-16은 중성자속이 조사취화에 미치는 영향을 검토하기 위한 모사시험으로 압력용기 사용온도인 250℃에서 Cu가 소량 함유된 페라이트강에 200 MeV의 Ni 이온을 쪼여서, 조사속도(dpa/sec)가 경화에 미치는 영향을 분석한 것이다. 그림에서 보는 바와 같이 같은 조사량(0.44 mdpa)에서도 경화는 조사속도에 영향을 받아서 조사속도가 크면, 즉 고밀도 Ni 이온으로 단시간 쪼이면 경화가 작게 그리고 작은 조사속도, 즉 저밀도 Ni 이온으로 장시간 쪼이면 경화가 크게 일어난다. 이러한 결과를 보면 조사취화 평가에서는 중성자속의 영향도 고려할 필요가 있다.

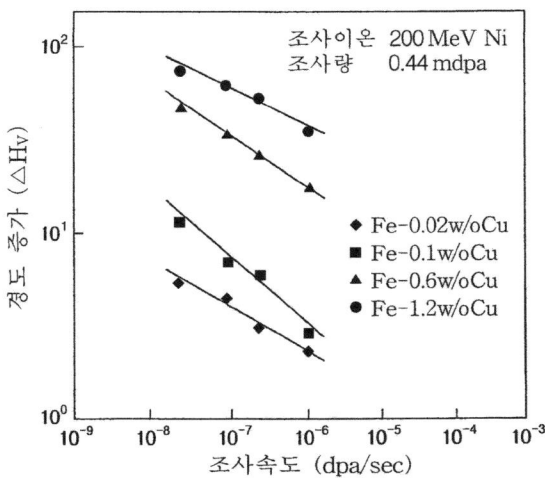

그림 3-16 조사속도가 페라이트강의 경화에 미치는 영향[26]; 조사온도 250℃

3.2.6 압력용기 감시시험

압력용기는 사용기간이 길어질수록 조사결함이 누적되어 경화가 일어나는 동시에 파괴에 대한 저항성, 즉 파괴인성이 저하되므로 취성파괴가 일어날 가능성이 그만큼 증가한다. 그러므로 압력용기는 주기적으로 건전성을 평가하도록 법규에서 규정하고 있으며, 이를 위해 압력용기 감시시험(surveillance test)용 시편을 원자로에 장전하여 원자로 가동과 함께 조사시키면서 ASTM E185에서 정해진 시기에 따라 주기적으로 인출하여 취화가 진행된 정도를 분석 평가하고 있다.

ASTM E185에서 요구하는 감시시험 횟수는 원자로 설계 수명과 수명 말기에 예측되는 기준무연성천이온도 변화량($\triangle RT_{NDT}$)에 따라 결정된다. 예를 들어 설계수명이 40년인 경우에 $\triangle RT_{NDT}$의 예측값이 56℃ 이하이면 3회, 56~111℃ 사이는 4회 그리고 111℃ 이상이면 5회의 감시시험을 요구하고 있다. 우리나라의 경우도 "원자로 압력용기 감시시험 기준(원자력안전위원회 고시 2021-28호)"에서 E185와 동일한 시험 횟수를 요구하고 있는데, 원자로 가동기간에 5회의 감시시험이 요구되는 경우에 시험시기는 표 3-10과 같다.

표 3-10 ASTM E185에 규정된 감시시험 시기 (설계 수명이 32 EFPY인 경우)

감시시험	감시시험 시기 (아래 시기 중에서 빠른 시기)
1회 감시시험	(1) 1.5 EFPY (2) 시편의 조사량이 5×10^{18} n/cm^2 ($E > 1$ MeV)를 초과하는 시기 (3) $\triangle RT_{NDT}$가 28℃로 예측되는 시기
2회 감시시험	(1) 3 EFPY (2) 시편의 조사량이 1회 감시시험의 시편이 받는 조사량과 3회 감시시험의 시편이 받게 될 조사량의 중간 조사량이 되는 시기
3회 감시시험	(1) 6 EFPY (2) 시편의 조사량이 압력용기 내벽면에서 1/4 T(두께) 부분이 수명 말기에 받게 될 조사량과 같은 시기
4회 감시시험	(1) 15 EFPY (2) 시편의 조사량이 압력용기 내벽면이 수명 말기에 받게 될 조사량과 같은 시기
5회 감시시험	(1) 32 EFPY (2) 시편의 조사량이 설계수명 말기에 압력용기 내벽면이 받게 될 최대 조사량의 1.5배에 가까운 핵연료 교체 시기 단, 이전의 시험 결과에 따라 시험을 유보할 수 있다.

EFPY : 유효 전출력 가동년수(effective full power year)

압력용기 감시시험은 원자로 가동 중에 중성자 피폭에 따른 용기의 조사취화를 분석 평가하는 동시에 원자로의 안전운전 조건을 설정하기 위하여 관련 법규 및 규정에 따라 실시한다. 감시시험에 관련된 규정으로는 미국의 경우를 예로 들면 10CFR50 Appendix G, H 등과 같이 규제에 관련된 규정과 ASME 코드 Section III, Regulatory Guide 1.99 등과 같이 평가에 관련된 규정 그리고 ASTM E185, E706 등과 같이 시험방법에 관련된 규정이 있다.

한편 우리나라의 경우는 1982년에 압력용기 감시시험 규정으로 원자력법 시행령 70조가 제정되어 감시시험에 대한 근거를 마련하였으며, 1992년에는 미국의 관련 규정을 토대로 감시시험 기준이 과학기술처 고시 1992-20호로 제정되었다. 그리고 1999년에 시행령 70조가 폐기되고 그 내용이 시행령 102조에 통합되었으며, 이 시행령에 의거하여 감시시험 전반에 걸친 사항을 규정한 "원자로 압력용기 감시시험 기준"이 2000년에 과학기술부 고시 2000-15호로 제정되었다. 이 고시는 2003년에 과학기술부 고시 2003-3호, 2009년에 교육과학기술부 고시 2009-37호로 개정되었으며, 2011년 11월에 다시 원자력안전위원회 고시 2011-8호 그리고 2021년 8월에 원자력안전위원회 고시 2021-28호로 개정되었다.

가. 감시시편 및 계측용 모니터

압력용기 감시시편 캡슐에는 샤르피 충격시편, 인장시편 그리고 파괴인성을 평가하기 위한 평면변형 시편 등 3종류의 시편이 내장되어 있다. 평면변형 시편으로는 초기에는 Manjoine이 개발한 1XWOL(wedge-opening-loading) 시편을 사용하였는데, 이 시편은 탄성영역에서의 파괴인성 K_{Ic}를 구하기 위해 설계된 시편으로 탄소성영역에서의 파괴인성 J_{Ic}를 구하기에는 적합하지 않음으로 1XWOL 시편 대신에 1/2T CT 시편을 원자로에 장전하고 있다. 파괴인성 시험에 사용하는 CT 시편은 원자로에 장전하기 전에 V-노치(notch) 부위에 피로 균열을 삽입한다.

감시시편은 압력용기를 제작한 압연강판 또는 단조강에서 일부를 채취하여 제작하는데, 감시시편 캡슐에 내장되는 시편의 종류와 최소 수량은 ASTM E185(우리나라는 원자력안전위원회 고시 2021-28호)에 규정되어 있으며 표 3-11과 같다.

표 3-11 감시시편 캡슐에 내장되는 시편의 종류 및 수량

재 료	샤르피 충격시편	인장시편	CT시편
모재(주가공방향에 평행방향)	12	3	4
모재(주가공방향에 수직방향)	12	3	4
용착금속	12	3	4
열영향부(HAZ)	12		

감시시편은 ASTM E185 규정에 따라 압력용기의 모재, 용착금속(weld deposit) 그리고 열영향부(HAZ, heat affected zone)에서 채취하는데 모두 두께방향으로 1/4 깊이에서 채취한다. 그림 3-17은 단조강으로 압력용기를 제작하는 경우에 감시시편의 채취 위치를 나타낸 것으로, 압력용기를 단조강으로 제작하면 노심영역에 축방향 용접 부위가 없으므로 원주방향으로 용접한 부위에서 시편을 채취한다. 감시시편 캡슐에는 감시시편 외에 조사량을 측정하기 위한 중성자속 모니터(flux monitor)와 조사 중에 감시시편이 도달한 최고온도를 추정하기 위한 온도 모니터가 내장되어 있다. 중성자속 모니터로는 Fe, Cu, Ni,

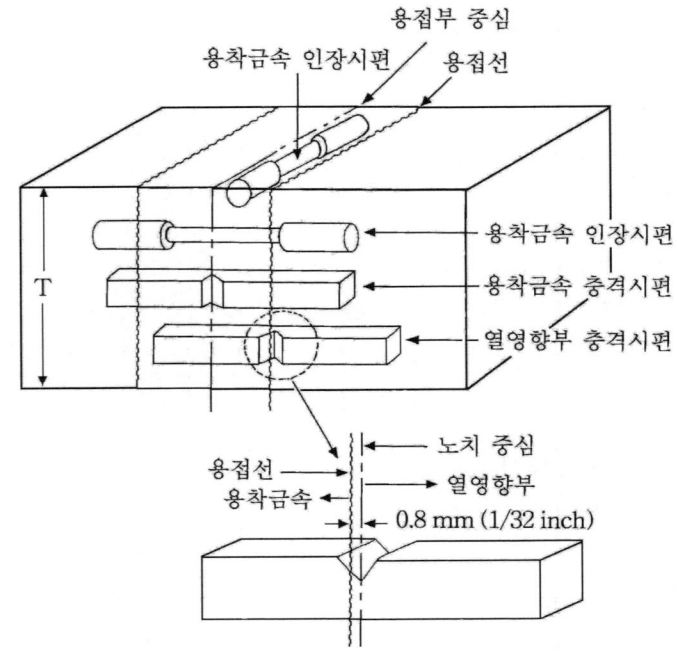

그림 3-17 단조강으로 제작하는 압력용기의 용접부와 열영향부(HAZ)에서
감시시편의 채취 위치

U, Al-Co 등이 사용되고 있으며, 온도 모니터로는 융점이 292℃인 Pb-5Ag-5Sn 합금, 융
점이 304℃인 Pb-2.5Ag 합금 그리고 융점이 310℃인 Pb-1.75Ag-0.75Sn 합금이 사용되
고 있다. 표 3-12에 감시시편 캡슐에 내장되는 중성자속 모니터의 종류와 측정 에너지의
범위가 있다.

표 3-12 중성자속 모니터(flux monitor)의 종류 및 측정 에너지

종　류	핵변환 반응	측정 에너지
Fe	$^{54}Fe(n, p) \rightarrow {}^{54}Mn$	$E > 4.7\,MeV$
Ni	$^{58}Ni(n, p) \rightarrow {}^{58}Co$	$E > 1.0\,MeV$
Cu	$^{63}Cu(n, \alpha) \rightarrow {}^{60}Co$	$E > 1.0\,MeV$
Np	$^{237}Np(n, f) \rightarrow {}^{137}Cs$	$E > 0.4\,MeV$
U(Cd 차폐)	$^{238}U(n, f) \;\; \rightarrow {}^{137}Cs$	$E > 0.08\,MeV$
Co-Al(Cd 차폐)	$^{59}Co(n, \gamma) \rightarrow {}^{60}Co$	$0.4\,eV < E < 0.015\,MeV$
Co-Al	$^{59}Co(n, \gamma) \rightarrow {}^{60}Co$	$E < 0.015\,MeV$

나. 감시시편 시험

압력용기 감시시편의 시험은 ASTM E185에 제시된 방법에 따라 수행한다. ASTM
E185에서는 원자로 가동기간 중에 중성자 조사로 인해 일어나는 압력용기의 취화상태를

평가하기 위한 시험방법과 시험결과의 평가 등에 관해 자세히 기술하고 있는데, 압력용기 안쪽 표면에서 중성자 조사량의 최대 예측값이 $1 \times 10^{21} \, \text{n/m}^2$ ($E > 1 \, \text{MeV}$)를 초과하는 모든 경수로 압력용기에 대해 적용된다.

감시시험 과정을 간략하게 나타내면 그림 3-18과 같은데, 감시시편이 내장된 캡슐을 시운전 전에 원자로에 장전하여 원자로 가동과 함께 조사시키면서 표 3-10에 따라 정해진 시기에 원자로에서 인출한다. 원자로에서 인출한 감시시편 캡슐은 일단 발전소 수조에 저장하여 방사선 강도를 감쇄시킨 후 방사성 물질을 취급할 수 있는 시설인 핫셀(hot cell)로 운반한다. 핫셀에 운반된 캡슐은 해체하여 시편을 인출한 후 규제사항인 충격시험과 인장시험을 수행하며, 규제사항이 아닌 파괴인성시험은 파괴역학적 평가가 필요한 경우에 한하여 수행하고 있다.

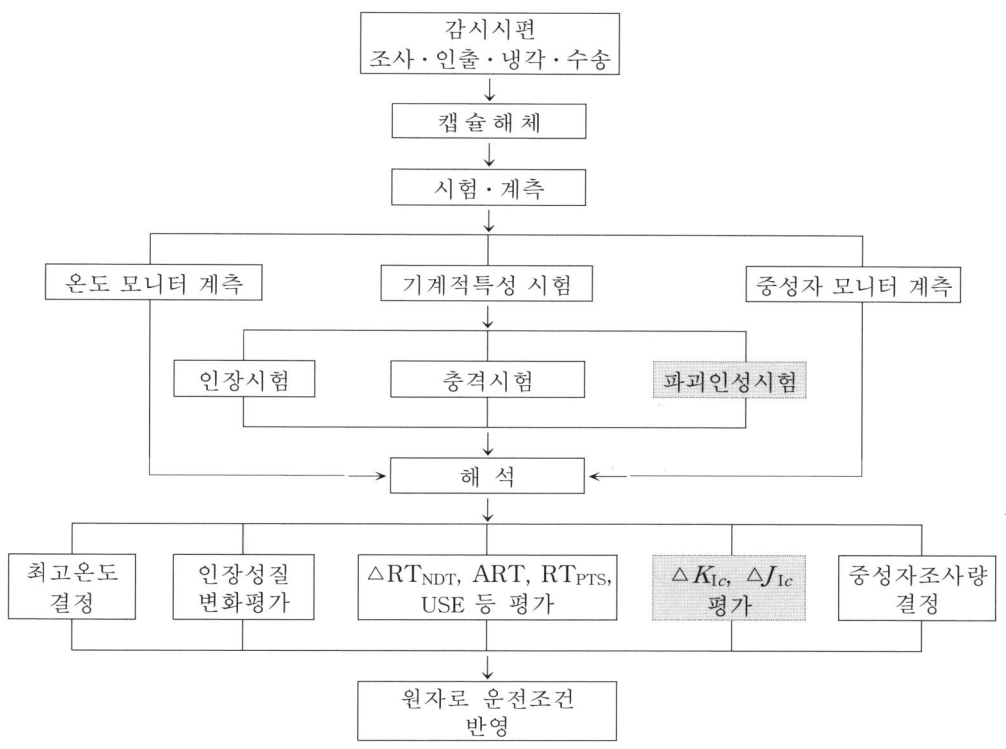

그림 3-18 원자로 감시시편의 시험 공정도; ▨ 는 필요시에만 수행
△RT$_{\text{NDT}}$: 기준무연성천이온도 변화량
ART : 조사후 기준무연성천이온도 (adjusted RT$_{\text{NDT}}$)
RT$_{\text{PTS}}$: 가압열충격온도   USE : 최대 흡수에너지

충격시험

충격시험은 감시시험에서 기본이 되는 시험으로 ASTM E185와 ASTM E23에 시험에 관련된 주요 사항이 기술되어 있다. 시험항목은 ASTM E185 규정에 따라 최대 흡수에너

지(USE, upper shelf absorption energy)를 측정하는데, 이 자료는 기준무연성천이온도(RT$_{NDT}$, reference nil-ductility temperature)을 평가하는데 사용된다. 그리고 충격시험에서 파단된 시편은 연성 파단면과 취성 파단면의 면적 비율을 측정하고 횡팽창량(lateral expansion)도 ASTM E23에서 규정한 그림 3-19의 방법에 따라 측정한다. 우리나라의 경우에도 같은 내용의 감시시편 충격시험이 원자력안전위원회 고시 2021-28호에 규정되어 있으며, 한국산업규격 KS B 0810에서 지정한 방법에 따라 실시하도록 하고 있다.

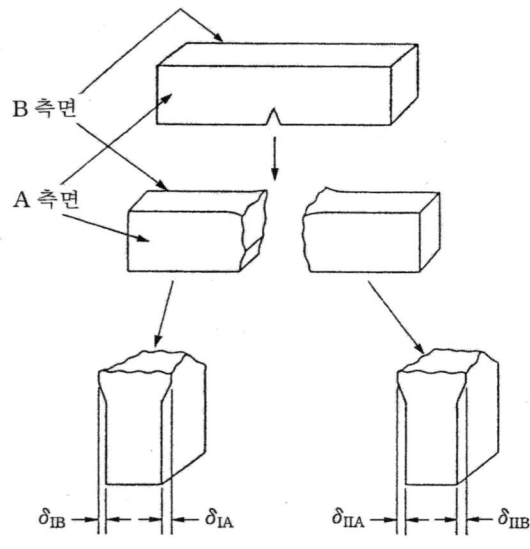

B 측면

A 측면

δ_{IA}와 δ_{IIA} 중에서 큰 값이 δ_A
δ_{IB}와 δ_{IIA} 중에서 큰 값이 δ_B

• 횡팽창량 = $\delta_A + \delta_B$

δ_{IB} ―― δ_{IA} δ_{IIA} ―― δ_{IIB}

그림 3-19 충격시편의 횡팽창량 측정법

감시시편의 충격시험에서 얻은 기준무연성천이온도(RT$_{NDT}$)와 최대 흡수에너지(USE)는 ASME 코드 Section III에서 규정한 기준값과 비교하여 원자로가 수명 말기까지 안전성을 유지할 수 있는지를 평가하고, 원자로의 안전운전 조건을 설정하는데 사용된다. 이때 주의할 것은 무연성천이온도와 최대 흡수에너지를 평가할 때, 중성자 조사량을 감시시편이 받은 조사량을 기준으로 해서는 안되며 압력용기에 존재한다고 가정하는 가상균열의 선단(crack tip), 즉 압력용기 내면에서 두께방향으로 1/4이 되는 깊이에서의 조사량을 기준으로 해야 한다. 관련 규정 10CFR50 Appendix G에 따르면 압력용기는 원자로 운전 중에 최대 흡수에너지가 68 Joule(6.9 kgf-m) 이상 그리고 횡팽창량이 0.89 mm 이상을 확보해야 한다.

인장시험

인장시험에서는 항복강도, 인장강도, 균일변형률(uniform elongation), 총변형률(total elongation) 그리고 파단시의 단면적 감소율 등 ASTM E185에서 요구하는 항목에 대해 측정하고 있다. 시험온도는 ASTM E185에 규정되어 있는데, (1) 원자로 가동 중에 압력용기의 내부 온도인 288℃, (2) 무연성천이구역의 중간온도 그리고 (3) 최대 흡수에너지가 최초로 나타나는 온도 등 3개의 온도를 지정하고 있다. 우리나라에서도 원자력안전위원회 고시 2021-28호에서 이 3개의 온도를 인장시험 온도로 지정하고 있으며, 시험은 한국산업규격 KS B 0802와 KS D 0026에서 지정한 방법에 따라 실시하도록 규정하고 있다.

파괴인성 시험

압력용기 감시시험에서 파괴인성시험은 규제 사항이 아니고 다만 충격시험이나 인장시험 결과가 10CFR50 Appendix G에서 규정한 조건을 만족하지 못하거나 또는 압력용기의 신뢰성을 보다 높게 평가해야 할 경우 등 파괴역학적 평가가 필요한 경우에 정량적인 파괴인성 값을 구하기 위해 실시하고 있다. 파괴인성이란 파괴가 일어날 때의 응력확대계수로 파괴에 대한 재료 고유의 저항값을 의미하는데, 시험에서는 주로 CT 시편(compact tension specimen)을 사용하며 ASTM E399 및 E1820에 제시된 표준 시험법에 따라 실시한다. 우리나라의 경우에는 원자력안전위원회 고시 2021-28호에서 원자력안전위원회 위원장이 인정하는 방법에 따라 실시하도록 규정되어 있다.

파괴인성 시험은 탄성영역에서의 파괴인성 K_{Ic} 또는 탄소성영역에서의 파괴인성 J_{Ic}를 구하기 위해 실시하는데, 균열 부위에서는 응력장이 3축 인장의 평면변형 상태인 동시에 균열 선단의 소성영역이 균열 길이 및 시편 치수에 비해 아주 작다. 따라서 K_{Ic}나 J_{Ic}는 예리한 균열에서의 파괴, 즉 균열전파에 대한 저항성을 나타낸다. 그러므로 K_{Ic}나 J_{Ic}는 안전성이 요구되는 구조물에서 파괴응력과 균열 길이와의 관계를 평가하는데 사용되며, 압력용기의 건전성을 평가하는 자료로 유용하게 활용되고 있다.

3.2.7 압력용기의 조사취화 평가

원자로 압력용기의 조사취화 평가는 안전성을 확보하는 측면에서 대단히 중요하며, 특히 중성자 조사량이 많은 노심영역의 조사취화는 용기의 건전성을 좌우한다고 볼 수 있다. 조사취화에 의해 압력용기의 기준무연성천이온도(RT$_{NDT}$, reference nil-ductility transition temperature)는 원자로 가동기간에 따라 상승하는데, 발전소 수명말기까지 압력용기 벽의 1/4T(T는 두께)에서 조사후 기준무연성천이온도(ART, adjusted RT$_{NDT}$)가 200℉를 초과하지 않고, 최대 흡수에너지도 68 Joule 이상을 유지하도록 요구하고 있다[27].

ART는 Regulatory Guide 1.99 Revision 2에서 제시한 아래 식으로 구하는데, 이 식은 압력용기 벽의 1/4T에서 중성자 조사량을 계산하여 압력용기의 조사취화를 예측하는데 사용한다.

$$\mathrm{ART} \ = \ \mathrm{Initial} \ \mathrm{RT}_{NDT} + \triangle \mathrm{RT}_{NDT} + \mathrm{Margin} \tag{3.5}$$

여기서 Initial RT$_{NDT}$는 비조사 재료의 RT$_{NDT}$이며, $\triangle$RT$_{NDT}$는 중성자 조사로 인해 일어나는 RT$_{NDT}$ 변화량으로 아래 식으로 구한다.

$$\triangle \mathrm{RT}_{NDT} \ = \ (\mathrm{CF}) \cdot \mathrm{f}^{(0.28 - 0.10 \log \mathrm{f})} \tag{3.6}$$

식 (3.6)에서 CF는 화학인자(chemistry factor)이며, f는 10^{19} n/cm^2 ($E > 1$ MeV)를 단위로 하는 압력용기 내부 표면의 중성자 조사량이다. 화학인자 CF는 Cu와 Ni의 함유량에 따라 정해지는 값으로, 용접금속(weld metal, 우리나라에서는 용착금속(weld deposit)으로 사용)에 대해서는 Regulatory Guide 1.99 Revision 2의 표 1 그리고 모재(base metal)에 대해서는 표 2에 그 값이 제시되어 있다. 그러나 신뢰할 수 있는 감시시험 자료가 있으면 아래 식으로 CF를 구한다.

$$CF = \frac{\sum_{i=1}^{n} \left[A_i \times f_i^{(0.28 - 0.10 \log f_i)} \right]}{\sum_{i=1}^{n} \left[f_i^{(0.56 - 0.20 \log f_i)} \right]} \tag{3.7}$$

여기서 n은 감시시험 자료의 수, A_i는 감시시험에서 구한 $\triangle RT_{NDT}$ 측정값 그리고 f_i는 감시시험 자료에 대한 중성자 조사량으로 단위는 10^{19} n/cm^2 ($E > 1$ MeV)이다. 그리고 조사량에 따른 $f^{(0.28-0.10\log f)}$는 Regulatory Guide 1.99 Revision 2의 그림 1에서 구한다.

한편 압력용기 벽의 두께방향 깊이 x에서의 중성자 조사량 f는 아래 식으로 구한다.

$$f = f_{surf} (e^{-0.24x}) \tag{3.8}$$

윗 식에서 f_{surf}는 압력용기의 내부 표면이 받는 조사량으로 단위는 10^{19} n/cm^2 ($E > 1$ MeV)이며, x는 단위가 inch로 내부 표면에서 두께방향의 깊이이다.

그리고 Margin은 Initial RT$_{NDT}$값, Cu와 Ni 함유량, 중성자 조사량, $\triangle RT_{NDT}$ 계산절차 등에서 오는 불확실도를 보상하기 위한 여유값으로 아래 식으로 구한다.

$$Margin = 2\sqrt{\sigma_I^2 + \sigma_\triangle^2} \tag{3.9}$$

여기서 σ_I는 Initial RT$_{NDT}$의 표준편차로 Initial RT$_{NDT}$에 측정값을 사용하면 시험방법의 정확도로부터 결정하고, 측정값을 사용하지 못하고 고유평균값(generic mean value)을 사용하면 17°F이다. 그리고 $\sigma_\triangle$는 $\triangle RT_{NDT}$의 표준편차로 모재(base metal)에 대해서는 17°F, 용접금속(weld metal)에 대해서는 28°F인데 $\triangle RT_{NDT}$의 50%를 초과할 수 없다.

3.2.8 압력용기의 가압열충격 평가

원자로에서 냉각재가 상실되는 사고가 일어나면 노심이 용해될 위험성이 있으므로 이를 방지하기 위해 비상 냉각재를 원자로에 긴급 주입하는데, 이런 경우에는 노심이 급격하게 냉각되므로 압력용기의 파괴역학적 인자에 큰 변화가 일어나게 된다.

그림 3-20은 원자로에 비상 냉각재를 주입하는 경우에 압력용기에서 일어나는 파괴역학적 인자의 변화 추이를 용기 벽의 두께 방향에 따라 나타낸 것으로, 그림에서 보는 바와 같이 열응력과 내압이 합쳐진 가압열충격(pressurized thermal shock)은 압력용기 내표면에서 외표면으로 갈수록 작아지는데 반하여 온도는 내표면에서 외표면으로 갈수록 높아진다. 이런 현상에 의해 응력확대계수(K_I), 파괴인성(K_{Ic}), 균열전파정지파괴인성(K_{Ia}) 등도 용기벽의 결함 위치에 따라 크게 변한다.

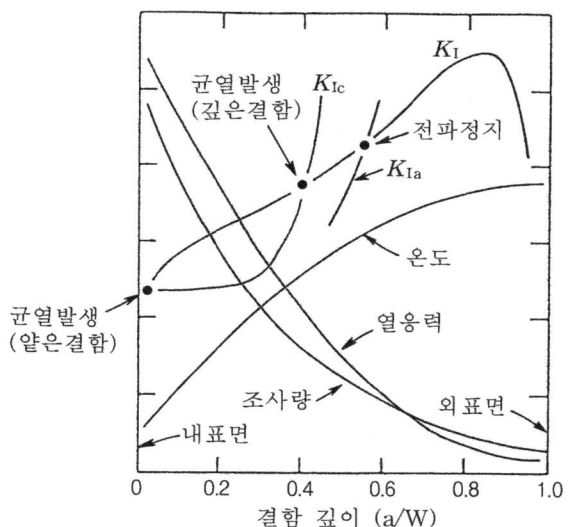

그림 3-20 가압경수로에서 냉각재 상실 사고시에 압력용기 벽에서 파괴역학
인자의 반경방향 분포[28]

원자로에서 냉각재 상실 사고가 일어나서 노심에 비상 냉각재를 긴급 주입하면 용기벽
은 두께 방향으로 급격한 온도 구배가 생기며, 이에 따라 압력용기는 가압열충격을 받게
되어 건전성에 문제가 생길 수 있다. 즉 중성자 조사로 인해 취약해진 용기에 임계 크기
이상의 균열이 존재하면 가압열충격에 의해 균열이 전파되어 파괴가 일어날 수 있다. 따라
서 압력용기의 건전성이 확보되기 위해서는 균열이 용기벽 두께의 75% 내에서 정지해야
하는데, 그림 3-20에서 보는 바와 같이 용기벽에서 일어나는 균열 전파는 K_I과 K_{Ic}의 관
계에서 그리고 균열전파정지는 K_I과 K_{Ia}의 관계에서 얻을 수 있다.

가압충격을 고려하여 평가하는 압력용기의 기준무연성천이온도(RT_{NDT}), 즉 기준가압
열충격온도(RT_{PTS}, reference temperature for pressurized thermal shock)는 정상적인 운전
상태에서 평가하는 RT_{NDT}와 구별하기 위하여 RT_{PTS}로 표시한다. RT_{PTS}는 충격시험 자료
에서 구해지는 인자이며 RT_{NDT}를 구하는 절차와 같은 절차로 계산하는데, 10CFR50.61에
서 제시한 아래 식으로 구한다.

$$RT_{PTS} = RT_{NDT(U)} + M + \triangle RT_{PTS} \tag{3.10}$$

여기서 $RT_{NDT(U)}$는 비조사 재료의 기준무연성천이온도이며, M은 $RT_{NDT(U)}$와 $\triangle RT_{PTS}$의
계산 불확실성을 보상하기 위한 여유값(margin) 그리고 $\triangle RT_{PTS}$는 중성자 조사량에 따른
가압열충격온도의 변화량으로 아래 식으로 구한다.

$$\triangle RT_{PTS} = (CF) \cdot f^{(0.28 - 0.10 \log f)} \tag{3.11}$$

윗 식에서 CF는 화학인자로 Cu와 Ni 함유량에 의존하는 함수인데 용접금속에 대해서는
Regulatory Guide 1.99 Revision 2의 표 1 그리고 모재에 대해서는 표 2에 각각 그 값이

제시되어 있지만, 신뢰성 있는 감시시험 자료를 이용할 수 있으면 식 (3.7)을 사용하여 CF 를 구한다. 한편 f는 조사량 인자로, 조사량에 따른 $f^{(0.28-0.10\log f)}$는 Regulatory Guide 1.99 Revision 2의 그림 1에서 얻을 수 있다.

그리고 불확실도를 보상하기 위한 여유값 M은 아래 식으로 구한다.

$$M = 2\sqrt{\sigma_U^2 + \sigma_\triangle^2} \tag{3.12}$$

여기서 σ_U는 $RT_{NDT(U)}$에 대한 표준편차, $\sigma_\triangle$는 $\triangle RT_{NDT}$에 대한 표준편차인데 σ_U와 $\sigma_\triangle$는 신뢰할 수 있는 감시시험 자료의 유무에 따라 아래 값을 취한다.

(1) 감시시험 자료가 있으면, $\sigma_U = 0°F$, $\sigma_\triangle = 8.5°F$ (모재), $14°F$ (용접금속)

(2) 감시시험 자료가 없으면, $\sigma_U = 17°F$, $\sigma_\triangle = 17°F$ (모재), $28°F$ (용접금속)

3.3 원자로내장 스테인리스강의 응력부식균열

원자로에 내장되는 오스테나이트 스테인리스강에 생기는 미세한 균열은 1970년대 중반에 비등경수로의 제어블레이드(control blade)와 계측관에서 발견되었으며, 교체할 수 있도록 설계를 변경하여 문제를 해결하였다. 그러나 1990년대에 교체가 어려운 비등경수로의 노심 덮개(shroud)와 가압경수로 배플 볼트에서 미세한 균열이 발견되면서 다시 관심을 갖게 되었는데, 균열은 조사촉진 응력부식균열(IASCC, irradiation assisted stress corrosion cracking)에 의해 일어난다. 스테인리스강의 IASCC는 용존산소에 영향을 받으므로 용존산소 농도가 높으면 IASCC에 대한 민감성이 증가한다. 그러므로 냉각수에서 용존산소를 제거하는 가압경수로보다는 냉각수에 용존산소를 그대로 잔존시키는 비등경수로에서 문제가 되고 있다.

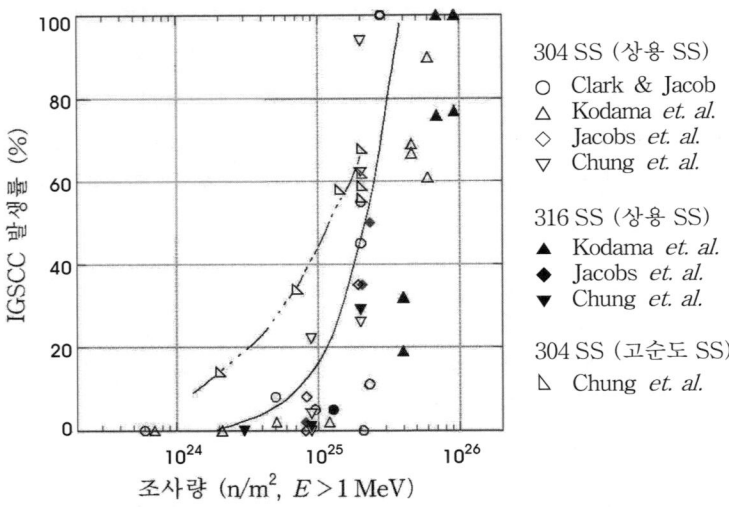

그림 3-21 비등경수로 환경에서 조사량에 따른 스테인리스강의 입계응력부식균열 (IGSCC) 민감성[29]

경수로는 가동온도가 300℃ 정도에 불과하므로 스테인리스강 내장재에서 생기는 조사 결함은 주로 20 nm 이하의 작은 전위루프와 석출물이며[30], 보이드 스웰링이나 He 취성과 같은 손상은 일어나지 않는다. 그러므로 경수로의 스테인리스강 내장재에서 일어나는 조사손상은 IASCC만 문제가 되고 있다. 특히 원자로는 가동기간에 따라 경년열화(aging)가 일어나며, 원자로의 수명 연장도 추진되고 있으므로 스테인리스강 내장재에서 일어나는 IASCC는 앞으로 많은 관심을 갖게 될 것으로 보인다. 그림 3-21에 조사량이 304 SS와 316 SS의 입계응력부식균열(IGSCC, intergranular stress corrosion cracking)에 미치는 민감성이 있는데 그림에서 보는 바와 같이 조사량에 크게 영향을 받는다.

IASCC는 조사량이 어떤 한계값, 즉 문턱조사량을 초과해야 일어나는데 Bruemmer 등[30]이 스테인리스강의 IASCC에 관련된 자료를 종합하여 분석한 결과에 의하면 비등경수로에서 문턱조사량은 0.7 dpa (5×10^{24} n/m^2, $E > 1$ MeV) 정도로 보고 있다. 이에 비해 냉각수에서 용존산소를 제거한 가압경수로는 비등경수로보다 4배 정도 많은 3 dpa (2×10^{25} n/m^2)의 조사량에서도 IASCC가 일어나지 않는다. 따라서 가압경수로의 IASCC 문턱조사량은 비등경수로보다 4배 정도 높을 것으로 보인다. 그림 3-22에 경수로 환경에서 조사량에 따라 304 SS 내장재에서 일어나는 손상이 예시되어 있다.

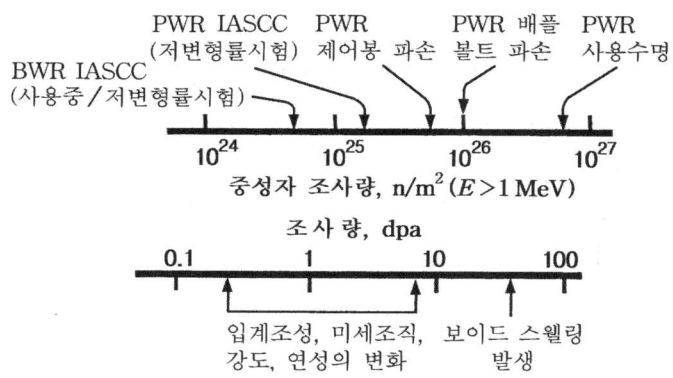

그림 3-22 경수로 환경에서 조사량에 따라 304 SS 내장재에서 일어나는 손상[30]

응력부식균열은 환경인자, 응력인자, 재료인자 등이 복합되어 일어나는데, 특히 원자로에서 일어나는 스테인리스강의 IASCC는 냉각재 환경과 입계의 조성변화가 큰 영향을 미친다. 중성자 조사에 따른 입계의 탄화물 석출 기구는 잘 알려져 있지만, 입계에서 석출 현상을 측정하기 위해서는 조사시료의 취급과 고도의 측정기술이 요구되는 등 많은 어려움이 있다. 중성자 조사에 따른 입계의 조성변화는 조사량이 많은 경우에도 변화 영역이 아주 작아서 나노미터(nm) 이하의 작은 직경을 갖는 프로브(probe)를 사용해야 측정할 수 있으므로 분석용 전자현미경을 사용하고 있다.

경수로 환경에서 조사시킨 스테인리스강의 입계에서 일어나는 Ni, Cr, Si, P의 조성변화를 측정한 예가 그림 3-23에 있는데, 그림에서 보는 바와 같이 Ni, Si, P의 농도는 증가

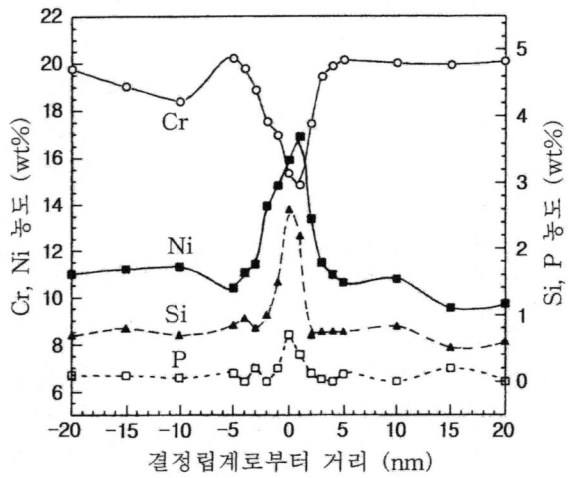

그림 3-23 중성자를 조사시킨 300계통 스테인리스강의 입계 조성변화[30];
Cr 농도는 감소한 반면에 Ni, Si, P의 농도는 증가하였다.

하는 반면에 Cr 농도는 감소하였다. 중성자 조사에 따른 입계의 조성변화는 조사결함인
원자빈자리(vacancy)의 입계 이동으로 일어나는데, 입계 부위에서 Ni의 농도 증가와 Cr의
농도 감소는 Fe 기지에서 Ni와 Cr의 확산속도와 관계가 있다.

그림 3-24는 중성자를 조사시킨 스테인리스강의 오스테나이트 입계에서 일어난 Cr 결핍
에 관련된 자료를 종합하여 나타낸 것으로, 그림에서 보는 바와 같이 조사 초기에는 조사
전의 입계 조성 차이로 인해 Cr 농도가 크게 분산되어 있지만, 조사량이 증가하면 대부분

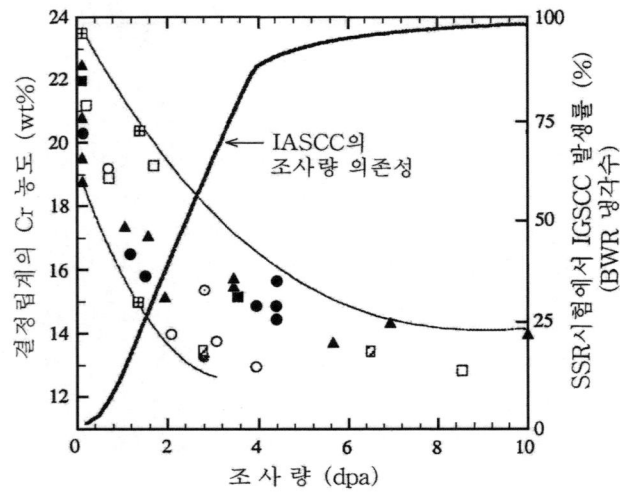

그림 3-24 304 SS의 조사량에 따른 입계의 Cr 결핍과 IASCC의 관계[31];
BWR 냉각수 환경(높은 용존산소)에서 저변형률(SSR)시험을 하였다.

의 자료에서 Cr 농도가 ~13 wt%까지 급격하게 감소하는 것을 보여 준다. IASCC에서도 균열 민감성은 입계 조성, 응력, 부식 환경에 의존하므로 손상기구는 응력부식균열과 같지만 조사 환경에서는 입계의 Cr 결핍이 조사량에 의존하므로 문턱조사량(응력, 냉각수 등에 영향을 받으므로 환경 조건에 따라 다름)에 도달해야 IASCC가 일어날 수 있다.

스테인리스강의 응력부식균열은 입계 예민화에 의해 일어난다. 비조사 304 SS의 경우를 보면 입계의 Cr 농도가 1~2 wt% 감소하여 17 wt% 이하로 되면 입계에서 균열 생성이 예민해지며, 316 SS도 입계의 Cr 농도가 기지보다 2 wt% 정도 낮으면 균열 생성이 예민해지므로 스테인리스강의 입계응력부식균열(IGSCC)은 입계의 Cr 농도와 밀접한 관계가 있다. 이에 따라 IASCC 연구에서도 조사에 따른 입계의 Cr 결핍에 관해 많은 연구가 수행되었는데[32~35], 입계 균열이 일어난 모든 시편은 입계에서 Cr 결핍이 일어났다.

그림 3-25는 중성자 조사에 따른 입계의 Cr 결핍이 IGSCC에 미치는 영향을 보여주는 것으로, 비등경수로의 냉각수 조건에서 수행한 조사후 저변형률(SSR, slow strain rate) 시험 자료를 종합하여 나타낸 것이다. 특이한 점은 조사시킨 경우에는 비조사의 경우와는 다르게 입계의 Cr 농도가 ~12 wt% 이하로 내려가 부동태에서 벗어난 경우에도 많은 시편에서 IGSCC에 저항성을 나타낸다. 그러나 현재까지의 연구 결과를 종합해 보면 IASCC 민감성에 직접 영향을 미치는 인자는 입계의 Cr 결핍으로 볼 수밖에 없다.

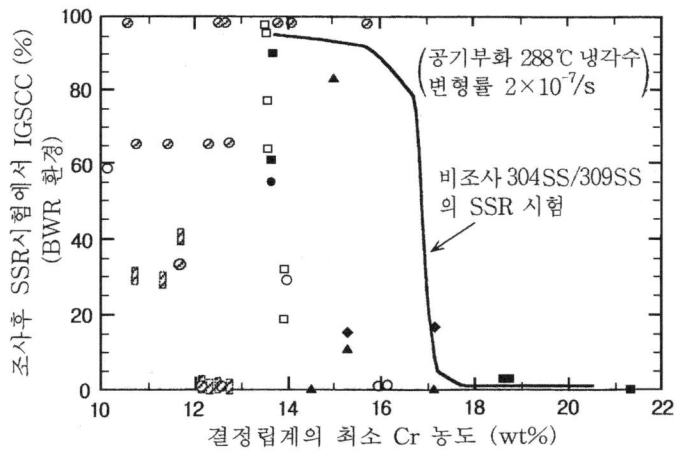

그림 3-25 조사 및 비조사 스테인리스강의 입계 Cr 결핍과 IGSCC의 관계[32,33]

그림 3-26은 단기간(~100 hr) 및 장기간에 걸쳐 하중을 줄 때 응력과 조사량이 IASCC에 미치는 영향을 나타낸 것으로, 장기간 하중시의 결과는 원자로 수명 동안에 IASCC가 일어나지 않는 최대 응력과 조사량을 결정하는데 중요한 자료로 활용할 수 있다. 그러나 IASCC 응력곡선 개발에서는 화학조성, 열처리 등 재료 조건이 반영되지 않았으므로 EPRI (Electric Power Research Institute)의 MRP(Materials Reliability Program)[34]에서는 고속로에서 수행한 시험자료를 토대로 스테인리스강의 IASCC 발생에 대한 새로운 MRP

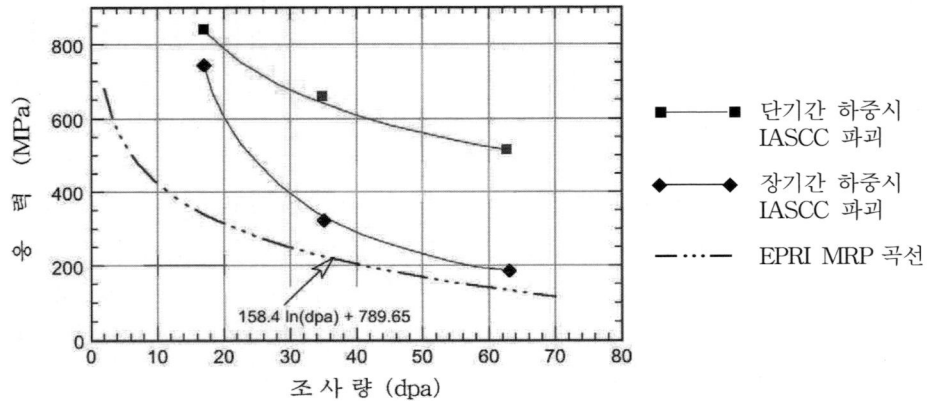

그림 3-26 오스테나이트 스테인리스강의 응력과 조사량에 따른 IASCC 파괴[34,35]

곡선을 제안하였는데, 이 MRP 곡선은 스테인리스강 내장재의 경년열화(aging)를 관리하는데 유용하게 사용되고 있다.

3.4 증기발생기

3.4.1 증기발생기 구조

증기발생기(steam generator)는 원자로 노심을 순환하는 1차냉각계통과 발전기 터빈을 순환하는 2차냉각계통이 교차하여 증기를 발생시키는 장치로 열을 교환하는 전열관의 설치 수량에 따라 높이가 20~23 m 그리고 직경이 4.5~6 m에 달하는데, 원자로에서 가장 중요한 장치 중의 하나이다. 증기발생기는 전열관 형태에 따라 Westinghouse사 등에서 개발한 역 U관형(inverted U-tube type) 증기발생기와 Babcock & Wilcox사에서 개발한 직관형(straight tube type) 증기발생기가 있지만 원자력발전소에서는 역 U관형 증기발생기를 채택하고 있다. 증기발생기에는 직경이 19 mm 그리고 두께가 1.1 mm인 전열관이 3,000~7,000여개 설치되며, 전열관 내측에는 1차계통 냉각수(보통 150 기압, 310℃) 그리고 외측으로 2차계통 냉각수(보통 70 기압, 275℃)가 흐른다. 증기발생기는 1차계통 냉각수와 2차계통 냉각수가 열교환하여 2차계통 냉각수를 비등시키는 냉각수 비등부와 비등된 냉각수에서 증기를 분리하여 건조시키는 증기드럼부(steam drum)로 구분되는데, 냉각수 비등부에는 전열관이 설치되어 있으며 증기드럼부에는 증기분리기와 증기건조기가 설치되어 있다.

증기발생기의 냉각수 흐름을 보면, 원자로 노심에서 가열된 1차계통 냉각수는 증기발생기 하부공간으로 들어와 역 U형태로 설치된 전열관의 내측을 통과하면서 2차계통 냉각수에 열을 전달하고 다시 증기발생기 하부공간으로 되돌아오는데, 하부공간에는 분리강판(divider plate)이 설치되어 있어서 노심을 통과하여 전열관으로 들어가는 고온의 1차계통 냉각수와 전열관을 통과하고 나오는 저온의 1차계통 냉각수를 분리시키고 있다. 고온의

1차계통 냉각수로부터 열을 전달받아 물과 증기가 혼합된 2차계통 냉각수는 증기분리기를 통과하면서 냉각수에서 증기가 분리되고, 분리된 증기는 다시 증기건조기에서 수분 함유량 이 0.1% 이하인 마른 증기로 건조되어 발전기 터빈으로 보낸다. 그림 3-27에 증기발생기 의 개략적인 구조가 있다.

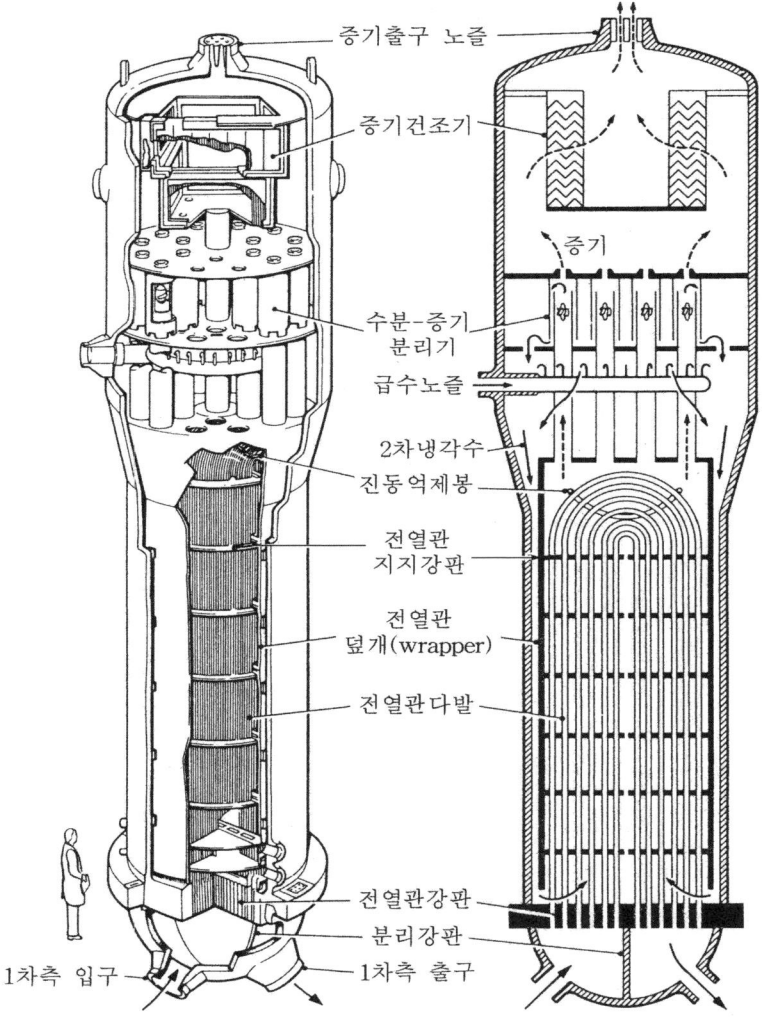

그림 3-27 가압경수로 증기발생기의 개략도[36]

2차냉각계통에서 발전기 터빈을 통과한 증기는 복수기(condenser, 증기를 물로 냉각시 켜 액화시키는 장치)에서 물로 전환되어 다시 증기발생기의 상부로 들어와서, 증기와 분 리된 2차계통 냉각수와 합쳐져 증기발생기 동체(shell)와 전열관 다발을 둘러싸고 있는 전 열관 덮개(tube wrapper) 사이의 수로(down comer)를 통해 하부로 내려온다. 하부로 내려온 2차계통 냉각수는 전열관 강판의 윗면에 도달한 후 전열관을 따라 상부로 올라가면서 1차계통 냉각수로부터 열을 전달받아 비등이 일어나는데, 전열관 다발과 수로에서의 2차계통 냉각수의 흐름은 밀도 차이에 따른 자연 대류에 의해 일어난다. 표 3-13에 우리나라에서 개발한 1,000 MWe급 한국표준형 원전 OPR(optimized power reactor)1000의 증기발생기 주요 제원이 있다.

표 3-13 OPR 1000의 증기발생기 주요 제원[4]

동 체	높이	:	2,064.8 cm
	상부동체 외경	:	~450 cm
	하부동체 외경	:	~340 cm
	재료	:	A508 Gr.3
1차측 (전열관 내측)	설계 압력	:	17.23 MPa (170 기압)
	설계 온도	:	343.3℃
2차측 (전열관 외측)	설계 압력	:	8.27 MPa (81.6 기압)
	설계 온도	:	298.8℃
	증기 압력	:	6.89 MPa (68 기압)
전열관	외경	:	19.05 mm
	두께	:	1.07 mm
	재료[a]	:	B163 Alloy 600 / Alloy 690

a) 한울 3, 4호기는 Alloy 600, 후속 OPR 1000은 Alloy 690

증기발생기에서는 전열관의 설계뿐만 아니라 전열관 지지강판의 설계도 대단히 중요하다. 전열관을 지지하는 강판은 전열관의 지지뿐만 아니라 냉각수의 유동성 저항, 슬러지(sludge)의 적체, 부식 등과 깊은 관계가 있으므로 여러 형태로 설계하고 있다. 전열관 지지강판의 대표적인 설계 형태가 그림 3-28에 있는데, 전열관이 4방향에서 지지강판과 선접촉 방식으로 유지되는 에그 크레이트 형이 많이 사용되고 있다.

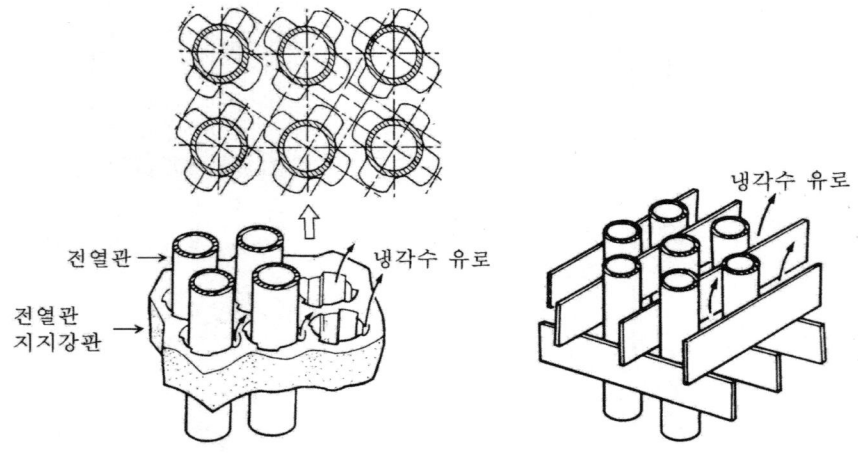

(a) Westinghouse의 쿼트라호일(quartfoil)　　(b) KWU의 에그 크레이트(egg crate)

그림 3-28 증기발생기의 전열관 지지강판 설계 형태

3.4.2 증기발생기 재료

증기발생기는 상부동체(upper shell), 하부동체(lower shell), 전열관 강판(tube sheet), 전열관 지지강판(tube support plate), 하부 반구형 동체(lower hemispherical shell) 그리고 전열관(heat exchanger tube) 등으로 구성되어 있는데, 각 부품은 기능이 다르므로 요구하는 재료의 특성도 각각 다르다. 표 3-14에 증기발생기 주요 부품의 화학조성이 있다.

표 3-14 증기발생기 주요 부품의 화학조성

부품	재료	화 학 조 성 (wt%)									
		C	Mn	P	S	Si	Ni	Cr	Mo	Fe	기타
동체a)	A533B	≤0.25	1.15-1.50	≤0.035	≤0.035	0.15-0.30	0.40-0.70		0.45-0.60	bal.	
전열관 강판	A508 Gr.2	≤0.27	0.50-1.00	≤0.015	≤0.025	≤0.40	0.50-1.00	0.25-0.45	0.55-0.70	bal.	V ≤0.05
	A508 Gr.3	≤0.25	1.20-1.50	〃	〃	〃	0.40-1.00	≤0.25	0.45-0.60	bal.	〃
반구형 동체	A216 WCC	≤0.25	≤1.20	≤0.04	≤0.045	≤0.60				bal.	
전열관b)	B163 Ni-Cr-Fe (Alloy 600)	≤0.15	≤1.0		≤0.015	≤0.5	≥72.0	14.0-17.0		6.0-10.0	Cu ≤0.5
	B163 Ni-Cr-Fe (Alloy 690)	≤0.05	≤0.5		〃	≤0.5	≥58.0	27.0-31.0		7.0-11.0	〃
	B163 Ni-Fe-Cr (Alloy 800)	≤0.10	≤1.5		〃	≤1.0	30.0-35.0	19.0-23.0		≥39.5	Cu ≤0.75

a) 한국표준형 원전 OPR 1000과 APR 1400의 증기발생기 동체는 A508 Gr.3
b) 한울 3, 4호기는 Alloy 600, 이 외의 OPR 1000과 APR 1400은 Alloy 690

가. 상부 및 하부 동체

증기발생기는 운전압력과 온도가 비등경수로 압력용기와 비슷하다. 다만 원자로 노심에서 떨어져 설치되어 있으므로 압력용기와는 다르게 조사취화가 일어나지 않는다. 따라서 증기발생기에서 요구하는 재료의 조건도 조사취화를 제외하면 비등경수로 압력용기에서 요구하는 조건과 비슷하다. 그러나 증기발생기는 동체 두께가 90~100 mm 정도로 비등경수로 압력용기(약 160 mm)에 비해 상당히 얇으며, ASME 코드 Section Ⅲ에서도 Class 1 Components로 취급하지 않는다. 그러므로 제조공정에서 압력용기와 같은 정도의 엄격한 품질관리가 요구되지 않는다. 증기발생기의 동체 재료는 초기에는 A533B Cl.1 압연강을 사용하였으나, 강도가 보다 우수한 A533B Cl.2 압연강 또는 이와 대등한 재료(A508 Gr.3 등)로 대체하여 사용하고 있다.

나. 전열관 강판

전열관 강판은 전열관이 설치되는 받침대로 대략 두께가 550 mm의 두꺼운 원형 강판으로 증기발생기 하부에 설치된다. 전열관 강판에는 전열관을 삽입하기 위한 관통 구멍이

가공되어 있으며, 전열관 끝단을 이 구멍에 삽입하여 강판 아래 면에서 용접하여 고정시키고 강판 아래 면은 전열관 재료인 인코넬로 피복한다. 전열관 강판은 대형 주조강을 단조하여 제작하는데, 특히 균질성과 용접성 그리고 인코넬 피복 부위의 양호한 내식성 등이 요구된다. 전열관 강판 재료는 처음에는 A508 Gr.2 단조강을 사용하였으나, 인코넬로 피복 용접을 할 때 피복층 바로 밑에서 일어나는 균열(UCC, under clad crack)에 민감하므로 UCC에 민감성이 작은 A508 Gr.3 단조강으로 대체하였다.

다. 하부 반구형 동체

증기발생기의 하부 반구형 동체는 1차계통 냉각수가 들어오는 입구 노즐과 냉각수가 나가는 출구 노즐 그리고 전열관 사용중검사와 유지보수를 위한 작업자 출입문(manway) 등이 설치되는 대형 주조물이다. 증기발생기의 반구형 동체는 대략 직경이 4.5~6 m 그리고 두께가 20 cm로 주조하여 제작하는데, 내면은 부식을 방지하기 위해 스테인리스강으로 피복한다. 그러므로 하부 반구형 동체에 사용되는 재료는 양호한 주조성과 용접성이 요구되는 동시에 충분한 강도가 요구된다. 증기발생기의 하부 반구형 동체 재료는 처음부터 A216 WCC 주조강을 사용하였다.

라. 전열관

증기발생기의 전열관에서 요구하는 가장 중요한 조건은 내식성이며, 이 외에도 양호한 기계적 성질과 가공성(용접성, 굽힘성 등) 그리고 열전도성 등이 요구된다. 특히 전열관의 부식은 1차계통 냉각수의 유출은 물론이고 증기발생기의 방사선 준위를 높여서 사용중검사와 유지보수 작업시에 작업자의 방사선 피폭을 증가시키므로 대단히 중요하다. 전열관 재료로는 내식성과 기계적 특성을 중요시하여 Alloy 600, Alloy 690 그리고 Alloy 800 등 인코넬 합금이 사용되고 있다.

3.4.3 증기발생기 제작

가. 증기발생기 동체 조립

증기발생기 동체의 조립공정은 압력용기의 조립공정과 유사하다. 즉 동체 제작용 압연강판을 제조하기 위해서는 우선 저합금강을 아크로(arc furnace)에서 용해하여 잉곳(ingot)으로 주조하는데, 잉곳 내부에 잔존하는 가스 성분이나 개재물을 감소시키기 위해 진공 탄소탈산법도 사용되고 있다. 그리고 잉곳 내부의 불순물을 줄이기 위해 잉곳 제조에 사용하는 원료도 불순물이 적은 것을 사용한다. 주조한 잉곳은 우선 단조하여 내부에 존재하는 결함을 압착시킨 후 열간 압연하여 반 원통형 강판으로 가공한 다음 파괴인성을 향상시키기 위해 퀜칭 및 템퍼링 열처리를 한다. 증기발생기 동체는 이와 같이 가공된 압연강판을 SA(submerged arc) 용접으로 용접하여 제작하며, 제작된 증기발생기 동체는 용접과정에서 취약해진 파괴인성을 회복시키기 위해 용접 부위를 열처리하는데 이러한 열처리를 용접후열처리라 한다.

증기발생기의 하부 반구형 동체는 1차계통 냉각수가 들어오고 나가는 입구 노즐, 출구 노즐, 유지보수를 위한 작업자 출입문 등이 설치되는 대형 부품으로 주조방법으로 제작하는데, 주조시에는 내부와 표면에 결함이 생기지 않도록 많은 주의가 요구된다. 그리고 하부 반구형 동체의 내면은 1차계통 냉각수에 접촉되므로 부식을 방지하기 위해 스테인리스강으로 피복한다. 전열관은 전열관 강판(tube plate)에 가공된 관통 구멍에 삽입하여 강판 아래 면에서 용접하여 고정시키며, 상부는 그림 3-27에서 보는 바와 같이 증기발생기 동체에 설치된 여러 개의 전열관 지지강판(tube support plate)에 의해 일정한 간격으로 유지된다. 전열관을 강판에 용접하는 공정은 증기발생기 제작에서 대단히 중요한데, 용접하기 전에 우선 전열관의 하단 부위를 폭약을 이용한 폭발법이나 또는 맨드릴(mandrel)을 이용하여 물을 가압하는 수압법으로 관을 확장하여 전열관과 관통구멍사이의 틈새를 최대한 감소시킨다.

전열관 강판은 단조(forging)하여 제작하는데 강판 두께가 약 550 mm로 상당히 두껍다. 그러므로 전열관 강판용 잉곳을 주조할 때는 균질성에 유의해야 한다. 그리고 전열관 강판의 아래 면은 증기발생기 반구형 동체의 천장이 되므로 1차계통 냉각수에 의한 부식을 방지하는 동시에 전열관을 용접하여 고정시키므로 스테인리스강 대신에 전열관과 같은 재료인 인코넬 합금으로 피복시킨다.

나. 전열관 제작

전열관을 제조하는 공정은 크게 (1) 합금 제조 및 잉곳(ingot) 주조 공정, (2) 잉곳에서 소관(shell)을 제조하는 공정 그리고 (3) 소관에서 전열관을 제조하는 공정으로 구분되는데, 그림 3-29에 전열관의 제조공정이 있다. 전열관을 제조하기 위해서는 우선 인코넬 합금을 제조해야 하는데, 합금 제조에서는 탄소 함유량의 조정이 대단히 중요하다. 전열관 제작용 인코넬 합금은 아크로에서 용해하여 제조하며, 합금의 탄소 함유량은 용탕에 Ar 가스로 희석시킨 산소를 주입하여 탄소를 제거하는 AOD(argon-oxygen decarbonization) 법으로 조절한다. 그리고 잉곳 주조는 청정도를 높이기 위해 회전 주조법을 사용한다. 주조된 잉곳은 내부에 잔존하는 결함을 압착시킬 목적으로 고온에서 단조 후 열간 압연하여 봉의 형태로 만들어 적당한 길이로 절단하고, 중앙에 구멍을 뚫어 압출용 빌릿(billet)을 만든다.

이 압출용 빌릿은 불활성 분위기의 전기로에서 신속하게 가열한 후 압출하여 전열관 제조용 소관을 만든다. 빌릿을 소관으로 압출할 때에는 고온에서 순간적으로 하는데, 이때 압출 마찰력을 감소시키기 위해 빌릿의 내면과 외면에 윤활제로 유리섬유를 붙여서 압출한다. 이와 같이 제조된 소관은 냉간압연과 어닐링을 반복하여 요구하는 치수로 가공한 후 최종적으로 냉간인발(cold drawing)을 거치면 전열관이 제조된다. 전열관이 제조되면 탄소를 고용시키기 위해 고용화 열처리를 하며, 이 과정이 끝나면 관의 굽음도를 교정하는 직관 작업을 한다. 직관 작업을 마친 전열관은 입계의 응력부식균열에 대한 저항성을 높이기

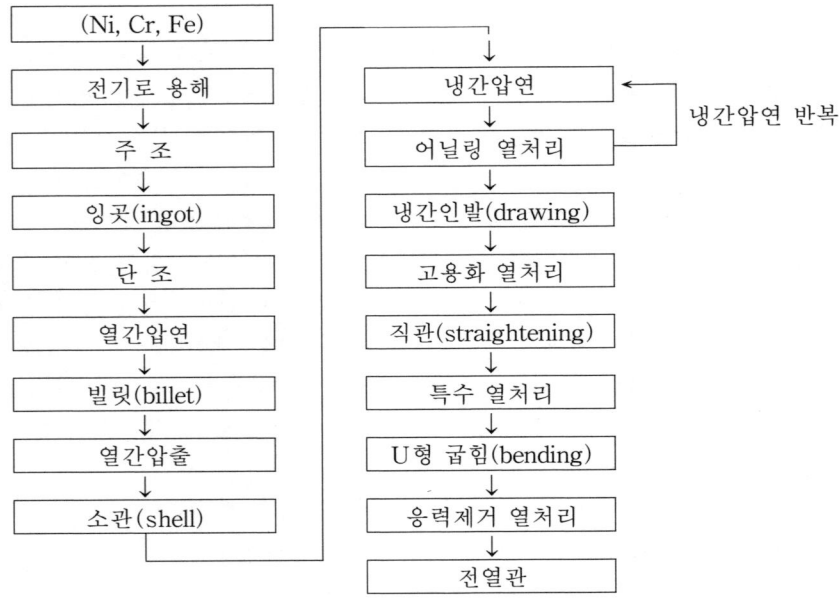

그림 3-29 증기발생기 전열관의 제조공정

위해 진공로에서 특수 열처리를 하는데, 특수 열처리에서는 Cr 탄화물을 입계에 반 연속적으로 석출시키는 예민화(sensitization) 열처리와 예민화로 생긴 입계 주위의 Cr 결핍층을 회복시키기 위한 회복(desensitization) 열처리를 동시에 실시하며, 이 과정이 완료되면 전열관의 제조공정은 끝난다. 인코넬 합금의 특수 열처리 조건은 탄소 함유량에 영향을 받는데, Alloy 600의 경우를 보면 그림 3-30에 개념적으로 나타낸 TTS(time-temperature-sensitization) 곡선에 의거하여 700℃에서 장시간 가열한다.

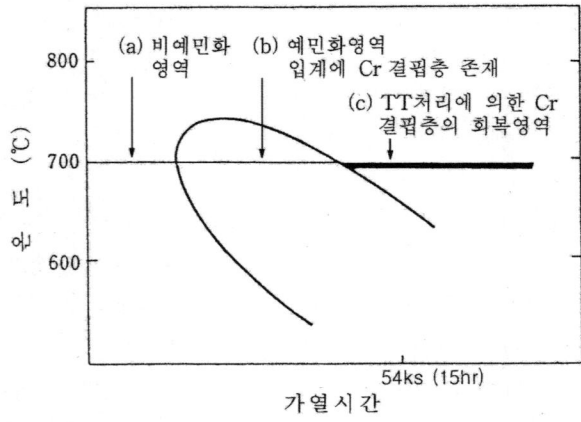

그림 3-30 인코넬 합금의 특수 열처리 개념도[37]

전열관을 U 형태로 가공하기 위해서는 전열관의 중앙부를 굽히는 작업을 해야 하는데, 이때 굽힌 부위는 타원율(ovality)이 6% 이하 (Siemens-KWU에서 전열관 재료로 사용하는 Alloy 800의 경우는 5% 이하) 가 되도록 완만하게 변형시킨다. 그리고 전열관의 굽힘 작업 다음에는 응력부식균열의 발생 요인이 되고 있는 굽힌 부위의 잔류응력을 제거하기 위하여 응력제거 열처리를 실시하는데, 보통 700℃에서 2시간 정도 가열하여 잔류응력을 제거한다.

3.4.4 증기발생기에서 일어나는 손상

증기발생기에서 일어나는 손상의 대부분은 전열관에서 발생하며 크게 부식 손상과 기계적 손상으로 구분된다. 전열관에서 일어나는 부식 손상으로는 전열관 외부에서 일어나는 시닝(thinning), 피팅(pitting), 응력부식균열 등이 그리고 기계적 손상으로는 프레팅(fretting), 피로 손상, 마모 침식 등이 있는데, 현재 대부분의 전열관 손상은 응력부식균열에 의해 일어나며 다른 원인에 의한 손상은 많이 해결되었다. 그림 3-31은 증기발생기에서

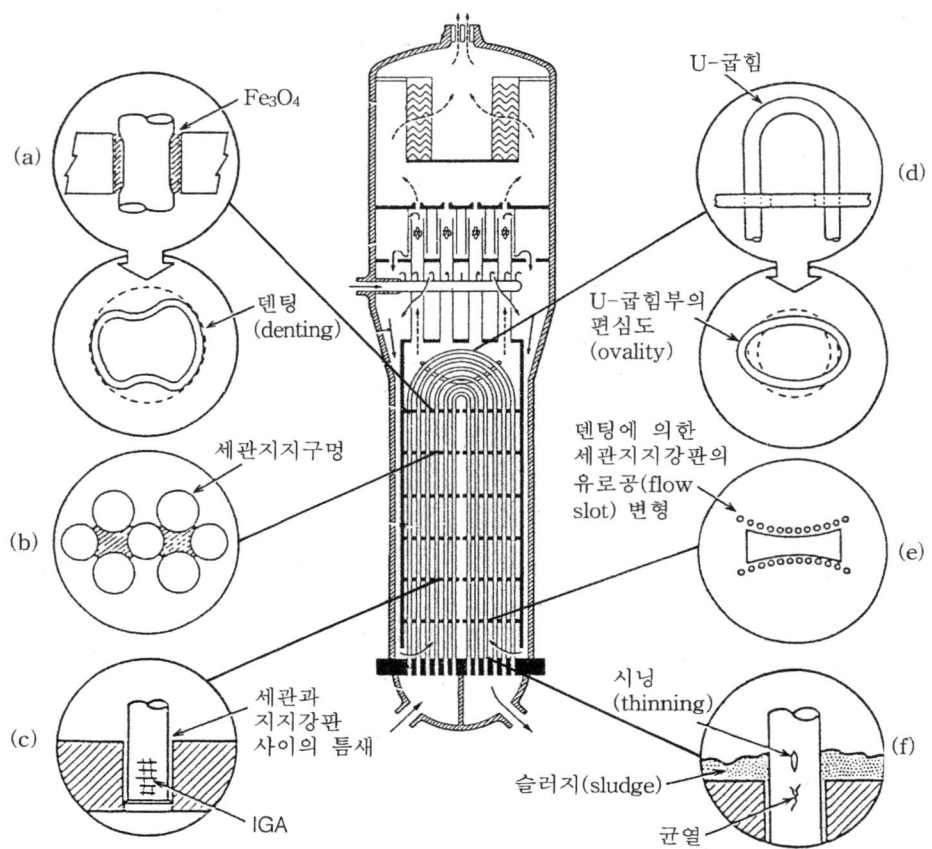

그림 3-31 증기발생기에서 일어나는 대표적인 손상[38]

일어나는 손상형태와 발생부위를 종합하여 나타낸 것으로 손상형태는 2차계통 냉각수의 수처리(water treatment)를 위해 첨가하는 인산나트륨에 의한 불순물 생성과 증기발생기의 열유동 조건, 즉 전열관의 진동 등에 영향을 받는다.

시닝(thinning)은 원자력발전 초기에 많이 일어났던 손상으로 전열관 외면이 균일하게 부식되어 두께가 얇아지는 현상이다. 이러한 부식 현상은 2차계통에서 증기를 냉각수로 전환시키는 복수기(condenser) 전열관에 손상이 생겨 바닷물이 유입되는 경우에 많이 일어난다. 즉 복수기 전열관에 관통 손상이 일어나서 바닷물이 2차계통에 유입되면 냉각수가 알칼리성이 되므로 이를 완화시키기 위해 인산나트륨을 첨가하는데, 이 인산나트륨이 슬러지(sludge)를 형성하여 그림 3-31의 (f)에서 보는 바와 같이 전열관 강판의 윗면에 축적되거나 또는 그림 (b)와 같이 전열관 지지강판의 윗면에 축적되어(quartrafoil 형의 경우) 전열관 외면을 균일하게 부식시키므로 일어난다.

덴팅(denting)은 전열관 지지강판을 탄소강으로 제작하는 경우에 전열관과 강판의 틈새에서 강판 부식에 의해 발생하는데, 지지강판이 산화되어 마그네타이트(Fe_3O_4)가 되면 부피가 증가하므로 전열관과 강판을 압박하게 된다. 이에 따라 전열관은 그림 3-31의 (a)와 같이 원주방향으로 압축변형이 일어나며, 강판에서는 그림 (e)와 같이 냉각수 유로공(flow slot)에 변형이 생긴다. 전열관에서 그림 (a)와 같이 덴팅이 일어나면 내면에서 응력이 발생하여 입계응력부식균열(IGSCC, intergranular stress corrosion cracking)의 원인이 될 수 있다. 덴팅은 전열관 지지강판의 부식에 의해 일어나므로 강판 재료로 내식성 재료를 사용하거나 또는 2차계통 냉각수의 수처리를 엄격하게 실시하면 일어나지 않는다.

응력부식균열은 대부분이 입계에서 일어나는데, 1차계통 냉각수와 접촉하는 전열관 내면에서 일어나는 경우와 2차계통 냉각수와 접촉하는 전열관 외면에서 일어나는 경우로 구분된다. 1차계통 냉각수와 접촉하는 전열관 내면에서 일어나는 응력부식균열은 1966년 Coriou에 의해 처음으로 보고된 것으로 Coriou 균열이라고 부르기도 하는데, 특히 잔류응력과 외부응력이 현저하게 큰 부위, 예를 들면 그림 3-31의 (d)와 같이 곡률반경이 작은 U 형태로 굽힌 부위에서 많이 일어난다. 한편 2차계통 냉각수와 접촉하는 전열관 외면에서 일어나는 응력부식균열은 주로 그림 3-31의 (c)와 같이 슬러지가 축적되는 전열관과 전열관 지지강판사이의 틈새에서 일어나지만 전열관 강판 또는 전열관 지지강판 부근에서도 일어난다. 2차측에서 일어나는 응력부식균열도 1차측에서 일어나는 응력부식균열과 마찬가지로 고온의 알칼리성 분위기에서 일어나는데, 냉각수의 수처리에 사용하는 인산나트륨에서 유리된 알칼리 또는 슬러지의 가수분해로 생긴 알칼리에 의해 일어나는 알칼리성 균열로 보고 있다.

응력부식균열이 일어나기 위해서는 우선 입계부식(IGC, intergranular corrosion)이 일어나고 그 다음 단계로 입계손상(IGA, intergranular attack)이 일어나야 하는데, 입계손상에는 입계가 거의 일정한 깊이로 손상되는 경우와 수지상(dendrite)과 같이 부분적으로 깊게 손상되는 경우 등 두 형태가 있다. 전열관에서 일어나는 입계손상은 앞에서도 기술하였지만 슬러지가 축적된 부위에서 많이 일어나는데, 입계손상을 유발하는 환경인자로는

2차계통에 냉각수를 보충할 때 유입되는 불순물 또는 복수기 전열관의 손상으로 인한 바닷물의 유입 등이 있다. 이 외에도 온도, 응력 그리고 전열관의 재질도 입계손상에 영향을 준다.

3.4.5 전열관의 응력부식균열

증기발생기에서 발생하는 손상은 대부분이 전열관에서 일어나는 응력부식균열이다. 그림 3-32에 냉각수 온도보다 약간 높은 350℃의 고온 탈기수(deaerated water)에서 탄소 함유량과 예민화가 Alloy 600의 응력부식균열에 미치는 영향이 있는데, 크게 3개 영역으로 나누어 영향을 검토할 수 있다. 즉, 첫 번째 영역은 탄소를 0.04~0.06 wt% 함유한 Alloy 600을 제조공장에서 직접 어닐링하여 탄소를 고용시킨 경우(MA, mill annealed)와 탄소를 극미량(<0.002 wt%) 함유한 Alloy 600을 예민화시킨 경우인데, 두 경우 모두 부식 초기에 균열이 일어났다. 그리고 두 번째 영역은 탄소를 0.04~0.06 wt% 함유한 Alloy 600을 용체화처리 후 급랭시킨 경우로 첫 번째보다는 양호하지만 응력부식균열에 대한 저항성이 좋지 않다. 그리고 세 번째 영역은 탄소를 0.04~0.06 wt% 함유한 Alloy 600을 700℃에서 1시간 동안 예민화시킨 경우로 10,000시간의 부식에서도 균열이 발생하지 않은 양호한 내식성을 보여주는데, 불순물 S의 입계 편석이 영향을 준다는 견해와 과도한 예민화에 따른 Cr 결핍층의 회복이 영향을 준다는 견해가 있다.

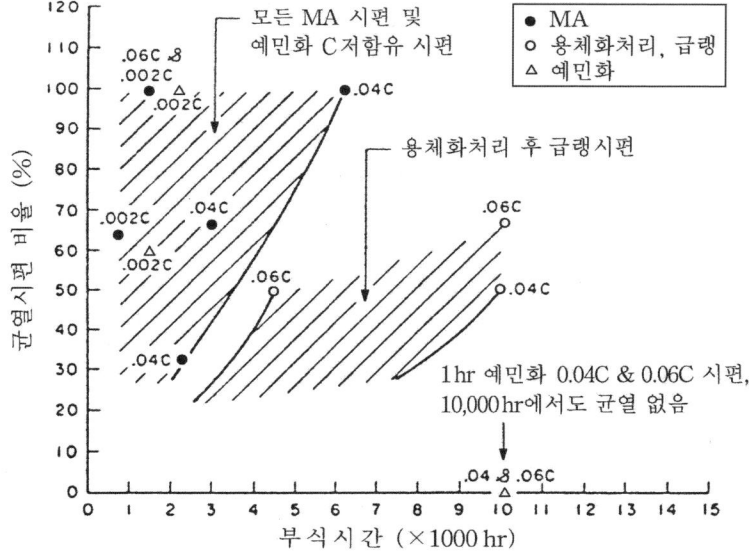

그림 3-32 350℃의 고온 탈기수(deaerated water)에서 탄소 함유량 및 열처리가 Alloy 600의 응력부식균열에 미치는 영향[39]; MA : mill annealed

이러한 실험결과에 근거하여 Cr 탄화물을 입계에 석출시킨 다음 석출에 의해 예민화가 일어난 입계를 다시 회복시키는 열처리 방법, 즉 700℃에서 장시간 가열하여 입계에 Cr

탄화물을 반 연속적으로 생성시킨 후 입계 주위의 Cr 결핍층을 회복시키는 열처리 방법이 개발되었다. 이 특수 열처리 방법의 개발로 Alloy 600과 Alloy 800 등 인코넬 합금은 입계의 응력부식균열(IGSCC)에 대한 저항성이 크게 향상되었다.

인코넬 합금의 특수 열처리가 응력부식균열에 미치는 영향의 예로, 고온의 NaOH 수용액에서 Alloy 600과 Alloy 690에서 일어나는 응력부식균열이 그림 3-33에 있다. 여기서 MA(mill annealed)는 제조공장 현장에서 직접 어닐링하여 탄소를 고용시킨 합금이고, TT(thermal treated)는 용체화처리 후에 특수 열처리를 통해 Cr 탄화물을 입계에 석출시키는 동시에 Cr 결핍층을 회복시킨 재료인데, 그림에서 보는 바와 같이 특수 열처리를 한 Alloy 600(TT600)과 Alloy 690(TT690)이 단순히 탄소를 고용시킨 Alloy 600(MA600)과 Alloy 690(MA690)에 비해 응력부식균열에 대한 저항성이 양호하다. 그리고 TT600과 TT690의 응력부식균열에 대한 저항성도 315℃에서는 큰 차이가 없으나 343℃에서는 TT690의 저항성이 우수하였다. 이러한 결과에 따라 1980년대 이후에는 전열관 재료로 특수 열처리를 한 Alloy 690을 사용하는 경향이 많아졌다.

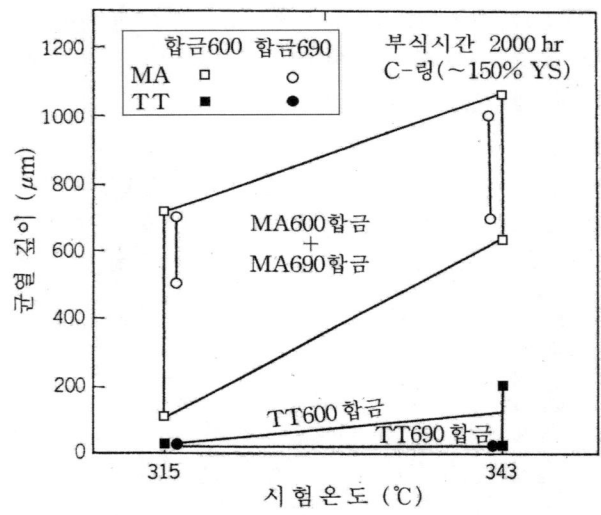

그림 3-33 10% NaOH 수용액에서 MA600과 690 그리고 TT600과 690의
온도에 따른 응력부식균열[40]

전열관에서 일어나는 입계손상의 발생과 진행은 2차계통 냉각수의 알칼리 농도, 온도, 산화제 그리고 응력 등에 영향을 받는데 그림 3-34에서 보는 바와 같이 입계손상이 일어나기 위해서는 부식전위가 일정 한도 이상으로 증가해야 한다. 증기발생기에서 인코넬 전열관의 부식전위를 입계손상이 발생하는 준위까지 상승시키는 산화제로는 전열관과 전열관 지지강판사이의 틈새에 축적되는 산화성 슬러지(sludge)를 생각하고 있으며, 고농도 알칼리 수용액에서 산화성 슬러지에 포함되어 있는 Fe_2O_3와 Fe_3O_4 그리고 CuO와 Cu_2O가 부식전류 밀도를 상승시켜 입계손상을 일으킨다고 보고 있다.

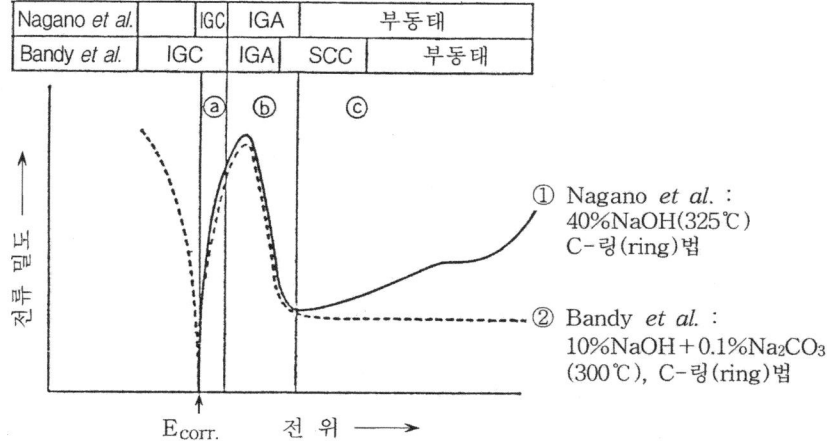

| Nagano *et al.* | | IGC | IGA | 부동태 | |
| Bandy *et al.* | IGC | | IGA | SCC | 부동태 |

① Nagano *et al.* :
40%NaOH(325℃)
C-링(ring)법

② Bandy *et al.* :
10%NaOH+0.1%Na₂CO₃
(300℃), C-링(ring)법

그림 3-34 NaOH 수용액에서 Alloy 600의 양극분극 곡선; 입계부식(IGC),
입계손상(IGA) 그리고 응력부식균열(SCC)의 발생전위 모형도[41]

3.5 냉각계통 배관

3.5.1 배관계통 및 배관 규격

　가압경수로와 비등경수로는 원자로 구조가 다르므로 배관계통도 다르다. 가압경수로의 배관계통은 1차냉각계통 배관과 2차냉각계통 배관으로 구분되는데, 1차계통은 압력용기, 증기발생기, 가압기, 냉각펌프 등으로 순환계통을 형성하며 이 순환계통을 연결하는 배관이 1차계통 배관이다. 표 3-15에 우리나라에서 개발한 1000 MWe급인 한국표준형 원전 OPR1000의 1차냉각계통 배관 규격이 있다.

표 3-15　OPR1000의 1차냉각계통 배관 규격[4]

| 항 목 | 원자로 | | 냉각수 펌프
(유입측) | 가압기 |
	입구측	출구측		
내경 (mm)	698.5	736.6	787.4	355.6
두께 (mm)	≥61.0	≥64.5	≥68.5	35.7
설계 압력 (MPa)	17.23 (170 기압)		17.23 (170 기압)	17.23 (170 기압)
운전 압력 (MPa)	15.50 (153 기압)		15.50 (153 기압)	–
설계 온도 (℃)	343.3		343.3	371.1

　한편 비등경수로 냉각계통은 1차계통과 2차계통이 구분되지 않으며, 압력용기 내부에 설치된 증기분리기, 증기건조기 등으로 구성된 주증기계통(main steam system)과 급수계통 그리고 냉각수 정화계통 등으로 냉각재 순환계통을 구성하므로 배관계통이 가압경수로에 비해 상당히 복잡하다. 비등경수로의 주증기계통은 보통 배관 내경이 660 mm, 사용온도가 280℃ 그리고 사용압력은 7 MPa(70 기압) 정도이다.

3.5.2 배관 재료

1차냉각계통 배관은 원자로 노심과 증기발생기사이를 연결하는 배관이다. 그러므로 1차 냉각계통 배관에 손상이 발생하면 냉각재 유출로 이어져 방사성 물질이 외부로 방출되며, 냉각재 유출량이 많으면 대형 LOCA(loss of coolant accident)로 진행하여 원자로 노심이 용해되는 중대 노심사고로 발전할 수 있다. 이에 따라 배관 재료는 원자로의 안전성을 확보하기 위해 (1) 응력부식균열에 대한 저항성, (2) 양호한 용접성 그리고 (3) 충분한 강도 등을 요구하고 있다. 비등경수로의 경우도 환경조건은 다르지만 거의 비슷한 성질을 요구하고 있다.

가압경수로의 1차냉각계통이나 비등경수로의 노심계통 배관용 재료로는 스테인리스강이 사용되고 있는데, 스테인리스강은 조직에 따라 크게 오스테나이트계(18Cr-8Ni계통), 마르텐사이트계(13Cr계통), 페라이트계(17Cr계통) 등으로 구분된다. 일반적으로 오스테나이트계는 마르텐사이트계나 페라이트계에 비해 내식성, 고온강도, 파괴인성, 가공성 등이 우수한 장점을 갖고 있다. 반면에 마르텐사이트계와 페라이트계는 오스테나이트계에 비해 열팽창계수는 작고 열전도도가 커서 용접성이 우수하며, 예민화(sensitization)도 일어나지 않으므로 응력부식균열(SCC, stress corrosion cracking)에 대한 저항성이 양호한 장점을 갖고 있다.

이러한 각각의 장점 중에서 경수로는 내식성과 고온에서의 기계적 특성을 중요하게 생각하여 300계통의 오스테나이트 스테인리스강을 배관 재료로 사용하고 있다. 표 3-16에 현재 경수로에서 배관 재료로 사용하고 있거나 또는 앞으로 사용될 가능성이 있는 300계통 스테인리스강의 화학조성이 있다.

표 3-16 원자로 배관용 오스테나이트 스테인리스강의 화학조성 (ASTM A240)

재료	화 학 조 성 (wt%)								
	C	Si	Mn	P	S	Cr	Ni	Mo	N
304 SS	≤0.08	≤0.75	≤2.00	≤0.045	≤0.030	18.0/20.0	8.0/10.5	–	≤0.10
304L SS	≤0.030	≤0.75	≤2.00	≤0.045	≤0.030	18.0/20.0	8.0/12.0	–	≤0.10
304LN SS	≤0.030	≤0.75	≤2.00	≤0.045	≤0.030	18.0/20.0	8.0/12.0	–	0.10/0.16
TP304LN[a]	≤0.035	≤0.75	≤2.00	≤0.040	≤0.030	18.0/20.0	8.0/11.0	–	0.10/0.16
316 SS	≤0.08	≤0.75	≤2.00	≤0.045	≤0.030	16.0/18.0	10.0/14.0	2.00/3.00	≤0.10
316L SS	≤0.030	≤0.75	≤2.00	≤0.045	≤0.030	16.0/18.0	16.0/14.0	2.00/3.00	≤0.10
316LN SS	≤0.030	≤0.75	≤2.00	≤0.045	≤0.030	16.0/18.0	10.0/14.0	2.00/3.00	0.10/0.16
TP316LN[a]	≤0.035	≤0.75	≤2.00	≤0.040	≤0.030	16.0/18.0	10.0/14.0	2.00/3.00	0.10/0.16

a) ASTM A376

경수로 배관에서 가압경수로는 316 SS 그리고 비등경수로는 304 SS를 사용하고 있다. 316 SS는 304 SS에 비해 Cr 함유량이 적은 대신에 Ni 함유량이 많으며 Mo을 합금원소로 2~3 wt% 첨가하는데, 304 SS보다 인장 특성과 크리프 특성이 우수하다. 그리고 304 SS와 316 SS의 개량합금으로 응력부식균열에 영향을 미치는 탄소 함유량을 줄이고, 탄소 함유량의 저하에 따른 기계적 성질의 저하를 보완하기 위해 탄소보다 고용경화 효과가 큰 질소를 첨가한 304LN SS와 316LN SS가 있다. 이 합금은 고온강도를 유지하면서 Cr 탄화물의 석출에 따른 입계취성을 완화시켜 주므로 새로운 원자로용 합금으로 주목을 받고 있다. 304 SS와 316 SS의 인장특성은 그림 3-35에서 보는 바와 같이 304 SS보다 316 SS이 그리고 316 SS보다는 탄소 함유량을 줄이고 그 대신에 질소를 첨가한 316LN SS의 고온강도가 우수하다.

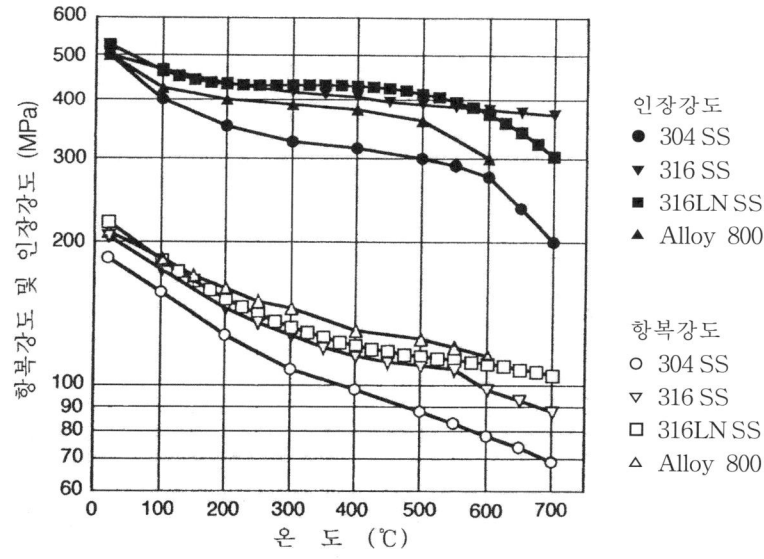

그림 3-35 각종 오스테나이트 스테인리스강의 항복강도 및 인장강도[42]

3.5.3 배관 제조

일반적으로 합금 용해에서는 용탕의 성분 조절과 비금속 개재물의 함유량을 줄이는 것이 중요한데, 배관용 스테인리스강의 용해에서도 성분 조절과 비금속 개재물의 함유량을 낮추는 것이 중요하다. 가압경수로 1차냉각계통 배관은 보통 내경이 700~800 mm 그리고 두께가 60~70 mm 정도의 대형 배관이므로 원심주조법으로 제조하거나 또는 프레스로 가공한 대형 압연강판을 용접하여 제작하는데, 주로 원심주조법으로 제조한다. 316 SS 계통의 배관을 원심주조법으로 제작하면 오스테나이트 기지에 δ페라이트 상이 분포된 혼합조직이 얻어지는데, 이러한 혼합조직을 갖는 스테인리스강은 단상 조직의 스테인리스강에 비해 응력부식균열에 대한 저항성이 우수할 뿐만 아니라 인장강도와 항복강도도 크게 향상된다. 그러나 배관을 원심주조법으로 제조하는 경우에는 관의 두께방향으로 성분 편석이 일어나고 내부결함도 잘 생기므로 배관을 주조할 때에는 편석과 내부결함이 생기지 않도록 많은 주의가 필요하다.

한편 압연강판을 용접하여 배관을 제작하는 경우에는 우선 고온에서 잉곳을 단조하여 내부에 생성된 기포의 압착과 함께 응고 조직을 파괴한 다음에 냉간압연을 통해 강판을 만들고, 이 강판을 프레스로 가공한 후에 용접 및 용접후열처리를 통해 배관을 제조한다. 오스테나이트 스테인리스강의 용접에서는 용착금속(weld deposit)이 응고될 때 균열이 발생하는 소위 고온균열(hot cracking)이 잘 일어나는데, 고온균열은 S나 P와 같은 불순물에 영향을 많이 받는다. S나 P는 입계에 집적되어 Fe와 융점이 낮은 금속간화합물을 형성하는데, FeS는 융점이 1,190℃ 그리고 Fe$_3$P는 융점이 1,166℃로 Fe에 비해 상당히 낮다. 그리고 이 화합물이 Fe와 공정합금을 만들면 융점은 더욱 낮아져 FeS-Fe의 공정온도는 988℃ 그리고 Fe$_3$P-Fe의 공정온도는 1,050℃에 불과하다. 따라서 이들 화합물은 용접 중에 입계에서 장시간 액체 상태로 존재하므로 용착금속이 응고될 때 입계에서 균열이 발생할 가능성이 그만큼 커진다.

스테인리스강 용접에서 발생하는 고온균열은 δ페라이트 생성에도 영향을 받아서 용착금속에 P와 S를 많이 고용하는 δ페라이트가 생성되면 고온균열이 억제된다. 즉 P의 최대 고용도가 γ상은 0.25 wt%(1,150℃)인데 비해 δ페라이트는 2.8 wt%(1,050℃)이며, S의 최대 고용도가 γ상은 0.05 wt%(1,365℃)인데 비해 δ페라이트는 0.18 wt%(1,365℃)로 δ페라이트에서는 P와 S의 용해도가 크다. 따라서 용착금속에 δ페라이트의 생성량이 적으면 P와 S는 대부분이 고용도가 작은 γ상에 존재하게 되어 응고될 때 입계에서는 저융점 공정화합물인 Fe$_3$P-Fe와 FeS-Fe가 많이 형성되므로 모재보다 오랫동안 액체 상태로 존재하는데, 특히 P는 이러한 경향이 심하다. 그러므로 오스테나이트 스테인리스강의 용접에서는 고온균열을 방지하기 위해 용착금속이 δ페라이트를 5~7 wt% 이상 함유되도록 권고하고 있다[43].

그러나 고속로 원자로 용기와 같이 고온에서 장기간 사용하는 경우에는 δ페라이트에서 Cr 탄화물과 σ상(Cr 농도 40~49 wt%)이 석출하여 475℃ 취화(475℃ embrittlement)를 일으키므로 δ페라이트가 9 wt% 이하로 되도록 권고하고 있다. 이 외에도 스테인리스강 용접에서는 열영향 부위에서 Cr 탄화물의 생성에 따른 입계 예민화가 일어난다. 그러므로 예민화에 의한 응력부식균열을 예방하기 위해 탄소 함유량을 줄이거나 또는 용접 후에 용체화 어닐링을 하여 예민화가 일어난 부위를 회복시키고 있다.

3.5.4 스테인리스강 배관의 응력부식균열

오스테나이트 스테인리스강 배관에서 가장 문제가 되는 것이 응력부식균열인데, 응력부식균열은 재료조건, 응력조건 그리고 환경조건이 충족되어야 일어난다. 응력부식균열이 일어나기 위해서는 재료조건으로 합금 성분, 응력조건으로 인장 성분 그리고 환경조건으로 부식성 분위기가 있어야 하는데, 응력부식균열을 일으키는 부식성 분위기는 합금 종류에 따라 다르다. 응력부식균열이 일어나려면 1차적으로 입계부식이 일어나야 하는데, 입계부식은 입계와 기지 사이에 합금원소의 농도 차이에 의해 생기는 전기화학적 반응에 의해 일어난다. 즉 입계와 기지 사이에 화학조성에 차이가 있고 동시에 부식성 분위기가 존재하면 입계는 양극 그리고 기지는 음극으로 작용하는 소위 갈바니 작용(galvanizing)이 일어나서 입계부식이 생긴다. 일단 입계부식이 일어나면 항복응력보다 낮은 응력에서도 균열이 발생하는 응력부식균열이 일어날 수 있는 환경이 된다.

스테인리스강 배관에서 응력부식균열을 일으키는 재료인자는 탄소이다. 오스테나이트계 스테인리스강은 γ상에서 급랭시킨 상태에서 사용하므로 탄소가 과포화된 불안정한 상태에 있다. 따라서 용접시 또는 용접 후에 열처리를 하면 Cr 탄화물이 입계에 우선적으로 석출하는데 탄소는 Cr에 비해 빠르게 확산한다. 그러므로 입계에서 Cr 탄화물이 형성되면 입계 주위는 Cr의 부족 현상이 일어나므로 입계는 기지에 대해 양극으로 작용하는 소위 부식의 예민화 현상이 일어난다. 그림 3-36에 스테인리스강에서 일어나는 결정립계의 예민화 개념도가 있다.

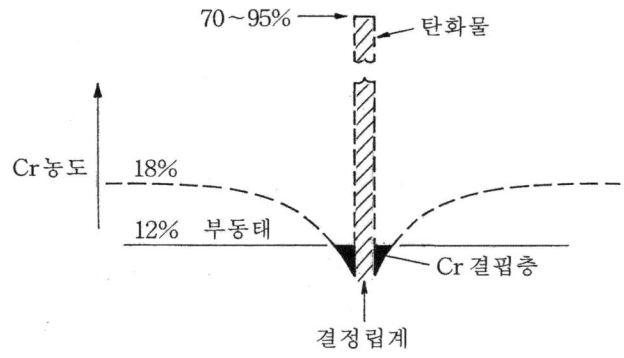

그림 3-36 스테인리스강의 결정립계 예민화 개념도

스테인리스강 용접시에 입계에서 Cr 탄화물이 석출하면 주변에는 Cr 결핍층이 형성되어 예민화가 일어나는데, 예민화가 심하게 일어나면 입계의 Cr 농도가 3 wt%까지 떨어진다. 오스테나이트 스테인리스강에서 Cr 농도가 12 wt% 이하로 떨어지면 부동태 상태에서 벗어나 부식이 활성화된다. 그러므로 결정립계에서 예민화가 일어나면 입계에서 부식이 일어날 수 있는 조건이 된다.

응력부식균열이 일어나기 위해서는 재료인자 외에도 앞에서 기술한 바와 같이 응력인자와 환경인자가 조건을 만족해야 하는데, 그림 3-37에 250℃의 고온·고압수 분위기에서 응력과 용존산소가 예민화시킨 304 SS의 응력부식균열에 미치는 영향이 있다. 그림에서 보는 바와 같이 응력이 클수록 응력부식균열은 더 빨리 일어나며, 용존산소도 응력부식균열을 촉진시킨다. 오스테나이트 스테인리스강에서 응력부식균열을 일으키는 응력인자는 주로 용접시와 가공시에 생성된 잔류응력이므로 응력부식균열을 방지하기 위해서는 용접

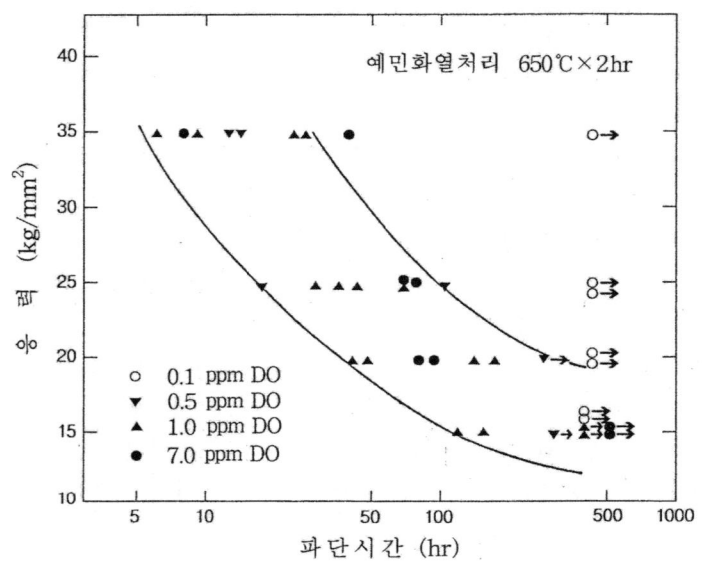

그림 3-37 고온·고압수(250℃)에서 예민화 304 SS의 응력부식균열에 미치는
응력 및 용존산소(DO, dissolved oxygen)의 영향[44]

부위에 생긴 잔류응력을 감소시키는 것이 중요하다. 그리고 환경인자로는 냉각수에 함유된
염소 이온이 있는데, 그림 3-38에서 보는 바와 같이 냉각수에 염소 이온과 용존산소가 존
재하면 응력부식균열이 촉진되므로 염소이온 농도가 10 ppm 이하 그리고 용존산소 농도
가 0.1 ppm 이하인 영역을 응력부식균열에 대한 안전영역으로 보고 있다.

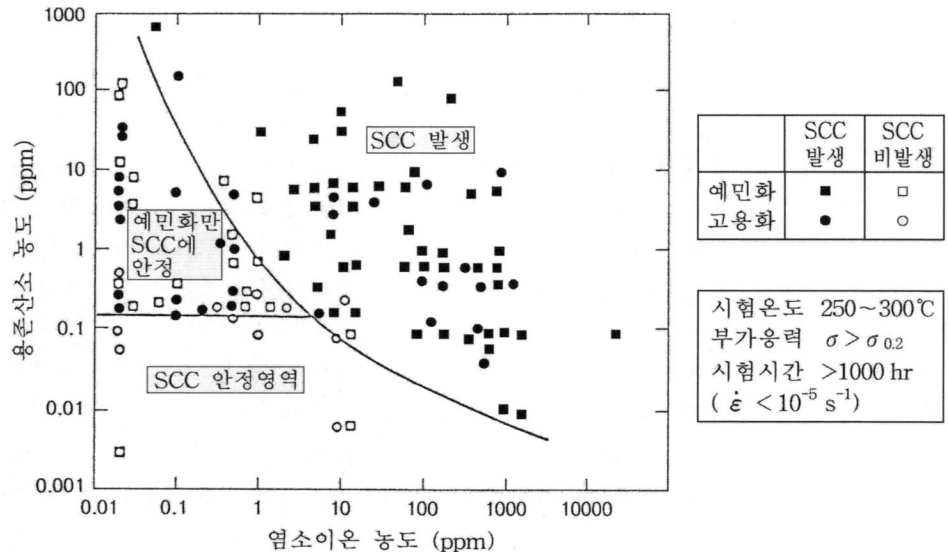

그림 3-38 304 SS의 응력부식균열에 미치는 염소 이온 및 용존산소의 영향[45]

스테인리스강의 응력부식균열에는 질소도 영향을 주는데, 그림 3-39에 고온수에서 316 SS의 응력부식균열에 미치는 탄소와 질소의 복합적인 영향이 있다. 그림에서 절선 아래쪽 구역은 응력부식균열에 대해 저항성이 양호한 영역으로 그림에서 알 수 있듯이 탄소 함유량이 적으면 질소에 대한 허용도가 0.1 wt% 이상으로 비교적 크지만 탄소 함유량이 증가하면 질소에 대한 허용도가 급격하게 감소한다.

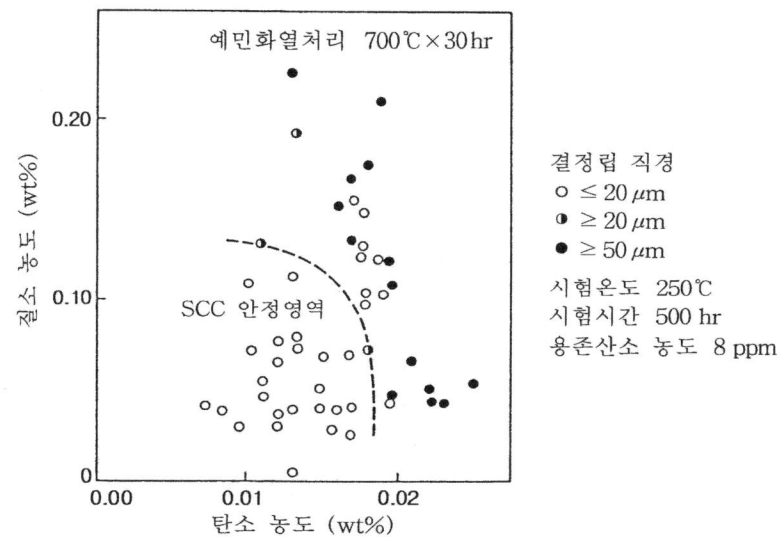

그림 3-39 고온수에서 316 SS의 응력부식균열에 미치는 C, N의 영향[46]

응력부식균열이 일어나는 환경조건이 합금 종류에 따라 다른 것은 잘 알려진 사실인데, 앞에서도 기술하였지만 스테인리스강은 염소 분위기에서 일어난다. 스테인리스강 배관에서 예민화가 일어나고 잔류응력이 존재한다면 표 3-17에서 보는 바와 같이 원자로 냉각수에는 염소 이온이 존재하므로 응력부식균열이 일어날 수 있는 조건이 된다. 따라서 스테인리스강 배관에서는 응력부식균열을 고려하지 않으면 안된다. 원자로에서 사용하는 스테인리스강 배관은 용접 또는 주조 방법으로 제조하는데, 가압경수로 1차냉각계통에서 사용하는 오스테나이트 스테인리스강 배관은 주로 원심주조법으로 제조하며, 조직은 오스테나

표 3-17 경수로 냉각수의 수질 기준

	가압경수로[4]	비등경수로[47]
pH	4.5~10.5	5.6~8.6
수소 (cc/kg)	15~50	
용존산소 (ppm)	≤ 0.1	
염소 (ppm)	≤ 0.15	< 0.1
붕소 (ppm)	≤ 2,200	
Li (ppm)	0.2~2.2	

이트 기지에 δ페라이트가 분포된 2상 조직으로 되어 있다. 오스테나이트 상과 δ페라이트 상이 혼재하는 2상 조직의 스테인리스강 배관은 오스테나이트 단상으로 된 배관에 비해 응력부식균열에 대한 저항성이 우수한데, 실제로 오스테나이트 상과 δ페라이트 상이 혼재하는 2상 조직의 스테인리스강 배관에서는 아직까지 응력부식균열에 의한 손상이 보고되지 않고 있다.

3.6 지르코늄 합금 피복관

3.6.1 기본 물성

지르코늄은 열중성자 흡수단면적이 0.18 barn으로 스테인리스강의 ~3.2 barn에 비해서는 물론이고 알루미늄의 0.23 barn 보다도 작다. 그리고 기계적 성질과 내식성이 우수할 뿐만 아니라 이산화우라늄(UO_2)과 양립성도 좋아서 경수로와 중수로에서 연료 피복관으로 사용되고 있다. 지르코늄은 순백색 금속으로 융점이 1852℃이며 2개의 상을 갖고 있는데, 862℃ 이하에서는 hcp 결정구조를 갖는 α상으로 그리고 862℃ 이상에서는 bcc 결정구조를 갖는 β상으로 존재한다. 지르코늄의 기본 물성이 표 3-18에 있다.

표 3-18 지르코늄의 기본 물성

결정구조	융 점	밀 도	열전도도	열팽창계수
hcp (< 862℃) bcc (> 862℃)	1852℃	6.505 g/cm³	21.1 W/m·K	5.85×10⁻⁶/℃

지르코늄에는 α상과 β상 뿐만 아니라 준안정 상태의 중간 상인 α'상과 ω상 그리고 Widmanstätten 조직이 있다. 표 3-19에 지르코늄 각 상의 결정구조와 격자상수가 있는데 α'상은 마르텐사이트 조직으로 β상을 급랭시켜 용질원자가 석출하지 못하고 과포화 상태일 때 생성되며, α'상으로 변하는 변태온도는 β상에 존재하는 용질원자에 영향을 받아 용질원자의 양이 증가하면 변태온도가 낮아진다. 그리고 ω상은 중수로에서 압력관 재료로 사용하는 Zr-2.5Nb 합금을 β상에서 급랭시킬 때 생성되는데 판상조직을 갖고 있으며, Widmanstätten 조직은 지르코늄 합금을 β상에서 $(\alpha+\beta)$상 영역으로 서서히 냉각시킬 때

표 3-19 지르코늄 각상의 결정구조와 격자상수

상	결정구조	격자상수 (Å)			격자상수 비 (c/a)
		a	b	c	
α	hcp	3.233		5.149	1.59
β	bcc	3.61			
α'	hcp	5.04		3.14	0.62
ω	hcp	3.25		5.22	1.61
Widmanstätten	monoclinic	3.55	3.92		

β상의 입계에서 α상의 핵이 생성되어 석출하면서 만드는 조직으로 ω상과 같이 판상조직으로 되어 있다.

한편 지르코늄 산화물인 ZrO_2는 결정구조가 단사격자(monoclinic)이지만, 산화물과 산화 전 금속의 체척비(Pilling-Bedworth 비)가 1.48~1.56 정도로 커서[48] 기지와 접하는 계면의 산화막은 큰 압축응력을 받게 된다. 그러므로 기지와 접하는 산화막에는 높은 응력상태에서 안정한 정방격자(tetragonal)가 일부 존재한다. 그러나 산화가 진행되어 산화막의 두께가 증가하면 산화막이 모재에서 떨어져 나가는 이탈 현상이 일어나서 산화막에 작용하는 압축응력이 완화되므로 정방격자는 다시 단사격자로 변한다.

3.6.2 피복관용 지르코늄 합금의 종류

지르코늄 합금은 경수로에서 피복관 재료로 사용하고 있으며 대표적인 합금으로 지르칼로이-2, 지르칼로이-4, E110 등이 있는데, 지금도 지르칼로이-2는 비등경수로에서 그리고 E110은 러시아 가압경수로 VVER에서 사용되고 있다. 한편 지르칼로이-4는 1980년대까지 가압경수로에서 사용하였지만 40 GWd/tU 이상의 연소도에서 산화 가속화가 일어나므로 고연소도용 피복관으로 사용할 수 없다. 이에 따라 고연소도용 피복관을 개발하기 위하여 Nb를 합금원소로 첨가한 다양한 연구가 수행되어, Zr-Sn-Nb-Fe계 합금으로 미국에서 Zirlo(Zirconium Low Oxidation), 한국에서 HANA(High Performance Alloy for Nuclear Application), 일본에서 MDA(Mitsubishi Developed Alloy)와 NDA(New Developed Alloy)가 개발되었으며 Zr-Nb계 합금으로 프랑스에서 M5가 개발되었다. 표 3-20에 피복관 재료로 개발된 주요 지르코늄 합금의 조성이 있다.

표 3-20 피복관 재료로 개발된 주요 지르코늄 합금의 조성[49]

지르코늄 합금	조 성 (wt%)						
	Sn	Nb	Fe	Cr	Ni	O	Zr
Zircaloy-2	1.2~1.7	–	0.07~0.20	0.05~0.15	0.03~0.08	0.1~0.14	bal.
Zircaloy-4	1.2~1.7	–	0.18~0.24	0.07~0.13	–	0.1~0.14	bal.
Zirlo (Westinghouse)	1	1	0.1	–	–	0.12	bal.
Optimized Zirlo	0.7	1	0.1	–	–	0.12	bal.
HANA-4[50](KAERI)	0.4	1.5	0.2	0.1	–	0.12	bal.
MDA (Mitsubishi)	0.8	0.5	0.2	0.1	–	0.12	bal.
NDA (Nuclear Fuel)	1	0.1	0.3	0.2	–	0.12	bal.
M5 (Areva)	–	0.8~1.2	0.014	–	–	0.09~0.12	bal.
E110 (구소련)	–	0.9~1.1	< 0.05	< 0.003	0.0035	0.05~0.07	bal.
E635 (구소련)	1.3	1	0.4			0.09	bal.

가압경수로는 연소도에 따른 핵연료의 완만한 핵반응도 변화를 냉각수의 붕소 농도로 조절하므로 냉각수에 붕산(H_3BO_3)을 첨가하고 있다. 그리고 붕산 첨가에 따른 냉각수의

산성화를 완화하기 위해 수산화리튬(LiOH)도 함께 첨가하는데, LiOH를 일정량 이상 첨가하면 지르코늄 합금의 부식이 촉진되므로 첨가량에 제한을 받는다. 따라서 가압경수로의 냉각수는 약한 산성을 갖는데, 이러한 분위기에 용존산소가 존재하면 부식이 촉진되므로 수소를 첨가하여 용존산소를 제거한다. 이에 따라 가압경수로 냉각수는 수소를 함유하므로 상대적으로 내식성은 약하지만 수소화에 강한 지르코늄 합금(지르칼로이-4, Zirlo, M5, HANA-4, MDA, NDA 등)을 피복관 재료로 사용하고 있다.

한편 비등경수로는 연소도에 따른 핵반응도의 완만한 변화를 냉각계통의 유량 조절을 통해 냉각수의 증기 함유량을 조절하는 방법으로 제어하므로 냉각수가 중성 분위기이다. 그러므로 냉각수의 용존산소 농도를 높게 관리하여도 부식에 큰 영향을 주지 않으므로 용존산소를 제거하지 않는다. 따라서 수소화에는 약하지만 내식성이 강한 지르칼로이-2을 피복관 재료로 사용하고 있다.

3.6.3 합금원소가 내식성 및 경화에 미치는 영향

가. Sn의 영향

지르코늄은 반응성이 강한 금속으로 고온에서 산소, 질소 등 기체 원소와 쉽게 반응하는데, 특히 질소는 부식에 큰 영향을 주어 200 ppm만 함유해도 내식성을 크게 악화시킨다. 그러므로 지르코늄 합금에서는 질소 함유량을 80 ppm 이하로 엄격하게 제한하고 있으며, 질소에 의한 부식을 억제하기 위해 Sn을 합금원소로 첨가하고 있다. 그림 3-40의 Zr-Sn계 부분상태도에서 보는 바와 같이 Sn은 α상 영역을 확대시키는 합금원소로 α-Zr에 고용도가 커서 600℃에서는 ~2 wt%까지 그리고 962℃에서는 9.3 wt%까지 Sn을 고용하므로

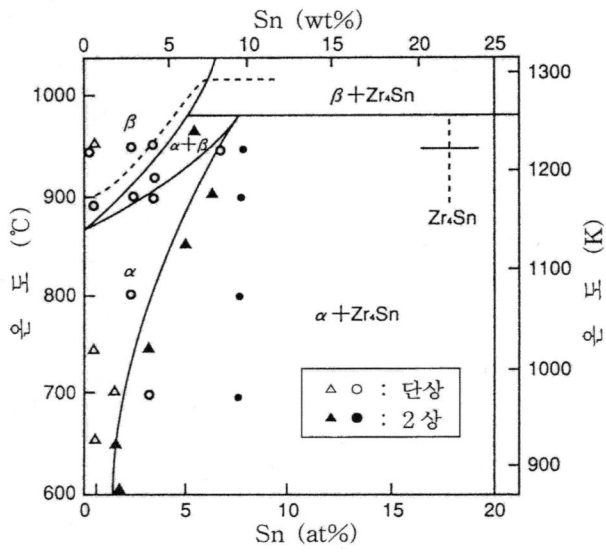

그림 3-40 Zr-Sn계 부분상태도[51]

고용경화 기능도 갖고 있다. Sn이 고용한도를 초과하면 금속간화합물 Zr_4Sn를 형성하지만 피복관으로 사용하는 지르코늄 합금에서는 Sn 첨가량이 1.7 wt%를 초과하지 않으므로 대부분이 고용상태로 존재한다.

앞에서도 기술하였지만 Sn은 질소에 의한 부식을 억제하는 기능을 갖고 있다. 그러나 첨가량이 3 wt%를 초과하면 오히려 부식을 촉진시킨다. Sn 함유량이 지르코늄의 부식거동에 미치는 영향은 그림 3-41에서 보는 바와 같이 ASTM B353의 규격(Sn 농도는 1.2∼1.7 wt%) 내에서 뿐만 아니라 규격 이하에서도 함유량이 적을수록 내식성이 향상된다. 지르코늄 합금을 연료 피복관으로 개발할 당시에는 지르코늄의 정련기술이 발달하지 못하여 스펀지 지르코늄(sponge zirconium)에 질소 함유량이 많아서 질소에 의한 내식성 악화를 개선하기 위해 Sn을 많이 첨가하였다. 그러나 정련기술의 발달로 스펀지 지르코늄의 질소 함유량이 크게 낮아졌는데, 질소 함유량이 적은 스펀지 지르코늄으로 합금을 제조하는 경우에는 Sn 첨가량이 많으면 오히려 내식성이 악화된다. 이에 따라 피복관용 지르코늄 합금에서는 Sn 함유량을 낮추려는 경향이 있다.

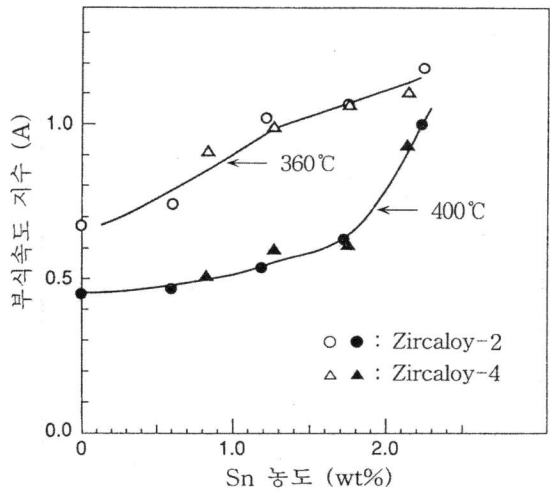

그림 3-41 지르코늄 합금 피복관의 균일부식에 미치는 Sn의 영향[52]

나. Cr, Fe, Ni의 영향

지르코늄에 합금원소로 첨가하는 Cr, Fe, Ni 등은 β상에서는 고용도가 큰 반면에 α상에서는 고용도가 작은데, 그림 3-42의 (a)에 Zr-Cr계의 부분상태도 그리고 그림 (b)에 Zr-Fe계의 부분상태도가 있다. 그림에서 보는 바와 같이 Cr, Fe는 α-Zr에 고용도가 아주 작아서 Cr의 경우는 800℃에서도 고용도가 0.2 wt% 이하이며, Fe의 경우도 795℃에서 100 ppm 그리고 600℃에서는 200 ppm 이하이므로 소량을 첨가해도 금속간화합물을 형성한다. 그리고 Ni의 경우도 Fe, Cr과 같이 고용도가 작아서 소량을 첨가해도 금속간화합물

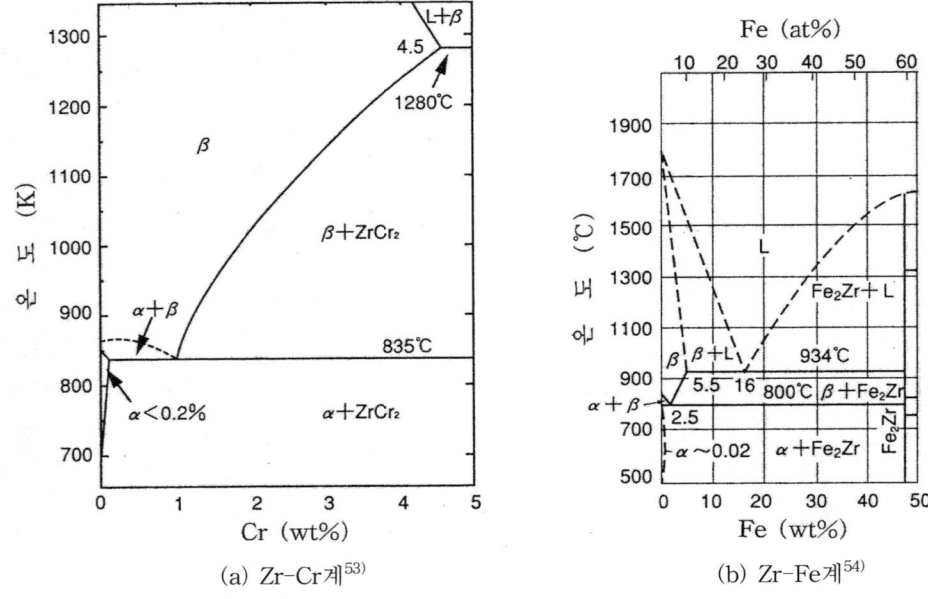

(a) Zr-Cr계[53]   (b) Zr-Fe계[54]

그림 3-42 Zr-Cr계 및 Zr-Fe계 부분상태도

을 형성하여 경화를 일으킨다. 예를 들면 Fe, Cr이 합금원소로 첨가된 지르칼로이-4에서는 $Zr(Fe,Cr)_2$가 그리고 Fe, Cr, Ni가 합금원소로 첨가된 지르칼로이-2에서는 $Zr(Fe,Cr)_2$와 $Zr_2(Fe,Ni)$가 석출되는데, 석출물 크기는 보통 $0.5\,\mu m$ 이하이다[55]. 석출물 $Zr(Fe,Cr)_2$는 $ZrCr_2$에서 Cr의 일부가 Fe로 대체된 것으로 hcp 격자구조를 갖고 있으며, Fe/Cr 비는 0.6~1.5 범위로 석출물 사이에 큰 차이가 있다. 그리고 $Zr_2(Fe,Ni)$는 Zr_2Ni에서 Ni의 일부가 Fe로 대체된 것으로 bct(체심정방) 격자구조를 갖고 있다.

지르코늄 합금에서 Fe와 Cr은 농도뿐만 아니라 Cr에 대한 Fe의 비율, 즉 Fe/Cr 비도 내식성에 영향을 준다. 지르코늄 합금의 부식에서 산화가 진행되어 산화막이 두껍게 형성되면 균열이 생겨 산화막이 모재에서 떨어져 나가는 현상이 일어나는데, 산화막이 기지에서 떨어져 나가면 표면과 산소의 접촉이 용이해지므로 산화속도가 증가한다. 이에 따라 부식속도가 변하는 천이점이 나타나며, 부식속도가 빠르게 변하는 천이점 이후의 부식을 천이후부식이라 한다.

Fe+Cr의 농도가 지르코늄 합금의 천이후부식에 미치는 영향이 그림 3-43에 있다. 그림에서 보는 바와 같이 400℃에서는 농도에 영향을 받아서 Fe+Cr의 농도가 0.15 wt% 이상이면 내식성이 향상되며 농도가 높을수록 크게 개선되는데 비해 350℃에서는 농도에 별로 영향을 받지 않는다. 따라서 경수로의 가동온도가 300℃ 부근인 것을 고려하면 Fe+Cr의 농도가 내식성 개선에 미치는 영향은 크지 않다고 볼 수 있다. 그러나 Cr에 대한 Fe의 비율, 즉 Fe/Cr 비는 부식에 영향을 주는데 그 예가 그림 3-44에 있다. 그림은 350℃에서 Fe/Cr 비가 지르코늄 합금의 부식에 미치는 영향을 나타낸 것으로, Fe/Cr 비가 크면 클수록

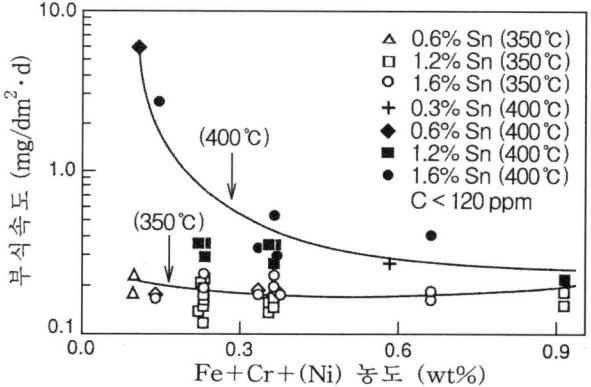

그림 3-43 Fe+Cr+(Ni 미량) 농도가 지르코늄 합금의 천이후부식에 미치는 영향[56] ;
Fe/Cr 비 > 0.3

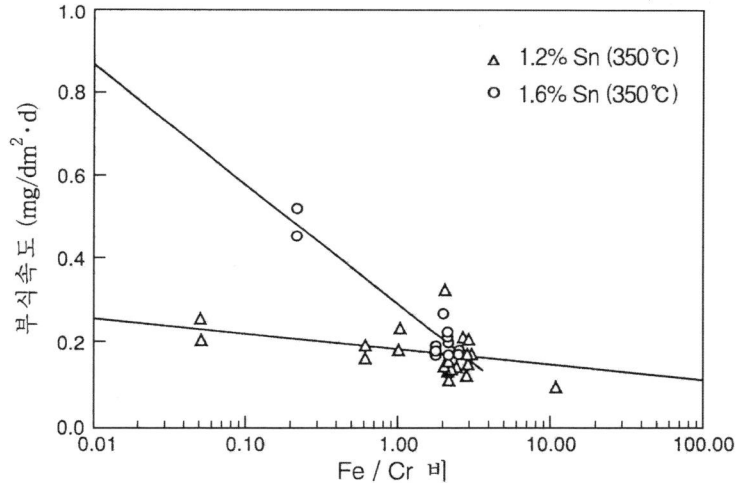

그림 3-44 Fe/Cr 비가 지르코늄 합금의 천이후부식에 미치는 영향[56] ;
부식온도 350℃

내식성이 향상된다. 특히 Sn의 첨가량이 많은 경우에는 Fe/Cr 비가 내식성에 크게 영향을
미친다.

지르코늄 합금에서 Fe/Cr 비는 $Zr(Fe,Cr)_2$ 석출물의 Fe/Cr 비뿐만 아니라 석출물 크기에
도 영향을 주는데, 그 예가 그림 3-45에 있다. 그림에서 보는 바와 같이 Fe/Cr 비가 크면
클수록 석출물이 크게 생성되며, 이러한 현상은 피복관을 가공할 때 어닐링 온도 영역인
높은 α상 영역(600~800℃)에서 Fe의 확산계수가 Cr의 확산계수보다 수백 배 정도 크기
때문에 일어나는 것으로 보인다[57]. $Zr(Fe,Cr)_2$ 석출물의 크기가 부식에 미치는 영향에 대
해서는 석출물이 작게 석출하면 부식이 증가한다는 견해도 있지만[58], 이러한 현상은 석출

물이 아주 작은 경우에나 해당되므로 일반적인 경향으로는 볼 수 없다. 지르코늄 합금에서 Fe/Cr 비가 4이하이면 Zr(Fe,Cr)$_2$ 석출물의 Fe/Cr 비가 합금의 Fe/Cr 비와 일치하여 증가한다. 그러나 Fe/Cr 비가 4이상으로 증가하면 Zr(Fe,Cr)$_2$ 외에 Zr$_n$Fe 석출물도 생성되므로 합금의 Fe/Cr 비와 석출물의 Fe/Cr 비가 일치하지 않는다.

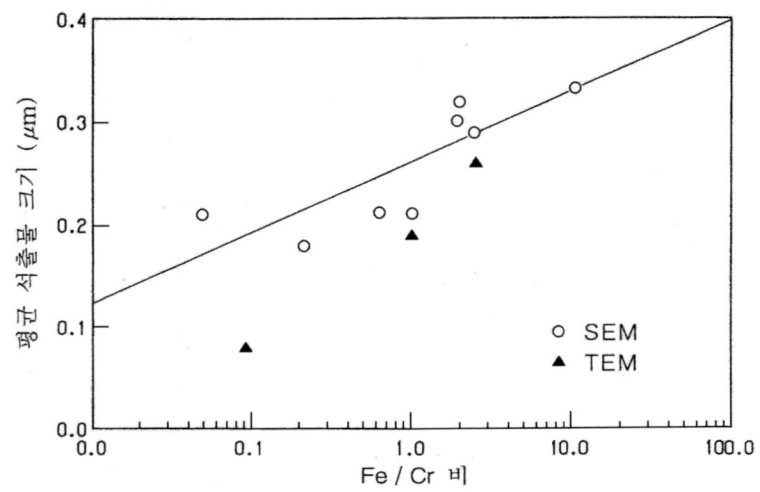

그림 3-45 Fe/Cr 비가 Zr(Fe,Cr) 석출물 크기에 미치는 영향[56]

다. Nb의 영향

Nb는 α상에서 고용도가 작은 반면에 β상에서는 완전고용이 일어나는 합금원소로 내식성을 향상시키는 기능을 갖고 있다. 그러므로 구소련에서는 가압경수로 개발 초기부터 Nb를 합금원소로 1.0 wt% 첨가한 E110을 피복관 재료로 사용하였으며, 중수로에서도 압력관에 합금원소로 첨가하고 있다. 그리고 가압경수로에서 피복관으로 사용하던 지르칼로이-4는 산화성으로 인해 40 GWd/tU 이상의 고연소도용 피복관으로는 적합하지 않으므로 지르코늄에 Nb를 합금원소로 첨가한 Zirlo, M5, MDA, HANA와 같은 합금이 고연소도용 피복관 재료로 개발되었다.

Nb를 합금원소로 첨가한 지르코늄 합금은 β영역보다 (α+β) 영역에서 용체화처리를 하는 경우에 내식성이 더 우수하다. 4장의 그림 4-6(Zr-Nb 평형상태도)에서 보는 바와 같이 Nb는 β-Zr 영역에서는 완전 고용이 일어나지만, α-Zr 영역에서는 일부만이 고용된다. α-Zr 영역에서 Nb의 고용도는 공석온도(eutectoid temperature)인 610℃에서 최대이며, 고용도는 0.6 wt% 정도이다. 그러므로 중수로 압력관과 같이 Nb를 2 wt% 이상 첨가한 지르코늄 합금을 β상에서 퀜칭 후 시효처리하면 석출경화가 일어나 강도가 크게 향상된다.

라. 산소, 질소, 수소의 영향

산소는 α상에서 고용도가 크며, 불순물보다는 합금원소의 기능을 한다. 지르코늄 합금에서 산소는 침입형 고용경화에 의해 강도를 향상시키는데, 그림 3-46에 산소가 기계적 특성에 미치는 영향이 있다. 그림에서 보는 바와 같이 상온에서는 1,000 ppm까지 그리고 원자로 가동온도인 300℃에서는 1,300 ppm까지 산소 함유량에 따라 강도가 증가한다. 그러나 그 이상 함유하면 기계적 성질이 악화되는데, 산소 함유량이 2,500 ppm 이상이면 피복관의 열간가공 및 냉간가공이 어려울 정도로 가공성이 악화된다. 그러므로 지르코늄 합금에서는 산소 함유량이 중요한데, 보통 1,000~1,300 ppm 범위로 제한하고 있다.

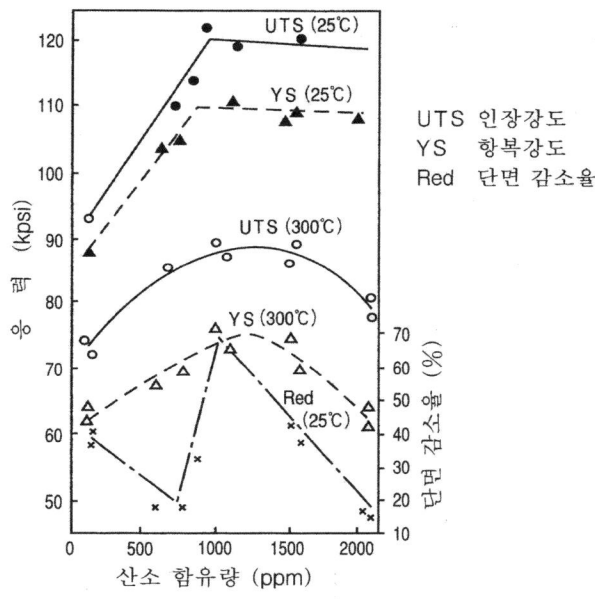

그림 3-46 지르코늄 합금(Zr-2.5Nb)의 기계적 성질에 미치는 산소의 영향[59];
(α+β)/β상에서 퀜칭후 500℃에서 24시간 시효처리 하였다.

질소와 수소는 지르코늄 합금에 불순물로 함유되는데, 질소는 지르코늄에 비교적 고용도가 크므로 산소와 같이 침입형 고용경화에 의해 강도를 증가시키는 면도 있지만 200 ppm 이상 함유하면 내식성이 크게 악화된다. 그러므로 지르코늄 합금에서는 질소의 최대 함유량을 80 ppm 이하로 제한하고 있다. 한편 수소는 지르코늄에 고용도가 아주 작아서 소량이 함유되어도 수소화물로 석출하여 연성을 악화시키는데, 지금도 연료봉을 손상시키는 주요 원인의 하나로 되어 있다.

3.6.4 피복관 제조

가. 합금 제조 및 소관 가공

지르코늄 합금 피복관은 합금 제조, 소관 가공 그리고 피복관 가공의 순서로 제조한다. 지르코늄의 주요 광석으로는 zircon sand와 baddeleyite가 있는데, 지르코늄 제련에는 주로

zircon sand가 사용된다. Zircon sand에는 중성자 흡수단면적이 큰 하프늄이 함유되어 있으므로 제련공정에서는 우선 하프늄을 분리하기 위해 염화처리를 하여 ZrCl₄를 제조하고 이것을 Mg로 환원하여 스펀지(sponge) 지르코늄을 얻는데, ZrCl₄를 Mg로 환원하여 스펀지 지르코늄을 회수하는 공정을 크롤공정(Kroll process)이라 한다.

그림 3-47에 지르코늄 합금 피복관의 중간 제품인 소관(shell)의 제조공정이 있는데, 지르코늄 합금을 제조하기 위해서는 우선 스펀지 지르코늄에 합금원소(Sn, Fe, Cr, Ni, Nb 등)를 첨가하여 혼합한 후 프레스로 압축하여 봉 모양의 브리켓(briquette)를 만든다. 그리고 이 브리켓을 진공에서 전자빔으로 금속 전극봉에 용접한 다음 아크로에서 용해하여 지르코늄 합금 잉곳(ingot)을 주조하는데, 잉곳 내부에 존재하는 기포의 제거 및 잉곳의 균질화를 위해 아크 용해를 2~3회 반복한다.

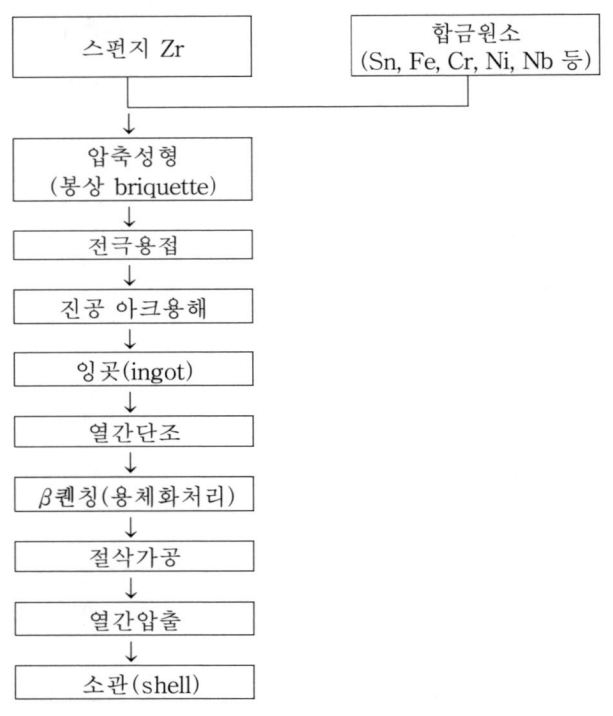

그림 3-47 피복관용 지르코늄 합금의 소관 제조공정

이와 같이 제조된 지르코늄 합금 잉곳은 우선 열간압연을 통해 직경이 150~200 mm인 빌릿(billet)으로 가공하는데, 압연의 전반부는 1,000℃ 이상의 β영역에서 그리고 후반부는 $(\alpha+\beta)$ 영역 또는 높은 α영역에서 가공한다. 가공된 빌릿은 조직 내에 존재하는 커다란 금속간화합물을 미세하게 그리고 균질하게 분포시키기 위하여 1,050℃ 전후로 가열한 후 수중에서 급랭시키는 β퀜칭으로 용체화 처리를 한다. 이와 같이 열처리된 빌릿은 중심에 구멍을 뚫은 다음 열간 압출하여 외경이 64 mm 그리고 두께가 11 mm인 소관으로 제조한

다. 소관 제조에는 500℃의 저온압출과 600~700℃의 고온압출이 있으며, 고온에서 압출하면 산화의 위험성은 있지만 압출 속도가 빨라서 효율이 좋다. 그러므로 소관은 보통 고온에서 압출하여 제조하는데, 고온 압출에서는 산화를 방지하고 압출 마찰력을 감소시키기 위해 Cu로 지르코늄 합금 잉곳을 피복한다.

나. 피복관 가공

지르코늄 합금 소관을 피복관으로 가공하는 공정이 그림 3-48에 있다. 지르코늄 합금 잉곳을 열간 압출하여 제조한 소관은 냉간압연과 700℃ 전후에서 진공 열처리를 반복하여 정해진 치수로 가공한다.

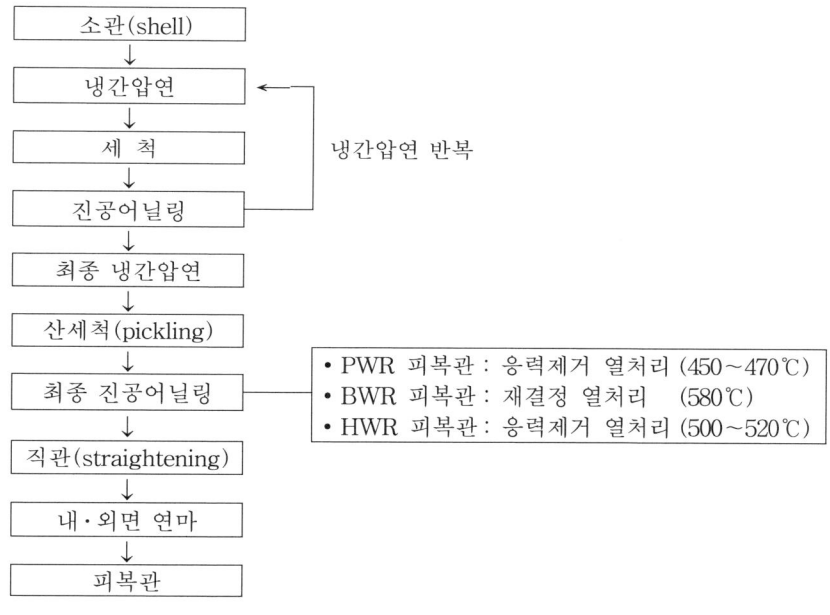

그림 3-48 지르코늄 합금 피복관의 가공공정

피복관으로 사용하는 지르코늄 합금은 결정구조가 cph로 이방성이 현저하여 가공 모드(mode)에 따라 집합조직의 생성방향이 변한다. 그러므로 소관을 피복관으로 가공할 때는 직경 감소와 두께 감소의 비를 아래와 같이 Q로 정하여, 이 값에 따라 피복관의 가공 모드를 결정한다.

$$Q = \left(\frac{t_o - t}{t_o}\right) \Big/ \left(\frac{d_o - d}{d_o}\right) \tag{3.13}$$

여기서 t_o와 t는 가공 전과 가공 후의 피복관 두께, d_o와 d는 가공 전과 가공 후의 피복관 직경으로 초기에는 외경을 사용한 경우도 있었으나 일반적으로 평균 직경을 사용하고 있다. 그림 3-49에 피복관 가공에 사용되는 필겔 압연기의 소관 압연부 모형도가 있다.

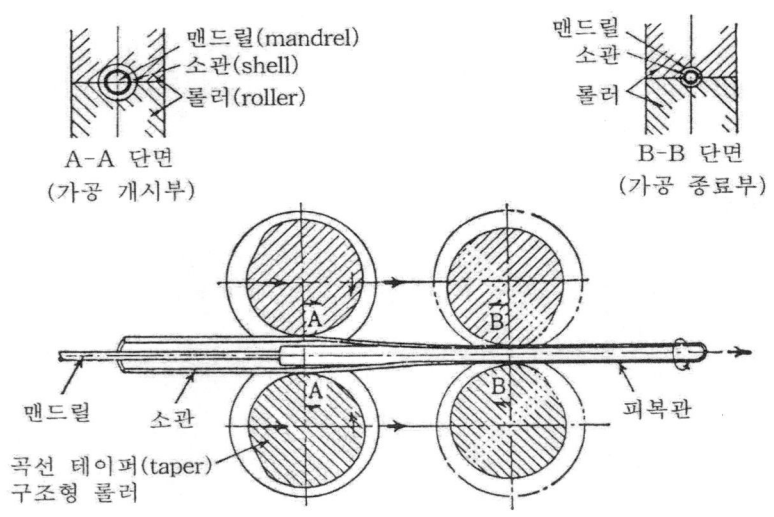

그림 3-49 필겔 압연기의 소관(shell) 압연부 모형도

지르코늄 합금 피복관에 생기는 집합조직은 가공 모드, 즉 Q값에 의존하는데 Q값이 집합조직의 방향성에 미치는 영향을 개념적으로 나타낸 것이 그림 3-50에 있다. 그림에서 보는 바와 같이 Q값이 크면 수소화물이 생성되는 (0002)면이 원주방향으로 배열하고, Q값이 작으면 (0002)면이 반경 방향으로 배열한다. 그러므로 Q값이 크면 클수록 (0002)면이 원주방향으로 향하는, 즉 (0002) 집합조직이 c축으로 크게 형성되어 수소화물이 원주방향으로 생성되므로 피복관의 건전성이 향상된다. 그리고 피복관 내면의 집합조직이 c축과 일치할수록 응력부식균열에 강하다. 그러므로 응력부식균열에 대한 특성을 개선하기 위해 피복관 내면의 조직을 c축과 일치시키는 방안도 고려되고 있다. 소관을 피복관으로 가공할 때 Q값은 보통 2 정도로 하고 있다.

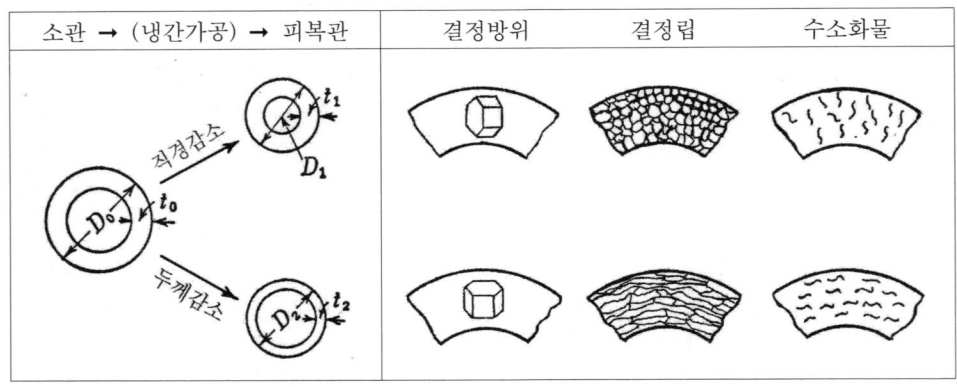

그림 3-50 가공 모도(mode)에 따른 피복관의 결정방위

냉간압연 공정이 끝나면 가공 중에 생성된 표면 오염물을 산으로 세척하여 제거한 후 460~580℃의 진공 분위기에서 최종적으로 어닐링을 한 다음 피복관의 내·외면을 화학적 방법 또는 기계적 방법으로 연마한다. 지르코늄 합금 피복관의 강도와 연성은 그림 3-51 에서 보는 바와 같이 최종 어닐링 온도에 영향을 받는데 낮은 온도에서 어닐링 하면 강도 는 높으나 연성이 작으며, 높은 온도에서 어닐링 하면 연성은 증가하나 강도가 떨어진다. 따라서 적정한 온도에서 열처리해야 하는데, 가압경수로 피복관의 경우에는 460~500℃에 서 최종어닐링 열처리를 하고 있다.

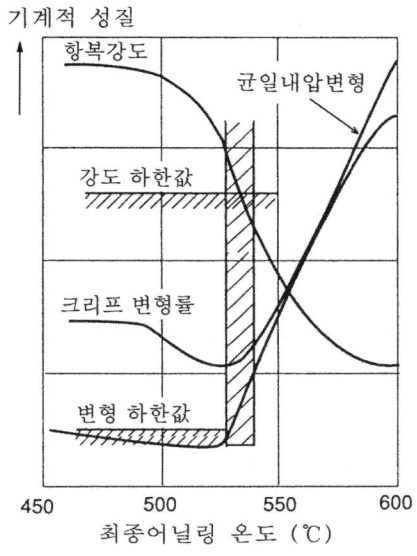

피복관 특성 목표값의 예
• 인장강도(400℃) ≥ 265 MPa
• 균일 원주변형량(400℃) ≥ 2.5%
• 크리프 변형량 ≤1%
 (400℃-240 hr-150 MPa)

그림 3-51 지르코늄 합금 피복관의 기계적 성질과 최종어닐링 온도의 관계[60]

3.6.5 산화 및 수소화

가. 산화거동

지르코늄 합금을 수중에서 가열하면 아래와 같은 산화반응이 일어나 표면에 사방격자 (monoclinic)와 정방격자(tetragonal)가 혼재하는 ZrO_2 산화막이 생성되는[61] 동시에 수소가 발생하는데, 발생된 수소의 일부는 지르코늄에 흡수된다.

$$Zr + 2H_2O \rightarrow ZrO_2 + 2H_2 \tag{3.14}$$

지르코늄 합금은 산화가 일어나면 처음에는 산화막이 기지에 밀착되어 형성되지만 지르 코늄 산화물인 ZrO_2는 지르코늄보다 체적이 1.48~1.56배 크므로[48] 산화가 진행되면 될수 록 지르코늄과 산화물의 계면에서 응력이 크게 증가하여 산화막이 기지에서 떨어져 나오 는 이탈 현상이 일어난다. 지르코늄 합금의 산화속도는 그림 3-52에서 보는 바와 같이 초 기에는 시간에 따라 포물선 형태로 감소하다가 산화가 진행되어 산화막이 두껍게 생성되 면 산화막에 균열이 생성되어 기지에서 떨어져 나가므로 표면과 산소의 접촉이 용이하여

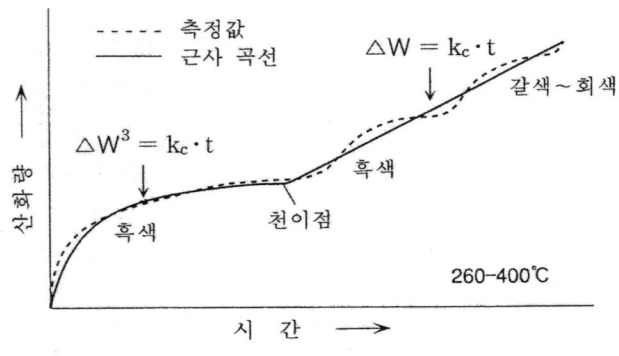

그림 3-52 지르코늄 합금의 부식 곡선[62]

산화가 빠르게 일어난다. 이로 인해 산화속도가 변하는 천이점(transition point)이 나타나며, 이와 같은 산화속도의 천이점은 원자로내 부식에서도 잘 나타난다.

앞에서도 기술하였지만 가압경수로는 연소도에 따른 연료의 핵반응도 변화를 냉각수의 붕소 농도로 보상하므로 냉각수에 붕산(H_3BO_3)을 첨가한다. 이에 따라 냉각수는 산성이 되므로 이를 완화시키기 위해 수산화리튬(LiOH)도 함께 첨가하지만 그림 3-53에서 보는 바와 같이 냉각수의 Li 농도가 30 ppm(4×10^{-3} mol/ℓ) 이상으로 높아지면 산화가 급격하게 일어나기 시작한다. 따라서 냉각수의 산성을 완화시키기 위해 첨가하는 LiOH 양이 제한을 받는데, 실제로 가압경수로의 냉각수 관리에서는 Li 농도를 2.2 ppm 이하로 제한하고 있으므로 냉각수는 약한 산성 분위기가 된다.

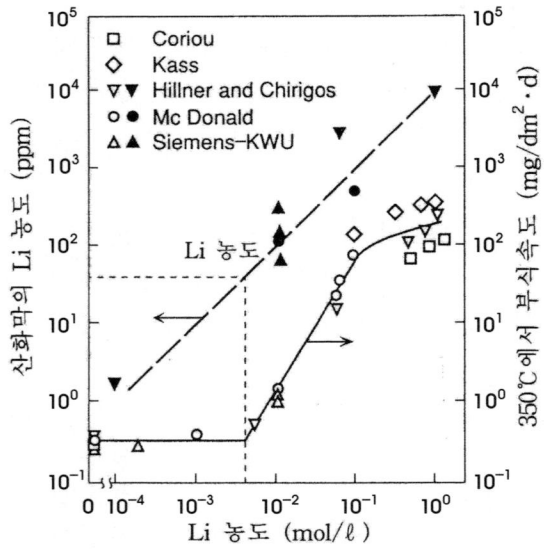

그림 3-53 350℃의 냉각수에서 Li 농도가 지르칼로이-4의 부식 및 산화막의
Li 농도에 미치는 영향[63]

지르코늄 합금의 산화는 용존산소에도 영향을 받는데, 일 예로 LiOH가 함유된 냉각수에서 용존산소가 산화에 미치는 영향이 그림 3-54에 있다. 이 자료는 ETR (Engineering Test Reactor)과 ATR(Advanced Test Reactor)에 설치된 가압경수로 환경의 루프(PWR type loop)에서 얻은 것으로, 그림에서 보는 바와 같이 LiOH가 함유된 냉각수에서 용존산소 농도가 높으면 산화가 촉진되는 동시에 조사량에 대한 의존성이 높아지는 것을 알 수 있다. 따라서 가압경수로에서는 피복관 부식을 억제하기 위해 냉각수에 수소를 첨가하여 용존산소의 농도를 0.1 ppm 이하로 낮추고 있다.

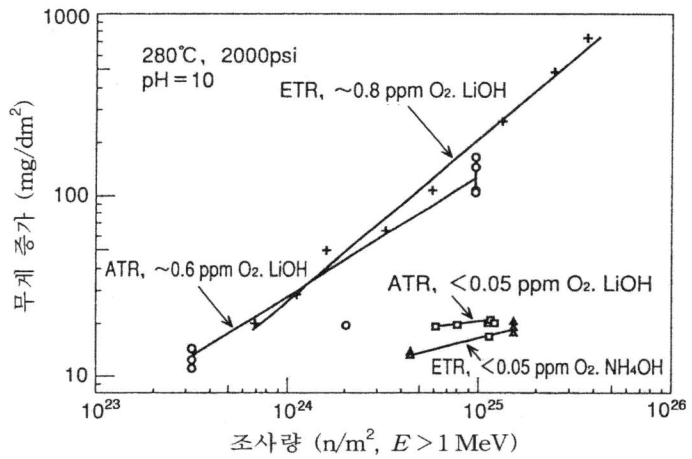

그림 3-54 LiOH가 함유된 냉각수에서 용존산소가 지르칼로이-2의 부식에 미치는 영향[64];
ETR : Engineering Test Reactor, ATR : Advanced Test Reactor

지르코늄 합금에서 내식성은 핵연료의 건전성에 큰 영향을 주므로, 내식성 향상을 위해 많은 연구가 수행되었다. 그림 3-55는 지르칼로이-4의 ASTM 규격 내에서 Sn 함유량이 부식에 미치는 영향을 보여 주는데, Sn 함유량이 적을수록 부식이 억제된다. 이러한 사실에 착안하여 지르칼로이-4 규격 내에서 Sn 첨가량을 줄인 저주석 지르칼로이-4와 Sn 첨

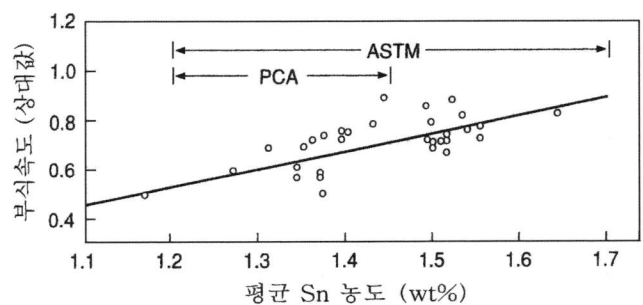

그림 3-55 지르칼로이-4 피복관의 부식속도에 미치는 Sn의 영향[65]

가량을 줄이고 Si와 C의 양을 증가시킨 PCA(prime candidate alloy)가 개발되었다. 그리고 50 GWd/tU 이상의 고연소도용 지르코늄 합금으로 Nb를 첨가하여 내식성을 크게 향상시킨 Zirlo, M5, HANA-4, MDA, NDA 등이 개발되어 사용되고 있다. 그림 3-56에 지르칼로이-4, 저주석 지르칼로이-4, Zirlo 그리고 M5 합금의 부식거동이 있다.

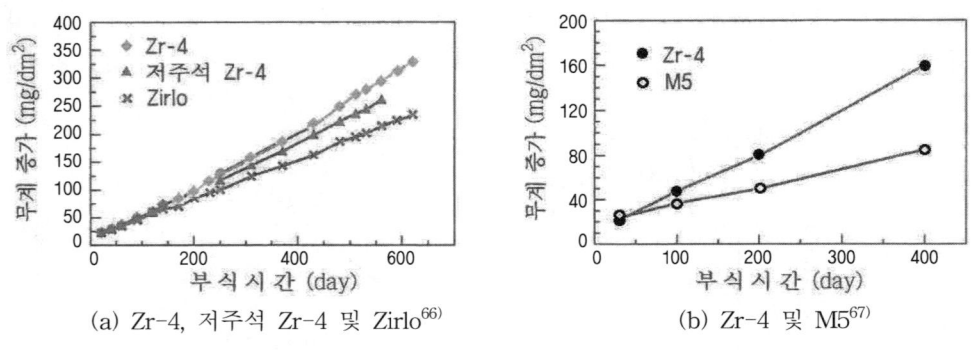

(a) Zr-4, 저주석 Zr-4 및 Zirlo[66]　　　　(b) Zr-4 및 M5[67]

그림 3-56　지르칼로이-4와 고연소도용 지르코늄 합금의 부식거동; 부식온도 360℃

　피복관 산화는 연소도가 증가할수록 가속되어 일어나므로 장주기 핵연료와 같이 장기간에 걸쳐 높은 연소도로 연소시킬 때는 문제가 된다. 이에 따라 고연소도에서의 산화거동에 관해 많은 연구가 수행되었는데, 그 예가 그림 3-57에 있다. 그림에서 보는 바와 같이 지르칼로이-4는 연소도가 40 GWd/tU를 초과하면 산화가 가속되어 일어나는데, 주요 원인으로는 산화막의 불량한 열전달로 인한 연료봉의 온도 상승이지만 이 외에도 조사에 따른

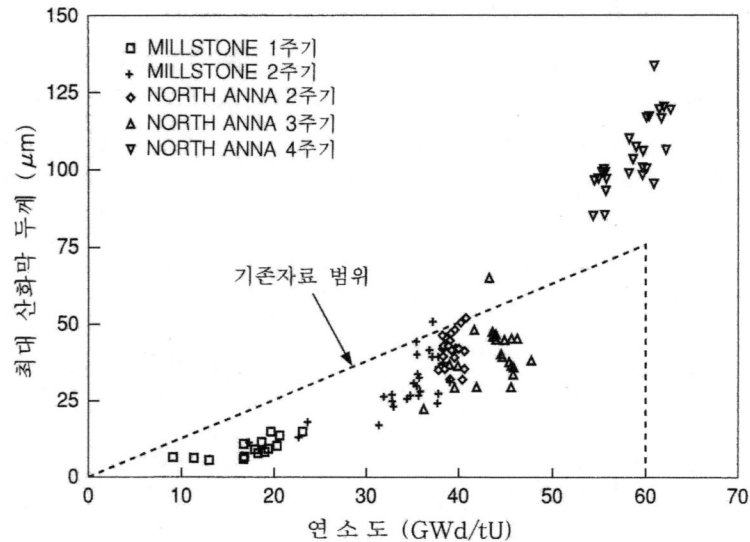

그림 3-57　연소도에 따라 지르칼로이-4 피복관에 생성된 최대 산화막 두께[68]

석출물 $Zr(Fe,Cr)_2$의 비정질화와 분해[69] 그리고 산화막과 모재의 계면에서 일어나는 수소 편석[70] 등도 산화 가속에 기여하는 것으로 보인다.

원자로 가동률은 경제성과 밀접한 관계가 있으므로 핵연료 교체 주기는 원자로의 경제성 평가에 주요 요소가 된다. 즉 경수로는 핵연료를 교체하는데 많은 시간이 소요되므로 교체 주기를 길게 하면 할수록 가동률이 높아져 경제성이 향상된다. 그러므로 원자로의 가동율을 높이기 위해서는 핵연료의 장주기화가 필요하다. 가압경수로의 경우를 보면, 초기에는 핵연료 교체 주기를 12개월로 하였지만 현재는 교체 주기가 18개월 정도로 연장되었으며 앞으로는 교체 주기가 더 연장될 것으로 예상된다. 따라서 핵연료의 연소도가 현재는 50~60 GWd/tU 정도이지만 앞으로는 그 이상의 연소도가 요구될 것으로 보인다.

앞에서도 기술하였지만 지르칼로이-4는 연소도가 40 GWd/tU를 초과하면 산화의 가속화가 일어난다[68]. 따라서 높은 연소도에서도 내식성이 확보되는 지르코늄 합금을 개발하기 위해 많은 연구가 수행되어 Zirlo, M5, HANA-4, MDA 등 높은 내식성의 지르코늄 합금이 개발되어 50 GWd/tU 이상의 고연소도용 피복관으로 사용하고 있다. 그림 3-58에 스페인 Vandellos 2호기(PWR)에서 조사시킨 연료봉의 연소도에 따른 산화거동이 있는데, Zirlo와 MDA 피복관으로 제조한 연료봉 모두 연소도가 60 GWd/tU를 초과해도 산화막의 최대 두께는 70 μm 이하로 우수한 내식성을 보여 준다.

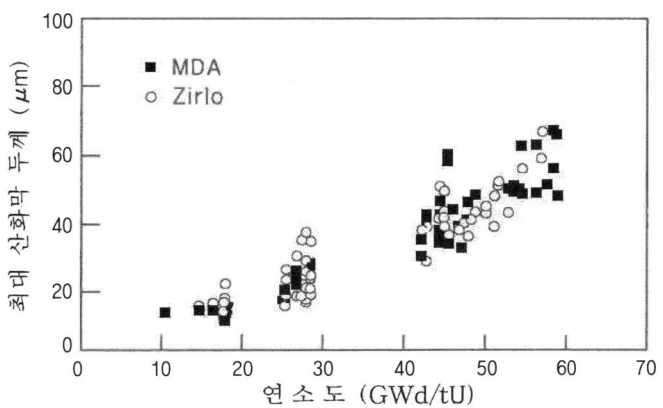

그림 3-58 스페인 Vandellos 2호기(PWR)에서 조사시킨 연료봉에 생성된 산화막 최대 두께[71]; 발전소 현장에서 와전류로 측정하였다.

그림 3-59는 지르칼로이-4, ASTM B353 규격에서 Sn 양을 줄인 저주석 지르칼로이-4 그리고 Zirlo 피복관의 원자로내 산화거동을 보여 주는데, 그림에서 보는 바와 같이 Zirlo 피복관이 지르칼로이-4나 저주석 지르칼로이-4 피복관에 비해 내식성이 우수하다. 그리고 모든 피복관에서 공통적으로 지지격자(grid) 주위에서는 산화가 작게 일어나고 상부로 갈수록 산화가 증가하는데, 지지격자 주위에서 산화가 작게 일어나는 현상은 지지격자의 열전달로 인해 피복관의 온도가 낮은 것이 원인이며 연료봉의 상부로 갈수록 산화가 크게 일어나는 것은 상부로 갈수록 냉각수의 온도가 상승하기 때문이다.

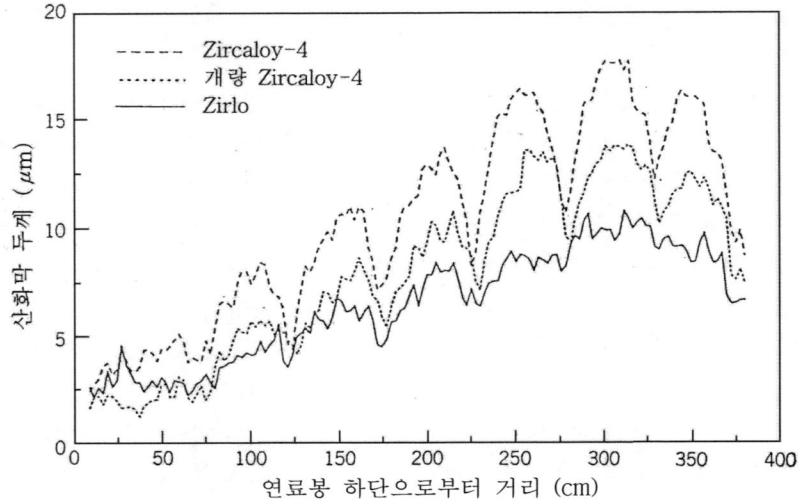

그림 3-59 각종 지르코늄 합금 피복관으로 제조한 가압경수로 연료봉에 생성된
산화막 두께[68]; 연료봉 평균 연소도 ~23 GWd/tU

나. 수소화거동

지르코늄의 수소화는 산화에 동반되어 일어나는데, 일반적으로 수소는 산화막을 통과하여 기지에 흡수된다. 지르코늄은 온도가 내려가면 수소의 고용한도가 급격히 떨어지는데, 그림 3-60에 지르코늄 합금의 수소 고용한도가 있다.

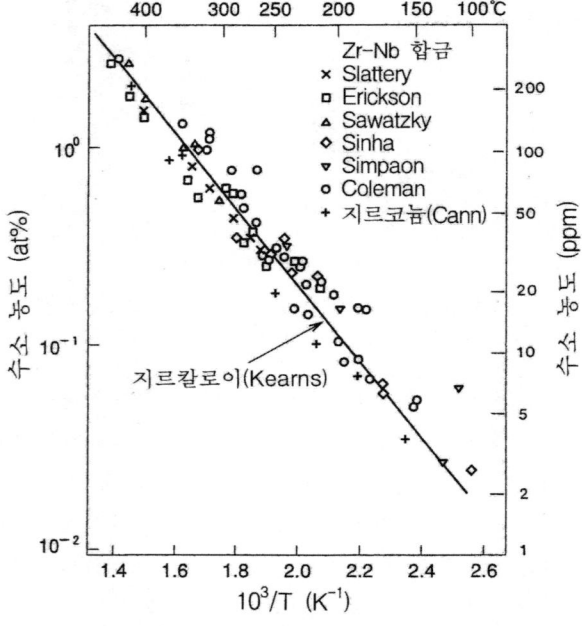

그림 3-60 지르코늄 합금의 수소 고용한도[72]

그림에서 보는 바와 같이 수소의 고용한도는 285℃에서 약 60 ppm이지만 온도가 100℃ 이하로 내려가면 1 ppm 이하로 떨어진다. 지르코늄에서 수소 농도가 고용한도보다 작으면 수소가 원자 상태로 존재하지만 고용한도를 초과하면 수소화물을 형성하는데, 수소화물은 ZrH_2 보다는 $ZrH_{1.5}$ 부근의 조성을 갖는다. 지르코늄 수소화물은 지르코늄보다 체적이 14%나 크므로[73] 수소화물이 생성되면 주위에 응력장이 형성되어 기계적 성질에 영향을 미치게 된다. 따라서 지르코늄에서 수소의 고용한도는 수소취성을 평가하는 척도의 하나로 사용되고 있는데 수소가 모두 고용되면 수소취성이 일어나지 않지만, 수소가 고용한도를 초과하면 수소화물을 생성하므로 문제가 된다.

수소는 금속에서 확산이 잘 일어나므로 평균 농도가 고용한도보다 작은 경우에도 부분적으로 집중이 일어나서 수소화물을 형성하는 경우가 많이 있다. 지르코늄 합금에서 수소는 온도 구배, 응력 구배, 농도 구배를 구동력으로 하여 이동이 일어나는데, 각각의 구동력에 따른 수소의 이동 방향을 나타낸 것이 그림 3-61에 있다. 그림에 나타낸 바와 같이 수소는 온도가 높은 부위에서 낮은 부위로, 응력이 낮은 부위에서 높은 부위로 그리고 농도가 높은 부위에서 낮은 부위로 이동이 일어난다.

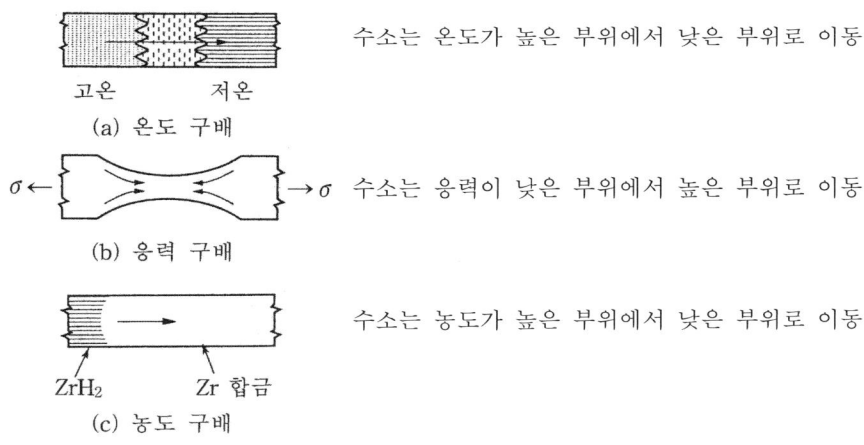

그림 3-61 지르코늄 합금에서의 수소 이동

지르코늄 합금에서 수소화물의 생성방향은 응력과 집합조직에 영향을 받는데, 경수로의 가동조건에서 연료봉에 생기는 후프 응력(hoop stress)은 수소화물의 생성방향에 영향을 줄 정도로 크지 않다. 그러므로 연료가 정상적으로 연소되는 경우에 피복관에 생성되는 수소화물의 방향은 응력에는 영향을 받지 않고 집합조직에 영향을 받는다. 따라서 (0002) 집합조직이 축방향으로 형성되면 수소화물이 원주방향으로 생성되고, 반대로 (0002) 집합조직이 축방향에 대해 수직방향으로 형성되면 수소화물은 반경 방향으로 생성된다. 그러므로 가압경수로 피복관을 제조할 때는 (0002) 집합조직이 축방향으로 형성되도록 가공하므로 수소화물은 그림 3-62에서 보는 바와 같이 원주방향으로 생성된다.

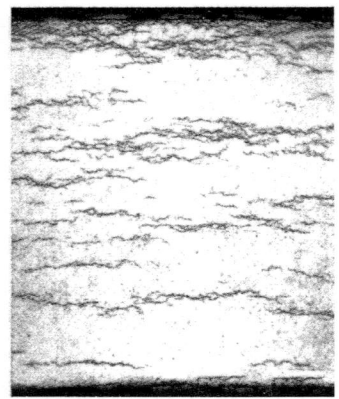

100 μm

그림 3-62 지르칼로이-4 피복관에 생성된 수소화물[74]

지르코늄 합금에서 일어나는 수소화 현상으로는 그림 3-63에서 보는 바와 같이 수소화물이 피복관의 반경 방향으로 집중되어 형성되는 선버스트(sunburst)도 있다. 선버스트는 연료봉에 함유된 수분이나 유기물질 또는 관통 결함을 통해 연료봉에 유입된 냉각수로 인해 일어나는 국부적인 수소화 현상으로 수소화가 집중되어 일어나면 체적 팽창이 크게 일어나므로 주위에 큰 응력을 발생시킨다. 이에 따라 수소화물의 재배치가 일어나게 되는데, 피복관의 경우에 후프 응력이 110 MPa 이상이면 원주방향으로 생성된 수소화물이 응력에 수직인 반경 방향으로 재배치가 일어난다[75].

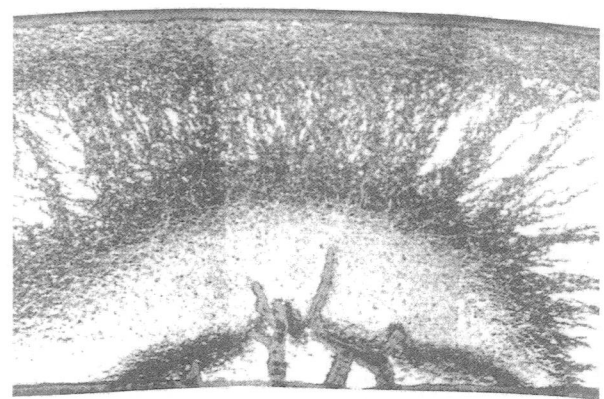

100 μm

그림 3-63 지르칼로이-4 피복관에 선버스트(sunburst) 모양으로 생성된 수소화물[76]

다. 응력부식균열

지르코늄 합금 피복관에서 일어나는 응력부식균열(SCC, stress corrosion cracking)은 요오드 분위기에서 일어나는 것으로 알려져 있다[77,78]. 요오드는 원자보다는 요오드화지르코늄(zirconium iodide, ZrI_x)의 형태로 응력부식균열을 일으키는데, 응력부식균열을 일으키는 지르코늄과 요오드의 반응을 개념적으로 나타낸 것이 그림 3-64에 있다. 지르코늄이 응력부식균열을 일으키기 위해서는 우선 지르코늄과 ZrI_4의 접촉이 필요하다. 지르코늄이 요오드 원자를 흡수하면 ZrI_4를 만들고 시간의 경과에 따라 요오드화가 진행되면서 고차 ZrI_x에서 저차 ZrI_x로, 즉 요오드 원자와 접촉하는 면에서부터 ZrI_4, ZrI_3, ZrI_2, ZrI의 순서로 피막층을 형성하는데 여기에 응력이 작용하면 피막층이 균열되면서 균열 선단에서는 ZrI_4가 지르코늄을 침식하여 저차 ZrI_x로 변하는 과정을 통해 균열이 전파된다. 그러므로 균열이 전파되기 위해서는 새로 생성된 Zr 표면과 ZrI_4의 접촉이 계속 이루어져야 한다. 따라서 요오드화가 일어난 균열 선단에서 새로운 Zr 표면을 생성하는 시간이 균열 선단에서 응력이 완화되는 시간보다 짧아야 균열이 전파될 수 있다.

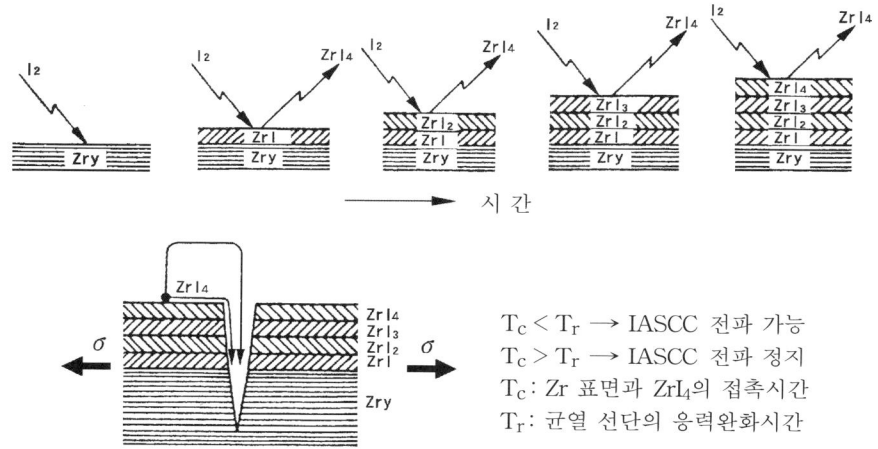

$T_c < T_r \longrightarrow$ IASCC 전파 가능
$T_c > T_r \longrightarrow$ IASCC 전파 정지
T_c : Zr 표면과 ZrI_4의 접촉시간
T_r : 균열 선단의 응력완화시간

그림 3-64 응력부식균열(SCC)을 일으키는 과정과 요오드의 화학형태[78]

지르코늄과 반응하여 ZrI_4를 생성하는 요오드화합물은 모두 응력부식균열을 일으키므로[79] ZrI_4가 응력부식균열을 일으킬 가능성은 아주 높다. 그러므로 연료와 피복관의 상호작용에 의한 피복관 손상도 대부분은 요오드 분위기에서 일어나는 응력부식균열로 볼 수 있다. 연료와 피복관의 상호작용으로 생기는 연료봉의 손상형태는 (1) 작은 관통구멍(pin hole)이 생기는 경우, (2) 축방향으로 X형태의 작은 균열이 생기는 경우 그리고 (3) 균열이 축방향으로 길게 생성되는 경우 등으로 구분되는데, 어느 경우나 균열은 피복관 내면에서 외면을 향해 거의 직각방향으로 일어난다. 그러나 조건에 따라서는 균열 선단이 갈라지는 분기가 일어나서 균열이 지그재그(zigzag) 방향으로 전파하는 경우도 있다. 그리고 응력부식균열이 일어난 파단면은 대부분이 취성파단에서 전형적으로 나타나는 벽개(cleavage)형 파단면을 보여 주지만 부분 부분에서 연성파단 형태인 딤플(dimple)형 파단면도 나타난다.

피복관에서 응력부식균열이 일어나는 과정은 그림 3-65에 나타낸 바와 같이 (a) 요오드 원자의 피복관 침투단계, (b) 균열 발생단계, (c) 균열 전파단계 그리고 (d) 연성파괴 단계로 구분된다. 지르코늄 합금 피복관에서 요오드에 의한 응력부식균열이 일어나기 위해서는 우선 요오드 원자가 피복관에 침투해야 하는데, 산화막이 얇으면 요오드 원자가 쉽게 산화막을 통과하여 피복관에 침투할 수 있다[78]. 그러나 비등경수로의 피복관과 같이 오토클레이브(autoclave)에서 산화처리를 하거나 또는 원자로에서 조사되어 미크론(μm) 정도의 산화막이 생성된 경우에는 요오드 원자가 피복관 내부로 침투하기 어렵다. 그러므로 요오드 원자가 피복관으로 침투하기 위해서는 산화막에 균열이 발생해야 한다.

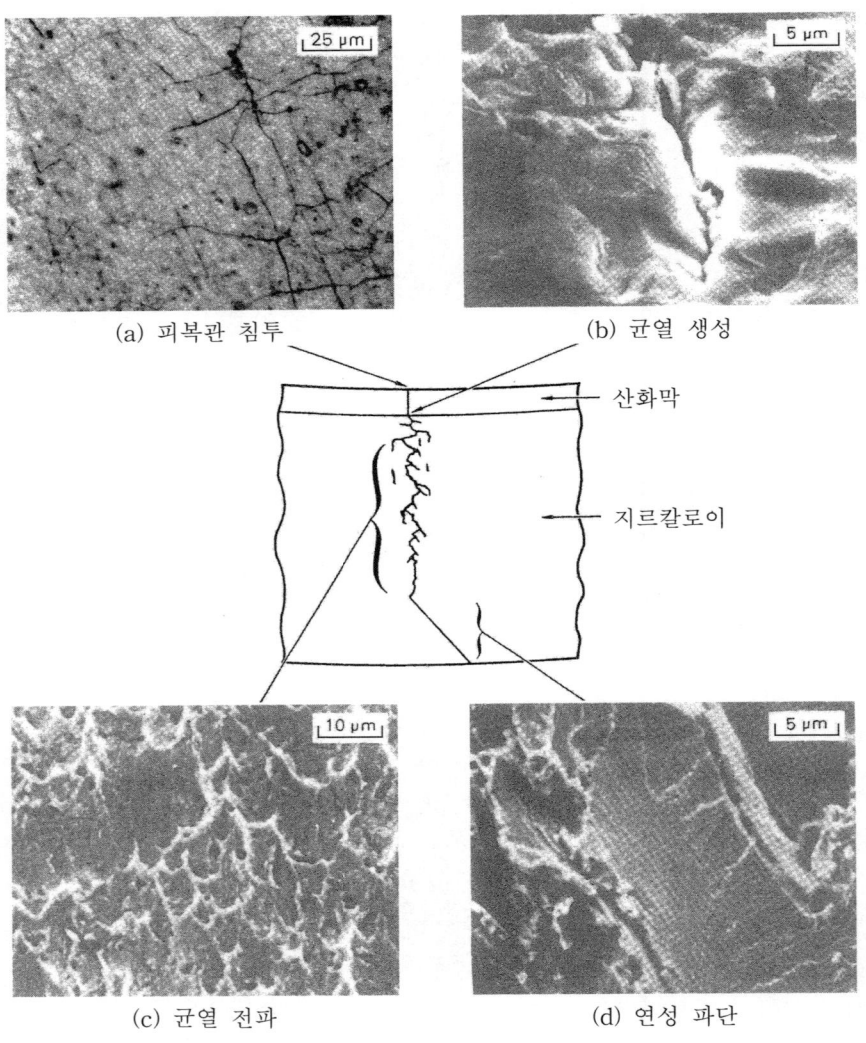

(a) 피복관 침투 (b) 균열 생성

산화막

지르칼로이

(c) 균열 전파 (d) 연성 파단

그림 3-65 지르코늄 합금 피복관에서 응력부식균열이 진행하는 단계[80]

연료봉 파손에서는 X 형태로 생긴 파손이 자주 관찰되는데, 이러한 파손은 핵연료와 피복관의 상호작용에 의해서만 일어난다. 핵연료와 피복관 사이의 상호작용으로 인해 생성된 피복관 내면의 균열이 성장하여 외면에 가까워지면 균열 선단에서는 응력 완화가 일어난다.

이에 따라 균열 선단에서는 소성변형이 일어나서 균열의 전파형태가 취성파괴에서 연성 파괴로 변하는데, 균열 선단에서 소성변형이 일어나면 인장방향에 대해 45° 방향으로 변형 이 일어나므로 균열이 X 형태로 발생하게 된다.

3.6.6 조사거동

가. 조직변화

조사온도가 400~480℃ 정도로 높고 조사량이 ~10^{26} n/m² 정도로 많으면 순수한 지르코 늄의 경우에는 석출물이나 입계 주위에 미세한 캐비티(cavity)가 생성되며[81,82], He가 존재 하거나 또는 (n, α) 반응으로 He를 생성하는 붕소 등을 함유하면 캐비티 생성이 촉진된다. 그러나 지르코늄 합금의 경우에는 원자빈자리 전위루프(vacancy dislocation loop)가 잘 생성되므로 조사량이 많아도 캐비티는 생성되지 않으며 전위루프와 전위만 생성된다.

지르코늄은 저온에서 a-형 전위루프(a-type dislocation loop, $b = 1/3 < 11\bar{2}0 >$)가 안정 하므로 온도가 낮으면 주로 a-형 전위루프가 생성된다. 그리고 조사량이 많거나 온도가 300℃ 이상이면 c-성분 전위루프(c-component dislocation loop, $b = 1/6 < 20\bar{2}3 >$)가 나 타나는데, 침입형 불순물이 많으면 c-성분 전위루프가 잘 생성된다. 따라서 지르코늄은 불 순물이 많을수록 c-성분 전위루프가 잘 생성되므로 캐비티 생성이 어려워진다. 그림 3-66 에 중성자를 조사시킨 순수한 지르코늄에 생성된 전위루프와 전위의 모양이 있다.

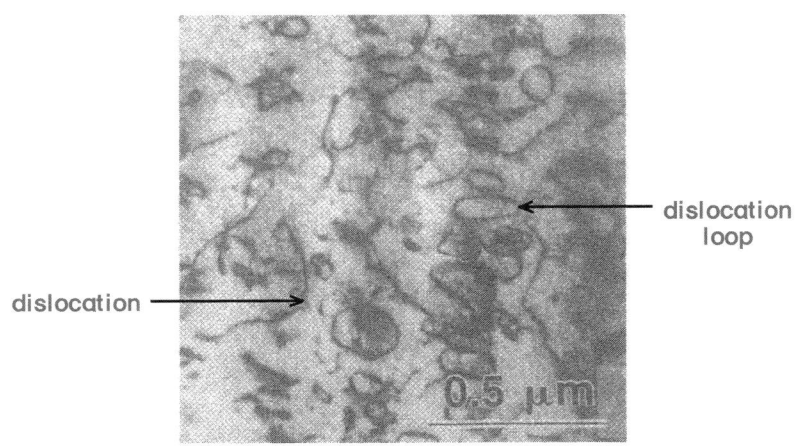

그림 3-66 중성자를 조사시킨 수순한 지르코늄에 생성된 a-형 전위루프와 전위[83]; 조사온도 427℃, 조사량 1.5×10^{26} n/m² ($E > 1$ MeV)

중성자 조사에 따른 지르코늄 합금의 조직변화는 합금원소, 불순물 등 화학조성과 그리 고 조사온도, 조사량 등 조사조건에 영향을 받는다. 지르코늄 합금을 중성자로 조사시키 면 전위루프와 전위가 쉽게 생성되며, 이 외에 석출물의 비정질화 또는 용해(dissolution) 도 일어난다[84,85], 예를 들면 지르칼로이-4를 300℃에서 조사시키면 석출물 Zr(Fe,Cr)₂는 가장자리로부터 10^{25} n/m^{2}의 조사량마다 10 nm의 비율로 비정질화가 일어난다. 그리고 비정질화가 일어난 영역에서는 Fe, Cr이 주위로 용출하므로 주변에서는 Fe, Cr의 농도가 증가하게 되는데, 이와 같은 합금원소의 농도 변화는 내식성에 영향을 주는 것으로 알려져 있다. 그러나 조사온도가 370~440℃로 상승하면 용출한 Fe, Cr이 금속간화합물로 다시 석출한다[85].

나. 기계적 성질의 변화

지르코늄은 이방성 격자구조를 갖고 있으므로 냉간가공을 하면 집합조직이 형성되어 기계적 성질에도 이방성이 나타난다. 이러한 기계적 성질의 이방성은 조사 후에도 소멸되지 않고 그대로 남아 있는데, 특히 조사량이 적은 경우에 잘 나타난다. 조사에 따른 강도 증가와 연성 감소는 가공방향보다는 가공방향에 수직인 방향에서 현저하게 나타나는데, 이러한 현상은 가공할 때 형성된 집합조직과 조사에 따른 쌍정변형의 거동이 다르기 때문에 일어나는 것으로 보인다.

가압경수로에서 지르코늄 합금 피복관은 응력제거 열처리를 하고, 안내관은 재결정 열처리를 하는데, 그림 3-67에 사용후핵연료에서 채취한 지르칼로이-4 피복관과 안내관의 온도에 따른 기계적 성질이 있다. 이 결과는 피복관과 안내관을 관시편(tube specimen)과 축방향으로 가공한 도그본시편(dogbone specimen) 그리고 반경 방향으로 절단한 링시편(ring

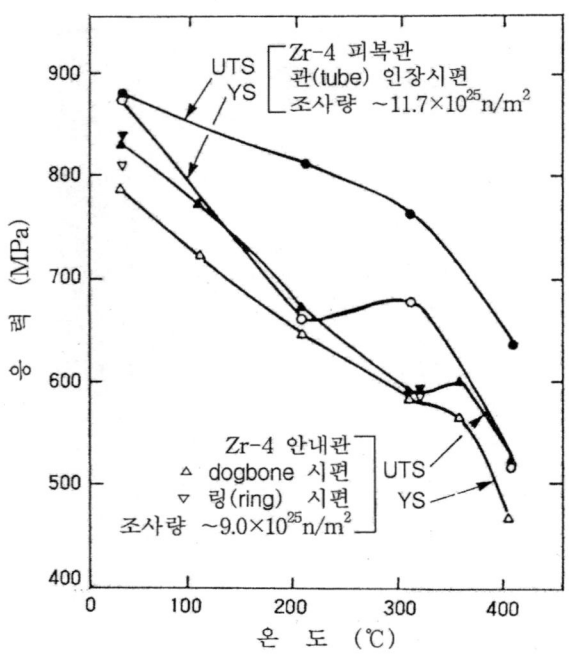

그림 3-67 조사된 지르칼로이-4 피복관과 안내관의 온도에 따른 강도 변화[86];
피복관은 응력제거, 안내관은 재결정 열처리를 하였다.

specimen)을 인장시험하여 얻은 것으로, 온도 상승에 따라 강도가 감소하지만 300~350℃에서는 일시적으로 증가하는 현상도 나타난다. 이러한 현상은 조사시킨 지르코늄 합금에서 가끔 나타나는 현상으로 조사어닐링 경화라 하는데, 조사결함과 산소 원자의 결합과 관련이 있는 것으로 알려져 있다[86].

지르코늄 합금은 조사량에 따라 연성이 감소하는데, 지르칼로이-4 피복관과 안내관의 조사량에 따른 변형률이 그림 3-68에 있다. 그림에서 보는 바와 같이 조사량에 따라 연성이 감소하여 총변형률이 수%에 불과할 정도로 작다. 그리고 비조사 피복관이 상당한 균일 변형이 일어난 후에 파단되는데 비해 가압경수로 사용후핵연료의 피복관 및 안내관은 균일 변형이 거의 일어나지 않고 파단된다. 그러므로 총변형률은 수%이지만 소성변형은 거의 일어나지 않는다고 볼 수 있다.

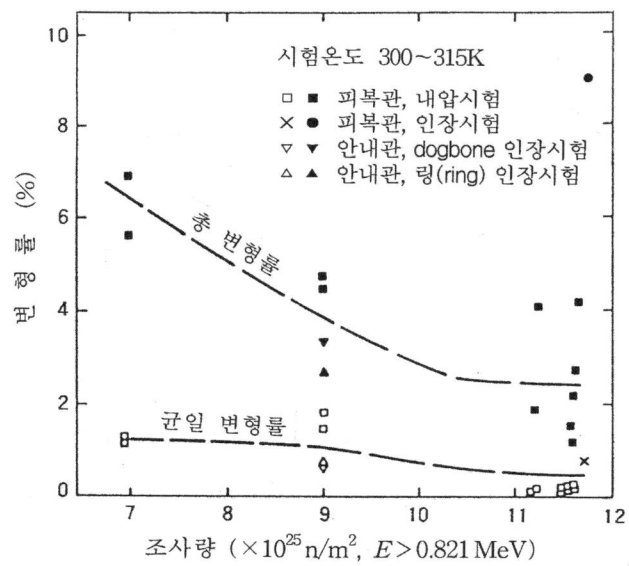

그림 3-68   지르칼로이-4 피복관과 안내관의 조사량에 따른 변형률[86];
피복관은 응력제거, 안내관은 재결정 열처리를 하였다.

다. 조사성장

단결정의 조사성장

지르코늄을 조사시키면 원자빈자리(vacancy)와 격자간원자가 대량으로 생성되는데, 원자빈자리는 밑면인 (0002)면으로 그리고 격자간원자는 측면인 $(10\bar{1}0)$면으로 우선적인 확산이 일어난다. 그러므로 c축 방향으로는 수축이 일어나고 a축 방향으로는 성장이 일어나게 된다. 지르코늄에서 일어나는 조사성장을 단순하게 생각해 보면, 개개의 결정립에서 c축 방향으로는 수축이 a축 방향으로는 성장이 일어난다고 볼 수 있다. 그림 3-69는 지르코늄 단위격자에서 조사성장이 일어나기 전과 일어난 후의 상태를 개념적으로 나타낸 것으로, 조사에 따른 아랫면의 3개 축인 a_1, a_2, a_3의 성장은 격자의 대칭성으로 보아 동일하다고 볼 수 있으며 이러한 a축의 성장에 의해 c축으로는 수축이 일어나게 된다.

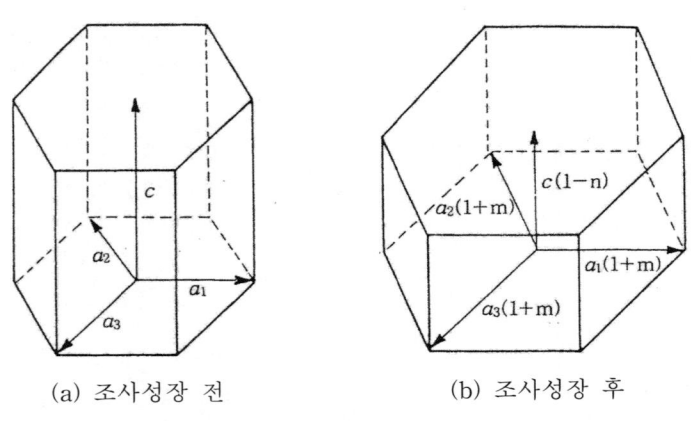

(a) 조사성장 전   (b) 조사성장 후

그림 3-69 단위격자의 성장 개념도

실제로 지르코늄 단결정은 그림 3-70에서 보는 바와 같이 a축 방향으로는 성장이 일어나고 c축 방향으로는 수축하는데, a축 방향의 성장은 각추면(pyramidal plane)에 격자간 원자 전위루프의 형성에 의해 그리고 c축 방향의 수축은 밑면(basal plane)에 원자빈자리 전위루프의 형성에 의해 일어난다. 지르코늄 단결정의 조사에 따른 성장과 수축은 비교적 적은 조사량에서 포화되는데 이러한 현상은 다결정 지르코늄의 성장이 조사량에 따라 계속 증가하는 경향과는 다른 현상인데, 다결정에서는 입계가 원자빈자리의 흡수 장소로 작용하므로 조사량에 따라 성장이 계속 일어난다.

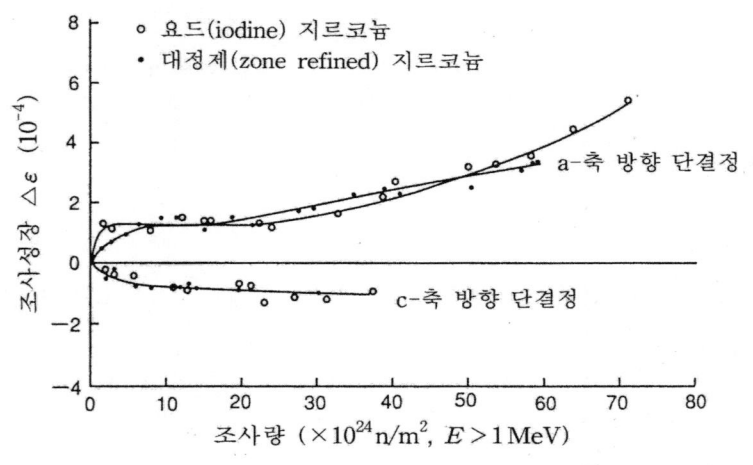

그림 3-70 지르코늄 단결정의 조사성장[87]

냉간가공의 영향

지르코늄 합금의 조사성장은 (0002) 집합조직과 밀접한 관계가 있다. 즉, 조사성장은 밑면인 (0002)면이 피복관의 축방향과 얼마나 일치하느냐에 영향을 받아서 일치도가 클수록 조사성장이 크게 일어난다. 그러므로 지르코늄 합금의 조사성장은 냉간 가공도와 냉간가공 후의 열처리 조건에 민감하게 영향을 받는다.

그림 3-71에 냉간 가공한 지르코늄 합금 피복관과 재결정시킨 지르코늄 합금 피복관의 조사량에 따른 성장률이 있는데, 그림에서 보는 바와 같이 조사성장은 냉간가공의 경우가 재결정시킨 경우보다 더 크게 일어난다. 그리고 냉간 가공한 지르코늄 합금은 조사량에 따라 성장이 계속 일어나는데 반해 재결정시킨 지르코늄 합금은 초기에는 조사량에 따라 성장이 일어나다가 조사량이 일정량에 도달하면 포화되어 일정 범위에서 성장이 정체되다가 조사량이 많아지면 다시 성장이 일어난다.

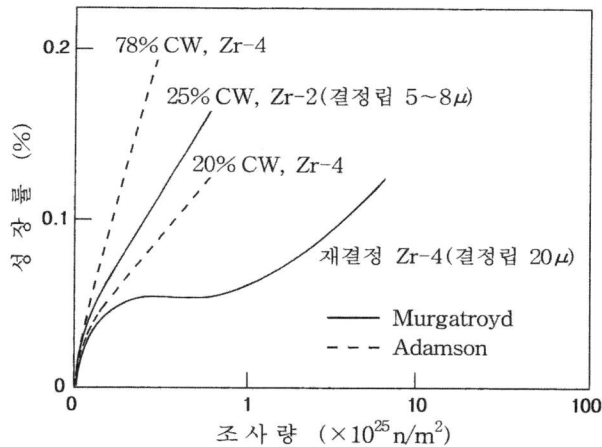

그림 3-71 냉간가공 및 재결정 지르칼로이-2 및 -4 피복관의 조사성장과
조사량의 관계[88,89]; 조사온도 277~307℃

조사온도의 영향

지르코늄 합금은 냉간가공이나 재결정에 관계없이 조사온도에 따라 성장률이 서서히 증가하다가 어느 온도에 도달하면 급격하게 증가하는 가속성장이 일어난다. 조사 중에 일어나는 가속성장을 조사가속성장이라 하는데 조사량에 영향을 받아서 조사량이 많으면 낮은 온도에서 그리고 조사량이 적으면 높은 온도에서 일어나는데, 조사가속성장이 일어날 때의 조사량을 잠복기 또는 잠복 조사량이라 한다. 예를 들면 재결정 지르코늄 합금에서 조사량이 $4 \times 10^{25} \, n/m^2$ 이상이면 260℃에서[90] 그리고 조사량이 $2 \times 10^{25} \, n/m^2$ 이상이면 370℃ 부근에서[91] 가속성장이 일어난다. 조사가속성장은 냉간가공 재료나 재결정 재료에 관계없이 같은 성장 기구에 의해 일어나며, 조사시에 생성되는 원자빈자리 c-성분 전위루프가 중요한 역할을 하는 것으로 알려져 있다[92,93].

그림 3-72는 지르코늄 합금의 조사성장 속도와 조사온도의 관계를 보여 주는 것으로 재결정 재료보다는 냉간가공 재료의 조사성장 속도가 크다. 특히 조사가속성장이 일어나는 온도보다 낮은 온도에서는 냉간가공 재료의 성장 속도가 재결정 재료보다 10여배 이상 크다. 그리고 조사가속성장이 재결정 재료에서는 명료하게 나타나는데 반하여 냉간가공 재료에서는 명료하게 나타나지 않는데, 냉간가공 재료에서 조사가속성장이 명료하게 나타나지 않는 이유는 냉간 가공에서 형성된 집합조직의 영향으로 저온에서도 성장 속도가 크기 때문이다. 한편 재결정 재료는 냉간가공에서 형성되었던 집합조직이 재결정 열처리과정에서 소멸되므로 원자빈자리 이동이 활발하게 일어나지 못하는 저온에서는 성장 속도가 작은 반면에 고온에서는 원자빈자리 이동이 활발하게 일어나서 성장 속도가 크게 증가하므로 가속성장이 일어나는 온도가 명료하게 나타난다.

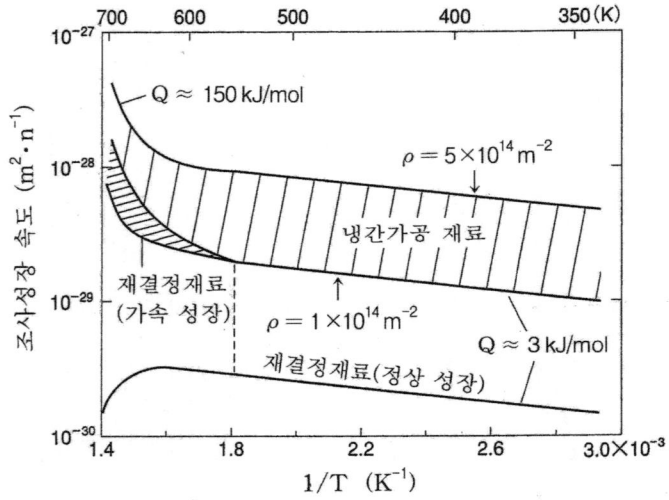

그림 3-72 지르코늄 합금의 조사성장 속도와 조사온도의 관계[91]; 조사량 $> 2 \times 10^{25} \, n/m^2$

고연소도용 지르코늄 합금의 조사성장

지르코늄 합금 피복관의 제조에서는 수소화물이 원주 방향으로 생성되도록 c축이 두께 방향 그리고 a축이 길이 방향을 향하도록 가공한다. 그러므로 연소도, 즉 조사량 증가에 따라 길이 방향으로 성장이 일어나는데 지르칼로이-4를 피복관으로 사용한 연료봉은 연소도가 60 GWd/tU (약 $12 \times 10^{25} \, n/m^2 \, (E > 1 \, MeV)$의 조사량에 해당)에 도달하면 1% 정도 성장이 일어나는 것으로 알려져 있다[94]. 따라서 가압경수로의 연료봉 길이가 약 4 m임을 고려하면 지르칼로이-4를 고연소도용 피복관으로 사용할 때는 성장이 수 cm 정도 일어날 것으로 보인다. 그러므로 지르칼로이-4를 고연소도용 피복관으로 사용하면 산화 외에도 과도한 성장으로 핵연료의 건전성을 확보하기 어렵다.

그림 3-73에 Halden 연구로의 시험리그(test rig)에서 가압경수로와 유사한 냉각수 조건으로 지르칼로이-4 피복관과 함께 Zirlo, MDA, M5 등 고연소도용 지르코늄 합금 피복관

을 조사시험하여 얻은 성장률이 있다. 그림 (a)는 냉간가공(CW), 재결정(RX) 및 응력제거
(SR) 지르칼로이-4 피복관의 조사성장률을 보여 주는데 재결정 지르칼로이-4 피복관이
응력제거 또는 냉간가공 지르칼로이-4 피복관에 비해 성장률이 작았으며, 이러한 경향은
다른 연구에서도 많이 보고되고 있다. 그리고 그림 (b)는 Zirlo, MDA, M5 등 고연소도용
지르코늄 합금 피복관의 조사성장률을 보여 주는데, $8 \times 10^{25} \, n/m^2 \, (E>1 \, MeV)$의 조사량에서
도 성장률이 재결정 지르칼로이-4 피복관과 비슷하게 0.2% 이하로 응력제거 지르칼로이-4
피복관에 비해 성장이 상당히 작았다. 이러한 결과를 보면 지르코늄 합금 피복관에서 일어
나는 조사성장은 합금원소보다는 재료 내부에 존재하는 결함(가공시에 형성된 결함과 중
성자 피폭으로 생성된 조사결함)의 양에 더 영향을 받는 것으로 보인다.

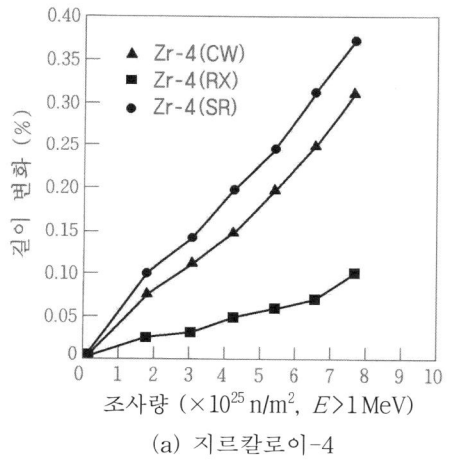
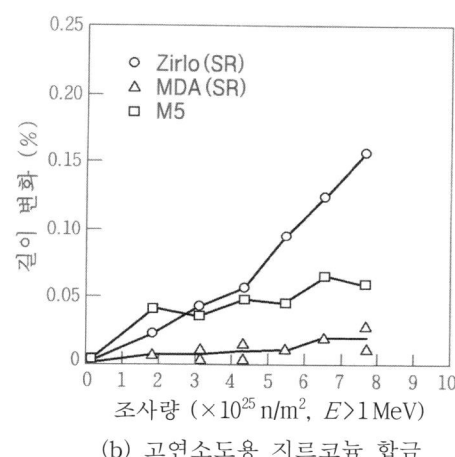

(a) 지르칼로이-4 (b) 고연소도용 지르코늄 합금

그림 3-73 지르코늄 합금 피복관의 조사량과 조사성장의 관계[95]; 조사온도 320℃
CW : 냉간가공, RX : 재결정, SR : 응력제거

라. 조사크리프

고온에서 나타나는 주요 기계적 특성의 하나로 크리프(creep)가 있는데, 크리프는 항복
응력보다 작은 응력(또는 하중)이라도 장시간에 걸쳐 가해주면 시간의 경과에 따라 아주
느린 변형이 일어나는 현상을 말하며, 고온에서 장기간 사용하는 재료에서 특히 중요하다.
크리프는 고온에서 일어나므로 열크리프(thermal creep)라고도 하는데, 원자빈자리 이동에
의해 일어난다. 한편 중성자에 피폭되는 환경에서는 열크리프가 일어나지 못하는 낮은 온
도에서도 크리프가 일어나며 열크리프가 일어나는 고온에서는 크리프가 가속되는데, 중성
자에 피폭되는 환경에서 일어나는 크리프를 조사크리프라 한다.

조사크리프는 열크리프와 관계없이 일어나며 조사온도, 조사속도, 조사량과 같은 조사조
건과 가공이력, 응력상태 등 재료조건에 영향을 받는다. 조사크리프에는 열크리프가 일어
나지 않는 저온에서 일어나는 조사유도 크리프(irradiation induced creep)와 열크리프가
일어나는 고온에서 열크리프를 가속시키는 조사가속 크리프(irradiation enhanced creep)

그리고 조사경화로 열크리프가 억제되는 조사지연 크리프(irradiation retarded creep)가 있는데, 조사크리프 기구에 관해서는 2장의 2.5.1절에 자세히 기술되어 있다

지르코늄 합금은 중성자 조사에 의해 크리프가 가속되지만[96,97] 응력 조건에 따라서는 크리프가 억제되는 경우도 보고되고 있다[98]. 그림 3-74는 지르칼로이-4와 HANA-4 피복관으로 제조한 연료봉을 Halden 연구로의 시험리그(test rig)에서 가압경수로와 유사한 조건으로 조사시켜서 연소도에 따른 연료봉의 직경 변화, 즉 반경 방향의 크리프를 측정한 것으로 HANA-4 피복관이 지르칼로이-4 피복관보다 조사크리프 저항성이 우수한 것을 보여 준다. 연소도에 따른 연료봉의 직경 변화는 연소 초기에는 급격하게 감소하다가 연소도 증가에 따라 완만해지며 30 GWd/tU 부근에서 최대로 감소하였으며, 연소도가 그 이상으로 높아지면 반대로 직경이 증가하기 시작하였다. 연소 초기에 일어나는 직경 감소는 고밀화(densification)에 의한 핵연료의 체적 감소 그리고 ~30 GWd/tU 이상의 연소도에서 직경이 증가하는 것은 핵분열생성물 축적에 따른 핵연료의 체적 증가가 주요 원인이다.

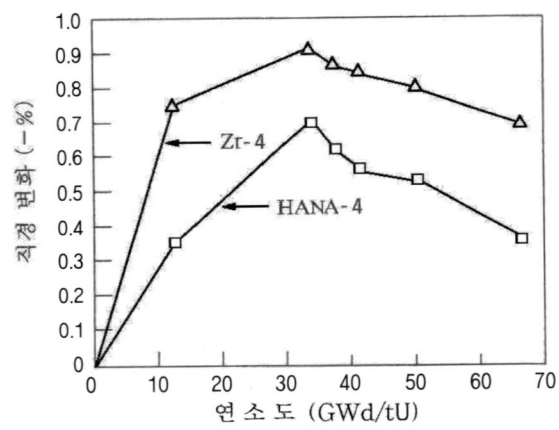

그림 3-74 연소도에 따른 지르칼로이-4 및 HANA-4 피복관의 조사크리프[99];
가압경수로 냉각수 조건(300℃, 16.6 MPa)에서 조사시험을 하였다.

마. 연료봉 조사성장 및 크리프 거동

연료봉은 연소시에 길이가 늘어나는 성장과 함께 초기에는 직경이 줄어드는 압착이 일어난다. 연료봉이 성장하는 원인으로는 조사성장과 크리프 다운(creep down)을 생각할 수 있는데, 피복관은 가공시에 (0002) 집합조직이 원주 방향으로 생성되도록 가공하므로 포아송비(Poisson's ratio)가 작아서 크리프 다운에 의한 연료봉 성장은 무시할 수 있다.

그림 3-75는 Zion, Trojon, Surry 1 & 2호기 그리고 Mihama 3호기 등 가압경수로에 장전된 연료봉의 성장을 측정한 자료인데, 조사량과 연료봉 성장이 거의 직선적인 관계에 있는 것을 보여 준다. 그리고 그림 3-76은 Mihama 3호기(PWR)에 장전된 연료봉의 외경 변화를 연소 주기별로 측정한 것으로 30 MWd/tU 연소도에서 외경이 약 0.6% 수축하였다.

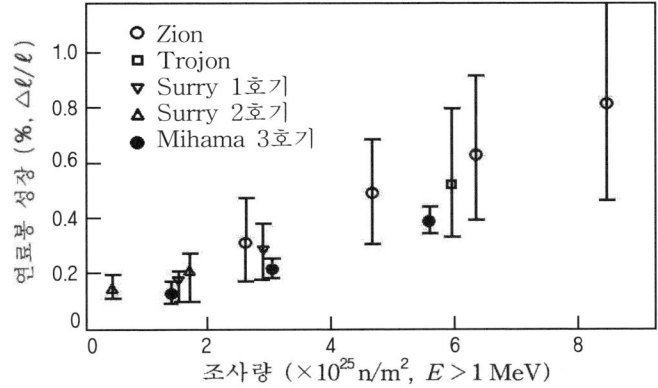

그림 3-75 가압경수로에 장전된 연료봉의 조사량에 따른 성장 거동[100]

연료봉의 수축은 핵연료의 노내고밀화(in-pile densification)에 따른 체적 감소가 피복관에 압축응력을 유발하여 일으키는 크리프가 주요 원인인데, 3주기 연소 후에 연료봉 수축이 멈추는 것을 보면 가압경수로 연료봉은 30 GWd/tU 부근에서 핵연료와 피복관의 접착이 일어나는 것으로 예측할 수 있다.

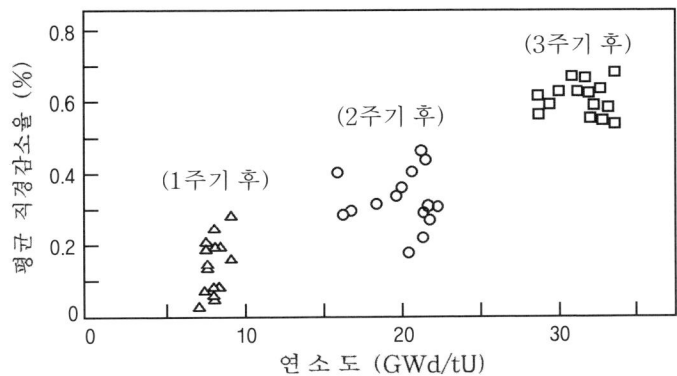

그림 3-76 Mihama 3호기에 장전된 연료봉의 연소도에 따른 외경 변화[100]

참고 문헌

1) F. J. Rahn, A. G. Adamantiades, J. E. Kenton and C. Braun, "*A Guide To Nuclear Power Technology*", John Wiley & Sons, Inc., N.Y., 1984, p267, 294

2) A. M. Judd, "*Nuclear Power Technology*", Vol. 1, Reactor Technology, ed. by W. Marshall, Oxford Univ. Press, N.Y., 1986, p212

3) Directory of Nuclear Reactors, 7, IAEA, Vienna, 1968

4) 한국전력공사, "울진 3, 4호기(한울 3, 4호기로 개명) 최종안전성분석보고서 (FSAR)", 1997

5) 한국전력공사, "신고리 3, 4호기 최종안전성분석보고서 (FSAR)", 2011

6) W. S. Pellini and P. P. Puzak, Naval Research Laboratory, Rep. NRL 5831 (1962)

7) F. J. Loss, Naval Research Laboratory, Rep. NRL 7056 (1970)

8) ASME Boiler and Pressure Vessel Code, Section III Division 1, NB-6220 & Section XI Division 1, G-2400

9) 薄田 等, 三菱重工技報, 3(1) (1966), 1

10) H. Erhart and H. Grabke, Met. Sci. 15 (1981), 401

11) T. C. Reuther and K. M. Zwilsky, "*Toward Improved Ductility and Toughness*", Climax Molybdenum Development, 1971

12) L. E. Steele, "Standards and specifications for selecting optimum pressure containment metals for nuclear reactor components", Structural Mechanics in Reactor Technology (Proc. 2nd Inter. Conf. Berlin, 1973) Paper G5/2

13) IAEA, Integrity of Reactor Pressure Vessels in Nuclear Power Plant; Assessment of Irradiation Embrittlement in Reactor Pressure Vessel Steels, IAEA Nuclear Energy Series, No. NP-T-3.11(2009)

14) H. Takaju, M. Tokiwai, H. Kayano, Y. Higashiguchi, M. Narui, Y. Suzuki and K. Matsuyama, J. Nucl. Mater. 80 (1979), 57

15) U. Potapovs and J. R. Hawthorne, Nucl. Appl. 6 (1969), 27

16) H. H. Yoshikawa, W. N. McElroy and R. C. Simons, Nucl. Eng. Des. 33 (1975), 11

17) A. A. Astafev, *et al.*, Atomnaya Energiya, 42(3) (1977), 187

18) 近藤達男, 金屬, 56 (1986), 60

19) N. Igata, R. Hasiguti and S. Seto, Trans. Iron Steel Inst. Japan, 10 (1970), 21

20) J. D. Varsik *et al.*, ASTM STP 683 (1979), p252

21) J. R. Hawthorne and L. E. Steele, ASTM STP 426 (1967), p534

22) J. R. Hawthorne and U. Potapovs, ASTM STP 457 (1967), p113

23) L. E. Steele, Proceedings of 2nd Interamerican Conference Materials Technology, Mexico city, Mexico, 1970.

24) G. D. Whitman and G. C. Robinson Jr., Oak Ridge National Laboratory, Rep. ORNL NSIC 21 (1967)

25) L. E. Steele, L. M. Davies, T. Ingham and M. Brumovsky, ASTM STP 870 (1985), p863

26) S. Ishino, T. Hasegawa, Y. Ikusawa, A. Iwase, Y. Chimi, N. Ishikawa, T. Tobita and M. Suzuki, IGRDM-9, Sept. 18-22, 2000, Leuven, Belgium

27) USNRC Regulatory Guide 1.99 Revision 2, "Radiation Embrittlement for Reactor Vessel Materials", May, 1988

28) R. D. Cheverton *et al.*, Trans. ASME, 105 (1983), May, p102

29) O. K. Chopra and A. S. Rao, J. Nucl. Mater. 409 (2011), 235

30) S. M. Bruemmer, E. P. Simonen, P. M. Scott, P. L. Andresen, G. S. Was and J. L. Nelson, J. Nucl. Mater. 274 (1999), 299

31) S. M. Bruemmer, Proceedings of 9th International Conference Intergranular and Interphase Boundaries in Materials, Prague, Czech, 1998

32) M. T. Robinson, J. Nucl. Mater. 216 (1994), 1

33) V. S. Neustroev, V. K. Shamardin, Z. E. Ostrovsky, A. M. Pecherin and F. A. Garner, Proceedings of Fontevraud IV, French Nuclear Energy Society, 1998, p261

34) Materials Reliability Program: PWR Internals Material Aging Degradation Mechanism Screeing, and Threshold Values, MRP-175, EPRI Report 1012081, December 2005

35) J. Cornermann, R. Shogan, K. Fujimoto, T. Yonezawa, Y. Yamaguchi, in: T. R. Allen, P. J. King, L. Nelson (Eds.), Proc. 12th Intl. Symp. on Environmental Degradation of Materials in Nuclear Power Systems - Water Reactor, Minerals, Metals & Materials Society, Warrendale, PA, 2005, p.277

36) A. M. Judd, *"Nuclear Power Technology"*, Vol. 1, Reactor Technology, ed. by W. Marshall, Oxford Univ. Press, N.Y., 1986, p239

37) 長野 等, 住友金屬, 41(4) (1989), 17

38) L. S. Tong, *"Principle of Design Improvement for Light Water Reactors"*, Springer-Verlag, Berlin, 1988, p182

39) D. Van Rooyen, Corrosion-NACE, 31(9) (1975), 327

40) G. P. Airey *et al.*, Nucl. Technol. 55 (1981), 394

41) 腐食防食協會協会, 防食技術, 36 (1987), 598

42) W. Dietz, *"Materials Science and Technology"*, Vol. 10B, Nuclear Materials ed. by B. R. T. Frost, N.Y., 1994, p129

43) Y. Arata, F. Matsuda and S. Katayama, Trans. Jpn. Weld. Res. Inst. 5(2)(1976), 35

44) 住友金屬工業, BWR 配管用ステンレス鋼の應力腐食割れ對策, 1979, p14

45) M. O. Spidel, Overview of Methods for Corrosion Testing as Related to PWR-SG and BWR Piping Problems, US-Japan Joint Symposium on Corrosion Problems in Light Water Reactors, 1978

46) 小若 等, 住友金屬 34(1) (1982), 85

47) Y. Mishima, IAEA Specialists' Meeting on Influence of Water Chemistry on Fuel Element Cladding Behavior in Water Cooled Power Reactors, Leningrad, USSR, June, 1983

48) K. Annand, M. Nord, Magnus, I. MacLaren and M. Gass, Mhairi, Corrosion Science, 128 (2017), 213

49) P. Rudling, A. Strasser and F. Garzarolli, Welding of Zirconium Alloys(PDF). Advanced Nuclear Technology International, Sweden, 2007, pI-5

50) J. H. Baek and Y. H. Jeong, J. Nucl. Mater., 372 (2008), 152.

51) D. Arias and L. Roberti, J. Nucl. Mater. 118 (1983), 143

52) M. Harada, M. Kimpara and K. Abe, ASTM STP 1132 (1991), p368

53) R. F. Domagala, *et al.*, Trans. AIME 194 (1953), 279

54) チタニウム懇話會編, *"チタン，ジルコニウム，ハフニウム"*, アグネ, 1965

55) P. Chemelle, D. B. Knorr, J. B. Van Der Sande and R. M. Pelloux, J. Nucl. Mater. 113 (1983), 58

56) C. M. Eucken, P. T. Finden, S. Trapp-Pritsching and H. G. Weidinger, ASTM STP 1023 (1989), p113

57) G. M. Hood and R. J. Schultz, ASTM STP 1023 (1989), p435

58) F. Garzarolli and H. Stehle, IAEA-SM-288/24, IAEA, Vienna, 1987, p387

59) J. R. Kench, *et al.*, AECL 2623 (1966)

60) D. Knödler, *et al.*, Kerntechnik, 50(4) (1987), 255

61) A. Yilmazbayhan, E. Breval, A. T. Motta, R. J. Comstock, J. Nucl. Mater. 349 (2006) 265

62) E. Hillner, ASTM STP 633 (1977), p211

63) F. Garzarolli, *et al.*, IWGFPT 34 (1989), p65

64) A. B. Johnson, Jr., *et al.*, ASTM STP 551 (1974), p495

65) H. P. Fuchs, *et al.*, Proc. ANS-ENS International Topical Meeting on LWR Fuel Performance, Avignon, France, 1991, Vol. 2, p682

66) G. P. Sabol, R. J. Comstock, R. A. Weiner, P. Larouere and R.N. Stanutz, ASTM STP 1245 (1994), pp. 724 - 44.

67) J. P. Mardon, G. L. Garner and P. B. Hoffmann, M5® a breakthrough in Zr alloy. In Proceedings of International Conference on Light Water Reactor Fuel Performance (Top Fuel 2010), Pap. 069, La Grange Park, IL: ANS

68) G. R. Kilp, *et al.*, ANS/ENS International Topical Meeting on LWR Fuel Performance, Avignon, France, April 21-24, 1991, Vol. 2, p730

69) M. Griffiths, R. W. Gilbert and G. J. C. Carpenter, J. Nucl. Mater. 150 (1987), 53

70) A. M. Garde, ASTM STP 1132 (1991), p566

71) 若松明弘, 布川公, 中野誠, 濱崎學, 宇野佳和, 河越稔之, 三菱重工技報 43(4) (2006), 20

72) C. E. Coleman and J. F. R. Ambler, Scripta Metallurgica, 17 (1983), 77

73) J. J. Kearns and C. R. Woods, J. Nucl. Mater. 20 (1966), 241

74) 이기순 등, "가압경수로 핵연료 조사후시험 연구", KAERI/RR-708/87 (1987)

75) H. Stehle, et. al., Nucl. Eng. Des. 33 (1975), 155

76) 이기순 등, "고리1호기 핵연료봉 파손원인 규명", KAERI/RR-814/88 (1988)

77) J. C. Wood, J. Nucl. Mater. 45 (1973), 105

78) M. Peehs, E. Steinberg and H. Stehle, ASTM STP-681 (1979)

79) S. Shimada, T. Matsuura and M. Nagaiet, J. Nucl. Sci. Technol., 20 (1983), 593

80) J. T. A. Roberts, R. L. Jones, D. Cubicciotti, A. K. Miller, H. F. Wachob, E. Smith and F. L. Yaggee, ASTM STP 681 (1979), p285

81) M. Griffiths, R. W. Gilbert and C. E. Coleman, J. Nucl. Mater. 159 (1988), 405

82) C. D. Cann, D. Faulkner, K. Nuttall, R. C. Styles, A. J. Shillinglaw, C. K. Chow and A. J. Rogowski, AECL 8406 (1986)

83) M. Griffiths, J. Nucl. Mater. 159 (1988), 190

84) W. J. S. Yang, J. Nucl. Mater. 158 (1988), 71

85) M. Griffiths, R. W. Gilbert and G. J. C. Carpenter, J. Nucl. Mater. 150 (1987), 53

86) A. M. Garde, ASTM STP 1023 (1989), p548

87) A. Rogerson, J. Nucl. Mater. 159 (1988), 43

88) R. A. Murgatroyd and A. Rogerson, Proceedings of the BNES Conference on Dimensional Stability and Mechanical Behaviour of Metals, Vol. 2, London, 1984, p93

89) R. B. Adamson, ASTM STP 633 (1977), p236

90) A. Rogerson and R. A. Murgatroyd, J. Nucl. Mater. 113 (1983), 256

91) R. A. Holt and R. W. Gilbert, J. Nucl. Mater. 137 (1986), 185

92) M. Griffiths and R. W. Gilbert, J. Nucl. Mater. 150 (1987), 169

93) V. Fidleris, R. P. Tucker, and R. B. Adamson, ASTM STP 939 (1987), p49

94) V. Fidleris, J. Nucl. Mater., 159 (1988), 22

95) 垣内一雄, 天谷政樹, 日本原子力學會和文誌, 19(1) (2020), 24

96) R. Limon and S. Lehmann, J. Nucl. Mater. 335 (2004), 322

97) F. Feria and L. E. Herranz, Prog. Nucl. Energy 53 (2011), 395

98) E. F. Ibrahim, J. Nucl. Mater. 46 (1973), 355

99) H. G. Kim, J. Y. Park, Y. H. Jeong, Y. H. Koo, J. S. Yoo, Y. K. Mok, Y. H. Kim and J. M. Suh, Nucl. Eng. Technol., 46 (2014), 423

100) 三島良績, 大久保忠恒, 大石政夫, 靑木利昌, 兒玉敏夫, 八卷治惠, 高橋宏美, 井上伸, 近藤吉明, 永野彰, 久保博己, 高田義彦, 入佐泰弘, 日本原子力學會誌 31 (1989), 1129

4. 중수로 재료

4.1 중수로 구조

중수로와 같이 천연우라늄을 연료로 사용하는 원자로에서는 고속중성자의 에너지를 감소시켜 열중성자로 만드는 것이 대단히 중요한데, 원자로에서 중성자에너지를 감소시키는 감속재의 감속능(slowing down power, $\xi\Sigma_s$)은 중성자와 질량 차이가 작을수록 그리고 산란단면적이 클수록 우수하다. 중수(D_2O)의 경우를 보면 중수소가 수소보다 질량이 2배이고 산란단면적도 작으므로 중수의 감속능은 경수(H_2O)의 12%에 불과할 정도로 작다. 그러나 중성자 흡수단면적(Σ_a)은 경수가 중수보다 약 600배나 크므로 중성자에너지의 감속비($\xi\Sigma_s/\Sigma_a$)는 중수가 아주 커서, 순수한 중수는 경수보다 150배 이상 그리고 불순물로 경수를 0.2 at% 함유한 중수도 경수에 비해 30배 정도 감속비가 크다[1].

그러므로 원자로에서 중수를 감속재로 사용하면 열중성자 경제성이 크게 좋아져 천연우라늄을 연료로 사용해도 8 GWd/tU 정도의 연소도를 쉽게 얻을 수 있다. 이에 따라 중수를 감속재로 사용하는 중수로(HWR, heavy water reactor)는 연료로 천연우라늄을 사용할수 있으며, 이것이 중수로의 큰 장점이다. 2023년말 기준으로 중수로는 세계 원자력 발전용량의 약 6%를 차지하고 있다.

중수로는 크게 압력용기형과 압력관형으로 구분하는데, 중수로 개발 초기에 독일에서 채택한 압력용기형은 감속재 순환계통과 냉각재 순환계통을 분리하지 않고 1개의 순환계통으로 중수를 순환시키므로 중수가 감속재와 냉각재의 기능을 겸하고 있다. 이에 반해 캐나다에서 채택한 압력관형은 감속재 순환계통과 냉각재 순환계통을 분리하여 감속재는 칼란드리아(calandria) 용기를 통해 그리고 냉각재는 압력관를 통해 각각 별도로 순환시키고 있다. 앞에서도 기술하였지만 중수는 경수보다 감속능이 크게 떨어지므로 중수에서 고속중성자를 열중성자로 감속시키기 위해서는 경수에서보다 더 많은 산란, 즉 더 많은 충돌이 요구된다. 그러므로 중수에서 고속중성자를 열중성자로 만들기 위해서는 경수보다 중성자의 이동 거리가 더 길어야 한다. 따라서 압력용기형 중수로는 원자로 용기를 크게 하든가 또는 연료의 농축도를 높이지 않으면 안된다.

중수는 저온에서 중성자 공명흡수단면적이 작다. 그러므로 중수를 저온으로 유지하면 중성자 흡수가 감소하여 중성자 경제성이 향상되므로 원자로 노심을 작게 할 수 있다. 이러한 특성을 이용하여 원자로 용기의 대형화를 피하고 연료로 천연우라늄을 사용하기 위해 개발된 원자로가 압력관형 중수로인데, 대표적으로 캐나다에서 개발한 CANDU (Canadian Deuterium Uranium) 원자로가 있다. CANDU 원자로는 그림 4-1에서 보는 바와 같이 냉각재와 감속재의 순환계통을 분리시켜 각각 별도로 순환시키고 있으며, 원자로의 출력 제어는 감속재에 액체 첨가제(chemical shim)인 질산가돌리움(Gd(NO₃)을 투입하는 방법을 사용하고 있다.

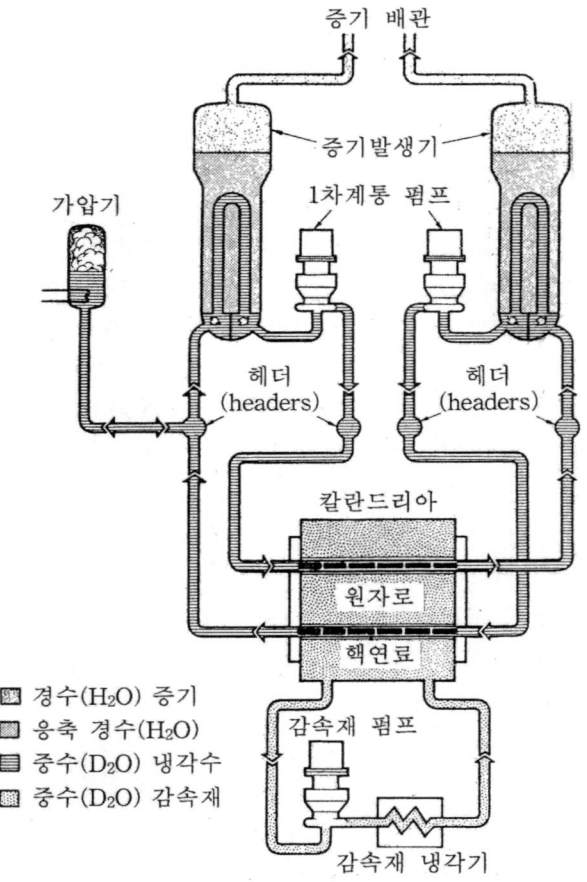

그림 4-1 CANDU 원자로의 감속재와 냉각재 순환계통 개략도[2]

현재 천연우라늄을 연료로 사용하는 중수형 발전로 중에서 압력용기형을 채택하고 있는 원자로는 독일 KWU에서 아르헨티나에 건설하여 1984년에 가동한 2개의 원자로뿐이며, 그 외의 중수형 발전로는 모두 감속재 순환계통과 냉각재 순환계통을 분리한 압력관형이다.

CANDU 원자로도 경수로(LWR, light water reactor)와 같이 원자로 노심에서 직접 증기를 발생시키는 비등중수로(BHWR, boiling heavy water reactor)와 노심에서 발생한 열을 증기발생기로 보내어 증기를 발생시키는 가압중수로(PHWR, pressurized heavy water reactor)가 있는데, 초기에 건설된 Gentilly 1호기(250MWe, 1971년 가동하였으나 거의 운전하지 않고 폐쇄시켰음)를 제외하고는 모두 가압중수로이다. 우리나라에도 경주시 양남면에 월성 1~4호기 등 4기의 CANDU 원자로가 있으며(월성 1호기는 2019년 폐쇄시켰음), 표 4-1에 원자로의 주요 제원이 있다.

표 4-1 CANDU 원자로의 주요 제원

항 목	치수 (cm)			압력 (MPa)		온도 (℃)		재료
	내경	길이	두께	입구	출구	입구	출구	
칼란드리아 용기	759.5	594.4	3.0	~0.10		60	69	304L SS
칼란드리아관	12.8956	–	0.1397	~0.07		–	–	Zr-2
압력관	10.3378	630	0.4343	11.35	10.0	266	310	Zr-2.5Nb

가압중수로는 경수로에 비해 건설비가 15~20% 더 많이 소요된다. 그리고 냉각재의 출구 온도도 310℃ 정도에 불과하여 증기발생기에서 증기를 생산하는데 충분할 정도로 높지 않다. 그러므로 가압중수로의 열효율은 28~30% 정도로 경수로의 33~34%에 비해 상당히 낮다. 그러나 가압중수로는 원자로의 가동 중에도 연료를 교체할 수 있으므로 원자로 가동률이 경수로에 비해 상당히 높아서 경제성이 좋으며, 연료로 천연우라늄을 사용하는 장점도 갖고 있다.

4.2 칼란드리아 용기

4.2.1 칼란드리아 구조

중성자 감속비($\zeta\Sigma_s/\Sigma_a$)가 뛰어난 중수(D_2O)를 감속재로 사용하면 연료에 대한 감속재의 비율을 작게 할 수 있다. 그러므로 중수를 감속재로 사용하면 출력밀도를 작게 그리고 원자로 노심을 크게 설계할 수 있으므로 경수로와는 다르게 원자로 노심을 밀집시킬 필요가 없다. 따라서 중수를 감속재로 사용하면 대형 압력용기 대신에 작은 압력관으로 원자로 노심을 구성할 수 있다.

칼란드리아 용기는 그림 4-2에서 보는 바와 같이 원자로 노심을 내장하는 동시에 감속재 용기의 역할도 하는데, 중수는 저온에서 흡수단면적이 작으므로 감속능을 높이기 위해 1 기압, 60℃의 저압·저온에서 사용된다. 우리나라에 건설된 출력이 700 MWe인 월성 3, 4호기를 보면, 칼란드리아 용기는 직경이 7.6 m, 길이가 6.0 m 그리고 두께가 30 mm 정도이며 용기 내부에는 압력관을 수납하기 위해 380개의 칼란드리아관(calandria tube)이 수평으로 설치되어 있다.

앞에서도 기술하였지만 중수는 낮은 온도에서 중성자 공명흡수단면적이 작다. 그러므로 중수의 온도를 낮게 유지하면 중성자 흡수가 감소하여 원자로의 중성자 경제성이 향상된다. CANDU 원자로는 연료로 천연우라늄을 사용하므로 노심의 중성자 경제성이 대단히 중요한데, 중성자 경제성을 높이기 위해서는 감속재를 낮은 온도로 유지해야 한다. 이에 따라 CANDU 원자로는 중수를 감속재와 냉각재로 사용하면서도 경수로와는 다르게 순환계통을 분리하여 별도로 순환시키고 있다.

즉, 감속재는 칼란드리아 용기를 통해 60℃의 낮은 온도로 순환시키고 냉각재는 압력관을 통해 높은 온도로 순환시키고 있다. CANDU 원자로의 특징은 원자로 가동 중에 연료를 교체하는 것으로, 연료 교체를 간편하게 하기 위해 그림 4-2에서 보는 바와 같이 칼란드리아 용기가 수평으로 설치되어 있다. 그리고 칼란드리아 용기에는 압력관을 설치하기 위해 용기를 관통하는 직경이 129 mm, 두께가 1.4 mm인 칼란드리아관이 수평으로 설치되어 있으며, 제어봉의 노심내 삽입을 위한 안내관이 수직으로 설치되어 있다.

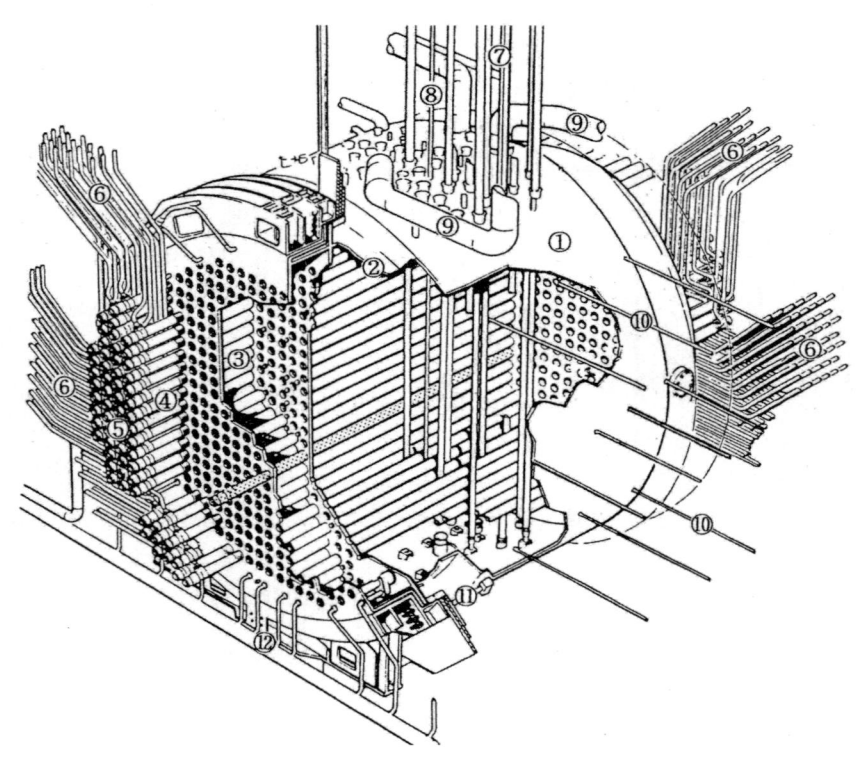

① 칼란드리아　　　　　② 칼란드리아 용기　　③ 칼란드리아관　　④ 압력관
⑤ 관단고정체　　　　　⑥ 급수관　　　　　　　⑦ 제어봉　　　　　⑧ 중성자 계측기
⑨ 안전관(relief pipe)　⑩ 중성자 계측기　　　⑪ 내진장치　　　　⑫ 차폐 냉각관

그림 4-2　CANDU 원자로의 내부 구조[3]

4.2.2 연료채널 구조

CANDU 원자로의 연료채널(fuel channel)은 칼란드리아관, 압력관, 관단고정체(end fitting) 그리고 관단마개(end closure) 등으로 구성되어 있다. 연료다발 12개가 장전되는 압력관은 칼란드리아 용기에 수평으로 설치된 칼란드리아관 내부에 설치되는데, 압력관을 수평으로 설치하면 무거운 노심을 지지해야 하는 구조상의 어려움이 있지만 원자로 가동 중에도 연료를 쉽게 교체할 수 있는 장점을 갖고 있다. 앞에서도 기술하였지만 칼란드리아 용기 내부에는 감속재인 중수가 들어 있는데, 중수는 60℃ 부근의 낮은 온도에서 감속 능이 좋다. 그러므로 고온의 압력관에서 전달해 오는 열을 차폐하기 위해 칼란드리아관과 압력관 사이에 틈새를 설치하고, 그 틈새에 열차폐용으로 70 kPa의 CO_2 가스를 주입한다. 그림 4-3에 CANDU 원자로의 연료채널 개략도가 있다.

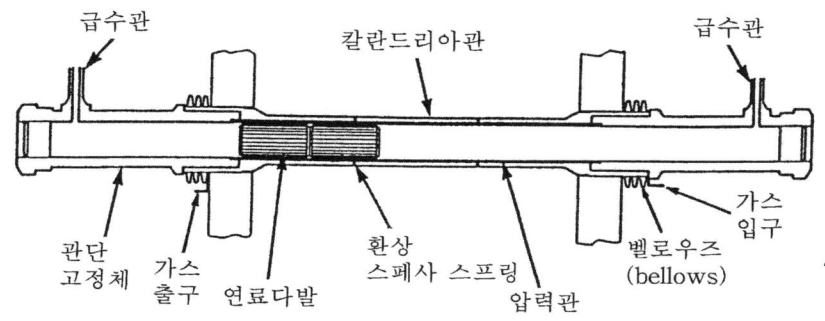

그림 4-3 CANDU 원자로의 연료채널 개략도[3]

중수로에서 압력관은 경수로의 압력용기와 같은 기능을 갖고 있으며, 각각의 압력관은 개별 배관으로 증기발생기의 1차계통과 냉각재 급수펌프에 연결되어 있다. 그리고 압력관의 양쪽 끝단은 304 SS 관단고정체와 롤드 조인트(rolled joint) 방법으로 결합시킨다. CANDU 원자로 압력관에는 환상의 스페사 스프링(annular spacer spring, garter spring이라고도 부름)이 일정한 간격으로 설치하여 압력관과 칼란드리아관의 간격을 유지하므로 압력관과 칼란드리아관이 접촉하는 것을 방지하고 있다.

압력관에 설치한 스페사 스프링은 원자로 가동 중에 진동 등에 의해 이동이 일어날 수 있는데, 이동이 일어나면 스프링과 스프링사이의 간격이 변하게 된다. 이러한 경우에 간격이 증가한 부위에서는 압력관의 자체 무게와 압력관에 장전된 연료의 무게 등으로 인해 수평방향으로 크리프가 일어난다. 만약에 압력관의 수평방향 크리프가 크게 일어나서 압력관과 칼란드리아관이 접촉하게 되면 접촉부위에서는 온도 저하가 일어나며, 이로 인한 수소의 집중으로 지연수소균열(delayed hydrogen cracking)이 발생하여 압력관을 파손시킬 수 있다. 실제로 CANDU 원자로에서는 이러한 종류의 파손이 많이 일어나고 있으며, 이에 대한 방지책으로 스페사 스프링의 개수를 증가시켜 스프링과 스프링사이의 간격을 줄임으로 압력관에 가해지는 굽힘 응력을 감소시키는 방안이 채택되고 있다.

4.2.3 칼란드리아 용기 재료

경수로에서 원자로 노심을 수납하는 압력용기는 고온·고압의 가혹한 조건에서 사용되므로 1,000 MWe급 가압경수로의 경우를 예로 들면 압력용기 두께가 약 200 mm나 되며, 압력이 낮은 비등경수로의 경우에도 용기 두께는 160 mm 정도로 상당히 두껍다. 이에 비해 중수로에서 원자로 노심을 수납하는 칼란드리아 용기는 1기압, 60℃의 저온·저압에서 사용되므로 용기 두께도 30 mm에 불과하다. 칼란드리아 용기는 저온·저압에서 가동되므로 고온·고압에서 가동되는 경수로 압력용기와는 다르게 내식성을 제외하고는 엄격한 조건이 요구되지 않는다. 그러므로 칼란드리아 용기 재료로는 내식성과 기계적 성질이 우수한 304L SS를 사용하고 있다. 한편 압력관이 설치되는 칼란드리아관(calandria tube)은 중성자 경제성과 내식성 그리고 감속재의 용존수소 농도가 높지 않은 것 등을 고려하여 원자로 개발 초기부터 재결정 지르칼로이-2를 사용하여 왔다.

4.3 Zr-2.5Nb 압력관

4.3.1 압력관 재료의 변천

CANDU 원자로는 연료로 천연우라늄을 사용하므로 중성자 경제성이 중요하다. 그러므로 CANDU 원자로의 압력관에서 요구하는 재료 특성은 우선 중성자 흡수단면적이 작아야 하며, 이 외에도 노심 재료에 합당한 기계적 성질과 내식성을 보유해야 한다. CANDU 원자로를 개발하기 시작한 1950년대에 이러한 조건에 적합한 재료로는 당시 비등경수로에서 피복관 재료로 개발된 지르칼로이-2가 있었는데, 이 재료는 압력관에서 요구하는 조건, 즉 중성자 흡수단면적이 작으며 고온의 냉각수에서 높은 강도와 내식성을 만족하는 것으로 알려져 있었다. 따라서 CANDU 원자로의 원형로(prototype reactor)인 NPD를 비롯하여 Douglas Point 그리고 Pickering 1호기와 2호기에서는 압력관 재료로 지르칼로이-2를 사용하였으며, 강도를 높이기 위해 냉간가공 방법으로 압력관을 제작하였다. 그러나 크리프 특성과 강도가 우수한 Zr-2.5Nb 합금의 개발로 지르칼로이-2는 Pickering 2호기 이후에는 사용되지 않았다.

Zr-Nb 합금은 구소련에서 원자로 개발 초기부터 많은 관심을 갖고 개발한 지르코늄 합금으로 지금도 가압경수로에서 고연소도용 피복관 재료로 사용되고 있는데, 1958년 제네바에서 개최된 원자력평화이용 회의에서 구소련은 Zr-Nb 합금의 우수한 특성에 관해 많은 논문을 발표하였다. 이에 새로운 압력관 재료를 개발 중이던 캐나다에서는 구소련의 연구 결과를 검토 분석한 결과 Zr-Nb 합금은 (1) Nb의 열중성자 흡수단면적이 1.1 barn으로 수% 정도 Nb를 함유해도 CANDU 원자로에서 압력관 재료로 사용하는데 문제가 없으며, (2) 부식 거동이 CANDU 원자로의 조건에서 허용할 수 있을 정도로 좋으며 그리고 (3) β상을 안정화시키는 Nb를 첨가하여 퀜칭·시효(quenching·aging) 처리를 하면 강도를 크게 향상시킬 수 있다는 결론을 얻었다. 특히 강도의 향상은 압력관 두께를 감소시켜 무게를 줄일 수 있으므로 결과적으로 중성자 흡수량을 감소시켜 원자로 노심의 중성자 밀도를 높이는데 기여한다.

이에 따라 캐나다에서는 새로운 압력관 재료로 Zr-Nb 합금에 관심을 갖게 되었는데, 처음에는 열처리 방법에 의한 개발을 추진하여 (1) 용체화처리(solution treatment) 온도를 800℃로 하면 최적의 강도 및 연성을 얻을 수 있으며, (2) 용체화처리 후 약 500℃에서 시효처리하면 강도를 증가시킬 뿐만 아니라 고온수에서 내식성이 향상되며, (3) 용체화처리 온도에서 급랭시킬 때 냉각 속도가 빠르면 빠를수록 경화가 크게 일어난다는 사실을 알게 되었다. 그리고 제조공정에 관련된 사항으로 용체화처리를 할 때 압력관 치수가 규격을 벗어나는 경우가 많이 있으므로 이에 대한 대책으로 용체화처리와 시효처리의 중간 단계에 5~15%의 냉간가공을 도입하였으며, 시효처리 후에 다시 직진도를 보정하는 직관화(straightening) 작업도 필요한 것을 알았다.

이러한 연구 결과를 토대로 열처리 방법에 의한 Zr-2.5Nb 압력관의 제조공정이 개발되었는데, 이 공정으로 제조된 압력관을 열처리형 Zr-2.5Nb(H.T. Zr-2.5Nb) 압력관이라 부르고 있다. H.T. Zr-2.5Nb 압력관은 캐나다의 Gentilly 1호기와 파키스탄의 KANUPP 그리고 일본에서 개발한 MOX 연료를 사용하는 개량 중수형 원형로 Fugen(1978년 가동, 2003년 운전 종료)에서도 사용하였다.

그러나 열처리 방법은 공정이 복잡하고 제품의 균질성을 확보하는데 어려움이 있으므로 새로운 압력관 제조 방법으로 열처리 대신에 냉간가공으로 압력관을 제조하는 방법이 개발되었으며, 이 방법으로 제조한 압력관을 냉간가공형 Zr-2.5Nb(C.W. Zr-2.5Nb) 압력관이라 한다. 냉간가공 방법은 열처리 대신에 가공경화로 압력관에서 요구하는 강도를 확보

표 4-2 CANDU 원자로의 압력관 재료 변천

발전소	국가	출력(MWe)	가동 연도	압력관 재료
NPD	캐나다	25	1962	C.W. Zr-2
Douglas Point	〃	218	1968	〃
Pickering 1~4	〃	542	1971~1973	C.W. Zr-2.5Nb[a]
Gentilly 1	〃	266	1971	H.T. Zr-2.5Nb
KANUPP	파키스탄	137	1972	〃
RAPP 1/2	인 도	100/200	1973/1981	C.W. Zr-2
Bruce 1~4	캐나다	825	1977~1979	C.W. Zr-2.5Nb
Gentilly 2	〃	675	1983	〃
Embalse	아르헨티나	648	1984	〃
Pickering 5~8	캐나다	540	1983~1986	〃
Point Lepreau	〃	635	1983	〃
Bruce 5~8	〃	915	1985~1987	〃
Darlington 1~4	〃	935	1990~1993	〃
Wolsung 1/2~4	한 국	679/700	1983~1999	〃

a) Pickering 1~2호기는 건설시에 C.W. Zr-2 압력관을 사용하였으나 1983년에 C.W. Zr-2.5Nb 압력관으로 교체하였다.

하는 방법으로 냉간 가공도가 25%인 C.W. Zr-2.5Nb 압력관은 열처리 방법으로 제조한 H.T. Zr-2.5Nb 압력관에 비해 강도는 약간 떨어지지만 C.W. Zr-2 압력관보다 40% 이상의 높은 강도를 갖는다. 그리고 C.W. Zr-2.5Nb 압력관은 크리프 특성과 내식성이 H.T. Zr-2.5Nb 압력관에 비해 큰 차이가 없는 반면에 압력관 가공시의 치수 안전성은 열처리 방법에 비해 양호하며 제조공정도 열처리 방법에 비해 간단하다.

이러한 연구 결과에 따라 CANDU 원자로는 표 4-2에서 보는 바와 같이 Pickering 3호기 이후에는 모두 C.W. Zr-2.5Nb 압력관을 사용하고 있으며, 우리나라에서 가동 중인 CANDU 원자로도 모두 C.W. Zr-2.5Nb 압력관을 사용하고 있다. 그리고 건설 당시에는 C.W. Zr-2 압력관을 사용하였던 Pickering 1호기와 2호기도 1983년에 모두 C.W. Zr-2.5Nb 압력관으로 교체하였다.

4.3.2 압력관 제조

가. 잉곳 제조

압력관 제조용 Zr-2.5Nb 합금 잉곳(ingot)은 소모전극을 이용하는 아크용해 방법으로 제조한다. 이 방법에서는 우선 스펀지 지르코늄(sponge zirconium)에 Zr-Nb 모합금과 Zr-Nb 합금 스크랩을 첨가한 후 프레스로 압축 성형하여 봉 모양의 브리켓(briquette)을 만들고, 이 브리켓을 진공 중에서 전자빔으로 금속 전극봉에 용접하여 소모전극을 만든다. Zr-2.5Nb 합금은 진공 아크로에서 소모전극과 원통형 수냉 Cu 도가니(crucible) 사이에서 발생하는 아크열로 용해시켜 제조하는데, 용해된 Zr-2.5Nb 합금은 Cu 도가니에서 응고시킨다. 그리고 응고된 합금은 조성의 균질화를 위하여 다시 금속 전극봉에 용접하여 재용해하며, 재용해시에 Cu 도가니의 직경을 증가시켜 최종적으로 직경이 600~700 mm 이고 중량이 5톤 정도의 잉곳을 제조한다.

CANDU 압력관에서 축·반경 방향으로 미세한 균열이 생기면 파괴인성이 악화되는데, 압력관에서 생기는 미세한 균열은 염소와 탄소의 국부적인 집중과 관계가 있다. 그러므로 염소와 탄소의 농도를 감소시키면 압력관의 파괴인성이 향상되는데, 지르코늄 합금은 아크용해 과정에서 염소가 감소하는 사실을 알게 되었다. 이에 따라 초기에는 압력관 제조용 잉곳을 2회 정도 용해하였으나 후에는 염소 함유량을 줄이기 위하여 용해 횟수를 증가시켜 4회 정도 용해하고 있다. 잉곳 제조가 완료되면 화학조성을 분석하고, 초음파로 잉곳 내부의 결함상태도 검사한다.

나. 열처리형 압력관 제조

열처리형(H.T., heat treated) Zr-2.5Nb 압력관의 제조공정이 그림 4-4에 있다. 열처리형 압력관을 제작하기 위해서는 우선 직경이 600~700 mm인 잉곳을 1,000℃에서 단조하여 직경이 200 mm인 봉으로 가공한다. 이와 같이 가공된 봉은 중심에 구멍을 뚫어 압출용 빌릿(billet)으로 만든다. 압출용 빌릿은 압출시에 윤활 효과를 주기 위해 Cu로 피복하는데,

Cu 피복은 윤활 효과와 함께 고온에서 산화를 방지하는 효과도 있다. 그러나 Cu와 지르코늄은 880℃ 부근에서 공정반응을 일으켜 용해되므로 Cu와 빌릿 사이에 얇은 강판을 삽입하여 압출시에 Cu와 지르코늄의 공정반응을 방지하고 있다. 빌릿은 800℃로 가열하여 소정의 치수로 압출하며 압출된 관은 질산으로 표면의 Cu를 용해시켜 제거한 후 10~15% 범위에서 냉간인발(cold drawing)을 하는데, 이 단계에서의 냉간인발은 압출관 형상을 조정하는데 목적이 있으므로 생략하는 경우도 있다.

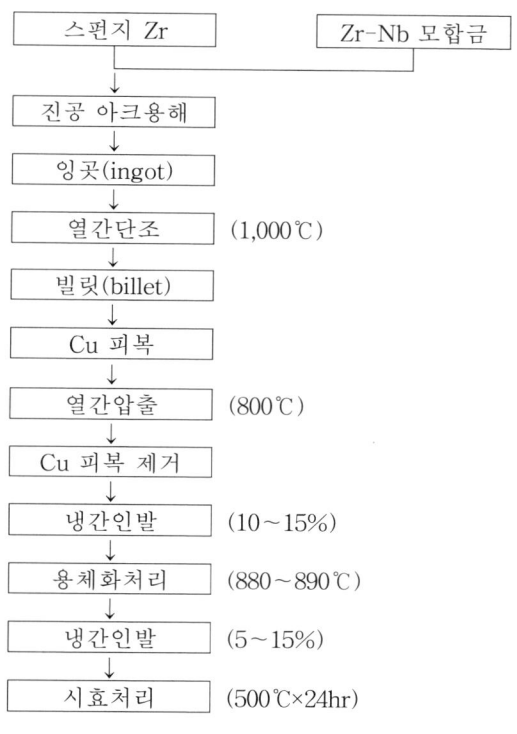

그림 4-4 열처리형 Zr-2.5Nb 압력관의 제조공정

이와 같이 제조된 압력관은 강도를 향상시키기 위해 용체화처리를 하는데, 강도와 파괴인성을 고려하여 $(\alpha+\beta)/\beta$영역인 880~890℃에서 수중에 넣어 급랭시키고 있다. 압력관의 용체화처리에서 온도는 압력관의 특성에 직접 영향을 주므로 용체화처리 온도의 허용 범위는 ±15℃ 이내로 제한하고 있다. 용체화처리가 끝나면 5~15% 범위에서 냉간인발을 하는데, 이 가공은 내식성 개선에 효과가 있는 것으로 알려져 있다. 이와 같은 공정이 끝나면 인장 특성을 향상시키기 위해 500℃에서 24시간 시효처리를 한다.

다. 냉간가공형 압력관 제조

냉간가공형(C.W., cold worked) 압력관의 제조공정이 그림 4-5에 있다. 그림에서 (a)는 기존의 제조공정이고, (b)는 치수 변화가 작게 일어나는 압력관을 제조하기 위해 연구된

개량공정의 예이다. 압력관 제조에서는 직경이 600~700 mm인 잉곳을 1,000℃에서 열간 단조하여 직경이 200 mm인 봉으로 가공한 후 재질의 균질화 및 결정립의 미세화를 위해 β영역인 1,000℃로 가열하여 수중으로 급랭시키는 β-퀜칭을 한다. 이와 같이 열처리된 봉은 중심에 구멍을 뚫어 압출용 빌릿(billet)으로 만든다. 그리고 이 빌릿은 압출시 윤활 효과를 높이기 위해 Cu로 피복하는데 지르코늄과 Cu는 880℃에서 공정반응을 일으켜 용해되므로, 이를 방지하기 위해 빌릿과 Cu 사이에 얇은 강판을 삽입하여 820℃ 부근에서 소정의 치수로 압출한다. 이 과정이 끝나면 관 표면의 Cu를 질산으로 용해시켜 제거하고

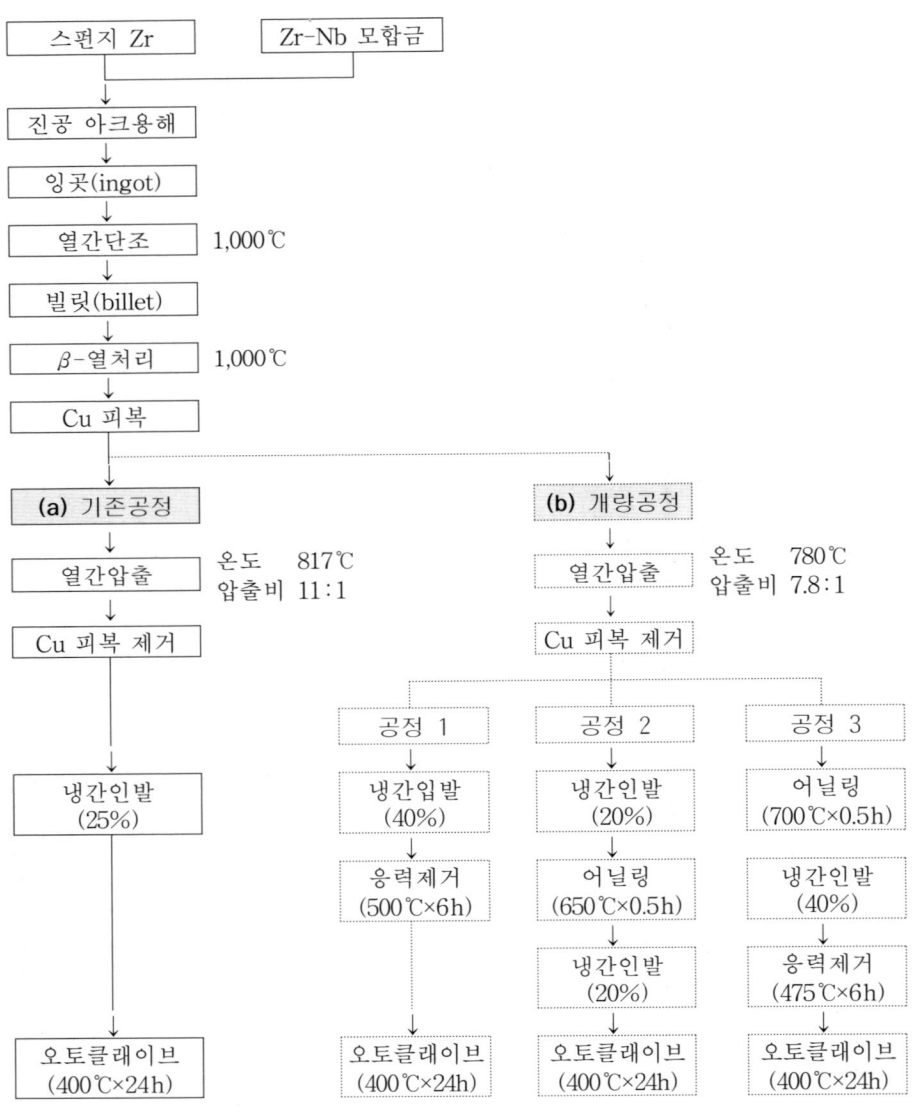

그림 4-5 냉간가공형 Zr-2.5Nb 압력관의 기존 및 개량 제조공정의 예[4]

내면과 외면을 연마한 다음 냉간인발(cold drawing)을 하는데, 인발 과정에서는 가공도가 20% 이내로 제한되므로 그 이상의 가공도가 필요한 경우에는 원하는 치수가 될 때까지 인발 공정을 반복하여 실시한다. 이와 같이 가공된 압력관은 최종 단계로 400℃의 오토클레이브에서 24시간 동안 어닐링 열처리를 하여 냉간가공에서 생긴 잔류응력을 제거한다.

지르코늄 합금은 결정구조가 cph로 이방성 격자구조를 갖고 있으므로 조사성장에 의해 치수 변화가 일어나는데, 치수 변화가 크게 일어나면 압력관의 건전성을 확보하기 어렵다. CANDU 압력관에서 일어나는 치수 변화는 주로 집합조직에 그리고 작지만 미세조직에도 영향을 받는데[5,6], 집합조직과 미세조직은 가공과 열처리 조건에 영향을 받는다. 이에 따라 치수 변화가 작게 일어나는 압력관을 제조하기 위해 가공과 열처리 조건을 바꾼 여러 공정이 연구되었다. 예를 들면 그림 4-5의 (b)에서 보는 바와 같이 냉간압출(cold extrusion) 온도를 기존 공정의 817℃에서 780℃로 약 40℃ 낮춘 대신에 냉간압출 비를 30% 감소시킨 조건에서 공정 1과 같이 강도 강화와 인성 향상을 위하여 냉간인발 비를 증가시키고 응력 제거 열처리를 추가하는 방법, 공정 2와 같이 가공에 따라 결정립이 길게 늘어나는 변형을 줄이기 위해 어닐링과 냉간인발을 추가하는 방법 그리고 공정 3과 같이 결정립 개량을 위해 어닐링과 응력제거 열처리를 추가하는 방법 등이 연구되었다.

4.3.3 압력관의 경화

가. 합금원소가 경화에 미치는 영향

Nb에 의한 경화

Zr-2.5Nb 합금에서 경화를 위해 첨가하는 합금원소에는 Nb와 산소가 있으며, 이 외의 다른 원소는 모두 불순물로 존재한다. 그림 4-6에 Zr-Nb계의 평형상태도가 있는데, 그림에서 보는 바와 같이 β-Zr에서는 Nb 고용도가 크므로 금속간화합물이 생성되지 않는다. 그러나 α-Zr에서는 Nb의 고용도가 작아서 공석반응(eutectoid reaction) 온도인 610℃에서도 Nb 고용도는 0.6% 정도에 불과하다. 그러므로 Zr-2.5Nb 합금을 β상으로 가열하여 용체화처리 후에 α영역에서 시효처리를 하면 경화가 크게 일어난다. Zr-2.5Nb 합금에서 일어나는 경화는 (1) 섬 모양의 초석 α상에 Nb가 고용되어 일어나는 고용경화, (2) Nb를 과포화 상태로 고용한 판상의 마르텐사이트 α'상에 의한 강제 고용경화 그리고 (3) 마르텐사이트 α'상 내부에서 석출하는 β-Nb상에 의한 석출경화 등에 의해 일어난다.

그림 4-7에 Nb 함유량과 열처리가 Zr-Nb 합금의 경화에 미치는 영향이 있는데 1,000℃에서 어닐링을 한 후 수중으로 급랭시키는 경우, 즉 용체화처리를 하는 경우에 일어나는 경화와 용체화처리 후에 500℃에서 시효처리를 하는 경우에 일어나는 경화를 보여 주고 있다. 이 결과를 보면 용체화처리에 의한 강제고용 효과와 용체화처리 후에 시효처리에 의한 석출경화 효과 등 두 효과를 함께 얻기 위해서는 Nb를 적어도 2.2 wt% 이상 첨가해야 하는 것을 알 수 있다. 따라서 강도의 관점에서 생각해 보면, Nb를 2.2 wt% 이상으로

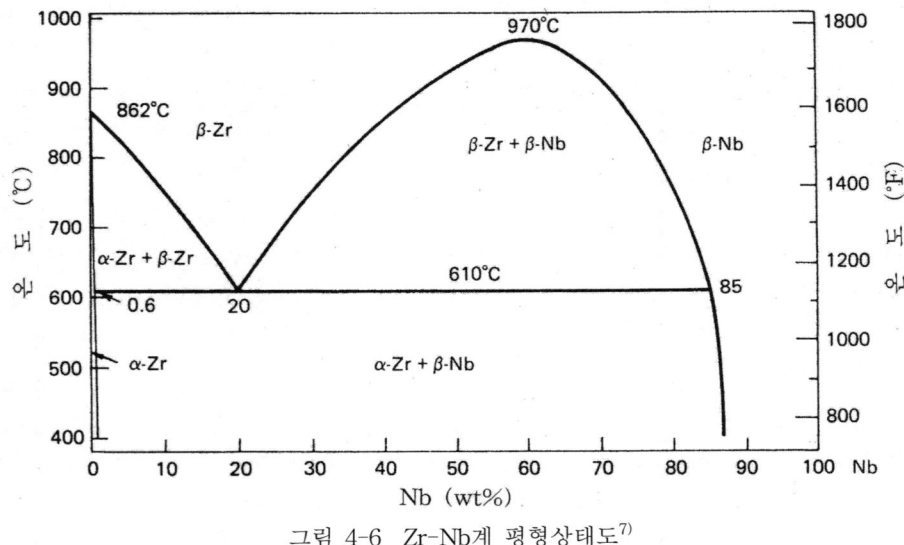

그림 4-6 Zr-Nb계 평형상태도[7]

많이 첨가하는 것이 바람직하다. 그러나 Nb를 3 wt% 이상 첨가하면 내식성과 연성이 악화되므로 CANDU 압력관용 Zr-Nb 합금에서는 Nb를 2.5~2.6 wt% 범위 내에서 첨가하고 있다.

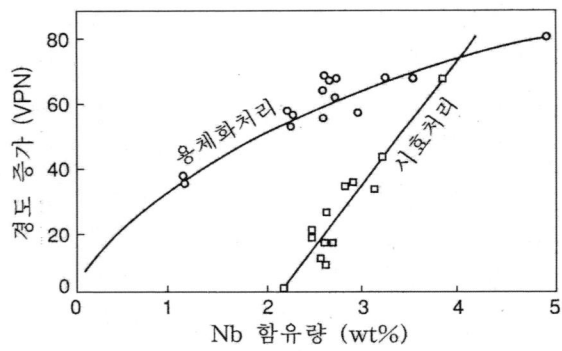

그림 4-7 Zr-Nb 합금에서 Nb 함유량과 열처리가 경화에 미치는 영향[8];
용체화처리는 1,000℃에서, 시효처리는 1,000℃의 용체화처리 후
500℃에서 하였다.

산소에 의한 경화

Zr-Nb 합금에서 산소는 Nb에 이어 중요한 합금원소인데 α-Zr에서 고용도가 크므로 고용경화에 의해 Zr-Nb 합금을 경화시킨다. 지르코늄 합금에서는 산소 함유량에 따라 경화가 일어나는데, 원자로 가동 온도인 300℃에서는 약 1300 ppm까지 산소 첨가량에 따라 경화가 일어나며, 그 이상으로 산소를 함유하면 오히려 강도의 감소와 함께 연성의 악화

가 일어난다. 그리고 산소 함유량이 2,500 ppm을 초과하면 가공성의 악화와 함께 내식성도 크게 떨어진다. 그러므로 Zr-Nb 합금에서 산소의 함유량은 보통 900~1,300 ppm 범위에 있다.

나. 열처리에 의한 경화

Zr-2.5Nb 합금은 고용경화, 강제 고용경화 그리고 석출경화 등에 의해 경화가 일어나므로 열처리에 크게 영향을 받는다. 따라서 적정한 열처리 방법의 선택은 압력관의 경화에 대단히 중요하다. 그림 4-8에 용체화처리(solution treatment) 온도가 Zr-2.5Nb 합금의 경화에 미치는 영향이 있는데, 그림에서 보는 바와 같이 765℃ 부근과 850~1,000℃ 범위에서 용체화시키는 경우에는 경화가 크게 일어나지만 800℃ 부근에서 용체화시키는 경우에는 경화가 약하게 일어난다. 그러므로 압력관 제조에서는 850~1,000℃ 영역에서 용체화시키는 방법을 채택하고 있다.

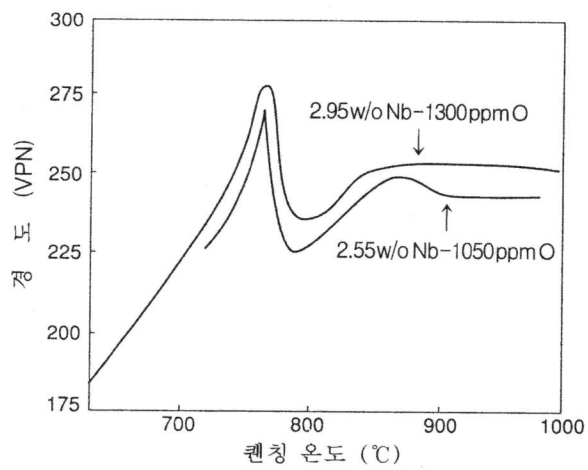

그림 4-8   용체화처리 온도가 Zr-2.5Nb 합금의 경화에 미치는 영향[8]

일반적으로 석출물이 미세하게 분포하면 할수록 높은 강도와 높은 인성을 얻을 수 있는데, Zr-2.5Nb 합금에서도 금속간화합물이 미세하게 분포하면 할수록 높은 강도와 높은 인성을 얻을 수 있다. Zr-2.5Nb 합금에서 β-Zr 석출상은 α'-Zr상에서 입자로 석출하는데, β-Zr상의 석출형태는 시효처리 온도와 처리시간에 영향을 받는다. 그러므로 적정온도에서 용체화시킨 후에 시효처리를 하면 α상에 강제로 고용되었던 Nb가 금속간화합물을 형성하여 석출하므로 경화가 일어난다.

그림 4-9는 500℃에서 시효처리 할 때 용체화처리 온도와 시효처리 시간이 경화에 미치는 영향을 보여 주는데, 용체화처리 온도가 높을수록 경화가 크게 일어난다. 그리고 적절한 경화를 얻기 위해서는 용체화처리 온도가 850℃ 이상이 되어야 하며, 24시간 정도의 시효처리에서 경화가 최대로 일어나고 시효처리 시간이 그 이상을 초과하면 경화가 감소

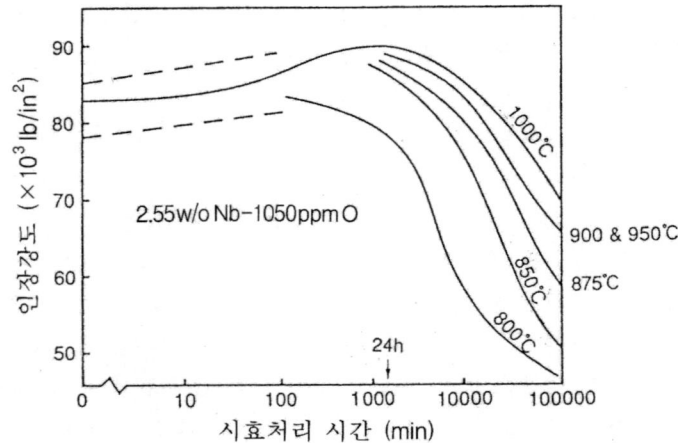

그림 4-9 500℃에서 시효처리하는 경우에 용체화처리 온도와 시효처리 시간이
Zr-2.5Nb 합금의 인장강도에 미치는 영향[8]

하기 시작한다.

　그림 4-10은 용체화 온도가 1,000℃일 때 시효처리 온도와 시간이 Zr-2.5Nb 합금의 경화
에 미치는 영향을 보여 주는데, 경화는 온도와 시간에 영향을 받아서 낮은 온도에서 시효
처리하면 경화가 크게 일어난다. 그러나 시효처리 온도가 낮으면 시효처리에 많은 시간이
소요되므로 500℃에서 24시간 시효처리하는 것을 최적의 시효처리 조건으로 보고 있다.
이에 따라 열처리형 Zr-2.5Nb 압력관 제조에서는 1,000℃에서 용체화시킨 후에 500℃에
서 24시간 동안 시효처리를 하고 있다.

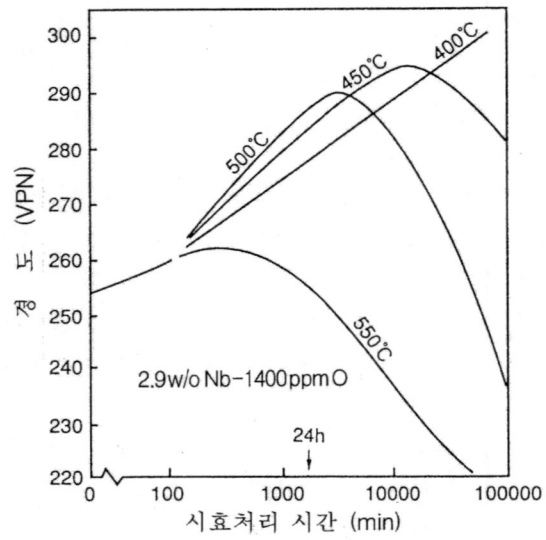

그림 4-10 1,000℃에서 용체화시킨 Zr-2.5Nb 합금의 경도에 미치는 시효처리 온도의 영향[8]

다. 냉간가공에 의한 경화

열처리형 Zr-Nb 합금(H.T. Zr-2.5Nb)에서는 고용경화, 강제 고용경화, 석출경화 등에 의해 경화가 일어나는데 반하여 냉간가공형 Zr-Nb 합금(C.W. Zr-2.5Nb)은 고용경화와 가공경화에 의해 경화가 일어난다. C.W. Zr-2.5Nb 압력관은 열간압출(hot extrusion) 후 25~30% 범위에서 냉간인발(cold drawing)하여 압력관을 제조하는데, 제조 단계에 따른 인장강도의 개략적인 변화가 그림 4-11에 있다.

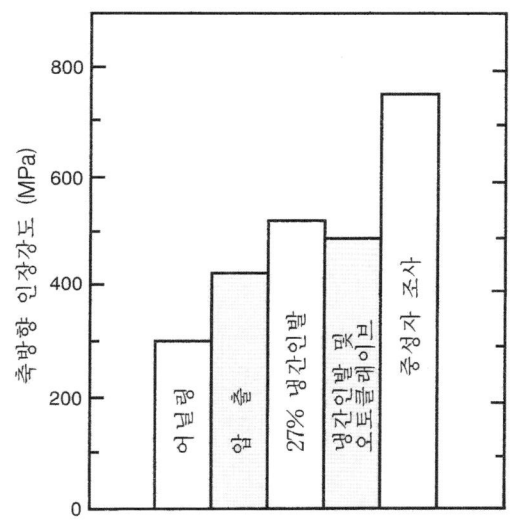

그림 4-11 C.W. Zr-2.5Nb 합금의 축방향 인장강도에 미치는 제조공정 및 중성자 조사의 영향[9]

C.W. Zr-2.5Nb 압력관 제조에서 냉간가공은 초석 α-Zr상에 큰 영향을 주는데, 초석 α-Zr상은 열간압출 단계에서 상당히 길고 두께가 얇은 형태로 변형되며, 뒤이은 냉간인발로 다시 길게 늘어나는 동시에 내부에 다수의 전위가 생성된다. C.W. Zr-2.5Nb 압력관은 이러한 조직변화에 의해 압력관에서 요구하는 경화를 얻을 수 있으며, 마지막 가공단계인 냉간인발을 거치면 그림 4-11에서 보는 바와 같이 열간압출보다 강도가 20% 이상 증가한다. 냉간인발 후에는 가공과정에서 생긴 잔류응력을 제거하기 위해 400℃에서 24시간 동안 오토클래이브 처리를 하는데, 처리 온도가 낮으므로 많은 전위가 그대로 잔류하여 열간압출보다 강도가 10% 이상 증가한다.

이러한 강도 증가에 의해 C.W. Zr-2.5Nb 합금은 복잡한 열처리 공정을 거치지 않아도 H.T. Zr-2.5Nb 합금에 가까운 높은 강도를 얻을 수 있다. 표 4-3에 초기에 압력관 재료로 사용되었던 C.W. Zr-2와 H.T. Zr-2.5Nb 그리고 C.W. Zr-2.5Nb 합금의 기계적 성질이 있는데, 표에서 보는 바와 같이 기계적 성질은 열처리 방법으로 경화시킨 H.T. Zr-2.5Nb 합금의 경우가 제일 양호하지만 C.W. Zr-2.5Nb 합금도 우수한 기계적 성질을 갖고 있다.

표 4-3 300℃에서 CANDU 압력관 재료의 기계적 성질[10]

압력관 재료	시험방법	항복강도 (MPa)	인장강도 (MPa)	파열강도 (MPa)	변형률 (%)	단면감소율 (%)
C.W. Zr-2	LT	310	372		26	55
	TT	345	359		23	54
	B	414		435	28	35
H.T. Zr-2.5Nb	LT	475	593		19	61
	TT	655	675		12	50
	B	635		751	2~5	20
C.W. Zr-2.5Nb	LT	365	524		15	50
	TT	530	559		23	54
	B	517		585	3~7	30

LT : 가공방향에 평행으로 인장, TT : 가공방향에 수직으로 인장, B : 내압 파열

4.3.4 부식 및 수소화

가. 부식거동

Zr-2.5Nb 합금의 부식거동은 조직과 밀접한 관계가 있으므로 합금 조성과 열처리 온도 그리고 열처리 후의 냉간가공 등에 영향을 받는다. 그러므로 동일한 조성의 합금이라도 열처리 조건과 냉간가공 조건에 따라 부식거동에 차이가 생긴다. 그림 4-12에 Zr-2.5Nb 합금을 β영역인 950℃와 (α+β) 영역인 825℃에서 퀜칭(quenching)하여 용체화시킨 후 사용온도에서 부식거동을 조사한 결과가 있다. 그림에서 보는 바와 같이 (α+β) 영역에서 용체화시키는 경우가 β영역에서 용체화시키는 경우보다 내식성이 우수하다.

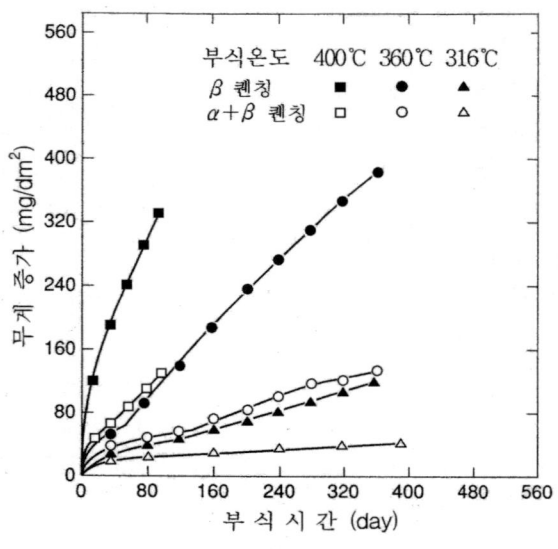

그림 4-12 Zr-2.5Nb 합금의 내식성에 미치는 용체화처리 온도의 영향[11]

열처리 방법으로 제조하는 H.T. Zr-2.5Nb 압력관은 그림 4-4의 제조공정에서 보는 바와 같이 용체화처리 후 냉간인발을 하고 다시 시효처리를 한다. 이와 같이 용체화처리와 시효처리 중간에서 냉간가공을 하면 그림 4-13에서 보는 바와 같이 내식성이 개선되는데, 냉간 가공도가 클수록 내식성이 개선된다. Zr-2.5Nb 합금을 $(\alpha+\beta)$ 영역이나 β영역에서 용체화처리 후 시효처리를 하면 α'-Zr상 내부에 강제 고용되었던 Nb가 β-Zr상의 입계에서 또는 쌍정 사이에서 Nb를 많이 함유한 β-Nb 석출물을 형성하므로 Zr 기지에 고용된 Nb 농도를 감소시킨다. 그리고 냉간가공은 α-Zr의 아결정립(subgrain) 생성과 입자가 큰 β-Nb 석출물의 생성을 촉진하므로 Zr 기지에 고용되는 Nb 농도를 감소시킨다. 이와 같이 Zr-2.5Nb 합금은 용체화처리나 냉간가공을 하면 Zr 기지의 Nb 농도가 감소하는데, 이러한 현상이 내식성을 개선시키는 것으로 보고 있다[12].

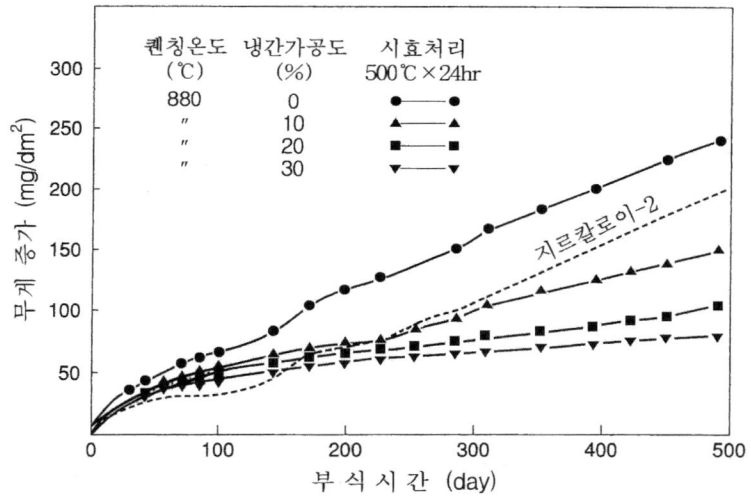

그림 4-13 Zr-2.5Nb 합금의 내식성에 미치는 냉간가공 및 시효처리의 영향[12];
부식온도 360℃

한편 원자로에서는 중성자 조사가 재료와 환경 측면에서 영향을 주므로 부식에 영향을 미친다. 재료 측면에서 보면 조사결함의 생성에 따른 조직변화가 그리고 환경 측면에서 보면 냉각수 분해에 따른 수질 변화가 영향을 미친다. 예를 들면 합금을 조사시키면 석출물이 형성되는 경우가 있는가 하면 반대로 석출물이 분해하는 경우도 있는데, 기지에서 석출물이 형성되면 석출물 주위에서는 합금원소의 농도가 감소하며 반대로 석출물이 분해되면 석출물 주위에서 합금원소의 농도가 증가하므로 부식에 영향을 줄 수 있다. 그림 4-14에 중성자 조사가 H.T. Zr-2.5Nb 합금의 내식성에 미치는 영향이 있다. 이 결과는 원자로에서 조사 중에 시험한 것이 아니고 원자로에서 조사시킨 후 외부로 인출하여 시험한 것으로 중성자 조사에 의해 부식이 억제되는 것을 보여 준다. 이러한 부식 억제는 조사시에 α-Zr 상에서 미세한 β-Nb 석출물이 형성되어 기지의 Nb 농도를 감소시키는 현상과

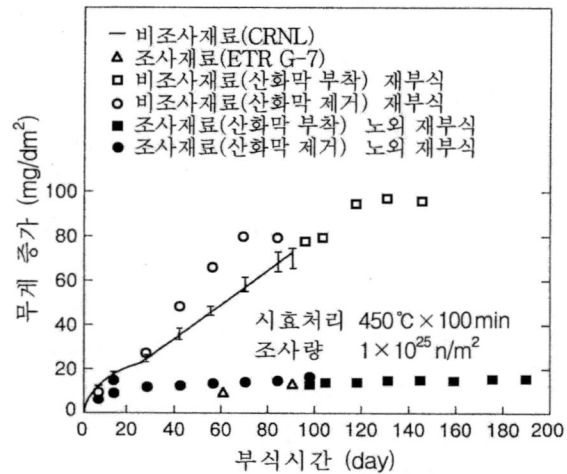

그림 4-14 250℃ 수중에서 중성자 조사가 H.T. Zr-2.5Nb 합금의 부식에 미치는 영향[11];
시편은 870℃ 용체화 후 15% 냉간가공 그리고 450℃×100분 시효처리 하였다.

밀접한 관계가 있는 것으로 보인다[11].

압력관의 부식거동은 냉각수의 용존산소에 의해서도 영향을 받는데, 합금에 따라 차이
가 있다. 예를 들면 지르칼로이-2는 노외(out-pile) 부식에서는 용존산소의 농도에 영향
을 받지 않지만 노내(in-pile) 부식에서는 용존산소에 영향을 받아서 냉각수의 용존산소
농도가 높아지면 부식속도가 가속된다. 반면에 Zr-2.5Nb 합금에서는 노내 부식과 노외
부식 모두 냉각수의 용존산소 농도에 영향을 받아서 용존산소 농도가 증가하면 부식속도
가 가속된다[13].

나. 수소화거동

CANDU 압력관에 흡수되는 수소는 대부분이 산화반응에서 발생하는 수소이며, 표면의
산화막을 통해 흡수된다. 지르코늄은 온도가 내려가면 수소의 고용한도가 급격하게 감소
하여 예를 들면 285℃에서는 고용한도가 약 60 at.ppm이지만 100℃ 이하에서는 1 at.ppm
이하로 급격하게 감소한다. Zr-2.5Nb 합금에서 온도에 따른 수소의 고용한도는 Colman[14]
이 제시한 아래 식으로 구할 수 있다.

$$C = 1.0 \times 10^3 \exp\left(\frac{-35000}{RT}\right) \text{at\%} \tag{4.1}$$

여기서 R은 이상기체상수 그리고 T는 절대온도인데, 온도에 따른 지르코늄 합금의 수소
고용한도를 나타낸 것이 그림 4-15에 있다.

Zr-2.5Nb 합금에서 수소의 고용한도는 취성을 평가하는데 중요한 척도로 활용되고 있
다. 지르코늄 합금에서 수소가 모두 고용되면 수소취성이 일어나지 않는다. 그러나 수소
가 고용한도를 초과하여 수소화물을 형성하면 취화를 일으키게 된다. 수소는 금속에서
확산이 잘 일어나는데, 지르코늄 합금에서도 온도 구배, 응력 구배, 농도 구배를 구동력으로

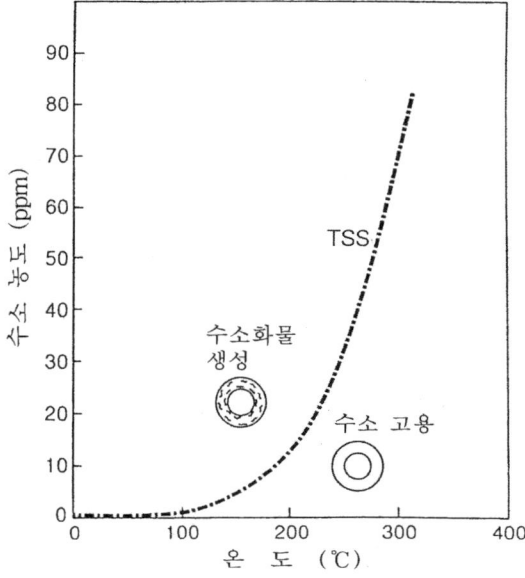

그림 4-15 지르코늄 합금의 수소 고용한도[3]

하여 확산이 일어난다. 즉 수소는 3장의 그림 3-62에 나타낸 바와 같이 온도가 높은 부위에서 낮은 부위로, 응력이 낮은 부위에서 높은 부위로 그리고 농도가 높은 부위에서 낮은 부위로 확산이 일어난다. 그러므로 수소의 평균 농도가 작을지라도 경우에 따라서는 국부적으로 수소가 고용한도 이상으로 집결하여 수소화물을 형성할 수 있는데, 지르코늄 합금 압력관에서 생성되는 수소화물의 배열 모형도가 그림 4-16에 있다.

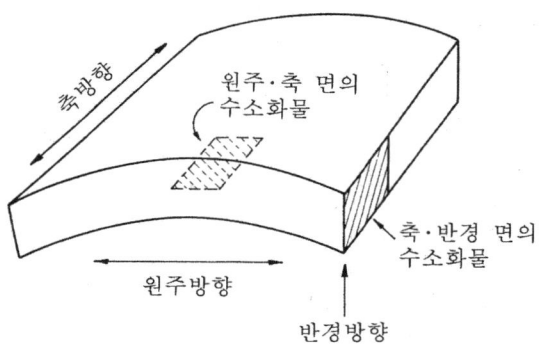

그림 4-16 압력관에서 수소화물의 배열 모형도[15]

압력관에서 수소화물의 생성방향은 집합조직과 응력방향에 영향을 받는데, 응력이 작은 경우에는 집합조직에 영향을 받고 응력이 큰 경우에는 응력방향에 영향을 받는다. CANDU 압력관은 제조할 때 밑면인 (0002)면이 표면과 나란하게, 즉 (0002) 집합조직이 원주방향으로 형성되도록 가공하고 있으며 압력관에 작용하는 후프 응력(hoop stress)의 설계 응력도 145 MPa에 불과하다[10]. 그러므로 압력관이 정상상태에 있으면 수소화물이 원주방향으로 생성된다.

그러나 압력관이 수소를 고용한도 이상으로 흡수하여 수소화물을 생성하면 체적이 약 14%나 증가하므로[16] 주위에는 응력이 발생하여 수소화물의 생성면에 평행방향으로, 즉 압력관의 원주방향으로 인장응력이 작용하게 된다. 따라서 수소화물이 국부적으로 대량 생성되는 경우에는 응력에 영향을 받아서 그림 4-17에서 보는 바와 같이 생성방향이 원주방향에서 반경방향으로 바뀌는 재배열이 일어나게 된다. 이러한 수소화물의 재배열은 압력관의 파단응력을 감소시키므로 건전성에 나쁜 영향을 준다. C.W. Zr-2.5Nb 합금에서 인장응력이 180~220 MPa 이상이고 일정시간 고온이 유지되면 원주방향으로 형성된 수소화물이 반경방향으로 바뀌는 재배열이 일어난다[3].

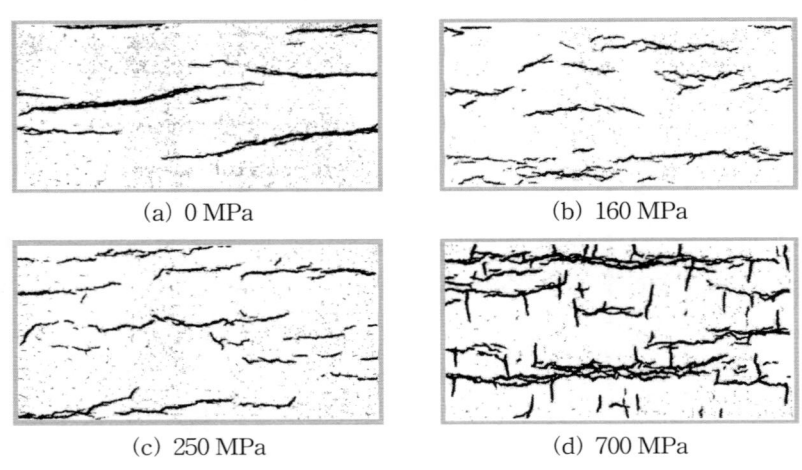

(a) 0 MPa   (b) 160 MPa

(c) 250 MPa   (d) 700 MPa

그림 4-17 C.W. Zr-2.5Nb 압력관의 후프 응력과 수소화물의 재배열[17]

다. 수소화가 파괴인성에 미치는 영향

파괴인성은 파괴가 일어날 때의 응력확대계수로 균열 성장에 대한 저항성을 나타내는데, 변형거동과 불순물에 영향을 받는다. Zr-2.5Nb 합금에서 파괴인성에 영향을 주는 불순물로는 잉곳 제조공정에서 함유되는 Cl, P, C 등[18]과 원자로 가동 중에 흡수하는 수소가 있다. 이들 원소는 문턱함유량(threshold level)이 있어서 일정량 이상을 초과해야 영향을 주는데, 중성자에 피폭되면 그 영향은 더욱 증폭된다[19,20].

파괴인성은 단순한 관계로는 표시되지 않지만 항복강도와 깊은 관계가 있는데, 일반적으로 경화가 일어나서 항복강도가 증가하면 파괴인성이 감소하고 반대로 연화가 일어나서 항복강도가 감소하면 파괴인성이 증가하는 경향이 있다. 그러므로 온도가 상승하여 연화가 일어나면 파괴인성이 증가하므로 고온에서는 취성파괴가 잘 일어나지 않는다. 이 외에도 파괴인성은 하중의 종류, 즉 하중을 가하는 속도에도 영향을 받아서 하중이 정적으로 작용하는 경우보다 동적으로 작용하는 경우에 더 작아진다. 그러므로 정적하중보다 동적

하중에서 파괴가 더 잘 일어난다.

앞에서도 기술하였지만 Zr-2.5Nb 합금의 파괴인성에 영향을 미치는 불순물 원소로는 Cl, P, C 등이 있으며, 압력관 제조에서는 이러한 불순물이 규정량 이상으로 함유되지 않도록 적극적으로 규제하고 있다. 그러므로 압력관의 파괴인성에 영향을 주는 원소는 주로 원자로 가동 중에 흡수되는 수소인데, 그림 4-18에 수소 함유량이 H.T. Zr-2.5Nb 압력관의 파괴인성에 미치는 영향이 있다. 이 결과는 Zr-2.5Nb 압력관을 실온에서 내압 파열시험과 예비 균열을 삽입한 시편을 굽힘시험하여 얻은 것으로 그림에서 보는 바와 같이 수소 함유량이 증가할수록 파괴인성이 감소한다. 특히 수소 함유량이 100 ppm을 초과하면 파괴인성의 감소가 더 크게 일어난다. 그러나 수소 함유량이 파괴인성에 미치는 영향은 온도에 의존하여 낮은 온도에서는 크게 나타나지만 300℃ 이상으로 온도가 상승하면 수소 함유량에 거의 영향을 받지 않는다[21].

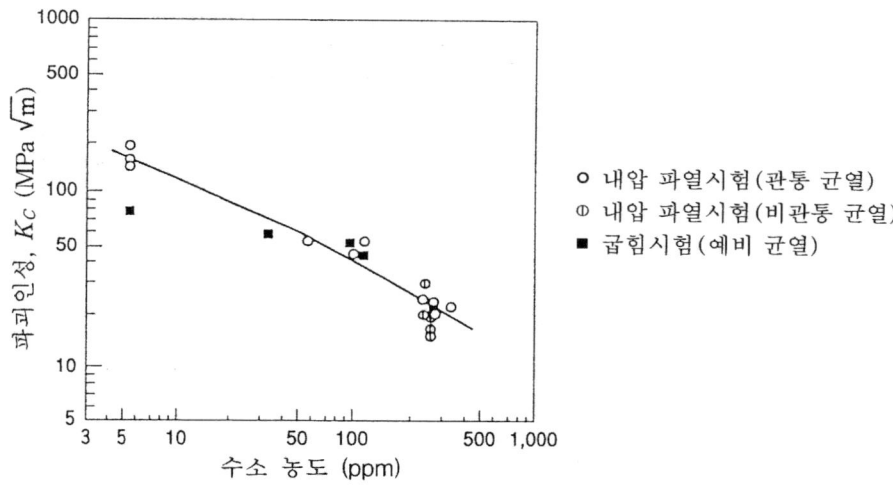

그림 4-18 H.T. Zr-2.5Nb 압력관의 파괴인성에 미치는 수소 함유량의 영향[22];
시험온도 상온(~20℃)

수소는 흡수량뿐만 아니라 수소화물의 생성방향도 파괴인성에 영향을 주는데, 수소화물의 방향성을 나타내는 척도로 수소화물 연속계수(HCC, hydride continuity coefficient)가 사용되고 있다. 수소화물 연속계수는 0과 1 사이의 값을 갖는데, 수소화물 생성량이 아주 적거나 또는 그림 4-19의 (a)에서 보는 바와 같이 원주방향으로 생성되어 있으면 수소화물 연속계수가 작다. 그러나 그림 (c)와 같이 많은 수소화물이 반경 방향으로 생성되어 있으면 수소화물 연속계수가 증가하는데, 연속계수가 증가하면 파괴인성이 감소하므로 작은 응력이 가해져도 파괴가 일어난다. CANDU 원자로에서 일어나는 압력관 파손은 수소화물의 생성에 의해 일어나므로 수소화물의 생성량과 방향성은 압력관의 건전성을 평가하는데 중요한 자료로 활용된다.

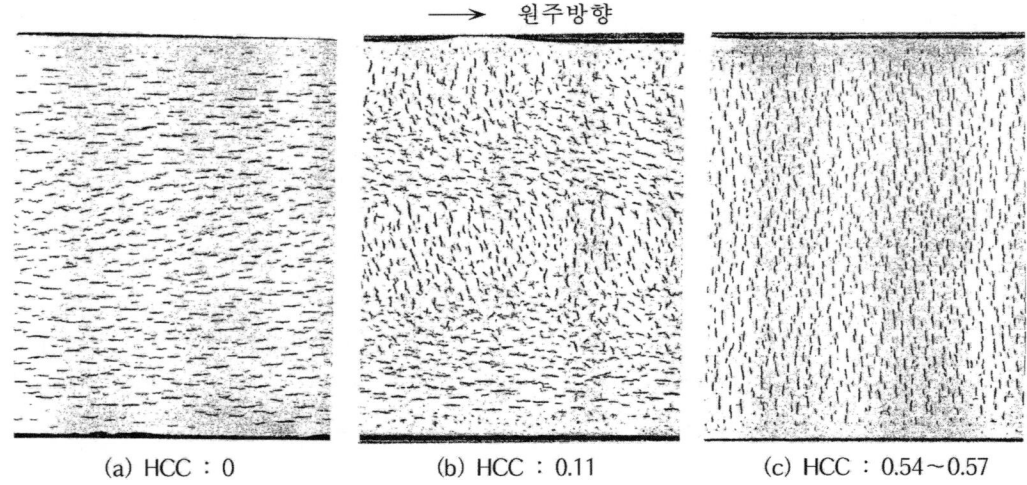

(a) HCC : 0   (b) HCC : 0.11   (c) HCC : 0.54~0.57

그림 4-19 Zr-2.5Nb 압력관에서 수소화물의 배열상태와 연속계수 (HCC)[23]

앞에서 기술한 바와 같이 수소화물 연속계수가 증가하면 파괴인성이 감소하는데, 그림 4-20에 연속계수가 Zr-2.5Nb 압력관의 파괴인성에 미치는 영향이 있다. 그림에서 보는 바와 같이 수소화물 연속계수가 파괴인성에 미치는 영향은 온도에 따라 큰 차이가 있는 데, 낮은 온도에서는 크게 영향을 주지만 온도가 높아지면 영향이 작아진다. 예를 들면 저온인 20℃에서는 수소화물 연속계수가 0.1 정도로 작아도 파괴인성이 크게 감소하는데 비해 240℃에서는 연속계수가 ~0.5 이상으로 크게 증가하지 않으면 파괴인성이 거의 영향을 받지 않는다.

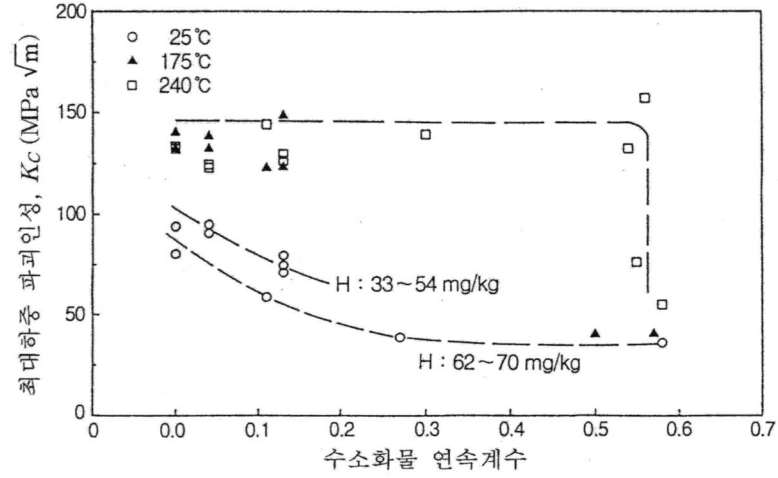

그림 4-20 Zr-2.5Nb 압력관에서 수소화물 연속계수가 파괴인성에 미치는 영향[23]; 온도에 따라 파괴인성에 미치는 영향이 다른 것을 보여 준다.

4.3.5 조사거동

가. 인장 및 파열특성

순수한 지르코늄의 경우는 조사온도가 높고 조사량이 많으면 석출물이나 입계 주위에서 작은 캐비티(cavity)가 생성되지만[24~26], 지르코늄 합금은 온도가 높고 조사량이 많아도 캐비티는 생성되지 않으며 전위루프와 전위만이 생성된다. 그러므로 CANDU 압력관에서도 조사결함으로는 전위루프와 전위만 생성되며, 이것에 의해 경화가 일어난다.

그림 4-21은 냉간가공형 Zr-2.5Nb(C.W. Zr-2.5Nb) 압력관을 250℃에서 조사시킨 경우에 조사량에 따른 횡방향 항복강도의 변화를 보여주는데, 조사 초기에는 조사량에 따라 급격

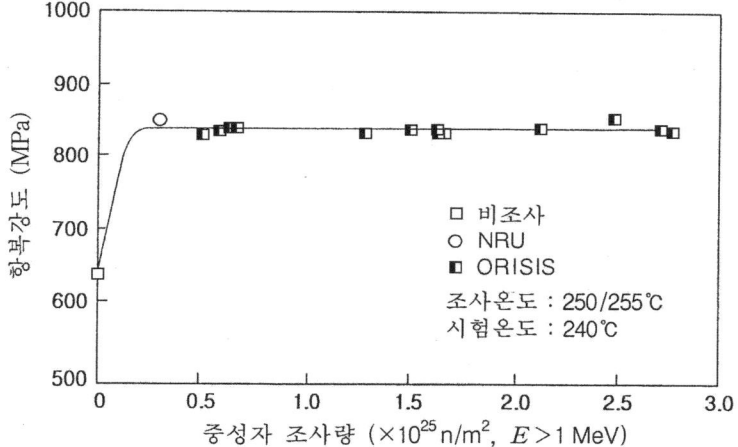

그림 4-21 C.W. Zr-2.5Nb 압력관의 조사량에 따른 횡방향 항복강도[20]

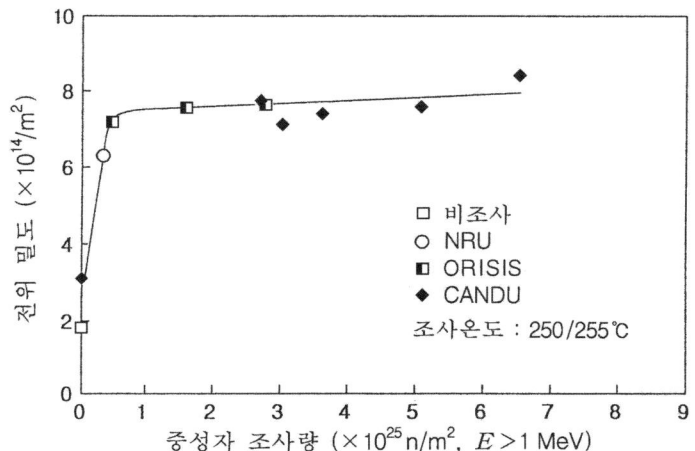

그림 4-22 조사량에 따른 C.W. Zr-2.5Nb 압력관의 a-형 전위 ($b = 1/3[20\bar{2}0]$) 밀도[20];
[20$\bar{2}$0] 면에서 관찰하였다.

한 경화가 일어나다가 조금 지나면 포화되어 조사량이 증가해도 더 이상의 경화는 일어나지 않는다. 즉 조사량이 ~$0.3 \times 10^{25} n/m^2 (E > 1 MeV)$에 도달할 때까지 항복강도는 20~30% 정도 급격하게 증가하다가 그 이상의 조사량에서는 조사량이 증가해도 더 이상의 경화는 일어나지 않는다.

이와 같은 조사경화의 포화 현상은 다른 지르코늄 합금에서도 잘 나타나고 있는데, 조사량에 따른 조사결함의 포화로 설명할 수 있다. 그림 4-22는 C.W. Zr-2.5Nb 압력관을 250℃에서 조사시킨 경우에 조사량에 따라 생성된 a-형(a-type) 전위의 밀도를 보여 주는데, 조사경화를 일으키는데 기여하는 a-형 전위는 초기에는 조사량에 따라 급격하게 증가하다가 조사량이 ~$0.3 \times 10^{25} n/m^2 (E > 1 MeV)$에 이르면 포화되어 조사량을 증가시켜도 전위 밀도는 더 이상 증가하지 않는다.

CANDU 원자로 압력관에는 고온·고압의 냉각수가 순환하므로 내압에 의한 파열특성도 중요하다. 표 4-4에 열처리형 Zr-2.5Nb(H.T. Zr-2.5Nb) 압력관과 냉간가공형 Zr-2.5Nb (C.W. Zr-2.5Nb) 압력관의 파열특성이 있는데, H.T. Zr-2.5Nb 압력관이나 C.W. Zr-2.5Nb 압력관 모두 조사에 의해 후프 응력(hoop stress)은 증가하고 연성은 감소한다.

표 4-4 중성자 조사가 Zr-2.5Nb 압력관의 파열특성에 미치는 영향 ($E > 1 MeV$)

합 금	온도 (K)	조사량 (n/m^2)	후프 응력 (MPa)	원주방향 변형률 (%)	두께 감소율 (%)
H.T. Zr-2.5Nb[27]	573	비조사	745	1.5	5~30
		1.2×10^{25}	1080	< 1	< 14
C.W. Zr-2.5Nb[9]	575	비조사	595	1.7	30
		0.8×10^{25}	772	1.3	17

나. 파괴인성

압력관의 파괴인성은 조사에 따른 결함 생성과 수소 흡수에 따른 수소화물 생성 그리고 온도에 영향을 받는데, 일반적으로 항복강도가 증가하면 파괴인성이 감소한다. 지르코늄 합금이 중성자에 조사되면 경화가 일어나므로 파괴인성이 감소하는데, 조사량에 따른 H.T. Zr-2.5Nb 압력관의 파괴인성이 그림 4-23에 있다. 그림에서 보는 바와 같이 조사 초기에는 조사량에 따라 파괴인성이 감소하다가 조사량이 어느 한도에 도달하면 그 후에는 조사량이 증가해도 파괴인성은 별로 영향을 받지 않는다. 조사량에 따른 파괴인성의 감소는 고온보다 저온에서 크게 일어난다.

압력관의 파괴인성에 미치는 수소화물과 조사량의 영향은 그림 4-20과 그림 4-23에서 보는 바와 같이 조사량보다는 수소화물이 더 크게 영향을 미치는데, 특히 수소화물의 연속계수가 크게 영향을 미친다. 압력관에 수소화물이 많이 생성되면 응력이 크게 발생하여 축방향으로 생성되었던 수소화물이 반경방향으로 재배열이 일어나서 수소화물 연속계수를 증가시키므로 파괴인성이 크게 감소한다.

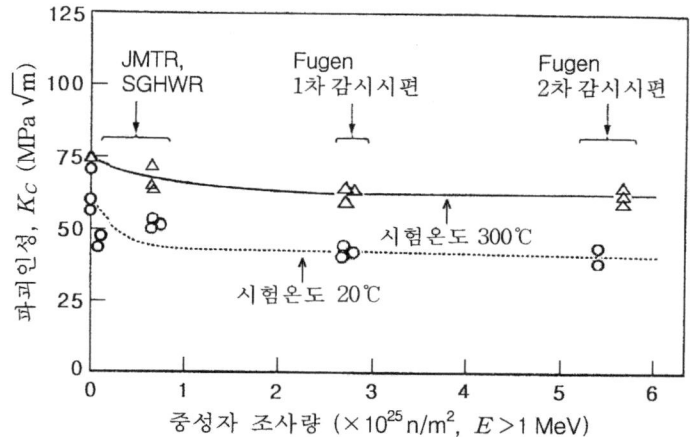

그림 4-23 조사량이 H.T. Zr-2.5Nb 압력관의 파괴인성에 미치는 영향[22]

다. 산화 및 수소화

압력관의 부식은 온도와 용존산소에 영향을 받는데, CANDU 원자로에서 압력관의 길이 방향에 따른 온도와 중성자속(neutron flux)의 분포가 그림 4-24에 있다. 그림에서 보는 바와 같이 압력관의 온도는 냉각재가 들어오는 입구 측보다 냉각재가 나가는 출구 측에서 높은데, 냉각재의 온도를 보면 출구 측이 310℃로 입구 측의 266℃보다 약 40℃ 정도 더 높다. 그리고 용존산소 농도에 영향을 주는 중성자속은 압력관의 중앙에서 가장 높으며 양 쪽 끝단으로 갈수록 작아진다.

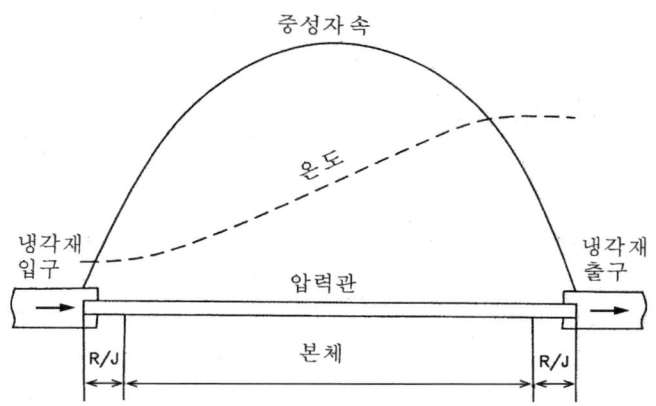

그림 4-24 CANDU 원자로 압력관의 길이 방향에 따른 중성자속 및
온도의 분포[18]; R/J : rolled joint

CANDU 원자로의 압력관에서 일어나는 산화거동의 예로, Pickering 1호기와 2호기에 서 초기에 사용한 C.W. Zr-2 압력관과 Pickering 3호기와 4호기에 사용한 C.W. Zr-2.5Nb

압력관의 산화막 두께를 측정한 결과가 그림 4-25에 있다. 그림에서 보는 바와 같이 초기에 사용하던 Zr-2 압력관은 Zr-2.5Nb 압력관에 비해 산화가 크게 일어난다. 그리고 냉각재 입구 측보다 냉각재 출구 측에서 산화가 크게 일어나는데, 이것은 냉각재 출구 측이 입구 측에 비해 온도가 높기 때문이다. 한편 중성자속이 산화에 미치는 영향은 중성자속이 큰 경우가 작은 경우에 비해 산화가 크게 일어나는데, 이는 방사선에 의한 냉각수 분해로 생성되는 용존산소와 관계가 있다.

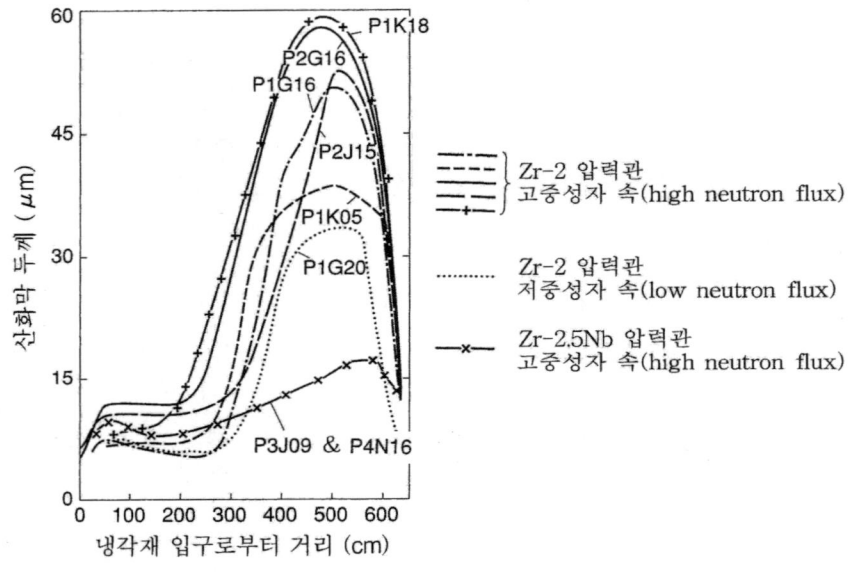

그림 4-25 CANDU 원자로에서 인출한 압력관의 길이 방향에 따른
산화도 분포[28]

지르코늄 합금에서 산화와 수소화는 상당히 복잡한 관계를 갖고 있다. 즉 냉각재에 과잉의 수소가 존재하면 용존산소의 농도를 저하시켜 산화가 작게 일어나지만 수소 흡수는 증가하며 반면에 냉각재에 과잉의 용존산소가 존재하면 산화량은 증가하지만 산화막의 두께 증가로 수소 흡수가 감소하는 양면성을 갖고 있다. 그러나 일반적으로 보면 지르코늄 합금에서 일어나는 산화와 수소화는 밀접한 관계를 갖고 있어 산화량이 증가하면 수소 흡수량도 증가한다.

그림 4-26은 Pickerling 1~4호기에서 인출한 압력관의 산화와 수소화의 관계를 나타낸 것으로 그림에서 보는 바와 같이 Zr-2 압력관이나 Zr-2.5Nb 압력관 모두 산화량에 따라 수소 흡수량이 증가하는데 비례 관계는 산화 정도, 합금 종류 그리고 중성자속에 영향을 받는다. 예를 들면 Zr-2 압력관은 산화 초기에는 산화량에 대한 수소 흡수량의 비율이 작지만 산화가 진행됨에 따라 수소 흡수량의 비율이 증가한다. 그리고 산화량에 대한 수소 흡수량은 중성자속에도 영향을 받아서 중성자속이 크면 수소 흡수량이 많고 중성자속이 작으면 수소 흡수량이 작다.

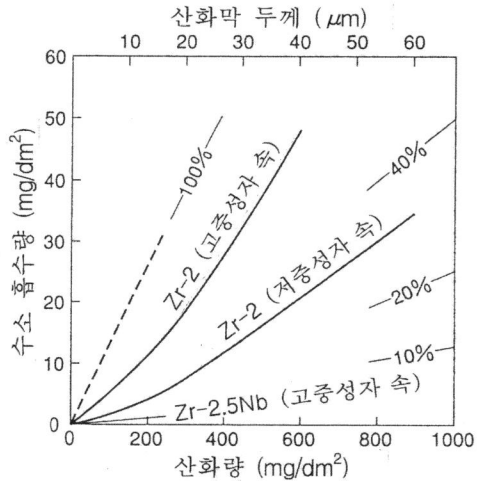

그림 4-26 CANDU 원자로에서 인출한 압력관의 산화량과
수소 흡수량의 관계[28]

Zr-2.5Nb 압력관과 Zr-2 압력관의 산화에 따른 수소 흡수량을 비교해 보면 Zr-2.5Nb 압력관의 경우가 아주 작은데, 합금 종류에 따른 수소 흡수량의 차이는 석출물의 생성과 깊은 관계가 있는 것으로 알려져 있다[18]. 즉 Zr-2 압력관에서는 $Zr(Fe,Cr)_2$와 $Zr_2(Fe,Ni)$ 등과 같은 석출물이 생성되어 수소 이온의 환원반응 장소로 활용되므로 수소 흡수가 촉진되는데 비해 Zr-2.5Nb 압력관에서는 석출물이 무시할 수 있을 정도로 적게 생성되므로 수소 흡수가 작게 일어난다.

압력관에서 수소 흡수량이 고용한도를 초과하지 않으면 문제가 되지 않을 것으로 생각할 수 있다. 그러나 수소가 고용한도 이하로 존재해도 온도 구배나 응력 구배가 구동력으로 작용하여 수소를 국부적으로 집결시킬 수 있으므로 부분적으로 고용한도를 초과하여 수소화물을 형성할 수 있다. 일반적으로 압력관은 제조시에 평균적으로 5~10 ppm의 수소를 함유하지만 원자로 가동에 따라 계속 수소를 흡수하므로 압력관의 수소 농도는 원자로 가동시간에 따라 증가한다.

압력관의 수소 흡수는 원자로 가동 초기에는 주로 압력관과 스테인리스강 관단고정체의 갈바니 작용(galvanizing)에서 생성되는 수소를 압력관과 관단고정체의 결합 부위를 통해 흡수하며, 일정 시간이 경과하면 압력관의 산화에서 발생하는 수소를 흡수한다. 특히 압력관과 관단고정체의 결합이 부적절한 경우에는 잔류응력이 크게 생기는데, 이러한 잔류응력은 수소를 집결시키는 구동력으로 작용한다. CANDU 원자로의 압력관 관단 부위에서는 그림 4-27에서 보는 바와 같이 수소 농도의 피크(peak)가 나타나는데, 원자로의 가동시간 증가에 따라 수소 농도의 피크가 더욱 커지는 동시에 피크 폭도 증가한다. 이에 따라 지연수소균열(DHC, delayed hydrogen cracking)이 일어나 압력관을 파손시킬 가능성이 그만큼 높아지게 된다.

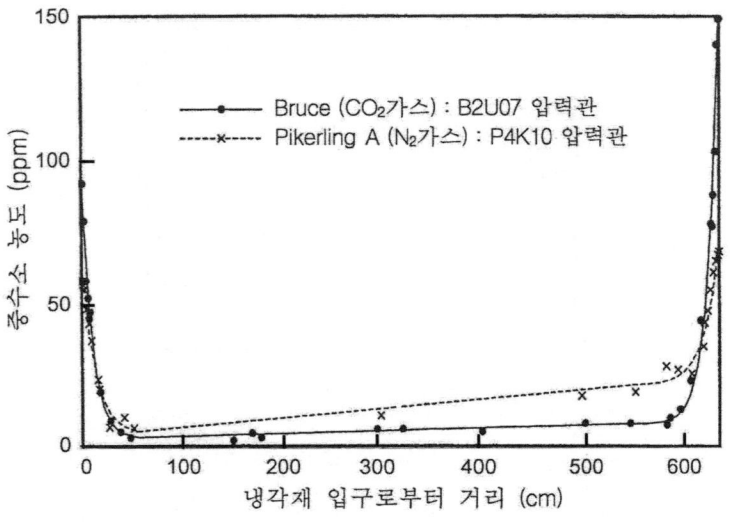

그림 4-27 CANDU 원자로 압력관의 수소 흡수[29]

　　CANDU 원자로에서 일어나는 Zr-2 압력관과 Zr-2.5Nb 압력관의 부식을 비교해 보면, 원자로의 사용수명인 30년 동안에 Zr-2 압력관에서는 $400\,\mu m$ 정도의 산화막이 생성될 것으로 추정되는데 비해 Zr-2.5Nb 압력관은 산화의 가속화가 일어나더라도 $100\,\mu m$ 정도의 산화막이 생성될 것으로 예측하고 있다[3]. 지르코늄 합금은 산화막이 일정한 두께 이상으로 생성되면 산화막의 이탈 현상으로 산화의 가속화가 일어나는데, Zr-2.5Nb 압력관은 그림 4-28에서 보는 바와 같이 4,200 EFPD(effective full power day)에서도 산화막 두께는 $20\,\mu m$ 이하로 산화의 가속화는 일어나지 않았다.

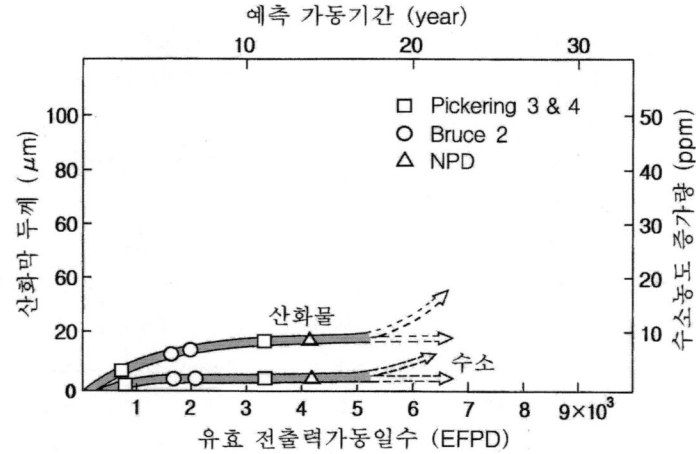

그림 4-28 C.W. Zr-2.5Nb 압력관의 사용기간에 따른 산화 및 수소화 거동[3]

라. 지연수소균열 (DHC)

탄성영역에서 균열 선단 (crack tip)의 응력상태는 응력확대계수 K_I으로 표시할 수 있는데, K_I은 균열 선단에서 소성변형이 작게 일어나는 경우에도 적용할 수 있다. 탄성영역에서 응력확대계수 K_I은 아래와 같이 표시된다.

$$K_1 = F\sigma_I \sqrt{\pi a} \tag{4.2}$$

여기서 F는 균열상태, 구조물 형태, 하중 종류 등에 의존하는 정수이며 σ는 응력 그리고 a는 균열의 반 길이이다.

지연수소균열 (DHC, delayed hydride cracking)이 일어나기 위해서는 수소화물 앞의 균열 선단에서 응력확대계수 K_I이 K_{IH} (threshold stress intensity factor, DHC가 일어나기 시작하는 응력확대계수)를 초과해야 한다. K_{IH}는 항복강도, 온도, 집합조직, 미세조직 그리고 원자로 가동에 따른 조사량과 수소 농도 등에 영향을 받는데, 이 인자들은 서로 상관관계를 갖고 있다. 따라서 각각의 인자가 개별적으로 K_{IH}에 미치는 영향을 평가하는 것은 어렵다. 그러므로 주로 수소 농도와 중성자 조사량이 DHC의 생성과 전파에 미치는 영향에 관한 연구가 수행되었다[30].

중성자 조사가 Zr-2.5Nb 합금의 K_{IH}에 미치는 영향을 통계적으로 처리한 결과[18]를 보면, 중성자를 조사시킨 경우에는 K_{IH}가 $7.0 \pm 2.1(2\sigma) \mathrm{MPa}\sqrt{m}$ 인데(σ는 표준편차) 비해 조사시키지 않은 경우에는 K_{IH}가 $8.7 \pm 4.0(2\sigma) \mathrm{MPa}\sqrt{m}$로 조사를 시키면 K_{IH}가 작아진다고 볼 수도 있다. 그러므로 조사시킨 경우가 비조사의 경우에 비해 균열이 빠르게 전파한다고 생각할 수 있다. 그러나 시험 결과에 편차가 큰 것을 생각한다면 좀 더 신중한 검토가 필요하다. 지르코늄 합금에서 DHC가 일어나기 위해서는 아래와 같은 조건을 만족해야 한다.

(1) 수소가 고용한도 이상으로 존재하여 수소화물을 생성할 것
(2) 균열이 존재하는 동시에 균열에 높은 인장응력이 작용할 것
(3) 수소화물이 인장응력에 수직방향으로 배열할 것
(4) 균열 선단에서 응력확대계수 K_I이 DHC 임계값 K_{IH}보다 클 것

그러므로 DHC가 일어나기 위해서는 우선 수소화물이 생성되어야 한다. 압력관에서 수소 농도가 고용한도보다 작으면 수소화물이 생성되지 않는다. 그러나 앞에서도 기술하였지만 수소는 온도, 응력, 농도에 따라 이동이 일어나므로 수소의 평균 농도가 고용한도보다 작은 경우에도 국부적으로 수소의 집중 현상이 일어날 수 있으며, 수소가 고용한도를 초과하면 수소화물을 생성한다. 그리고 수소화물이 생성되면 체적이 증가하여 주위에 응력장을 형성된다. 그러므로 수소화물이 대량으로 생성되면 응력이 크게 발생하여 수소화물의 생성방향이 원주방향에서 반경방향으로 바뀌는 소위 수소화물의 재배열이 일어나므로 DHC가 일어날 수 있는 조건이 형성된다.

DHC는 압력관을 파손시키는 주요 원인의 하나로 지금도 CANDU 원자로에서 문제가 되고 있다. 그리고 DHC 속도는 압력관의 냉각재 누설을 탐지한 때부터 원자로 가동을 중

지할 때까지 허용되는 시간을 결정하는데 중요한 요소가 되므로 캐나다에서는 압력관의 인출시험에서 검사항목으로 규정하고 있다.

그림 4-29는 CANDU 원자로에서 인출한 C.W. Zr-2.5Nb 압력관의 냉각재 입구측(냉각수 온도 250℃)과 출구측(냉각수 온도 290℃)의 DHC 속도를 상온에서 측정한 결과인데 DHC 속도는 온도가 높은 출구측보다 온도가 낮은 입구측에서 높았다. DHC 속도는 그림에서 보는 바와 같이 조사 초기에는 급격하게 증가하다가 $0.3 \sim 1 \times 10^{25}$ n/m^2 ($E > 1$ MeV)의 조사량에서 포화되는데, 비조사 재료에 비해 균열 성장속도가 3~5배 정도 빠르다[31]. 조사 후에 어닐링하여 조사결함을 제거하면 DHC 속도가 감소한다[31].

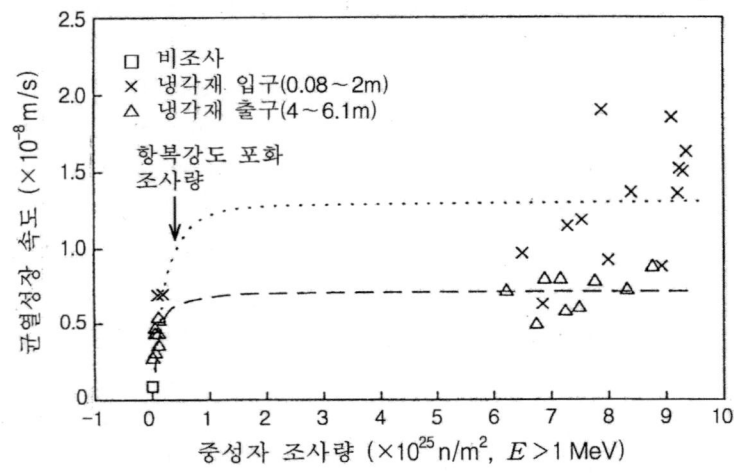

그림 4-29 C.W. Zr-2.5Nb 압력관에서 축방향 DHC 속도의 조사량 의존성[32];
조사온도 250~290℃

항복강도의 조사량 의존성을 나타낸 그림 4-21과 DHC 속도의 조사량 의존성을 나타낸 그림 4-29를 비교하여 보면 항복강도의 포화와 DHC 속도의 포화가 비슷한 조사량에서 비슷한 경향으로 일어나는 것을 알 수 있다. 그러므로 조사에 따른 DHC 속도의 증가는 조사경화와 관계가 있다고 볼 수 있다. 그러나 지르코늄 합금에서 일어나는 DHC는 수소화물에 의해 일어나므로 DHC 속도는 조사량보다는 수소 흡수와 수소 고용도에 영향을 주는 조사온도에 더 크게 영향을 받는다.

지르코늄 합금에서 DHC 속도에 영향을 주는 수소의 확산계수는 온도에 따라 지수함수적으로 증가한다. 물론 온도가 상승하면 수소의 고용한도가 증가하므로 수소화물 생성에 더 많은 수소가 필요하지만 이것에 비해 확산계수 증가에 따른 수소의 이동이 더 크게 일어난다. 그러므로 온도가 상승하면 DHC 속도가 상승하게 된다. 그림 4-30은 압력관의 냉각수 입구측 온도인 290℃와 출구측 온도인 250℃에서 조사시킨 Zr-2.5Nb 합금의 DHC 속도를 120~250℃ 범위에서 측정한 것으로, 온도가 상승할수록 DHC 속도가 증가하는 것을 보여 준다.

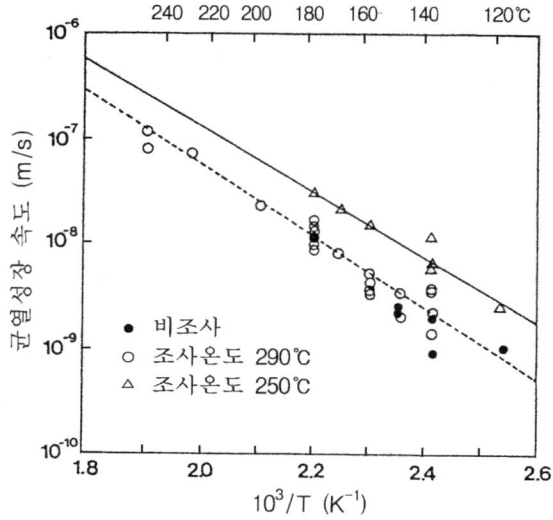

그림 4-30 조사 및 비조사 Zr-2.5Nb 합금의 DHC 속도에 미치는 온도의 영향[33];
조사량 2×10^{25} n/m², 시편의 수소(중수소 포함) 함유량 0.41 at%

마. 조사성장 및 조사크리프

지르코늄 합금은 이방성 격자구조를 갖고 있으므로 냉간가공과 열처리 방법에 따라 조사성장과 조사크리프가 영향을 받는다. 지르코늄 합금의 조사성장은 (0002) 집합조직과 밀접한 관계를 갖고 있어서 압력관을 가공할 때 (0002)면을 c축 방향과 얼마나 일치시키느냐에 따라 조사성장이 영향을 받는다. 따라서 압력관의 조사성장과 조사크리프는 냉간가공도와 가공 후의 열처리 조건에 대단히 민감하다. 표 4-5에 CANDU 원자로의 C.W. Zr-2, H.T. Zr-2.5Nb 그리고 C.W. Zr-2.5Nb 압력관에서 일어난 조사크리프와 조사성장에 관한 자료가 있다.

표 4-5 각종 CANDU 압력관의 조사크리프 및 조사성장률[34]

	크리프 속도[a]		성장 속도[a]		관단 부하응력 (MPa)
	원주방향	축방향	원주방향	축방향	
Douglas Point (C.W. Zr-2, 92 MPa)	14.6×10^{-4}	0.1×10^{-4}	-2.5×10^{-4}	16.0×10^{-4}	33.8
Pickering 1 and 2[b] (C.W. Zr-2, 92 MPa)	13.8×10^{-4}	1.8×10^{-4}	-5.8×10^{-4}	16.5×10^{-4}	37.3
Gentilly-1 (H.T. Zr-2.5Nb, 134 MPa)	17.5×10^{-4}	1.3×10^{-4}	-0.5×10^{-4}	0.9×10^{-4}	37.0
Pickering 3 and 4 (C.W. Zr-2.5Nb, 114 MPa)	12.7×10^{-4}	3.4×10^{-4}	0.8×10^{-4}	9.3×10^{-4}	11.3

a) 고속중성자 조사량 10^{25} n/m² 당 크리프 속도 및 성장 속도
b) 1983년에 C.W. Zr-2.5Nb 압력관으로 전량 교체

   CANDU 원자로에서 압력관 성장이 설계의 허용 범위 내에서 일어나면 문제가 되지 않는다. 그러나 설계에서 허용하는 값 이상으로 압력관이 성장하면 관단고정체를 압박하는 동시에 압력관을 변형시킴으로 안전성에 심각한 영향을 줄 수 있다. CANDU 원자로에서 일어나는 압력관 성장의 예로, Pickering 3호기에서 사용한 C.W. Zr-2.5Nb 압력관의 노내 성장에 대해 측정한 값을 종합한 것이 그림 4-31에 있다. 그림에서 보는 바와 같이 압력관은 연료채널의 누적출력, 즉 원자로 가동시간에 비례하여 축방향으로 성장이 일어나는 데, 설계 허용값 이상으로 성장이 일어나면 파손 위험성이 있으므로 교체해야 한다.

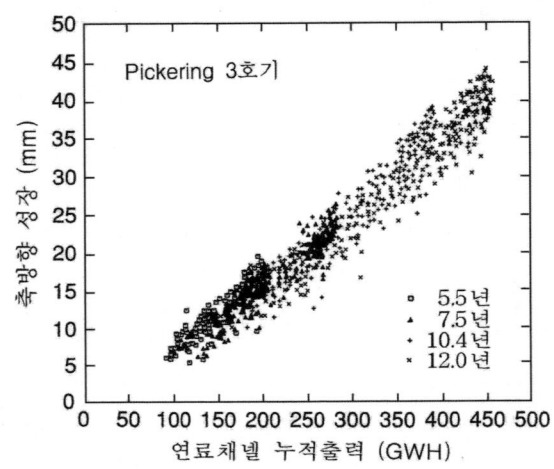

그림 4-31   연료채널의 누적출력에 따른 C.W. Zr-2.5Nb 압력관의 축방향 성장[35]

4.4 압력관 인출시험 및 파단전누설 평가

4.4.1 압력관 인출시험

   가압경수로 압력용기는 가동 중에 일어나는 경년열화(aging)를 평가하기 위하여 ASTM E185(우리나라는 ASTM E185를 참조하여 제정한 원자력안전위원회 고시 2021-28호 "원자로 압력용기 감시시험 기준")에서 지정한 시기에 감시시편(surveillance specimen)을 원자로에서 인출하여 감시시험을 실시하도록 요구하고 있다. 이와 유사하게 캐나다에서도 CSA(Canadian Standards Association)가 CANDU 압력관의 가동 중에 일어나는 경년열화를 평가하기 위해 압력관 인출시험에 관련된 규격(Standard) CAN3-N285.4-M83(Periodic Inspection of CANDU Nuclear Plant Components)을 1983년에 발간하였다.

   그러나 같은 해 8월에 일어난 Pickering 2호기 사고에서 보는 바와 같이 G16 압력관의 조사성장이 허용값보다 크게 일어났으며, 압력관 휘어짐으로 압력관과 칼란드리아관의 접촉이 일어나서 압력관이 파손되었다. 이에 따라 압력관 인출시험 항목을 보다 구체적으로 규정한 개정판 CAN/CSA-N285.4-M94가 1994년 12월에 발간되었으며, 2005년 1월에는 규격을 좀 더 엄격하게 규정하여 모든 원자로에 대해 압력관 인출시험을 요구하는 개정판 CAN/CSA-N285.4-05(이전 기준에서는 선별된 원자로에 한하여 압력관 인출시험 요구) 그리고 2019년 1월에는 새로운 개정판 CAN/CSA-N285.4-19가 발간되었다. CANDU 압력관에서 요구하는 주요 검사항목은 아래와 같다.

(1) 체적 검사 및 제원 측정 (6년 주기로 검사, 최소 10개 압력관)
(2) 수소(H, D, T) 농도 측정 (6년 주기로 검사, 최소 10개 압력관)
(3) 기계적특성 검사 (가동 12년 후 1차검사, 4년 주기로 검사, 최소 1개 압력관)
  • 파괴인성 측정
  • 지연수소균열(DHC) 속도 측정
  • DHC가 일어나기 시작하는 응력확대계수(K_{IH}) 측정

우리나라에서도 원자로 가동중 검사를 위하여 "원자로시설의 가동중 검사에 관한 규정"이 2008년 4월에 교육과학기술부 고시 2008-23호로 제정되었으며, 이 고시는 2011년 11월에 원자력안전위원회 고시 2011-10호 그리고 2024년 3월에 2024-4호로 개정되었는데, 가압중수로 압력관의 가동중 검사는 CAN/CSA-N285.4와 N285.5를 적용하도록 하였다.

가. 체적검사 및 제원 측정

압력관 표면에 결함이 존재하면 균열의 발생원이 되어 누설균열(leaking crack)로 진전될 수 있으므로 압력관의 건전성을 확인하는 차원에서 표면을 검사한다. 그리고 원자로 가동 중에 일어나는 압력관의 길이, 두께, 내경 변화와 휘어짐 그리고 스페사 스프링(spacer spring)의 위치 이동과 압력관과 칼란드리아관 사이의 간격도 측정한다. 원자로 가동 중에 압력관에서 일어나는 중요한 변화의 하나로 압력관이 수평방향 아래로 휘어지는 현상이 있는데, 이러한 현상을 크리프 새그(creep sag)라 한다. 크리프 새그는 압력관과 칼란드리아관의 간격 유지를 위해 설치한 스페사 스프링의 이동에 의해 일어난다. 즉 스페사 스프링의 이동으로 스프링과 스프링 사이의 간격이 증가하면 압력관 자체 하중과 핵연료 하중으로 생기는 굽힘응력(bending stress)이 증가하게 되며, 굽힘응력의 증가가 어떤 한계값을 초과하면 압력관이 수평방향 아래로 휘어지는 크리프 새그가 일어난다.

따라서 압력관에서 스페사 스프링의 위치 변화는 압력관의 건전성을 확보하는데 대단히 중요하다. 크리프 새그가 크게 일어나서 고온의 냉각재가 순환하는 압력관과 저온의 감속재가 순환하는 칼란드리아관이 접촉하게 되면, 압력관의 접촉 부위는 온도가 크게 내려가므로 수소의 집중 현상이 일어나는 동시에 수소의 고용도가 작아진다. 따라서 압력관의 평균적인 수소 농도가 작은 경우라도 압력관과 칼란드리아관이 접촉하면 수소화물이 생성될 수 있으며, 이에 따라 지연수소균열(DHC)이 발생할 가능성도 많아진다.

그림 4-32는 칼란드리아관에 접촉된 압력관 부위에서 일어나는 수소 집중과 수소화물의 생성 그리고 균열이 발생하는 과정을 개념적으로 나타낸 것이다. 원자로 가동 중에 일어나는 스페사 스프링의 위치변화 검사는 압력관과 칼란드리아관의 접촉시점을 예측하는데 필요한 자료를 제공한다.

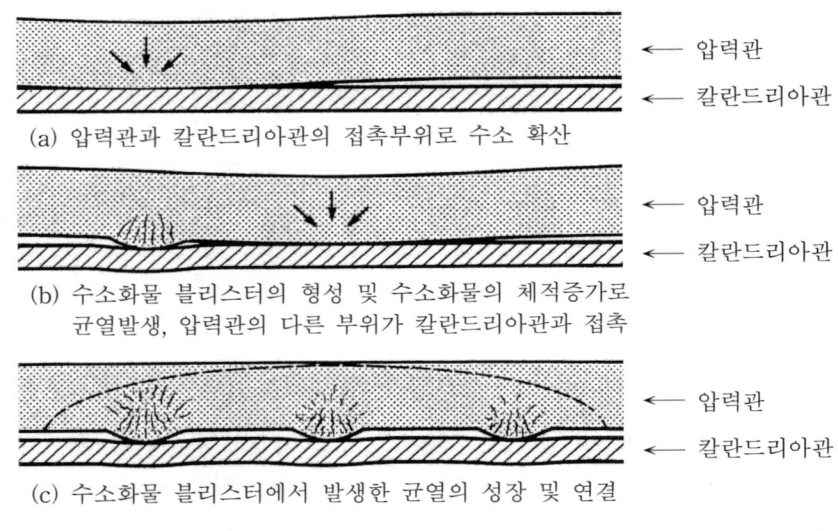

(a) 압력관과 칼란드리아관의 접촉부위로 수소 확산

← 압력관

← 칼란드리아관

(b) 수소화물 블리스터의 형성 및 수소화물의 체적증가로
균열발생, 압력관의 다른 부위가 칼란드리아관과 접촉

← 압력관

← 칼란드리아관

(c) 수소화물 블리스터에서 발생한 균열의 성장 및 연결

← 압력관

← 칼란드리아관

그림 4-32 압력관과 칼란드리아관의 접촉에 따른 균열의 생성과정 개념도[3]

나. 수소농도 측정

압력관은 원자로 가동시간에 따라 수소 흡수량이 증가하는데 흡수된 수소는 응력 구배,
온도 구배, 농도 구배를 구동력으로 하여 이동한다. 그러므로 고용한도 이하의 수소를 흡
수해도 국부적으로 수소의 집중 현상이 일어나서 수소화물을 형성할 수 있다. 특히 압력
관의 양쪽 끝단 부위는 압력관과 관단고정체의 갈바니 작용(galvanizing)에서 발생하는
수소의 흡수와 압력관과 관단고정체의 기계적인 결합에서 생기는 잔류응력 등으로 수소
집중이 일어날 수 있으므로 다른 부위에 비해 수소 농도가 높을 개연성이 있는데, 실제로
이 부위에서는 수소 집중이 크게 일어나고 있다[29].

이 외에도 크리프 새그가 크게 일어나서 압력관과 칼란드리아관이 접촉하게 되면 압력
관의 온도가 저하되어 수소 집중이 일어나는 동시에 수소의 고용도가 작아지므로 수소화
물이 생성될 가능성이 많아진다. 그러므로 원자로 가동 중에 수소화물의 생성 가능성을
판단하기 위해서는 수소의 농도뿐만 아니라 분포에 관한 정확한 자료가 요구된다. 압력
관의 수소 농도는 진공에서 미량의 시료를 아크 용해하여 이때 방출하는 수소의 양을 매
스 스펙트로미터(mass spectrometer)로 측정하여 구한다.

다. 파괴인성 측정

경수로 압력용기의 감시시험에서는 파괴인성 시험이 반드시 수행해야 하는 강제사항이
아니고 충격시험과 인장시험의 결과가 관련 규정을 만족하지 못하는 경우에 한하여 보완
시험으로 수행하고 있다. 이에 반해 캐나다의 CAN/CSA-N285.4에서는 압력관에 대해 파
괴인성 시험을 수행할 것을 권고하고 있다. 파괴인성은 파괴가 일어날 때의 응력확대계
수로 균열 성장에 대한 저항성을 나타내는 척도로 사용하는데, 압력관의 경우에는 수소

농도에 크게 영향을 받는다. 그리고 수소보다 영향은 작지만 중성자에도 영향을 받아서 중성자에 피폭되면 영향이 더욱 증폭된다[19,20]. 압력관의 파괴인성 자료는 파단전누설(leaking-before-break)을 평가하는데 중요하게 활용된다.

파괴인성 측정에는 일반적으로 CT 시편이 이용되고 있다. 그러나 CANDU 압력관은 두께가 4.3 mm에 불과하므로 ASTM E399에서 요구하는 CT 시편의 규격을 지킬 수 없다. 따라서 CANDU 압력관의 파괴인성은 보통 Simpson[36]이 표준시험법에서 제시한 소형 CT 시편으로 측정하고 있다.

라. 지연수소균열 속도 측정

지연수소균열(DHC, delayed hydrogen cracking)의 성장 속도는 일반 균열의 성장과 같이 균열 선단(crack tip)의 응력확대계수에 따라 그림 4-33에서 보는 바와 같이 I 영역, II 영역, III 영역 등 3개 영역으로 구분된다. 그림에 예시한 바와 같이 균열의 성장 속도는 I 영역과 III 영역에서는 응력확대계수 증가에 따라 급격하게 증가하지만 II 영역에서는 응력확대계수에 영향을 받지 않고 거의 일정한 성장 속도를 갖는데, 일반적으로 우리가 말하는 CANDU 압력관의 DHC 속도는 II 영역에서 일어나는 균열성장 속도를 의미한다.

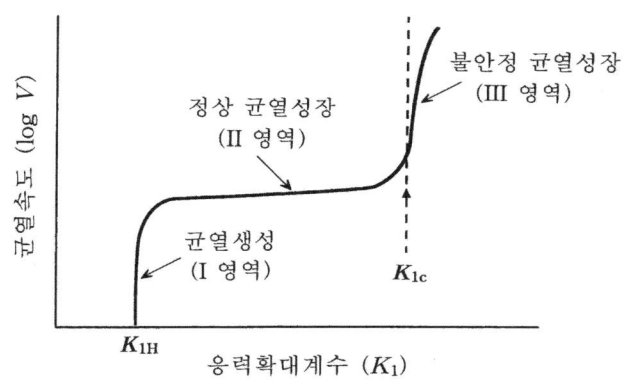

그림 4-33 균열 성장속도의 응력확대계수 의존성 개념도[18];
K_{IH} : 문턱 응력확대계수, K_{Ic} : 임계 응력확대계수

DHC가 일어나기 위해서는 수소화물 앞에서 응력확대계수 K_I이 K_{IH}(DHC가 일어날 때의 응력확대계수)를 초과해야 하는데 K_I과 K_{IH}는 항복강도, 조사량, 수소 농도, 집합조직 그리고 온도 등에 영향을 받는다. DHC 속도는 파단전누설 평가, 즉 탐지된 압력관의 누설 균열이 압력관을 파단시키는 임계균열 크기(CCL, critical crack length)로 성장하기 위해 소요되는 시간을 예측하는데 입력 자료로 활용된다. DHC 속도는 Simpson이 제시한 소형 CT 시편을 이용하여 아래와 같은 식으로 구할 수 있다[33].

$$V_{DHC} = \frac{CCL - C_l}{t} \tag{4.3}$$

여기서 V_{DHC}는 지연수소균열 속도, CCL은 임계균열 크기, C_l은 누설균열 크기 그리고 t는 누설균열이 임계균열 크기로 성장하는데 소요되는 시간이다. 앞에서도 기술하였지만 DHC 속도는 재료 특성, 조사 조건, 온도 등에 영향을 받으므로 비교적 측정 오차가 크게 생긴다.

4.4.2 파단전누설 평가

압력관에 균열이 발생하여 압력관을 관통하는 누설균열로 성장하면 냉각재가 압력관과 칼라드리아관사이의 틈새로 침투하여 들어가는데, 냉각재가 틈새로 침투하면 환형가스장치 (AGS, annulus gas system)에 의해 수분이 측정되므로 압력관에 생성된 누설균열을 탐지할 수 있다. 압력관에서 누설균열이 탐지되면, DHC에 의해 균열이 성장할 수 있는지를 판단하여 균열이 성장할 가능성이 있으면 누설균열이 압력관을 파단시키는 임계균열 크기로 성장할 때까지 소요되는 시간을 평가한다. 그리고 누설균열이 임계균열 크기로 성장하기 전에 원자로의 가동을 정지시켜야 한다. 압력관에 생성된 누설균열을 탐지하고 나서 원자로를 정지시킬 때까지 허용되는 시간, 즉 파단전누설의 평가에는 아래와 같은 자료가 필요하다.

(1) 최초로 냉각재 누설을 탐지한 때의 균열 크기
(2) 지연수소균열(DHC) 속도
(3) 임계균열 크기

여기서 (1)은 추정값을 사용하며 (2)의 DHC 속도와 (3)의 임계균열 크기는 압력관 인출시험으로 예측할 수 있다.

압력관에서 파단전누설 기준을 만족하기 위해서는 압력관의 누설을 탐지한 후 원자로 가동을 중지할 때까지 허용되는 시간이 누설균열이 임계균열 크기로 성장할 때까지 소요되는 시간보다 작아야 한다. 환형가스장치로 압력관에서 누설균열을 탐지한 후에 누설균열이 임계균열 크기로 성장할 때까지 소요되는 시간 t는 압력관의 양쪽 끝단부위를 제외하면 누설균열이 양쪽 방향으로 성장하므로 아래와 같은 식으로 구할 수 있다[33].

$$t = \frac{CCL - C_l}{2V_{DHC}} \tag{4.4}$$

여기서 CCL은 임계균열의 크기이며, C_l은 누설균열을 최초로 탐지한 때의 크기로 CANDU 압력관에서는 보통 압력관 두께의 4배인 16 mm로 보고 있지만[33] 좀 더 보수적으로 해석하여 압력관 두께의 4배 이상으로 보는 경우도 있다. 실제로 누설 탐지후 압력관을 인출하여 검사한 결과에 의하면 누설균열의 길이가 압력관 두께의 7배 이상인 경우도 보고되고 있다[33].

한편 압력관의 양쪽 끝단부위에서는 누설균열이 압력관 끝단의 R/J(rolled joint) 부위까지만 성장하고 더 이상은 성장하지 못하고 반대쪽 방향으로만 성장하므로 식 (4.4) 대신 아래 식을 사용한다.

$$t = \frac{2\,CCL - C_l - C_R}{2\,V_{DHC}} \tag{4.5}$$

여기서 C_R은 누설균열의 성장이 압력관의 양단 R/J 부위에 의해 정지되었을 때의 균열 크기이다.

원자로는 가동시간의 증가에 따라 경년열화(aging)가 일어나서 임계균열 크기가 감소하는 반면에 DHC 속도는 계속 증가한다. 따라서 원자로의 가동시간이 증가하면 할수록 압력관의 누설을 탐지한 후 원자로를 정지시키는데 허용되는 시간이 점점 더 짧아지게 된다. 그러므로 압력관의 임계균열 크기가 원자로 가동기간에 따라 감소하는 경향을 파악하는 것이 원자로의 안전운전을 위해 필요하다.

4.5 증기발생기 및 피복관

4.5.1 증기발생기

가. 증기발생기 구조

증기발생기는 1차냉각계통과 2차냉각계통이 교차하여 증기를 발생시키는 장치로 원자로에서 가장 중요한 장치 중의 하나이다. 증기발생기는 구조적인 면에서 CANDU 원자로와 가압경수로 사이에 특별한 차이가 없지만 CANDU 원자로는 가압경수로보다 1차계통 냉각수의 온도와 압력이 낮으므로 재료 선택에 다소 유리한 면도 있다. 증기발생기는 전열관의 형태에 따라 역 U관형(inverted U-tube type) 증기발생기와 직관형 증기발생기가 있는데, 대부분의 원자력발전소에서는 역 U관형 증기발생기를 채택하고 있으며 CANDU 원자로에서도 역 U관형 증기발생기를 채택하고 있다. 표 4-6에 CANDU 원자로(월성 3, 4호기) 증기발생기의 주요 설계인자가 있다.

표 4-6 월성 3, 4호기 증기발생기의 주요 설계인자[37]

운전 압력	전열관 내측 (냉각수)	:	9.89 MPa (96.7 기압)
	전열관 외측 (증기)	:	4.7 MPa (46.4 기압)
운전 온도	전열관 내측 (냉각수)	:	309℃
	전열관 외측 (증기)	:	260℃
전열관	내경	:	13.61 mm
	재료	:	Alloy 800

증기발생기는 1차측 냉각수와 2차측 냉각수가 열교환하여 2차측 냉각수를 비등시키는 냉각수 비등부와 비등한 냉각수에서 증기를 분리하여 건조시키는 증기 드럼부로 구분되며, 냉각수 비등부에는 전열관이 그리고 드럼부에는 증기분리기와 증기건조기가 설치되어 있다. 압력관에서 가열된 1차측 냉각수는 증기발생기의 1차측 하부 공간으로 들어와 전열관 안쪽을 통과하면서 전열관 바깥쪽의 2차측 냉각수에 열을 전달하여 비등시킨다. 그리

고 발전기 터빈을 통과 후 복수기에서 액화된 2차측 냉각수는 1차측 냉각수의 출구 방향으로 들어와 예열기에서 예열된 후 1차측 냉각수가 흐르는 방향과는 반대 방향으로 흐르면서 증기를 생성하고, 생성된 증기는 가열되어 포화증기가 된다. 포화증기는 증기분리기에서 수분을 제거하여 수분 함유량이 0.025% 이하인 건조한 증기가 되어 발전기 터빈으로 보낸다.

증기발생기는 3장의 그림 3-27에서 보는 바와 같이 크게 동체, 전열관 강판, 역 U형태의 전열관 다발, 전열관 지지강판, 전열관 덮개(tube shroud), 예열기, 증기드럼 등으로 구성되어 있다. 그리고 동체 하부에는 1차계통 냉각재의 입구 측과 출구 측에 각각 유지보수를 위한 작업자 출입문이 설치되어 있으며, 증기 드럼부에도 작업자 출입문이 설치되어 있다. 전열관은 하부 끝단을 전열관 강판의 관통 구멍에 삽입하여 전열관 강판 아래 면에서 용접으로 고정시키며 상부는 전열관 지지강판에 의해 지지된다. 전열관 지지강판은 전열관의 지지 뿐만 아니라 냉각수의 유동 저항과 슬러지의 적체 그리고 이에 따른 전열관과 지지강판의 부식 등과 깊은 관계가 있으므로 여러 형태로 설계되고 있는데, 월성 3, 4호기의 증기발생기에서는 그리드 지지격자 형태의 에그 크레이트(egg crate)형을 채택하고 있다. 이러한 형태의 전열관 지지강판은 전열관이 4방향에서 지지강판과 선 접촉 방식으로 지지되므로 부식생성물의 축적과 국부적인 과열에 의해 일어나는 정체스폿(stagnant spot)을 감소시키는 동시에 전열관의 덴팅(denting)을 방지하는 장점도 갖고 있다.

CANDU 원자로는 캐나다에서 개발하였으므로 증기발생기의 설계와 제작도 캐나다 규격인 CSA/CAN3-N285.0(ASME 코드 Section III를 광범위하게 참조하여 작성하였음)에서 요구하는 조건을 충족해야 한다. 캐나다 규격에서 요구하는 조건에는 아래와 같은 내용이 포함되어 있다.

    (1) 전열관, 전열관 강판 그리고 전열관과 강판의 용접부위 등을 포함하여 1차측 냉각수와 접촉하는 부품은 Class 1 조건을 만족해야 한다.
    (2) 2차측 냉각수와 접촉하는 부품도 Class 1 조건을 만족해야 한다.

나. 증기발생기에서 일어나는 손상

CANDU 원자로의 증기발생기는 가압경수로에 비해 온도와 압력이 조금 낮은 것을 제외하면 운전조건이 비슷하다. 물론 가압경수로에서는 원자로의 미세한 출력제어를 위해 액체 첨가제(chemical shim)인 붕산(H_3BO_3)을 냉각수에 투입하는데 반해 CANDU 원자로에서는 액체 첨가제인 질산가돌리움($Gd(NO_3)_3$)을 냉각수에 투입하지 않고 감속재에 투입하므로 냉각수의 pH에 차이가 있다.

그러나 표 4-7에서 보는 바와 같이 pH를 제외하면 냉각수 조건에 큰 차이가 없다. 그러므로 가압경수로 증기발생기에서 일어나는 손상이 CANDU 원자로의 증기발생기에서도 그대로 일어난다고 생각할 수 있다. 실제로 CANDU 원자로 증기발생기에서 일어나는 손상도 대부분이 가압경수로와 같이 전열관에서 일어나는 응력부식균열인데, 주로 전열관의 U 굽힘 부위나 확관 부위에서 많이 발생한다.

표 4-7 CANDU 원자로와 가압경수로(PWR)의 냉각수 조건

	CANDU[37]	PWR[38]
출구 온도 (℃)	310	323
압력 (MPa)	~11	15.5
pH	10.2~10.8	4.5~10.5
O (ppm)	<0.01	≤0.1
H (cc/kg)	3~10	15~50
Li (ppm)	0.35~1.4	0.2~2.2
Cl (ppm)	<0.2	≤0.15
F (ppm)	<0.1	≤0.15

다. 증기발생기 재료

증기발생기는 동체, 전열관 강판, 전열관 지지강판, 분리강판 그리고 전열관 등 여러 구조물과 부품으로 구성되어 있는데, 구조물이나 부품에 따라 기능이 다르므로 요구하는 재료의 특성도 각각 다르다. 표 4-8에 월성 3, 4호기 증기발생기의 중요 부품에 사용된 재료의 규격이 있다.

표 4-8 월성 3, 4호기 증기발생기의 주요 부품 재료[37]

구성품	재료
동체	ASME SA516 Gr.70 탄소강 또는 SA533B Cl.1 또는 ASME Section III Div. 1 Vessel 재료
노즐 •1차측 •2차측	ASME SA541 Gr.3 ASME SA350 LF2
전열관 강판	ASME SA508 Gr.2 또는 동등한 강재
분리강판	고강도 탄소강 또는 SA533B Cl.1과 동등한 강재
전열관	Alloy 800 (ASTM B163)
전열관 지지강판	Type 410 SS

앞에서도 기술하였지만 증기발생기에서 일어나는 손상은 대부분이 전열관에서 발생하는 응력부식균열이다. 이에 따라 CANDU 원자로에서도 전열관 재료의 내식성을 중요하게 생각하여 초기에는 Alloy 600과 해수에서 내식성이 강한 Monel 400을 전열관 재료로 사용하였으나 후에 가격이 저렴한 Alloy 800으로 대체하였다. Alloy 800은 Alloy 600이나 Alloy 690에 비해 (Ni+Cr)의 함유량이 적음에도 불구하고 Alloy 690과 비슷한 우수한 내식성을 갖고 있으며, 냉각수 수질을 엄격하게 관리하면 잔류응력이 존재해도 응력부식균열에 대한 저항성이 우수하다. 표 4-9에 전열관 재료인 Monel 400, Alloy 600 그리고 Alloy 800의 화학조성이 있는데, Alloy 800은 KWU의 가압경수로에서도 전열관 재료로 사용하였다.

표 4-9 Monel-400, Alloy 600 및 Alloy 800의 화학조성(wt%)

성 분	Monel 400[a]	Alloy 600[b]	Alloy 690[b]	Alloy 800[b]
Ni	≥ 63.0	≥ 72.0	≥ 58.0	$30.0 \sim 35.0$
Cr	–	$14.0 \sim 17.0$	$27.0 \sim 31.0$	$19.0 \sim 23.0$
Fe	≤ 2.5	$6.0 \sim 10.0$	$7.0 \sim 11.0$	≥ 39.5
C	≤ 0.3	≤ 0.15	≤ 0.05	≤ 0.10
Mn	≤ 2.00	≤ 1.00	≤ 0.5	≤ 1.5
S	≤ 0.024	≤ 0.015	≤ 0.015	≤ 0.015
Cu	–	≤ 0.50	≤ 0.50	≤ 0.75
Si	–	≤ 0.50	≤ 0.50	≤ 1.0
Al	$28 \sim 34$	–	–	$0.15 \sim 0.65$
Ti	≤ 0.50	–	–	$0.15 \sim 0.60$

a) ASTM B127, UNS NO4400
b) ASTM B163, UNS NO6600, NO6690, NO8800

4.5.2 피복관

가. 피복관 설계조건

CANDU 원자로는 천연우라늄을 연료로 사용하는데, 평균 연소도가 ~8 GWd/tU 정도로 작아서 스웰링(swelling)이 거의 일어나지 않으며, 핵분열기체 유출도 상당히 적다. 이에 따라 연료봉에 플레늄(plenum)을 설치하지 않으며, 연료와 피복관 사이의 틈새도 아주 작다. 그리고 중성자 경제성을 고려하여 원자로 개발 초기부터 두께가 0.4 mm 정도로 얇은 피복관을 사용하므로 정상가동에서도 연소 초기에 피복관이 압착되어 연료에 밀착되는데, 연료와 피복관이 밀착되면 열전달이 양호하여 연료 온도가 낮아져 핵분열기체 유출률이 감소하는 장점이 있다. 그러나 연료와 피복관이 밀착되면 연료와 피복관의 상호작용(PCI) 으로 피복관에 손상이 일어날 가능성이 크므로 CANDU 원자로에서는 피복관 내면에 흑연을 얇은 층으로 도포하는 CANLUB 방법으로 연료와 피복관의 접착을 방지하여 PCI 문제를 해결하고 있다.

CANDU 원자로의 연료 설계에는 여러 전제 조건이 있는데, 그중에서 주요 조건을 열거해 보면 아래와 같다.

(1) 연료봉 내압이 작다.
(2) 연료와 피복관의 상호작용(PCI)에 의한 응력부식균열은 일어나지 않는다.
(3) 연료봉이 길이 방향으로 수축이나 성장이 일어나지 않는다.
(4) 연료봉의 과도한 굽음(bowing)이 일어나지 않는다.
(5) 피복관이 과도하게 수소를 흡수하지 않는다.

그리고 아래와 같은 조건이 만족되면, 피복관의 건전성은 유지된다고 보고 있다.

(1) 연료 용해가 일어나지 않는다.

(2) 1,000℃ 이하에서 피복관의 최대 균일변형이 5%이하이다.
(3) 표면 산화층에 심한 균열이 발생하지 않는다.
(4) 산화취성이 일어나지 않는다

나. 피복관 재료

지르코늄 합금은 물을 냉각재로 사용하는 원자로에서 피복재로 적합하므로 CANDU 원자로는 처음부터 지르코늄 합금을 피복관 재료로 사용하였다. CANDU 원자로도 가압 경수로와 같이 방사선에 의한 냉각수 분해로 생성되는 용존산소를 줄이기 위해 냉각수에 수소를 첨가하며, 이에 따른 냉각수의 산성화를 완화시키기 위해 pH 조절용으로 LiOH를 첨가하므로 냉각수 조건이 가압경수로와 유사하다. 그러므로 CANDU 원자로는 개발 초기 부터 수소화에 강한 지르칼로이-4를 피복관으로 사용하고 있는데, ASTM B353의 규격보 다 조성을 약간 엄격하게 규제하고 있다. 표 4-10에 CANDU 원자로에서 피복관으로 사용 하는 지르칼로이-4의 화학조성이 있다.

표 4-10 CANDU 피복관용 Zircaloy-4의 화학조성

합금 성분 (wt%)		불순물 성분 (wt%)		
Sn	1.20~1.70	Al ≤ 0.0075	Mn ≤ 0.0050
Fe	0.18~0.24	B ≤ 0.00005	Mo ≤ 0.0050
Cr	0.07~0.13	Cd ≤ 0.00005	Nb ≤ 0.010
Ni	–	C ≤ 0.027	Ni ≤ 0.0070
Fe+Cr	0.28~0.37	Co ≤ 0.0020	N ≤ 0.0065
O[a]		Cu ≤ 0.0050	Si ≤ 0.0120
		Hf ≤ 0.010	Ti ≤ 0.0050
		H ≤ 0.0025	U ≤ 0.00035
		Mg ≤ 0.0020	W ≤ 0.010

a) 산소 함유량은 제조자와 의뢰자의 협의로 결정

CANDU 원자로는 연료의 설계 조건으로 연료봉이 길이 방향으로 성장이나 수축이 일어 나지 않아야 하며, 정상가동 상태에서 피복관이 쉽게 압착되어 연료에 밀착되어야 한다. 이에 따라 CANDU 연료 피복관은 제조공정에서 최종어닐링 온도를 500~520℃로 하여 가압경수로 연료 피복관의 최종어닐링 온도인 450~470℃보다 약간 높게 하여 냉간가공에 서 생긴 집합조직을 완화시키는 동시에 연성도 증가시켜 크리프 변형률을 높이고 있다.

참고 문헌

1) F. J. Rahn, A. G. Adamantiades, J. E. Kenton and C. Braun, "*A Guide To Nuclear Power Technology*", Hohn Wiley & Sons Inc., N.Y., 1984, p439

2) H. A. Cole, "*Understanding Nuclear Power*", Gower Technical Press, Aldershot, England, 1988, p138

3) E. G. Price, AECL 8339 (1984)
4) R. G. Fleck, E. G. Price and B. A. Cheadle, ASTM STP 824 (1984), p88
5) W. K. Alexander, V. Fidleris and R. A. Holt, ASTM STP 633 (1977), p344
6) R. A. Holt, J. Nucl. Meter., 82 (1979), 419
7) C. E. Lundin and R. H. Cox, USAEC, GEAP 4089 (1962)
8) J. Winton and R. A. Murgatroyd, Electrochemical Technol. 4-7~8 (1966), 358
9) B. A. Cheadle, C. E. Coleman and H. Licht, Nucl. Technol. 57 (1982), 413
10) C. E. Ells and W. Evans, Canadian Mining Metallurgical Bulletin 74-831 (July, 1981), 105
11) V. F. Urbanic and R. W. Gilbert, IWGFPT-34 (1989), 262
12) J. E. LeSurf, ASTM STP 458 (1969), p286
13) V. F. Urbanic et. al., ASTM STP 1132 (1991), p665
14) C. E. Coleman and J. F. R. Ambler, Scripta Metallurgica, 17 (1983), 77
15) D. O. Northwood and R. W. Gilbert, J. Nucl. Mater. 78 (1978), 112
16) J. J. Kearns and C. R. Woods, J. Nucl. Mater. 20 (1966), 241
17) B. A. Cheadle, C. E. Coleman and H. Light, Nucl. Technol. 57 (1982), 143
18) M. P. Puls, Nucl. Engr. Des. 171 (1997), 137
19) I. Aitchison and P. H. Davies, J. Nucl. Mater. 203 (1993), 206
20) P. H. Davies, R. R. Hosbons, M. Griffiths and C. K. Chow, ASTM STP 1245 (1994), 135
21) S. Honda, Nucl. Eng. Des. 81 (1984), 159
22) M. H. Koike, T. Akiyama, K. Nagamatsu, I. Shibahara, ASTM STP 1245 (1994), p183
23) A. C. Wallace, G. K. Shek and O. E. Lepik, ASTM STP 1023 (1989), p66
24) A. Jostsons, P. M. Kelly, R. G. Blake and K. Farrell, ASTM STP 683 (1979), p46
25) M. Griffiths, R. W. Gilbert and C. E. Coleman, J. Nucl. Mater. 159 (1988), 405
26) C. D. Cann, D. Faulkner, K. Nuttall, R. C. Styles, A. J. Shillinglaw, C. K. Chow and A. J. Rogowski, AECL 8406 (1986)
27) W. J. Langfold et al., Canadian Metallurgical Quarterly, 11-1 (1972)
28) V. F. Urbanic, et al., ASTM STP 939 (1987), p189
29) V. F. Urbanic, G. M. McDougall, A. J. White and A. A. Bahurmuz, AECL Report, COG-93-340 (1993)
30) P. Cirimello, G. Domizzi and R. Haddad, J. Nucl. Mater. 350 (2006), 135
31) C. E. Coleman, C. K. Chow, C. E. Ells, M Griffiths, E. F. Ibrahim and S. Sagat, ASTM STP 1125 (1992), p318
32) S. Sagat, C. E. Coleman, M. Griffiths and B. J. S. Wilkins, ASTM STP 1245 (1995), p35
33) G. D. Moan, C. E. Coleman, E. G. Price, D. K. Rodgers and S. Sagat, Inter. J. Press. Vess. Piping, 43 (1990), 1
34) E. F. Ibrahim and R. A. Holt, J. Nucl. Mater. 91 (1980), 311
35) A. R. Causey, V. Fidleris, S. R. MacEwen and C. W. Schulte, ASTM STP 596 (1987), p54
36) L. A. Simpson and L. A. Chow and P. H. Davies, AECL Report, COG-89-110-1 (1989)
37) 한국전력공사, "월성 3, 4호기 최종안전성분석보고서 (FSAR)", 1997
38) 한국전력공사, "울진 3, 4호기(한울 3, 4호기로 개명) 최종안전성분석보고서 (FSAR)", 1997

5. 가스냉각로 재료

5.1 가스냉각로 구조 및 개발 현황

가스냉각로(GCR, gas-cooled reactor)는 기체를 냉각재로, 흑연을 감속재로 사용하는 원자로이다. 기체를 냉각재로 사용하면 (1) 취급이 편리하고, (2) 중성자 흡수단면적이 작으며 그리고 (3) 비등이 일어나지 않는다. 그러므로 원자로 노심을 높은 압력으로 가압하지 않아도 고온상태에서 운전할 수 있다. 또 냉각재가 상실되는 사고가 일어나도 출력밀도가 낮아서 원자로 노심이 용해되는 대형 사고로 진행하지 않으므로 원자로의 안전성을 크게 향상시킨다. 그러나 기체는 액체에 비해 밀도가 작아서 열전달 능력이 떨어지므로 노심에서 발생하는 열을 효율적으로 전달하기 위해서는 1차계통 냉각재와 2차계통 냉각재 사이에 많은 접촉면이 필요하다. 이에 따라 가스냉각로는 용량이 큰 냉각재 순환펌프가 설치되므로 원자로에서 생산되는 전기의 8~20%가 냉각재 순환펌프의 가동에 사용된다. 그러므로 열효율을 향상시키지 않으면 원자로의 경제성을 확보하기 어렵다.

따라서 가스냉각로는 열효율을 향상시키기 위한 방안으로 냉각재 온도를 높이려는 연구가 수행되어 1970년대에 들어와서는 화력발전소와 비슷하게 열효율을 40% 이상으로 높인 개량형 가스냉각로(AGR, advanced gas-cooled reactor)가 개발되어 가스냉각로의 주력 원자로가 되었다. 그리고 현재는 원자로의 열효율 향상뿐만 아니라 냉각재에서 나오는 폐열을 메탄올 제조공정, 수소 제조공정 등 산업 분야에 활용하기 위하여 냉각재 온도를 750~950℃ 정도로 높인 고온가스로(HTGR, high temperature gas-cooled reactor) 개발이 추진되어 중국에서 실증로 HTR-PM이 2022년부터 가동되고 있다. 2023년말 기준으로 가스냉각로는 세계 원자력 발전용량에서 약 1.2%를 차지하고 있다.

가스냉각로나 개량형 가스냉각로는 CO_2 가스를 냉각재로 사용하는데, CO_2 냉각재가 중성자에 조사되면 방사화가 일어난다. 그러므로 원자로 가동시간이 길어지면 길어질수록 CO_2 냉각재의 방사능이 높아지므로 취급에 어려움이 많다. CO_2 냉각재에서 일어나는 방사화는 크게 두 과정으로 구분되는데, 하나는 CO_2에 함유된 ^{16}O의 (n, p) 반응으로 생성된

[16]N에 의한 방사화이고 다른 하나는 핵연료를 교체할 때 냉각재에 유입되는 공기 중에 함유된 [14]N과 [40]Ar이 각각 (n, p) 반응에 의해 [14]C로 그리고 (n, γ) 반응에 의해 [41]Ar로 핵변환되어 일어나는 방사화이다. 그중에서 [16]N과 [41]Ar은 반감기가 각각 7.5초와 111분에 불과하므로 CO_2 냉각재의 방사화에 미치는 영향이 크지 않지만 [14]C는 반감기가 5730년이나 되므로 원자로 가동 중에 CO_2 냉각재에 유입되는 공기 중의 [14]N은 냉각재의 방사능을 높이는데 결정적인 역할을 한다.

앞에서도 기술하였지만 고온가스로는 냉각재의 고온을 발전 외에 산업분야 등에도 활용하기 위하여 냉각재 온도를 750℃ 이상으로 높이는데, 가스냉각로에서 냉각재로 사용하는 CO_2는 600℃ 이하에서는 흑연과의 반응을 무시할 수 있지만 그 이상에서는 흑연과 활발하게 반응하여 CO를 생성하므로 흑연의 마모가 크게 일어난다. 그러므로 고온가스로에서는 CO_2를 냉각재로 사용할 수 없으며 좀 더 안정한 불활성 기체를 냉각재로 사용해야 하는데, Ar의 경우는 가격이 저렴한 이점이 있으나 [40]Ar이 (n, γ) 반응으로 [41]Ar로 핵변환되어 방사화가 일어나는 단점이 있다. 그러므로 가격이 비싸서 경제적으로 불리하지만 He를 냉각재로 사용하고 있다.

5.1.1 마그녹스 원자로

마그녹스(Magnox, magnesium no oxidation) 원자로는 초기에 건설된 가스냉각로로 CO_2를 냉각재로 그리고 천연우라늄을 연료로 사용하고 있는데, 천연우라늄을 농축하지 않고 그대로 사용하는 것이 큰 장점이다. 마그녹스 원자로는 연료 피복재로 열중성자 흡수 단면적이 작은 동시에 CO_2 분위기에서 산화가 잘 일어나지 않는 마그네슘 합금인 마그녹스를 사용함에 따라 붙여진 이름으로 1960년대에 영국과 프랑스에서 주력 발전용 원자로로 건설되었다. 마그녹스 원자로는 연료로 천연우라늄을 사용하므로 우라늄 농도를 높이기 위해 금속우라늄을 사용하는데, 피복재로 사용하는 마그녹스는 융점이 640℃ 정도에 불과하므로 냉각재 온도를 370℃ 이상으로 높일 수 없다. 이에 따라 원자로의 열효율이 30~31% 정도에 불과하여 경수로의 33~34%에 비해 상당히 낮은 것이 마그녹스 원자로의 단점이다.

마그녹스 원자로는 원자로 용기로 처음에는 저합금강(2¼Cr-1Mo강)의 금속 용기를 사용하였으나 후에 프리스트레스드 콘크리트 용기(PCRV, prestressed concrete reactor vessel)로 대체하였다. 콘크리트 용기와 금속 용기를 비교하여 보면, 콘크리트 용기는 아래와 같은 장점을 갖고 있다.

(1) 용접 부위가 없는 일체형 구조로 취성파괴 또는 불안정 파괴의 가능성이 없으므로 안전성이 높다.
(2) 용접 구조물이 아니므로 원자로 용기의 대형화에 적합하다.
(3) 방사선 차폐가 많이 되므로 종사자의 방사선 피폭을 줄일 수 있다.

특히 원자로 용기의 대형화는 1차냉각계통에 관련된 장치 및 배관을 모두 용기 내부에 수납할 수 있으므로 소위 일체형 원자로(integral reactor)의 설계가 가능하다. 그러므로 경수로에서 가장 심각한 사고로 간주하는 냉각재 상실사고가 가스냉각로에서는 큰 문제가 되지 않으며, 이 외에도 출력밀도가 작아서 원자로 노심이 용해되는 것과 같은 대형 사고가 일어나지 않으므로 원자로의 안전성을 크게 향상시킨다.

5.1.2 개량형 가스냉각로

마그녹스 원자로는 CANDU 원자로와 같이 천연우라늄을 연료로 사용하기 위하여 개발된 원자로이다. 그러나 냉각재 온도가 370℃ 정도로 낮아서 열효율이 30~31%에 불과하므로 경제성이 떨어지는 것이 큰 단점이다. 이러한 마그녹스 원자로의 단점은 냉각재 온도를 상승시켜 열효율을 향상시키면 어느 정도 극복할 수 있다. 그러므로 원자로의 열효율을 높이기 위해 금속우라늄 대신에 고온에서도 안전성이 좋은 저농축 이산화우라늄($1~2\%$ 농축 UO_2)을 핵연료로 사용하고, 피복재로는 마그네슘 합금 대신에 고온강도와 내식성이 우수한 스테인리스강을 사용하여 냉각재 온도를 높인 가스냉각로가 개량형 가스냉각로(AGR)이다.

개량형 가스냉각로는 냉각재 온도를 650℃ 정도로 높임으로써 원자로의 열효율을 화력발전소와 같이 40% 정도로 향상시켰는데, 1970년대부터 가스냉각로의 주력 원자로로 건설되었다. 개량형 가스냉각로도 마그녹스 원자로와 같이 원자로 용기로 콘크리트 용기를 사용하는데, 용기 내부에 원자로와 함께 증기발생기와 냉각재 순환펌프 등 1차냉각계통을 수납하여 열효율과 원자로의 안전성을 향상시켰다.

5.1.3 고온가스로

원자로에서 냉각재 온도를 높이면 열효율을 향상시킬 수 있으며, 동시에 고온의 냉각재를 여러 분야에 활용할 수 있으므로 원자로의 경제성을 높일 수 있다. 즉 냉각재 온도를 750~950℃로 높이면 발전의 경우에는 열효율을 40~50%로 높일 수 있으며 산업분야에도 활용할 수 있다. 예를 들면 냉각재 온도가 (1) 700℃ 정도면 석탄의 기화공정과 액화공정, (2) 850℃ 정도면 메탄올 등의 제조공정 그리고 (3) 950℃ 정도면 열화학법 또는 열과 전기를 동시에 이용하는 고온증기의 전기분해에 의한 수소 생산에 활용할 수 있는 등 여러 분야에서 냉각재의 열을 이용할 수 있다. 이와 같이 발전뿐만 아니라 냉각재의 고온을 산업분야에 활용하기 위해 냉각재 온도를 750~950℃로 높인 가스냉각로를 고온가스로(HTGR)라 한다.

고온가스로는 높은 온도에서도 건전성이 유지되는 피복입자 연료를 사용하므로 원자로의 가동온도가 높은 동시에 노심이 크므로 원자로의 고유 안전성이 좋다. 고온가스로의 고유 안전성을 구체적으로 검토해 보면, (1) 노심의 출력밀도가 $2~6\,MW/m^3$로 경수로의 수%에 불과하므로 핵반응도의 이상 급등이나 또는 냉각기능의 이상 저하가 일어나도 노심의 온도 변화가 완만하게 일어나며, (2) 노심 온도가 고온으로 상승해도 피복재와 구조재가 용융되지 않아서 경수로와 같이 노심이 용해되는 중대 노심사고로 진행되지 않는다. 그리고 고온가스로의 또 다른 특징으로는 친물질(fertile material)인 토륨을 핵분열물질인

^{233}U로 전환시키는 토륨 연료주기를 사용할 수 있으므로 핵연료 자원의 활용을 크게 높일 수 있는 장점도 갖고 있다. 그림 5-1에 수소 생산과 열병합 발전을 위한 고온가스로 기본 구성도의 예가 있다.

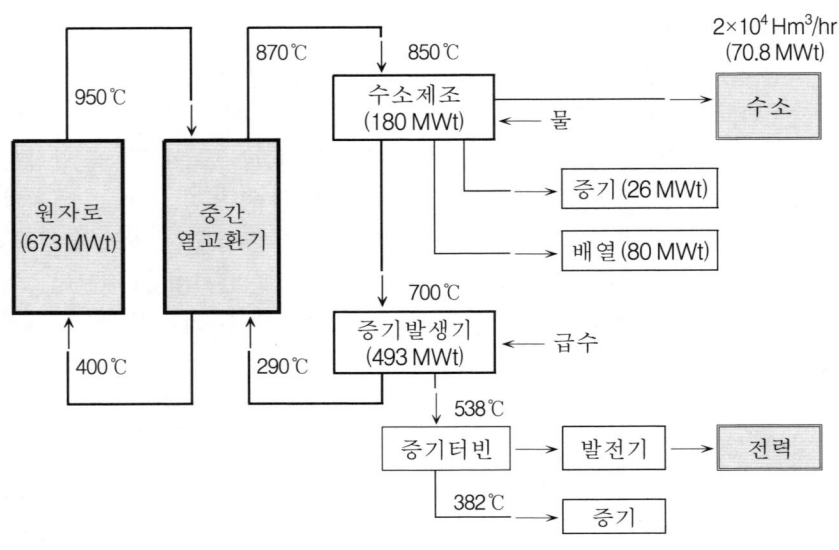

그림 5-1 수소 생산과 열병합 발전을 위한 고온가스로 기본 구성도의 예

원자로에서 냉각재를 고온으로 상승시키기 위해서는 고온에서 (1) 연료 용해가 일어나지 않으며, (2) 피복재 손상이 일어나지 않고 그리고 (3) 피복재 특성이 악화되는 열화가 일어나지 않아야 하는데, 이러한 조건에 적합한 연료가 피복입자 연료이다. 피복입자 연료는 고온강도가 높은 열분해탄소(PyC, pyrolytic carbon)와 SiC로 연료핵(kernel)을 피복하는데, 단시간 노출의 경우에는 2,000℃에서도 핵분열기체가 연료입자 외부로 유출되지 않으며 100 GWd/tU 이상의 고연소도까지도 안전하게 연소시킬 수 있다. 고온가스로는 연료 형태에 따라 구형 연료(fuel pebble)를 사용하는 페블 베드형(pebble bed type) 원자로와 육각주 흑연 블록의 연료공(fuel hole)에 펠릿 모양의 연료 콤팩트(compact)를 삽입한 프리즈매틱 블록(prismatic block)형 연료를 사용하는 원자로로 구분할 수 있는데 독일, 중국, 남아공에서는 구형 연료를 사용하는 페블 베드형 고온가스로 그리고 미국과 일본에서는 프리즈매틱 블록형 연료를 사용하는 고온가스로에 관심을 갖고 개발을 추진하고 있다.

페블 베드형 고온가스로는 그림 5-2에서 보는 바와 같이 하부를 역 원추형으로 제작한 흑연 노심에 구형 연료를 충전하는 원자로인데, 300 MWe급 원형로인 THTR-300(Thorium High-Temperature Reactor)이 독일에서 건설되어 1985년 운전에 들어갔으나 재정적인 문제로 1988년 가동을 중지하였다. THTR-300은 토륨 연료주기를 사용하기 위한 목적으로 개발하였는데, 프리스트레스드(prestressed) 콘크리트 용기를 사용하였으며 피복연료 입자와 흑연 분말을 혼합하여 제조한 직경이 60 mm인 구형 연료를 사용하였다. 페블 베드형 고온가스로는 원자로 출력에 따라 다르지만 보통 10만~100만 개의 구형 연료가 노심에 충전되며, 원자로 상부에서 투입된 연료는 하부로 낙하하면서 연소되고 연소된 연료는 하부의 연료 배출구를 통해 외부로 배출된다. 냉각재로 He 가스가 사용되는데, 원자로 하부에서 상부를 향해 또는 상부에서 하부를 향해 구형 연료와 구형 연료사이의 틈새를 통해 순환시킨다. 페블 베드형 고온가스로는 연료 교체를 위해 원자로를 정지시킬 필요가 없으므로 CANDU 원자로와 같이 가동률이 높다.

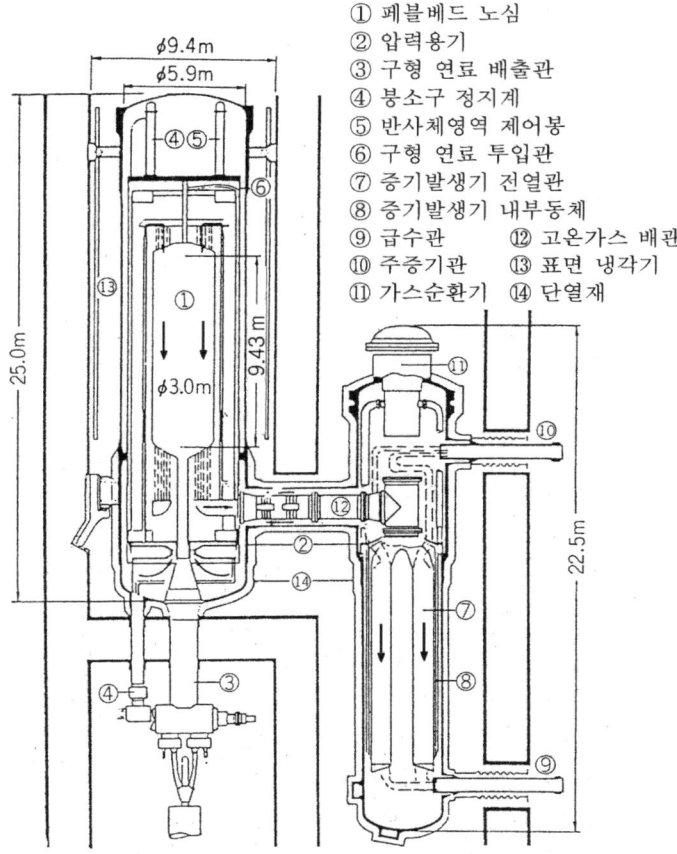

① 페블베드 노심
② 압력용기
③ 구형 연료 배출관
④ 붕소구 정지계
⑤ 반사체영역 제어봉
⑥ 구형 연료 투입관
⑦ 증기발생기 전열관
⑧ 증기발생기 내부동체
⑨ 급수관   ⑫ 고온가스 배관
⑩ 주증기관   ⑬ 표면 냉각기
⑪ 가스순환기 ⑭ 단열재

그림 5-2 페블 베드형 고온가스로 HTR-Module의 개략적인 단면도[1]

THTR-300의 후속 모델로 전기 생산과 함께 고온의 냉각재 열을 산업분야 등에 활용하기 위해 개발된 고온가스로가 HTR-Module이다. 이 모듈형 원자로는 고온가스로 특징인 고유 안전성을 유지하면서 원자로 치수 및 출력(열출력 200 MWt, 전기출력 80 MWe)을 규격화하였는데, 원자로 용기는 대략 직경이 3 m 그리고 높이는 9.5 m이다. HTR-Module은 같은 원자로 건물에 2기의 모듈형 원자로를 설치하여 발전계통에 연결하는데, 이 기술을 채용한 고온가스로가 남아프리카공화국의 PBMR(Pebble Bed Modular Reactor)과 중국의

HTR-PM(High-Temperature Gas-Cooled Reactor Pebble-Bed Module)이다. PBMR은 1998년 인허가를 신청하였으나 2010년 사업을 중지하였고, HTR-PM은 2008년 주요과학기술사업으로 채택되어 건설에 착수하였으며 2022년 10월 전출력 운전에 들어갔다.

HTR-Module은 전력만 생산하는 경우에는 냉각재 출구측 온도를 700℃로, 발전과 함께 냉각재 열을 이용하는 경우에는 냉각재 출구측 온도를 950℃가 되도록 설계하였다. 특히 규격화된 소형 부품을 사용하는 모듈형 페블 베드 고온가스로는 소규모 전력이 요구되는 지역, 전기 공급망이 미흡한 지역, 고립된 지역, 섬 지역 등에 전기를 공급하거나 또는 전기와 열의 병합공급이 필요한 경우에 전기와 함께 열을 공급하는데 적합할 것으로 보인다. 그림 5-3에 1차냉각계통이 수납된 페블 베드형 고온가스로의 개략적인 내부 구조가 있다.

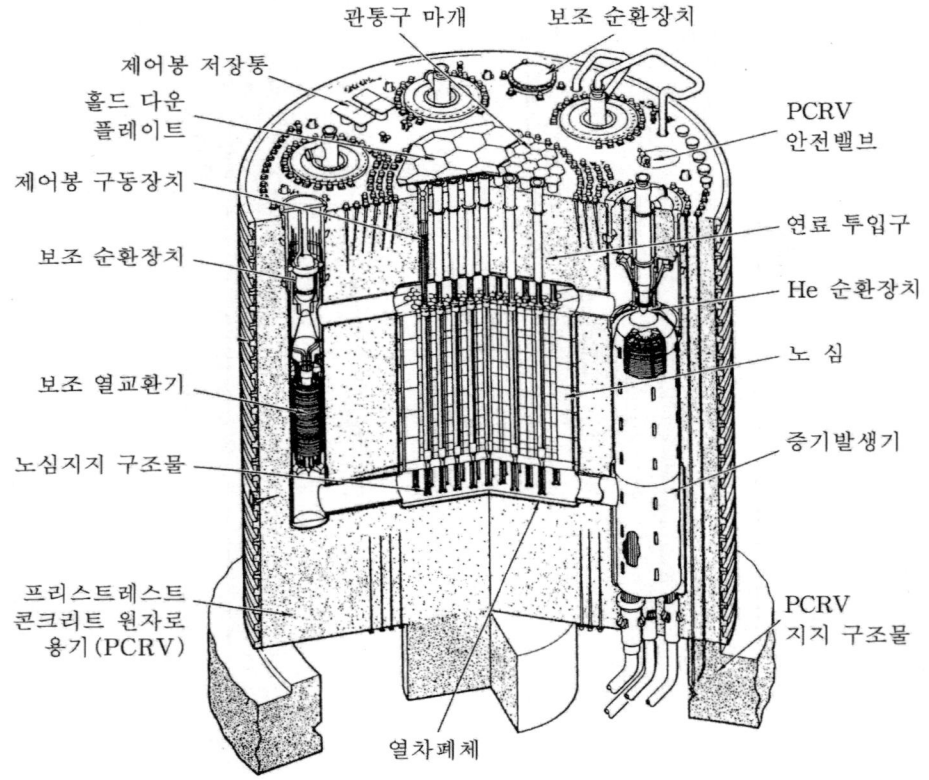

그림 5-3 1차냉각계통이 수납된 페블 베드형 고온가스로의 개략도[2]

한편 프리즈매틱 블록(prismatic block)형 고온가스로는 영국, 미국, 일본에서 개발이 추진되었는데, 영국에서는 1964년 시험로 Dragon이 가동되었고 미국에서는 1967년 원형로 Peach Bottom 그리고 1976년 원형로 FSV(Fort St. Vrain)이 가동되었다. 일본에서도 1998년 시험로 HTTR(High Temperature Engineering Test Reactor)이 가동되어 고온 냉각재로 증기를 분해하여 수소를 시험 생산하였는데, 동일본대지진에 따른 규제 강화로

2011년 가동을 중단하고 재심사를 거쳐 2022년 재가동에 들어갔다. 앞에서도 기술하였지만 고온가스로는 발전뿐만 아니라 냉각재의 고온을 산업분야에도 활용하려는 다목적용으로 개발되고 있는데, 표 5-1에 계획 및 건설된 고온가스로의 설계 사양이 있다.

표 5-1 계획 및 건설된 고온가스로의 설계 사양

원자로	국가	노형	연료형태	출력 MWt/MWe	압력용기	냉각재(℃) 입구/출구	가동년도
Dragon	영국	시험로	Prismatic	20/0	금속용기	350/750	1964~1975
Peach Bottom	미국	원형로	Prismatic	115/40	금속용기	327/725	1966~1974
AVR	독일	원형로	Pebble	46/15	금속용기	275/950	1967~1988
FSV	미국	원형로	Prismatic	842/330	PCRV[a]	404/777	1976~1989
THTR-300	독일	원형로	Pebble	760/308	PCRV	250/750	1985~1991
HTR Module	독일	실증로	Pebble	200/80	금속용기	250/950	계획 중지
PBMR	남아공	실증로	Pebble	200(2기)/165	금속용기	250/750	사업 중지
HTTR	일본	연구로	Prismatic	30/0	금속용기	395/950	1998~
HTR-10	중국	연구로	Pebble	10/0	금속용기	250/700	2000~
HTR-PM	중국	실증로	Pebble	250(2기)/210	금속용기	250/750	2022~

a) PCRV : Prestressed Concrete Reactor Vessel

5.2 콘크리트 원자로 용기

5.2.1 용기 구조

프리스트레스드 콘크리트 원자로 용기(PCRV, prestressed concrete reactor vessel)는 영국과 프랑스에서 개발하였는데, 용기를 대형으로 제작할 수 있다. 그러므로 그림 5-2와 5-3에서 보는 바와 같이 용기 내부에 원자로 본체와 함께 증기발생기와 냉각재 순환펌프 등 1차냉각계통에 관련된 장치와 배관의 수납이 가능하다. 이러한 용기 구조는 원자로의 고온 부위를 집중화시켜 원자로 노심에서 발생하는 열의 이송거리를 짧게 함으로써 열효율을 향상시킨다. 원자로 용기로서 콘크리트 용기와 금속 용기를 비교하여 보면, 콘크리트 용기는 아래와 같은 장점을 갖고 있다.

(1) 압축력을 주는 텐돈(tendon)이 설치되어 있으므로 언제나 압축응력을 받는다.
(2) 용접 부위가 없으므로 취성파괴 또는 불안정 파괴의 가능성이 없다.
(3) 대형 용기의 제작에 적합하다.

따라서 콘크리트 용기는 노심이 커서 용기의 대형화가 요구되는 가스냉각로에 적합하다. 이 외에도 콘크리트 용기는 노심에서 방출하는 방사선을 차폐시켜 주므로 작업자의 방사선 피폭을 줄이는 장점도 있다. 앞에서도 기술하였지만 콘크리트 용기는 대형으로 제작할 수 있으므로 노심을 크게 하여 출력밀도를 낮추는 동시에 방사성 물질에 오염되는 1차냉각계통 기기 및 배관을 모두 원자로 용기 내부에 수납하는 소위 일체형 방식의 설계가 가능하므로 원자로 안전성을 크게 높일 수 있다.

5.2.2 용기 재료

가. 프리스트레스드 콘크리트

프리스트레스드 콘크리트 원자로 용기는 제작비의 약 60%가 프리스트레스드 케이블 (prestressed cable)의 구입과 설치에 사용된다. 프리스트레스드 콘크리트에는 케이블, 즉 강철선을 꼬아서 제작한 텐돈(tendon)이 설치되는데 이 텐돈에 인장응력을 가하는 방법 으로 주변의 콘크리트에 압축응력을 작용시킨다. 따라서 텐돈은 프리스트레스드 콘크리트 원자로 용기에서 아주 중요한 부품인데, 콘크리트에 작용하는 압축응력은 텐돈을 구성하는 강철선의 종류, 텐돈과 콘크리트의 접합방식 그리고 압축응력을 가하는 재킷(jacket)의 결합방식 등에 영향을 받는다. 텐돈은 사용기간 동안에 콘크리트 용기에 압축응력을 가해주어야 하므로 인장강도가 $160 \sim 170 \, \text{kg/mm}^2$ 그리고 항복강도가 $140 \, \text{kg/mm}^2$ 정도인 고강력강이 사용되고 있다. 텐돈에 하중이 장기간에 걸쳐 작용하면 응력완화가 일어나는데, 안정화 처리한 고강력강이 일반 고강력강에 비해 응력완화가 작게 일어난다. 물론 안정화 처리한 고강력강도 200℃ 이상에서는 강도의 급격한 저하가 일어나는 단점이 있지만 콘크리트 용기는 70℃를 초과하지 않으므로 문제가 되지 않는다.

나. 용기 라이나

콘크리트 용기는 기밀성 유지와 콘크리트를 타설할 때 짧은 시간이지만 주입된 콘크리트를 지지하는 지지대의 역할을 위해 용기 내면을 강판으로 라이닝(lining)한다. 용기 내면의 라이닝 재료에서 요구하는 조건으로는 (1) 국부적으로 항복응력 이상의 하중이 작용해도 균열 성장이 일어나지 않도록 충분한 연성을 가질 것, (2) 진동 및 열하중에 의해 변형이 일어나지 않을 것 그리고 (3) 용접성이 양호할 것 등을 들 수 있다. 콘크리트 용기의 내면 라이닝에는 보통 $10 \sim 30 \, \text{mm}$ 두께의 연강(mild steel)이 사용되지만, 고온가스로의 경우는 수냉관이 설치된 강판으로 라이닝을 한다. 그리고 라이너 내측에는 단열층을 설치하여 콘크리트의 온도를 약 60℃ 이하로 유지시킨다.

5.2.3 용기 제조

원자로 용기 제작에 사용하는 콘크리트는 시멘트, 모래, 석회석 그리고 물을 혼합하여 제조하는데, 압축강도는 40 MPa 이상 그리고 인장강도는 압축강도의 10% 이상을 요구하고 있다. 원자로 용기에 사용되는 콘크리트는 방사선 환경에서 사용되므로 일반 콘크리트와는 사용환경이 다르다. 이에 따라 일반 콘크리트에서는 나타나지 않는 여러 현상이 나타난다. 즉 콘크리트 구성 원자와 중성자의 (n, γ) 반응에 의한 감마 발열(γ heating)로 콘크리트 온도가 상승하며, 콘크리트 내부에 수분이 존재하면 방사선에 의한 분해로 수분 증발도 일어난다. 콘크리트 용기에서 일어나는 이러한 현상은 수분 증발에 의한 콘크리트 수축과 함께 콘크리트의 강도 저하와 열전달의 감소도 가져온다. 그러므로 콘크리트 용기는 70℃를 초과하지 않도록 설계하고 있다. 텐돈은 콘크리트 용기에 경도 방향과 위도 방향으로 설치되는데, 대부분이 콘크리트 용기에 곡선으로 설치된 텐돈관(안내관)을 통해 설치한다. 그리고 텐돈의 양쪽 끝은 재킷에 연결되어 콘크리트 용기에 압축응력을 가해주고 있다.

5.3 흑연 감속재

5.3.1 기본 물성

흑연은 중성자 흡수단면적이 작은 동시에 질량도 작으므로 중성자 감속능이 아주 우수하다. 그리고 비산화성 분위기에서는 강도가 온도에 따라 증가하여 2,500℃에서는 상온에 비해 2배 이상 증가하므로 고온에서의 기계적 특성도 양호하다. 이 외에도 공업적으로 대량 생산이 가능하고 가격도 저렴하여 흑연은 가스냉각로 개발 초기부터 감속재와 반사체 그리고 노심 구조재로 사용하였다. 원자로에서 사용하는 흑연은 일반 공업용 흑연과는 달리 불순물 특히 열중성자 흡수단면적이 큰 붕소나 카드뮴의 함유량을 엄격하게 제한하고 있다. 그러므로 원자로급 흑연은 탄소의 순도가 매우 높으며 기공도 적게 함유되도록 제조하므로 밀도가 일반 흑연보다 높다.

내부에 기공이 없는 이상적인 흑연은 육방격자로 이방성 결정구조를 갖고 있으며, 격자상수는 a축이 2.4612Å, c축이 6.7079Å 그리고 밀도는 2.266 g/cm³이다. 그러나 원자로에서 사용하는 흑연은 이상적인 흑연과는 다르게 육방격자와 사방격자가 혼재되어 있으며, 흑연화가 충분히 일어나지 않은 부분과 함께 기공도 많이 함유되어 있다. 그러므로 밀도는 1.6~1.8 g/cm³에 불과하여 이상적인 흑연의 70~80%에 지나지 않는다.

표 5-2에 이상적인 흑연에 가까운 천연 흑연의 기본 물성이 있는데, 흑연은 압력이 아주 높지 않으면 액화가 일어나지 않고 바로 기화된다. 따라서 대기압에서는 아무리 온도가 높아도 액체 상태로는 존재하지 못하고 3,642℃에서 바로 기화가 일어난다[3]. 그러나 압력과 온도가 높으면 기체상, 액체상, 고체상이 함께 존재하는 3중점이 나타나는데, 3중점의 온도와 압력은 각각 4,492℃와 103 기압이다[4].

표 5-2 천연 흑연의 기본 물성

항 목	물 성 치
중성자 흡수단면적	0.0034 barn
기화점	3642℃
결정구조(이상적인 결정)	hcp (a_o: 2.4612Å, c_o: 6.7079Å)
밀 도	2.266 g/cm³
열전도도	
•a축 방향	4.0 W/cm·℃ (20℃)
•c축 방향	0.8 W/cm·℃ (20℃)
열팽창계수	
•a축 방향	1.0×10^{-7}/℃ (0~800℃)
•c축 방향	240×10^{-7}/℃ (0~800℃)

흑연은 제조방법에 따라 기공 함유율이 다르므로 제품에 따라 밀도에 큰 차이가 있으며, 이러한 밀도 차이는 열전달률에 영향을 준다. 그림 5-4에 원자로급 흑연과 기체가 침투하지 못하는 불투과성 흑연(impermeable graphite)의 밀도에 따른 열전달률이 있다. 그림에서 보는 바와 같이 원자로급 흑연이 불투과성 흑연보다 열전달률이 높으며, 두 흑연 모두 밀도가 높을수록 열전달률이 증가한다.

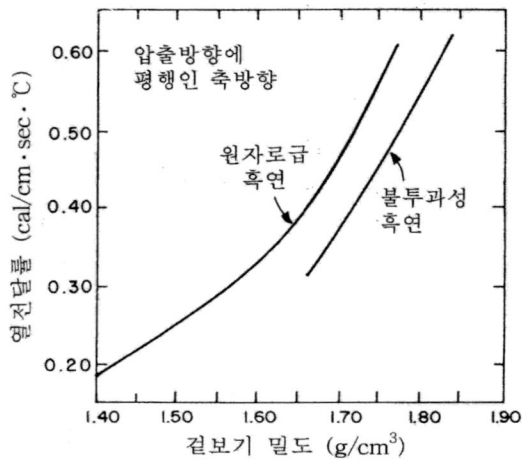

그림 5-4 원자로급 흑연과 불침투성 흑연의 밀도에 따른 열전달률[5]

그리고 온도에 따른 흑연의 열전달률은 그림 5-5에서 보는 바와 같이 1,000℃까지는 온도 상승에 따라 급격하게 감소하지만 그 이상으로 온도가 상승하면 온도에 거의 영향을 받지 않는다.

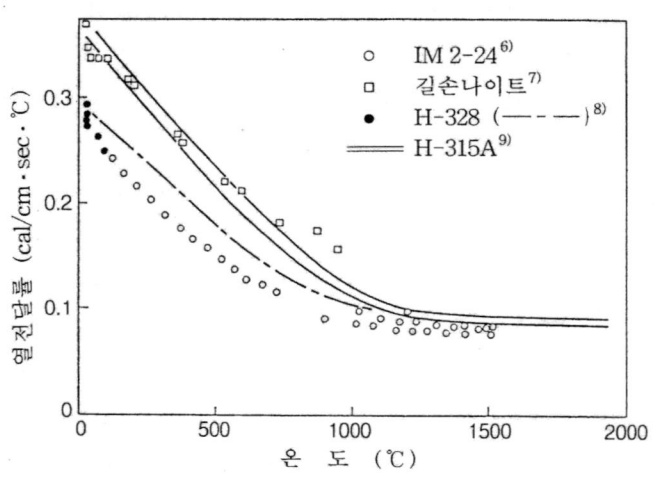

그림 5-5 길손나이트 코크스계 흑연의 온도에 따른 열전달률

일반적으로 온도가 상승하면 연화가 일어나는 것이 재료의 특징인데, 흑연은 일반 재료와는 다르게 온도가 상승하면 경화가 일어나는 특성을 갖고 있다. 온도 상승에 따라 일어나는 흑연 경화의 예로, 그림 5-6에 석유 코크스계 흑연의 온도에 따른 탄성계수가 있다. 그림에서 보는 바와 같이 온도가 1,100℃ 이상으로 상승하면 탄성계수가 급격하게 증가하기 시작하여 1,800℃에서는 약 30% 정도 증가한다.

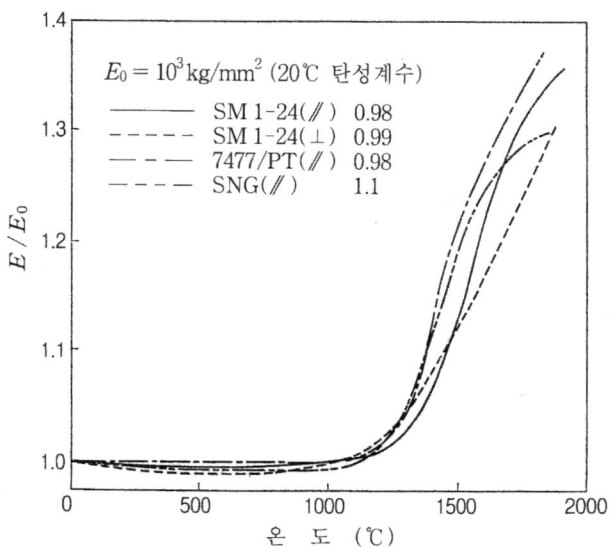

그림 5-6 석유 코크스계 흑연의 온도에 따른 탄성계수[10]

5.3.2 흑연 선정 및 강도판정 기준

가. 흑연의 선정기준

흑연은 연성이 없는 취성재료로 금속에 비해 인강강도가 1/20 정도에 불과하다. 그리고 제품의 종류와 응력상태에 따라 강도의 편차가 상당히 심하게 나타난다. 이러한 점을 감안하여 흑연을 고온가스로 구조재로 사용하는 경우에는 아래와 같은 점을 고려하지 않으면 안된다.

(1) 흑연 구조물의 기능, 중성자 감속, 차폐능, 강도 특성, 열적·화학적 특성, 제작성
    등을 고려하여 사용조건에 부합되는 제품을 선정할 것
(2) 흑연 구조물의 설계조건을 정량적으로 명확하게 할 것. 대략적으로 아래와 같은
    사항을 명확하게 할 필요가 있다.
    • 중성자 흡수의 허용 범위 (불순물의 허용 범위)
    • 정상운전 및 이상시의 흑연 온도
    • 중성자 조사량
    • 하중 모드 (열하중, 조사유도응력, 전단하중 등)
    • 정상운전 및 이상시에 냉각재에 함유되는 H_2O, CO, O_2 등 산화성 기체의 농도

(3) 흑연의 특성 자료를 이용할 때는 이방성, 측정온도, 조사온도, 조사량, 산화율 등
이 특성에 미치는 영향과 각각의 로트(lot)간 및 로트 내에서 그리고 블록(block)
간 및 블록 내에서의 특성 변동을 명확하게 파악할 것

원자로급 흑연에는 여러 종류의 제품이 개발되어 있는데, 고온가스로에서 연료 피복재와
노심 구조재로 사용한 흑연의 예가 표 5-3에 있다.

표 5-3 고온가스로 핵연료 피복과 노심 구조재에 사용된 흑연 제품의 예

원 자 로	THTR	FSV	HTTR
연료입자 피복	A3-3, A3-27	H-327 → H-451	IG-110
구조재			
• 감속재/반사체	PAX2N, PAN	H-327 → H-451	IG-110
• 지지구조물/고정반사체	AX2N, PAN	PGX, HLM85	PGX
단열 구조물	탄소	$Al_2O_3 + SiO_2$	ASR-ORB

나. 강도판정 기준

흑연은 취성재료이므로 제품 종류, 구조물의 크기와 형태 그리고 응력상태 등에 따라
강도의 편차가 심하게 나타난다. 그러므로 금속의 경우와 같이 적은 양의 시편에서 얻은
평균 강도로 노심 구조재와 같은 대형 구조물의 파괴를 예측하면 파괴확률이 실제보다
낮게 도출될 가능성이 크므로 각별한 주의가 요구된다.

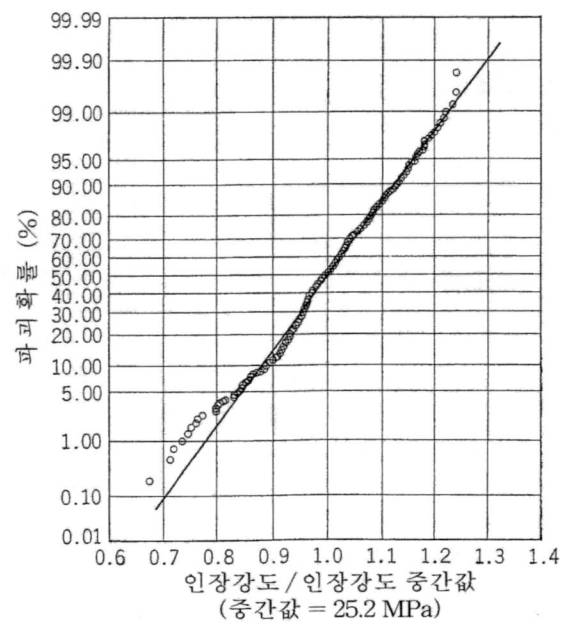

그림 5-7 정규 확률지에 나타낸 IG-110 흑연의 인장강도[11]

흑연 구조물의 구조설계 기준으로 독일에서는 Weibull의 취성파괴 통계론을 기본으로 구조물별로 파괴확률을 구하여 설계기준으로 사용하는 방안이 고려되고 있다. Weibull의 통계론은 시료의 제일 취약한 부분에서 일어나는 파괴가 시료 전체의 파괴를 지배한다는 가정에 근거를 둔 통계법으로, 적은 양의 실험자료를 이용하여 취성재료의 강도를 평가할 수 있는 유용한 방법 중의 하나이지만 반드시 긍정적인 결과를 얻는다고는 볼 수 없다. 한편 미국에서는 흑연강도의 판정기준으로 비파괴확률 90%, 신뢰한계 90%를 채택하여, 파괴역학적인 방법으로 파괴를 평가하여 구조물의 안전성을 확보하는 방안을 고려하고 있다. 그림 5-7은 IG-110 흑연에 대해 360여개 단일축 인장강도와 파괴확률의 관계를 나타낸 것으로, 인장강도가 통계적으로 정규 분포에 유사하게 표시된다.

5.3.3 흑연 종류와 원자로급 흑연 제조

가. 흑연 종류

원자로급 흑연은 코크스 원료, 결합제(binder), 원료 입자의 크기, 제조방법에 따라 특성에 차이가 있으므로 제품에 따라 특성이 다르다. 그리고 원자로급 흑연에서 요구되는 특성도 원자로 종류, 사용부위, 사용목적 등에 따라 다르다. 원자로급 흑연은 크게 코크스 원료에 따라 석유계와 석탄계로 분류되며, 제조방법에 따라서는 이방성 흑연과 등방성 흑연으로 구분된다. 원자로급 흑연의 요구조건으로 특히 등방성이 강조되는 경우에는 길손나이트(gilsonite) 코크스의 사용도 고려하고 있지만 가격이 높으므로 경제적인 면에서 제약을 받고 있다. 표 5-4에 원자로급 흑연으로 개발된 제품 중에서 많이 사용되는 제품의 주요 특성이 있다.

표 5-4 원자로급 흑연의 주요 특성 (20℃)[11]

제 품 명		H-327	H-451	ATJ	PGX	ASR-1RS	IG-110	ASR-ORB
코크스 원료		석유계	석유계	석유계	석유계	석탄계	석유계	석탄계
성형법		압출	압출	주형주입	주형주입	진동주입	고무프레스	진동주입
겉보기 밀도 (g/cm³)		1.78	1.74	1.78	1.74	1.81	1.76	1.69
이방성 (a_L/a_T)		4.8	1.21	0.70	0.85	0.95	0.90	0.90
열전도율	• L	188	163	98	93	130	124	9.7
(W/m·K)	• T	139	149	122	108	134	138	10.8
열팽창계수	• L	5	3.3	3.7	2.6	4.2	4.0	5.5
(10^{-6}/℃)	• T	24	4.0	2.6	2.2	4.3	3.6	4.9
탄성계수	• L	14.8	10.6	8.90	6.6	9.8	9.42	14.2
(GPa)	• T	6.96	9.55	12.40	8.2	10.2	9.97	15.6
인장강도	• L	14.2	14.2	24.7	7.9	17.9	24.9	6.41
(MPa)	• T	13.9	13.9	29.5	7.3	18.1	24.0	6.72

주) L : 압출공정은 압출방향, 주입공정은 가압방향, 등가압공정은 길이방향 표시
　　T : 길이방향에 대한 수직방향 표시

나. 원자로급 흑연 제조

흑연은 압력이 매우 높지 않으면 액화가 일어나지 않고 바로 기화되므로 대기 중에서는 아무리 온도를 높여도 용해되지 않는다. 따라서 흑연은 용해방법으로는 제조하지 못하고 분말을 높은 온도에서 소성(sintering)하는 방법으로 제조한다. 즉 코크스 분말과 결합제를 균질하게 혼합한 후 압축하여 성형체를 만들고, 이 성형체를 고온에서 장시간 소성하여 제조하는데, 원자로급 흑연의 제조공정도 일반 흑연의 제조공정과 동일하다. 그러나 원자로급 흑연에서는 고순도, 고밀도, 등방성 그리고 가공성 등이 요구되므로 원료의 선정과 제조공정에 세심한 주의가 요구된다. 원자로급 흑연에는 여러 종류가 있는데, 대표적인 원자로급 흑연의 제조공정이 그림 5-8에 있다.

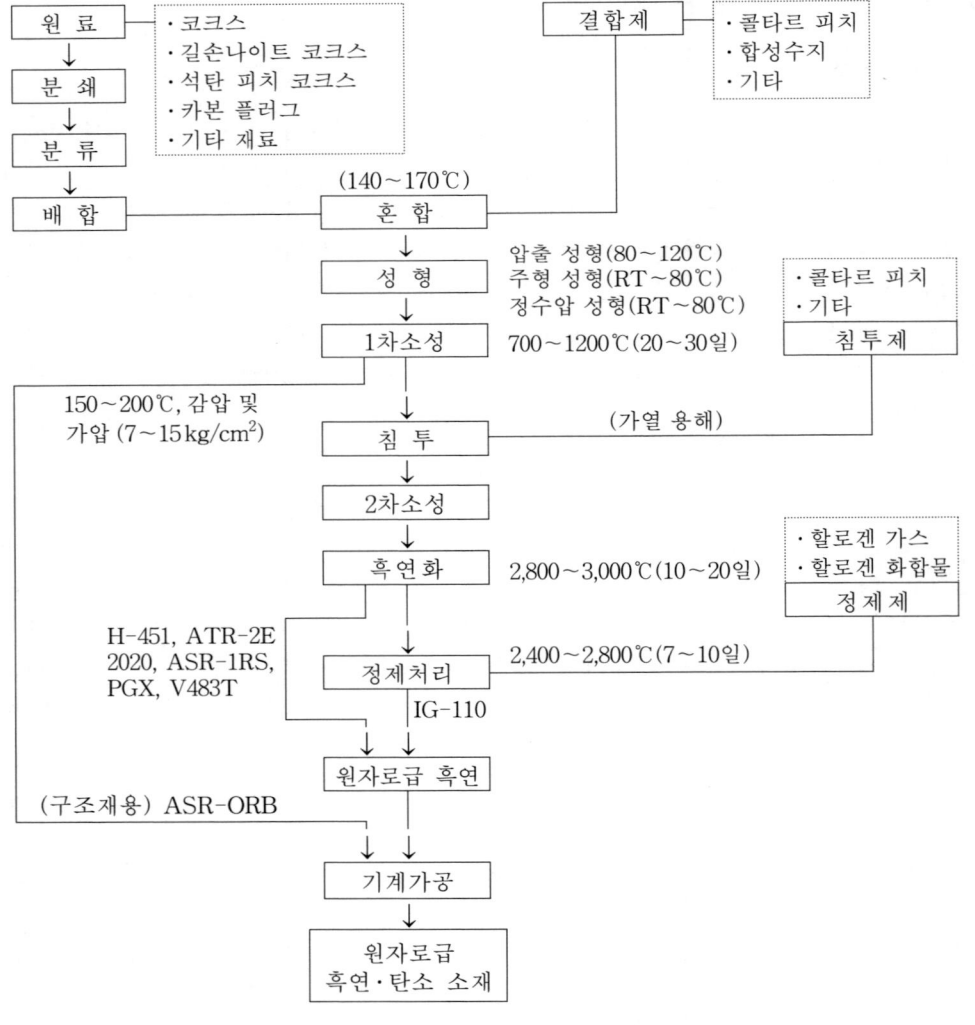

그림 5-8 원자로급 흑연·탄소 소재의 대표적인 제조공정

코크스로 흑연을 제조하기 위해서는 우선 코크스 분말에 결합제를 첨가하여 성형시켜야 하는데, 결합제는 보통 15~30% 범위 내에서 첨가한다. 코크스는 생성될 때부터 특유의 결정구조를 갖고 있으므로 제조공정에서는 결정구조를 근본적으로 변화시킬 수 없다. 그러므로 흑연 제조에서는 어떤 종류의 코크스를 원료로 선택하느냐가 대단히 중요하다. 코크스 분말이 흑연 제품에 미치는 영향은 작은 입자의 코크스 또는 작은 입자로 분쇄시킨 코크스 분말로 제조한 흑연이 큰 입자의 코크스 분말로 제조한 흑연보다 등방적이고 강도도 높다.

흑연 제조에서 대형 제품은 큰 입자를 그리고 소형 제품은 작은 입자의 원료를 사용하지만 원자로급 흑연은 아주 정밀한 가공이 요구되는 경우가 많으므로 주로 작은 입자의 코크스를 원료로 사용하고 있다. 그리고 원자로급 흑연은 높은 순도가 요구되므로 열중성자 흡수단면적이 큰 카드뮴이나 붕소와 같은 불순물 함유량을 적극적으로 억제해야 한다. 그러므로 코크스도 불순물이 적은 코크스를 원료로 사용하고 있다. 코크스 분말의 성형에는 결합제로 콜타르 피치가 많이 사용되고 있지만 비교적 소형으로 고밀도가 요구되는 특수한 경우에는 페놀계의 합성수지를 사용하는 경우도 있다.

흑연 분말의 성형에는 압출 성형법, 주형(mould) 성형법, 정수압(hydrostatic press) 성형법 등 세 가지 방법이 사용되고 있다. 압출 성형법은 생산성이 양호한 경제적인 성형법으로 대형 제품의 생산에 적합하지만 불균질과 이방성이 크게 생기는 단점이 있다. 이에 비해 고무 프레스(rubber press)를 이용하는 정수압 성형법은 경제성은 떨어지지만 정밀한 조직을 얻을 수 있으므로 균질이고 등방성이 좋은 제품을 생산할 수 있는 이점이 있으며, 주형 성형법은 압출 성형법과 정수압 성형법의 중간 특성을 갖고 있다. 코크스 분말과 결합제를 혼합시켜 제조한 성형체는 1차소성을 통해 탄화가 일어나면서 코크스 입자와 결합제가 결합하여 소성되는데, 이 과정에서 결합제의 약 30%가 휘발되면서 기공을 형성하므로 기공률이 높다.

1차 소성한 흑연 제품은 흑연화 정도가 낮아서 탄소 제품으로도 부르고 있는데, 기공을 많이 함유하여 열전달률이 불량하므로 원자로 재료보다는 일반 공업용 단열 구조재로 사용되고 있다. 그러므로 원자로 재료로 사용하기 위해서는 1차소성에서 형성된 기공에 콜타르 피치를 주입하여 2차 소성을 하는데, 2차소성을 하면 기공률이 감소되어 밀도가 높아지는 동시에 내식성이 향상되며 이방성도 크게 감소한다. 2차소성을 마친 흑연 제품은 약 3,000℃의 고온에서 흑연화 열처리를 통해 불규칙적으로 배열한 미세한 결정미립자(crystallite)를 충분하게 성장시키는 동시에 규칙적으로 재배열시킨다. 흑연화 열처리에서는 흑연화 외에도 불순물이 휘발되어 순도가 현저하게 높아지므로 이 과정이 끝나면 감속재와 반사체로서 충분한 기능을 갖게 된다.

한편 흑연화 열처리에도 불구하고 불순물이 많이 존재하는 경우에는 2,500℃ 이상의 고온에서 할로겐 가스로 정제하는데, 불순물을 할로겐화합물로 만들어 휘발시키는 방법으로 제거한다. 그리고 흑연에 붕소가 함유된 경우에는 불소가 함유된 가스를 사용해야 제거시킬 수 있다.

5.3.4 조사거동

가. 치수 변화

흑연은 결정구조가 육방격자이며 격자상수는 a축과 c축이 각각 2.4612Å와 6.7079Å으로 심한 이방성을 갖고 있다. 이러한 격자 특성으로 흑연은 조사 중에 치수 변화가 비등방적으로 일어나므로 원자로에서 사용 중에 일어나는 흑연의 치수 변화는 건전성에 큰 영향을 준다. 그러므로 조사에 따른 흑연의 치수 변화는 공학적으로 대단히 중요하여 각종 흑연에 대해 많이 연구되었다.

흑연은 이방성 결정구조를 갖고 있으므로 점결함이 특정 방향으로 잘 이동하는 우선적인 확산이 일어나는데, 원자빈자리(vacancy)는 a축으로 그리고 격자간원자는 c축으로 우선적인 확산이 일어난다. 그러므로 그림 5-9에 개념적으로 나타낸 것과 같이 흑연 단결정을 조사시키면 원자빈자리가 우선적으로 확산하는 a축으로는 수축이 그리고 격자간원자가 우선적으로 확산하는 c축으로는 성장이 일어난다.

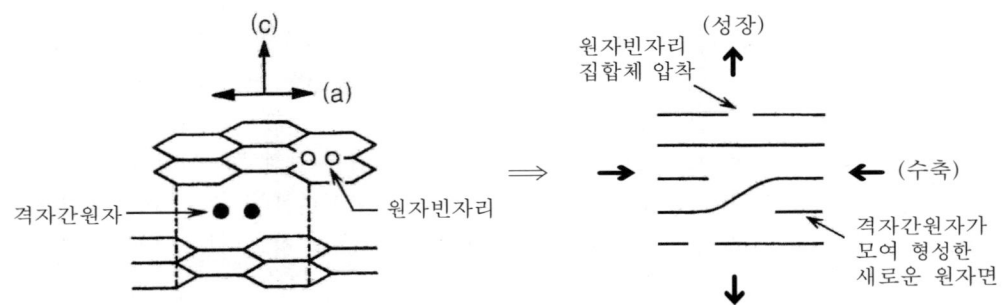

그림 5-9 흑연 단결정의 조사시에 일어나는 치수변화 개념도[12]

조사에 따른 흑연의 치수 변화는 코크스 종류, 결정미립자의 크기, 결정방향, 기공률 등 미세조직과 조사온도, 조사량 등 조사조건에 영향을 받는다. 그러므로 제조조건과 조사조건은 흑연의 치수 변화에 큰 영향을 준다. 그림 5-10에 조직과 조사량이 열분해탄소의 치수 변화에 미치는 영향이 있다. 그림에서 보는 바와 같이 조사량에 비례하여 축방향(A)으로는 성장이 일어나는 반면에 반경방향(R)으로는 수축이 일어나는데, 결정미립자가 작을수록 치수 변화가 크게 일어난다. 앞에서도 기술하였지만 흑연은 이방성 결정구조를 갖고 있으므로 제조공정에서 힘을 가하는 방향, 즉 가공방향에 대해 평행방향이나 또는 수직방향이냐에 따라 조직이 다르다. 그러므로 흑연을 등방성으로 제조하지 않으면 원자로에서 사용할 때 방향에 따른 조직 차이로 치수 변화도 이방적으로 일어난다. 따라서 원자로급 흑연 특히 노심에서 사용하는 흑연은 조직 차이에 따른 치수 변화의 이방성을 줄이기 위해 등방성으로 제조해야 한다.

조사에 따른 흑연의 치수 변화는 초기에는 수축하다가 조사량이 증가하면 성장하는데, 하나의 예로 준등방성 흑연의 조사량에 따른 치수 변화가 그림 5-11에 있다. 그림에서

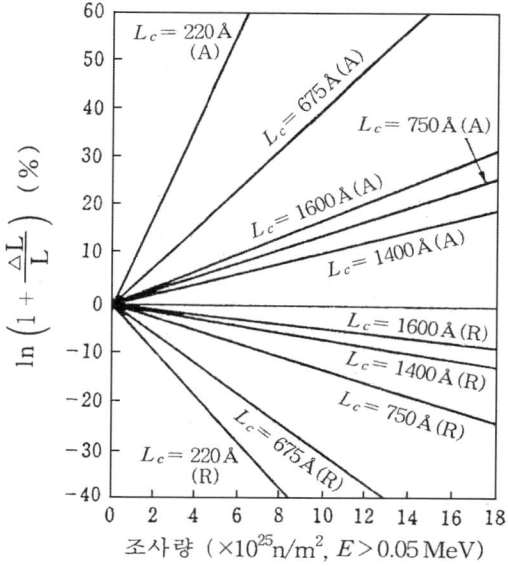

그림 5-10   조사량과 결정미립자(crystallite)가 열분해탄소의 치수 변화에
미치는 영향[13]; 조사온도 1225~1300℃

보는 바와 같이 초기에는 수축이 일어나다가 조사량이 증가하면 성장하는데, 성장이 일어
나기 시작하는 문턱조사량은 온도가 높으면 작아진다. 그리고 조사온도가 높으면 치수 변
화도 크게 일어난다. 일반적으로 기공(pore)을 함유하고 있는 재료를 조사시키면, 조사 초
기에는 기공 소멸에 의해 수축이 일어나는데, 흑연 소성체에서 일어나는 조사 초기의 수축
도 조사에 의해 결정미립자가 c축으로 성장할 때 미립자와 미립자 사이에 형성된 기공이

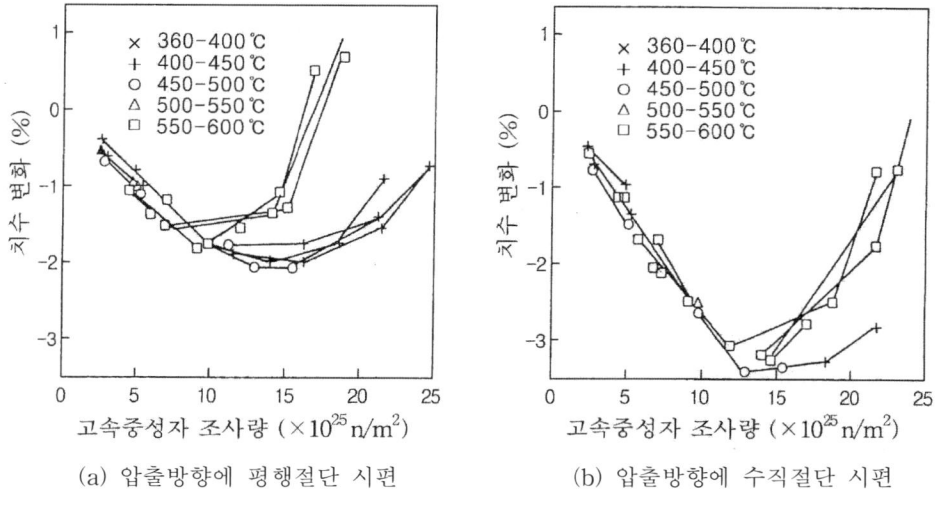

(a) 압출방향에 평행절단 시편   (b) 압출방향에 수직절단 시편

그림 5-11 준등방성 흑연의 조사량에 따른 치수 변화[14]

메워져 소멸되므로 일어난다. 조사에 따른 기공의 소멸은 조사온도에 영향을 받으며 온도가 높을수록 더 빨리 일어난다.

나. 열전달률

흑연을 조사시키면 격자결함, 기포 등 조사결함의 생성으로 열전달률이 영향을 받는데, 특히 조사온도와 조사량은 결함 생성에 큰 영향을 주므로 열전달률에 영향을 미친다. 그림 5-12는 조사온도와 조사량이 흑연의 열전달률에 미치는 결과를 종합하여 나타낸 것으로 그림에서 보는 바와 같이 열전달률은 조사 초기에 급격한 감소가 일어나는데, 조사온도가 낮을수록 더 크게 그리고 급격하게 감소한다. 조사량에 따른 흑연의 열전달률은 초기에 급격하게 감소한 후에 완만하게 감소한다.

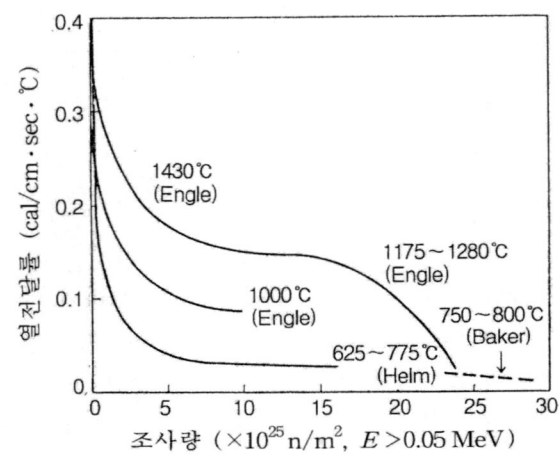

그림 5-12 원자로급 흑연의 조사량에 따른 열전달률 변화[15]

다. 인장강도

금속재료와 마찬가지로 흑연도 조사량이 증가하면 경화가 일어나며, 고온보다는 저온에서 조사하는 경우에 더 크게 일어난다. 예를 들면 길손나이트계 등방성 흑연과 석유 코크스계 이방성 흑연을 150℃에서 조사하면 인장강도가 약 2배 정도 증가하지만[16] 고온에서 조사하는 경우에는 약 30% 정도만 증가한다[17].

그림 5-13에 525~1,430℃ 범위에서 조사량이 길손나이트계 등방성 흑연의 압축강도와 변형률에 미치는 영향이 있다. 그림에서 보는 바와 같이 조사 초기에는 압축강도가 조사량에 따라 증가하다가 ~1×10^{25} n/m^2 이상에서는 조사량에 영향을 받지 않는다. 그러나 조사량이 ~2.5×10^{25} n/m^2 이상으로 증가하면 다시 조사량에 따라 증가한다. 한편 압축파괴 변형률은 ~1×10^{25} n/m^{2}까지는 조사량에 따라 급격하게 감소하지만 그 후에는 조사량에 거의 영향을 받지 않는다.

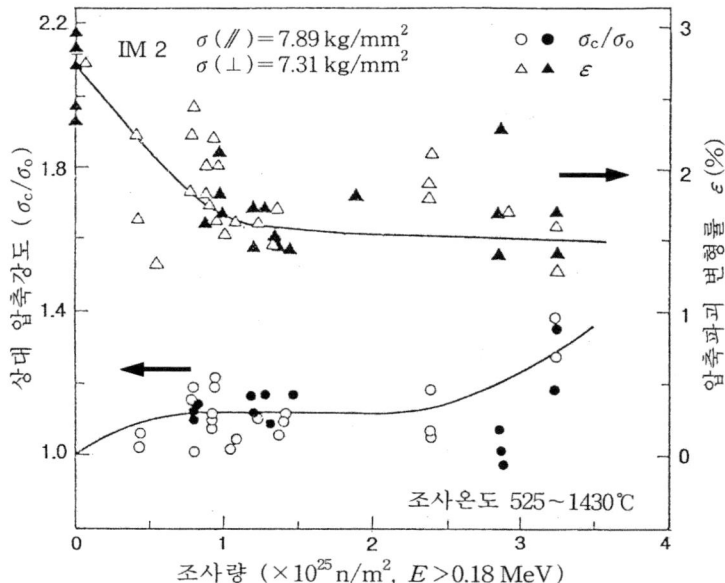

그림 5-13 길손나이트 코크스계 흑연의 압축강도와 압축파괴 변형률의 조사량 의존성[18]

라. 조사크리프

흑연을 원자로 외부에서 사용하는 경우에는 1,500℃까지도 크리프(creep)가 크게 일어
나지 않으므로 문제가 되지 않는다. 그러나 원자로에서 구조물로 사용하는 경우에는 중
성자 조사에 의해 크리프에 기여하는 원자빈자리와 격자간원자가 대량으로 생성되는 동
시에 열응력과 치수 변화에 따라 내부응력이 발생하므로 크리프도 영향을 받는다. 그러
므로 흑연을 원자로에서 구조물로 사용하는 경우에는 중성자 조사가 크리프에 미치는 영
향을 검토해야 한다. 흑연을 원자로 구조물로 사용하는 경우에는 열크리프 외에도 조사
유도 크리프(irradiation induced creep)와 조사가속 크리프(irradiation enhanced creep)가
크리프에 기여하는데, 크리프 변형량 ϵ_c는 아래와 같이 나타낼 수 있다.

$$\epsilon_c = A \cdot \frac{\sigma}{E} + K_c \sigma \phi t \tag{5.1}$$

여기서 A는 정수로 대략 1이며, σ는 응력, E는 비조사 흑연의 탄성계수, K_c는 조사크리
프 정수 그리고 ϕt는 조사량이다.

그림 5-14에 각종 흑연에 대한 조사크리프 정수를 종합한 것이 있다. 그림에서 보는 바
와 같이 크리프 정수는 400~500℃에서 최소값을 갖는다. 흑연의 조사크리프 기구에 대해
서는 아직도 정확한 해석을 하지 못하고 추측만 하고 있는데, 저온조사의 경우에는 입계
슬립(grain bounary slip) 또는 기저면슬립(basal slip)에 의해 크리프가 일어난다고 보고
있으며 고온조사에서는 미세한 기공의 소멸과 함께 새로운 보이드 및 균열 생성에 의해
크리프가 일어난다고 생각하고 있다.

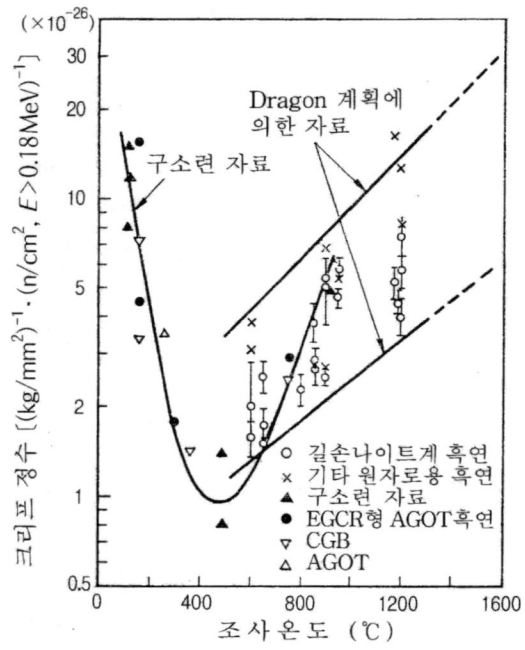

그림 5-14 각종 흑연의 조사온도에 따른 조사크리프 정수[19,20]

5.4 고온가스로 내열재료

5.4.1 열교환 유닛(Unit) 재료

가. 열교환 유닛 구조

고온가스로의 목적은 발전과 함께 고온의 냉각재 열을 산업공정에 이용하는데 있다. 이에 따라 고온가스로에 열이용 계통을 설치하는 경우에는 1차계통에 함유된 미량의 핵분열 생성물이라도 열이용 계통으로 이동하지 못하도록 그리고 열이용 계통의 공정가스도 1차계통으로 이동하지 못하도록 1차계통과 2차계통 사이에 중간열교환기를 설치한다. 이러한 경우에 열교환 유닛(unit)은 크게 (1) 노심을 통과하는 1차계통, (2) 노심에서 발생한 열을 2차계통에 전달하는 중간열교환기 그리고 (3) 증기를 발생시키는 증발기(evaporator)와 증기를 가열하는 과열기(steam reformer)로 구성된 증기발생기 등으로 구분된다. 고온가스로에서 원자로 용기가 프리스레스트 콘크리트 용기인 경우에는 열교환 유닛이 원자로 본체와 함께 콘크리트 용기 내부에 수납되지만 원자로 용기가 금속 용기인 경우에는 용기를 크게 제작할 수 없으므로 열교환 유닛이 용기 외부에 설치된다.

고온가스로에서 열교환 유닛은 용량이 작은 모듈(module)형으로 설계하여 여러 개의 열교환 유닛을 설치하는데, 예를 들면 미국에서 개발한 원형로(prototype reactor) FSV (Fort St Vrain)에서는 1기당 열교환량이 70 MW, 압력이 1.79 MPa 그리고 온도가 541℃

인 소형 증기발생기를 12개를 설치하였으며, 독일에서 개발한 원형로 THTR-300에서는 1기당 열교환량이 128 MW, 압력이 1.89 MPa 그리고 온도가 550℃인 소형 증기발생기를 6개 설치하였다. 중간열교환기와 증기발생기의 전열관은 역 U관형이나 환상코일(helical coil)형으로 설계하고 있는데, 보통 환상코일 형으로 설계하고 있다.

중간열교환기의 예로, 10 MW급 환상코일 형 중간열교환기의 구조가 그림 5-15에 있다. 냉각재의 흐름을 보면, 원자로 노심에서 나온 1차계통의 He 냉각재는 중간열교환기의 아래쪽 입구로 들어와 위쪽을 향해 흐르면서 2차계통의 He 냉각재에 열을 전달한다. 그리고 위쪽에서 방향을 바꾸어 아래쪽을 향해 흘러 출구를 통해 배출되어 다시 노심으로 들어간다. 원자로 노심에서 나오는 1차계통의 He 냉각재 출구측 온도는 약 950℃ 그리고 2차계통의 He 냉각재에 열을 전달하고 다시 노심으로 들어오는 He 냉각재 온도는 약 650℃이다. 한편 2차계통 He 냉각재의 중간열교환기 유입 온도는 220℃ 정도로 상부에 설치된 유입구를 통해 들어와 아래쪽으로 흐르면서 1차계통의 He 냉각재로부터 열을 전달받으며,

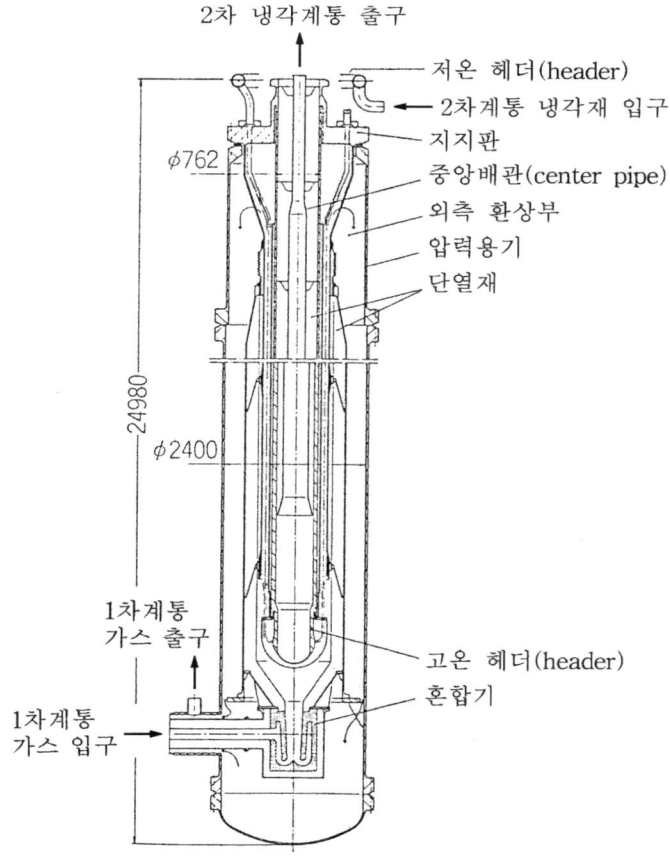

그림 5-15 10 MW급 환상코일(helical coil)형 중간열교환기 구조[21]

아래쪽에서 방향을 바꾸어 중앙에 설치된 배관을 통해 다시 위쪽으로 흐르는데 2차계통 출구측 온도가 900℃ 정도로 상승한다.

앞에서도 기술하였지만, 고온가스로 증기발생기는 증발기와 과열기로 구성되어 있는데 증발기에서는 750~780℃의 2차계통 냉각재로 증기를 생산하고 과열기에서 증기를 가열하는 과정을 통해 화력발전소에서 생산하는 양질의 증기조건(예를 들면 540℃, 18 MPa)과 비슷한 증기를 생산하고 있다. 이러한 증기조건에 의해 고온가스로는 열효율을 최신 화력발전소에 필적할 정도인 40% 이상으로 높일 수 있다.

나. 전열관 재료

고온가스로의 고온 부위에 사용되는 주요 부품으로는 중간열교환기 전열관, 고온용 배관 라이너(liner) 그리고 제어봉 피복관 등이 있다. 일반적으로 고온가스로용 중간열교환기의 전열관용 내열 합금에서 요구하는 특성을 생각해 보면 (1) 고온에서의 강도 (2) 크리프 및 크리프 파단 특성 그리고 (3) 불순물을 미량 함유한 He 분위기에서의 부식 특성 등을 들 수 있다

고온가스로 중간열교환기의 전열관은 외면이 1차계통의 He 냉각재와 접촉하므로 온도가 750~950℃ 범위로 상당히 높다. 따라서 중간열교환기의 고온용 전열관 재료로는 Alloy 617, Hastelloy X, Thermon 4972 등과 같은 내열합금이 사용되고 있으며, 800℃ 이하에서 가동되는 증발기와 과열기의 전열관에는 Alloy 800H의 사용도 고려하고 있다. 고온가스로의 고온 부위에서 사용할 수 있는 내열합금의 주요 조성과 사용가능 온도가 표 5-5에 있다.

표 5-5 고온가스로용 내열합금의 조성 및 사용가능 온도

합 금 명	주요 조성	사용가능 최고온도 (℃)
Alloy 800H	Fe-33Ni-21Cr-1Mn	800~850℃
Hastelloy X	Ni-22Cr-18Fe-9Mo-2Co	900℃
Alloy 617	Ni-22Cr-9Mo-12Co-1.2Al	950℃
Thermon 4972	Ni-28Fe-22Cr-12W-1Nb	950℃

표 5-5에서 보는 바와 같이 1차계통의 He 냉각재 온도가 800℃ 이하인 경우에는 일반 산업분야에서 내열재료로 많이 사용하고 있는 Alloy 800H를 중간열교환기의 전열관 재료로 사용할 수 있지만, 냉각재 온도가 900~950℃ 이상이면 Alloy 800H를 전열관 재료로 사용하기 어렵다. 한편 Alloy 617은 그림 5-16에서 보는 바와 같이 고온에서 우수한 크리프 파단강도를 갖고 있으므로 중간열교환기의 전열관 재료로 적합한 면을 갖고 있지만, 내식성에 유해한 Al을 합금원소로 1.2 wt% 그리고 방사화가 크게 일어나는 Co도 합금원소로 12.5 wt%나 함유하고 있으므로 내식성의 문제와 함께 Co를 함유한 부식생성물의 방사화에 따른 문제를 갖고 있다[11].

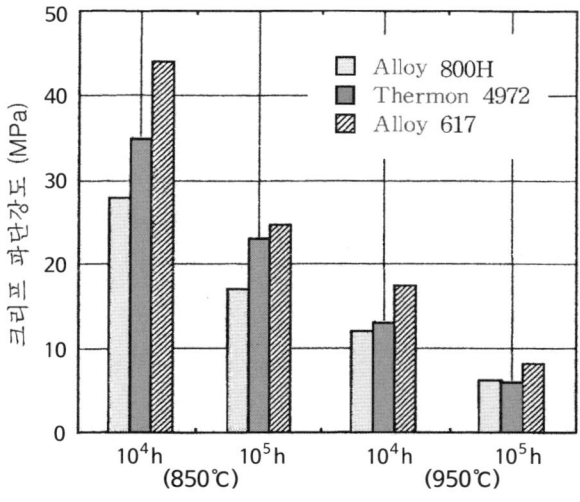

그림 5-16 각종 고온용 내열합금의 크리프 파단강도[22]

이에 따라 독일에서는 Alloy 617의 우수한 고온강도를 손상시키지 않으면서 내식성을 개선하고 Co를 함유한 부식생성물에 의한 방사화를 피하기 위해 Thermon 4972로 불리는 Al, Co 등이 함유되지 않은 Ni-Cr-Fe-W-Nb 계통의 합금을 전열관 재료로 개발하였다. Thermon 4972는 고온에서 Alloy 617과 거의 비슷한 정도의 강도를 보유하며, He 분위기에서의 내식성도 그림 5-17에서 보는 바와 같이 Hastelloy X나 Alloy 617보다 우수하므로 새로운 전열관 재료로 주목을 받고 있다.

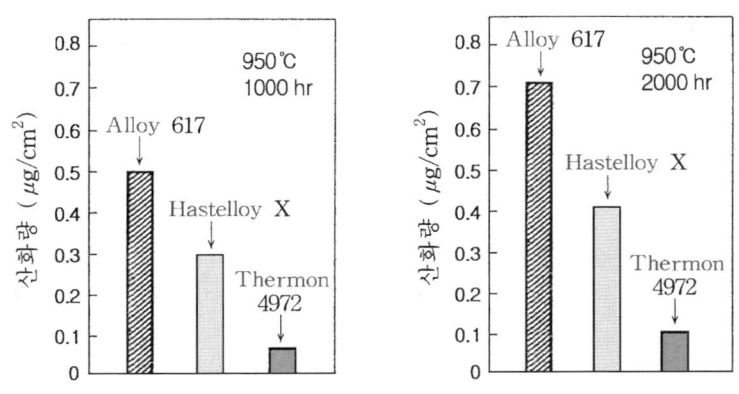

그림 5-17 각종 고온용 내열합금의 He 분위기에서 산화량[21]

5.4.2 고온·고압용 배관

고온가스로에서 콘크리트 용기를 사용하면 원자로 본체와 함께 증기발생기, He 순환기 등 1차계통이 용기 내부에 수납되므로 1차계통의 배관에는 내압 기능과 단열 기능이 없는 고온용 배관이 사용된다. 그러나 원자로 용기로 금속 용기를 사용하는 경우에는 1차계통을 원자로 용기에 수납할 수 없으므로 원자로 외부에 설치하는데, 이 경우에 고온·고압 (750~950℃, 40~50기압)의 He 냉각재가 순환하는 1차계통 배관은 원자로에서 일반적으로 사용하는 금속 배관으로는 건전정을 확보하기 어렵다.

그러므로 단열재가 사용되는 특수 배관으로 설계하고 있다. 즉 고온가스로의 고온·고압용 배관 설계에서는 고온 부위와 내압 부위로 기능을 분리하여 그림 5-18에서 보는 바와 같이 내관은 고온 재료로 그리고 외관은 내압에 견딜 수 있는 내압성 재료를 사용하는 단관 또는 2중관으로 설계하고 있다.

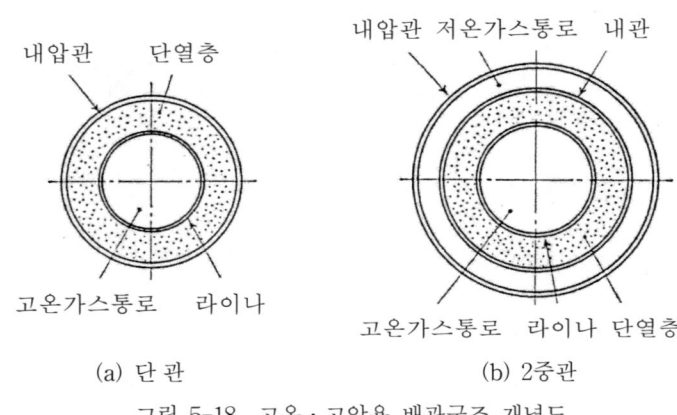

내압관　단열층

내압관　저온가스통로　내관

고온가스통로　라이나

고온가스통로　라이나　단열층

(a) 단 관　　　　　(b) 2중관

그림 5-18 고온·고압용 배관구조 개념도

고온가스로의 고온·고압용 배관 구조를 보면, 단관은 그림 5-18의 (a)에서 보는 바와 같이 외측에는 압력에 강한 내압관이 있으며, 내압관의 강도 유지를 위해 안쪽에 단열층을 설치하여 내압관이 고온으로 상승하는 것을 방지하고 있다. 그리고 단열층 안쪽에는 내열·기밀성 라이너(liner)를 설치하여 He 냉각재가 흐르는 통로를 만든다. 단관은 구조가 간단하여 응력 해석이 용이할 뿐만 아니라 내진성 및 열팽창 흡수성이 우수한 장점을 갖고 있다. 그러나 단열재의 건전성이 절대적으로 중요하므로 단열재에 대한 높은 신뢰성이 요구된다.

한편 2중관은 그림 5-18의 (b)에서 보는 바와 같이 외측의 내압관과 단열층 사이에 내관을 설치한 구조로 중심부 통로에는 고온·고압의 He 냉각재가 흐르고, 내압관과 내관사이의 환상 통로에는 냉각재 압력과 거의 같은 압력의 저온·고압 가스가 흐르므로 내압관이 저온으로 유지된다. 그러므로 내관은 고온 재료로 그리고 내압관은 내압성 재료로 설계한다. 고온가스로의 고온·고압용 배관에서는 단열재로 세라믹 섬유(ceramics fiber) 또는 0.05 mm 두께의 얇은 스테인리스강 박판을 여러 층으로 쌓은 적층 박판이 사용되는데, 주로 세라믹 섬유를 단열재로 사용하고 있다. 고온·고압용 배관에 세라믹 섬유를 단열재로 사용하는 경우에 800℃까지는 SiO_2를 그리고 그 이상의 고온에서는 Al_2O_3를 혼합하여 사용하고 있다.

5.5 마그녹스 피복재

5.5.1 기본 물성

마그네슘은 열중성자 흡수단면적이 0.063 barn으로 지르코늄의 0.18 barn 그리고 알루미늄의 0.23 barn에 비해 아주 작은 동시에 열전도도가 우수하다. 그러므로 천연우라늄을 연료로 사용하는 원자로의 연료 피복재로서 유리한 조건을 갖고 있다. 그러나 물에 대한 내식성이 불량하여 물을 냉각재로 사용하는 원자로, 예를 들면 경수로나 중수로와 같은 원자로에서는 피복재로 사용할 수 없으며 다만 가스냉각로와 같이 기체를 냉각재로 사용하는 원자로에서나 피복재로 사용할 수 있다. 마그네슘은 600℃까지 금속우라늄과 전혀 반응이 일어나지 않으며, 냉각재로 사용하는 CO_2 분위기에서도 400℃까지는 내식성이 양호하다. 그러므로 비교적 높은 온도까지 연료 피복재로 사용할 수 있다. 표 5-6에 마그네슘의 기본 물성이 있다.

표 5-6 마그네슘의 기본 물성

결정구조	융 점	밀 도 (20℃)	열전도도 (20℃)	열팽창 계수 (20~100℃)	열중성자 흡수단면적
hcp (a_o = 3.208 Å) (c_o = 5.209 Å)	650℃	1.738 g/cm^3	167 W/m·K	25.8×10^{-6}/℃	0.063 barn

5.5.2 합금 종류

마그네슘은 반응성이 강한 금속으로 산화가 잘 일어나고 증기압도 높다. 그러므로 순수한 마그네슘을 고온의 CO_2 분위기에서 사용하면 산화와 질량수송(mass transportation)이 크게 일어나서 문제가 된다. 따라서 마그네슘 합금을 가스냉각로에서 연료 피복재로 사용하기 위해서는 내식성을 개선해야 하는데, 내식성을 개선시키는 합금원소로는 Be, Zr, Ca 등이 있다. 원자로 재료로 사용하기 위하여 내식성을 개선시킨 마그네슘 합금을 보통 마그녹스(Magnox, magnesium-no-oxidation)로 부르는데, 이는 산화가 일어나지 않는 마그네슘을 의미한다. 표 5-7에 원자로용 마그네슘 합금의 화학조성이 있는데, 마그녹스 AL 80은 연료 피복재 그리고 ZR 55는 연료다발 구조재로 사용되고 있다.

표 5-7 원자로용 마그네슘 합금의 화학조성

합 금	표준조성 (wt%)					
	Al	Be	Zr	Ca	Mn	Mg
마그녹스 AL 80	0.80	0.005	–	–	–	bal.
마그녹스 ZR 55	–	–	0.55	–	–	bal.
마그녹스 AL 12	0.80	0.01	–	–	–	bal.
마그녹스 C	1.0	0.04	–	0.05	–	bal.
마그녹스 MN 70	–	–	–	–	0.70	bal.

마그녹스 AL 80은 내식성을 개선하기 위하여 마그네슘에 합금원소로 Be를 소량 첨가시킨 Mg-Be계 합금으로, 현재도 가스냉각로에서 연료 피복재로 사용하고 있다. AL 80은 Be와 함께 첨가된 Al이 우라늄 연소에서 생성되는 플루토늄과 금속간화합물을 형성하여 플루토늄이 피복재로 확산하는 것을 차단하므로 플루토늄이 냉각재로 유출되는 것을 방지하는 장점을 갖고 있다. 그리고 마그녹스 AL 12는 마그녹스 AL 80의 개발 초기에 붙여진 이름으로 마그녹스 AL 80보다 Be 함유량이 조금 많다.

마그녹스 ZR 55는 마그네슘에 Zr을 합금원소로 첨가한 Mg-Zr계 합금으로 결정립이 미세하며, 온도 상승에 따른 결정립 성장이 작게 일어나는 장점이 있다. 그러나 핵연료의 연소과정에서 생성되는 플루토늄이 쉽게 침투하여 확산하므로 플루토늄이 CO_2 냉각재로 유출될 가능성이 마그녹스 AL 80에 비해 상대적으로 크다. 그러므로 마그녹스 ZR 55는 피복재보다는 연료다발의 부품 재료로 사용되고 있으며, 마그녹스 MN 70도 피복재보다는 연료다발의 부품 재료로 개발되었다. 한편 마그녹스 C는 초기에 연료 피복재로 사용한 경험이 있었으나 연료봉의 봉단 용접에서 균열이 발생하는 문제가 있으므로 마그녹스 AL 80으로 대체되었다.

5.5.3 산화거동

앞에서도 기술하였지만 Be나 Zr은 마그네슘의 산화를 억제시키는 합금원소로 작은 양을 첨가해도 내식성을 크게 향상시킨다. Be가 마그네슘의 산화에 미치는 영향이 그림 5-19에 있는데, 그림에서 보는 바와 같이 Be는 아주 작은 양을 첨가해도 마그네슘의 내식성을 크게 향상시킨다.

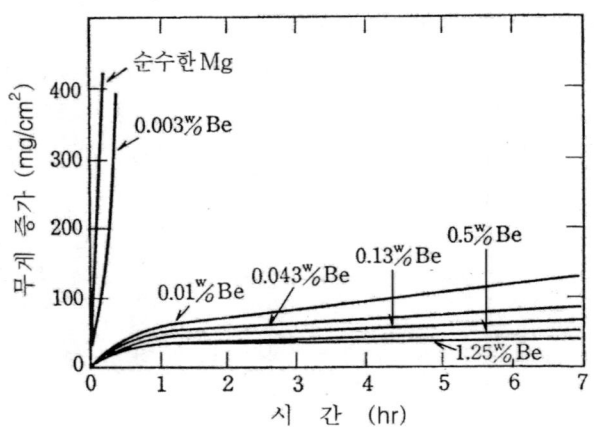

그림 5-19 550℃의 공기 중에서 Mg와 Mg-Be 합금의 산화[23]

마그녹스 원자로는 CO_2 가스를 냉각재로 사용하므로 피복재는 CO_2 분위기에서의 내식성이 중요하다. 그림 5-20에 마그녹스 AL 80과 ZR 55의 CO_2 분위기에서의 산화거동이 있는데, 두 합금 모두 가스냉각로의 냉각재 조건에서 내식성이 우수하다.

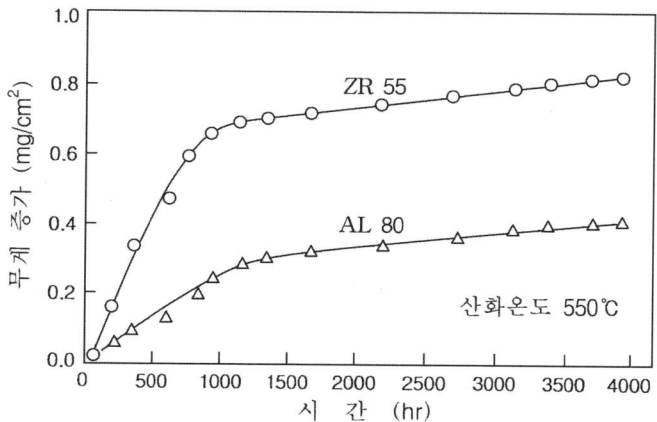

그림 5-20 CO_2 분위기(CO를 2% 함유)에서 마그녹스 AL 80과 ZR 55의 산화[24]

5.5.4 기계적 특성

마그녹스 AL 80은 연성이 좋으며 적당한 크리프 특성도 갖고 있다. 그러므로 금속우라늄 연료와 밀착시켜 피복해도 원자로의 출력 변동시에 온도 사이클에 따른 반복 변형을 충분히 감당할 수 있다. 그리고 핵연료 제조공정에서 요구하는 충분한 연성도 갖고 있다. 마그녹스 AL 80과 마그녹스 ZR 55의 온도에 따른 인장강도와 변형률을 비교한 것이 표 5-8에 있다. 표에서 보는 바와 같이 상온에서 300℃까지는 마그녹스 ZR 55가 마그녹스 AL 80보다 강도가 높지만 400℃ 이상에서는 마그녹스 AL 80의 강도가 더 높다. 그리고 변형률은 마그녹스 ZR 55가 마그녹스 AL 80보다 크지만 200℃ 이상에서는 둘 다 40% 이상의 변형률을 갖고 있으므로 큰 의미가 없다.

표 5-8 마그녹스 AL 80과 ZR 55의 기계적 성질[25]

온도 (℃)	인장강도 (MPa)		변형률 (%)	
	AL 80	ZR 55	AL 80	ZR 55
20	146	212	8	11
100		145		26
200	68	76	47	68
300	36	48	55	76
400	20	19	58	142
450	12	8	57	186
500	8.5		47	

Mg-Be 합금은 본래 큰 결정립을 갖고 있으며, 온도 상승에 따라 결정립은 더욱 크게 성장한다. 그러므로 입계 분리에 의해 미세균열이 발생하기 쉬운 단점을 갖고 있지만, 마그녹스 AL 80은 결정립의 평균 직경이 0.5~1 mm 정도로 큰 경우에도 400℃ 이상에서는 충분한 크리프 특성이 유지되므로 입계가 분리될 위험성이 없다. 그러나 200~300℃의

저온에서는 크리프가 일어날 때 입계가 분리되어 캐비티(cavity)가 생길 위험성이 있다. 그러므로 마그녹스 AL 80을 300℃ 이하에서 사용하는 경우에는 결정립의 평균 직경이 0.2 mm 정도로 작아야 한다.

그림 5-21에 마그녹스의 크리프 특성에 미치는 결정립의 영향이 있는데, Mg-Be 합금의 크리프 파단 변형률은 온도와 결정립에 영향을 받아서 고온보다는 저온에서 그리고 큰 결정립보다는 작은 결정립에서 크리프 파단변형률이 크다.

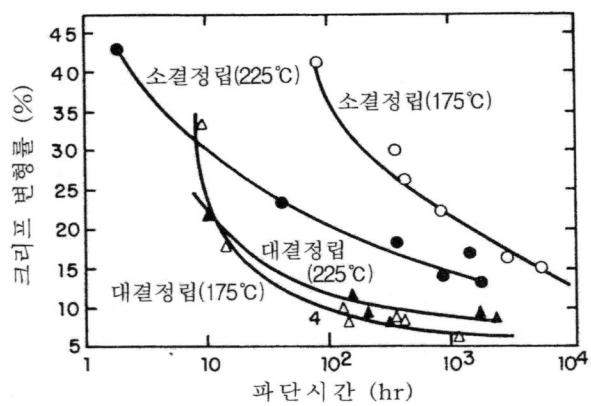

그림 5-21 마그녹스 AL 12(Mg-0.8Al-0.01Be)의 크리프 특성[26]

5.5.5 피복재 가공

마그녹스 AL 80에 합금원소로 첨가되는 Be는 호흡기 계통에 큰 장해를 일으키는 해로운 금속으로 취급에 어려움이 많다. 더욱이 Mg와 Be는 융점이 각각 651℃와 1278℃로 차이가 크고, Be의 첨가량도 소량이므로 Mg-Be계 마그녹스를 일반적인 용해방법으로는 제조하기 어렵다. 그러므로 Mg-Be계 마그녹스를 제조할 때는 우선 중성자 흡수단면적이 작고 Be와 비슷한 비등점을 갖고 있는 Al에 Be를 5 wt% 정도 첨가한 Al-Be 모합금 (mother alloy)을 만들어 이 모합금과 마그네슘을 함께 용해하는 방법으로 제조한다. 따라서 Be를 첨가한 마그녹스에는 합금원소는 아니지만 Al이 함유되어 있다.

이와 같이 제조된 마그녹스 잉곳(ingot)은 우선 단조하여 빌릿(billet)으로 만든 다음에 압출하여 봉으로 가공하는데, 봉에는 0.8 mm 이상의 금속 개재물이나 산화물이 없어야 하고 균열 등의 결함도 없어야 한다. 그리고 가공된 봉은 중심에 구멍을 뚫은 다음에 압출하여 원통형 캔(can)으로 만들어 핵연료를 피복하며, 피복 두께는 보통 2 mm 정도로 하고 있다. 연료봉 가공은 캔 형태의 마그녹스 피복재에 금속우라늄 연료심(fuel core)을 장전한 다음 봉단마개를 삽입하여 아크용접을 한다. 그리고 봉단용접 후에는 마그녹스 피복재와 금속우라늄 연료를 밀착시키고, 마그녹스 피복재의 결정립을 조절하기 위하여 고온·고압으로 압착한다. 마그녹스 피복재는 압착온도와 압착시간에 의해 결정립 크기가 조절된다.

앞에서도 기술하였지만 마그녹스 AL 80은 결정립의 평균 직경이 0.5~1 mm 정도로 큰 경우에도 400℃ 이상에서는 충분한 크리프 특성이 유지되어 입계 분리가 일어나지 않지만, 200~300℃의 저온에서 저속도 크리프가 일어나면 입계가 쉽게 분리되므로 핵분열기체가 누출될 위험성이 있다. 그러므로 연료봉을 300℃ 이하에서 사용하는 경우에는 결정립의 평균 직경을 0.2 mm 이하로 유지하여 충분한 크리프 특성을 확보해야 한다.

마그녹스 원자로에서는 고온용 연료와 저온용 연료가 함께 사용되는데, 크리프에 의한 마그녹스 피복재의 입계 분리가 온도에 영향을 받으므로 고온용 연료와 저온용 연료에서 요구하는 피복재의 결정립 크기가 다르다. 즉 고온용 연료는 결정립 크기가 크리프 특성에 영향을 주지 않으므로 제조공정에서 결정립의 조절이 필요하지 않다. 그러나 저온용 연료의 경우는 결정립이 크면 저속 크리프에 의해 입계 분리가 일어나기 쉬우므로 입계 분리를 억제하기 위해 작은 결정립이 요구된다. 그러므로 저온용 마그녹스 연료의 제조 공정에서는 피복재의 결정립 조절이 대단히 중요하다.

참고 문헌

1) 數土幸夫, 原子力工業(日本) 36(4) (1990), 25
2) F. J. Rahn, A. G. Adamantiades, J. E. Kenton and C. Braun, "*A Guide To Nuclear Power Technology*", Hohn Wiley & Sons Inc., N.Y, 1984, p555
3) F. P. Bundy, J Chem. Phys. 38 (1963), 631
4) H. R. Leider, D. H. Krikorian and D. A. Young, Carbon 11 (1973), 555
5) M. M. Benjamin, "*Nuclear Reactor Materials and Applications*", Van Nostrand Reinhold Co., N.Y., 1983, p348
6) R. Blackstone, *et al.*, "*Radiation Damage in Reactor Materials*", Vol. II, IAEA, Vienna, 1969, p543
7) G. Micaud, *et al.*, International Carbon Conf., Baden-Baden, Swiss, 1972, p184
8) R. J. Price, Carbon 13 (1975), 201
9) G. B. Engle, Carbon 9 (1971), 539
10) Final Report Southern Research Institute to Union Carbide Corporation, April 1966
11) 中島甫, 奧達雄, 原子力工業(日本) 36(4) (1990), 46
12) T. D. Burchell, "*Carbon Materials for Advanced Technologies*", Pergamon, N.Y., 1999, p461
13) "*Carbon and Graphite Handbook*" ed. by C. L. Mantehl, Interscience Publ., N.Y., 1968, p391
14) M. M. Benjamin, "*Nuclear Reactor Materials and Applications*", Van Nostrand Reinhold Co., N.Y., 1983, p353
15) G. B. Angle and W. P. Eatherly, High Temperature-High Press 4 (1972), 119
16) R. Taylor, R. G. Brown, K. Gilchrist, E. Hall, A. T. Hodds, B. T. Kelly and F. Morris, Carbon 5 (1967), 519
17) R. J. Price, GA-A 13524 (1975)
18) 佐左木泰一, 奧達雄, 今井久, 日本原子力學會誌 18 (1976), 217

19) G. M. Jenkins, G. K. Williamson and J. T. Barnett, Carbon 3 (1965), 1

20) P. A. Platonov, *et al.*, *"Radiation Damage in Reactor Materials"*, Vol. I, IAEA, Vienna, 1969, 417

21) 宮本喜晟, 原子力工業(日本) 36(4) (1990), 53

22) W. Dietz, *"Material Science & Technology"*, Vol. 10B, Nuclear Materials, Part II, ed. by B. R. T. Frost, VCH Publ., N.Y., 1994, p160

23) 小久保定次郎, *"原子爐用材料"*, 內田老鶴圃新社, 東京, 1977, p38

24) T. J. Heal, in *"Magnesium in Materials for Nuclear Engineers"*, ed. by A. G. Mclntosh and T. J. Hral, Interscience Publ., N.Y., 1960

25) T. J. Heal, The Mechanical and Physical Properties of Magnesium and Niobium Canning Materials, Proc. 2nd Geneva Conf. for Peaceful Uses of Atomic Energy, 1958, p305

26) M. M. Benjamin, *"Nuclear Reactor Materials and Applications"*, Van Nostrand Reinhold Co., N.Y., 1983, p293

6. 고속로 재료

6.1 고속로 구조 및 개발 현황

핵연료의 연소에는 열중성자를 이용하는 경우와 고속중성자를 이용하는 경우가 있는데, 열중성자를 이용하는 원자로가 열중성자로(thermal reactor) 그리고 고속중성자를 이용하는 원자로가 고속로(fast reactor)이다. 핵분열에 열중성자를 이용하는 열중성자로는 고속중성자 밀도가 낮아서 ^{238}U를 ^{239}Pu로 변환시키는 비율이 작으므로 우라늄 이용률이 상당히 낮다. 이에 비해 핵분열에 고속중성자를 이용하는 고속로는 고속중성자 밀도가 높아서 ^{238}U를 ^{239}Pu로 변환시키는 비율이 크므로 우라늄 이용률을 크게 높일 수 있는데, 우라늄 이용률을 높이기 위한 목적으로 개발된 원자로가 고속로이다. 고속로는 열중성자로보다 우라늄 이용률을 약 60배 이상 높일 수 있으므로 우라늄 이용률을 크게 향상시키는 장점을 갖고 있다. 그러나 아직도 원자로 안전성이 충분히 확립되지 못하고 경제성도 부족하여 프랑스와 러시아에서 실증로 Super Phenix와 BN-800을 상업 운전한 경험을 갖고 있지만 상용 발전로 건설은 러시아에서 계획만 하고 있을 뿐 아직 이루어지지 않고 있다.

고속로의 특징은 노심의 높은 중성자 밀도를 이용하여 ^{238}U를 핵분열성 핵종인 ^{239}Pu로 변환시켜 핵분열에 사용된 연료보다 더 많은 양의 연료를 생산하는 것으로, 새로 생성된 연료와 핵분열에 사용된 연료의 비를 증식비라 한다. 고속로에서는 연료의 증식비를 보통 1.2 정도로 설계하고 있으며, 연료 생산을 위해 천연우라늄 또는 감손우라늄(depleted uranium)을 노심 주위에 설치된 블랭킷(blanket)에 장전하는데 이를 블랭킷 연료라 한다. 앞에서도 기술하였지만 고속로는 연료 연소에 고속중성자를 이용하므로 중성자에너지를 감속시키는 감속재를 사용하지 않는다. 그리고 고속중성자는 핵분열단면적과 산란단면적이 아주 작아서 외부로 쉽게 누출되므로 고속중성자에 대한 핵연료의 임계량이 열중성자에 비해 상당히 크다.

고속로는 플루토늄이 약 20% 함유된 고부하도 혼합산화물(MOX, mixed oxide)을 연료로 사용하고 있다. 이와 같이 핵분열물질을 많이 함유한 고부하도 연료를 사용하면 원자로 노심을 조밀하게 밀집시킬 수 있어서 노심이 작아지는 반면에 출력밀도는 높아서 노심에서 많은 열이 발생한다. 따라서 고속로는 노심에서 발생하는 다량의 열을 효율적으로 제거하기 위하여 열전달 능력이 우수한 동시에 화학적으로 안정한 물질인 소듐(Na)을 냉각재로 사용한다.

고속로에서 냉각재로 사용하는 소듐은 경수(H_2O)나 중수(D_2O)보다 질량이 무거우므로 중성자 감속능이 작지만 열전달능이 크고 열전도도가 좋아서 고속로에서 요구하는 핵적, 열적 특성을 갖고 있다. 그러나 소듐은 물이나 증기와 격렬한 발열반응을 일으키므로 취급에 각별한 주의가 요구되며, 융점이 상온보다 높아서 원자로 가동을 중지하는 기간에는 고화를 방지하기 위해 가열해야 하는 등 단점도 갖고 있다. 이 외에도 소듐은 (n, γ) 반응으로 ^{23}Na가 반감기가 15시간인 ^{24}Na로 핵변환되어 방사화가 일어나므로 1차냉각계통의 방사선 준위를 크게 높이는 문제를 갖고 있다.

이에 따라 고속로는 방사선 차폐와 증기발생기의 유지보수를 위하여 노심을 순환하는 소듐 냉각재를 증기발생기로 직접 보내는 대신에 노심과 증기발생기 사이에 설치된 중간열교환기(IHX, intermediate heat exchanger)를 원자로 용기 내부 또는 용기 외부에 설치하여 노심과 중간열교환기로 1차냉각계통을 구성하고 중간열교환기와 증기발생기로 2차냉각계통을 구성하여, 1차냉각계통에는 방사화가 일어난 소듐 냉각재를 순환시키고 2차냉각계통에는 방사화가 일어나지 않은 소듐 냉각재를 순환시킨다.

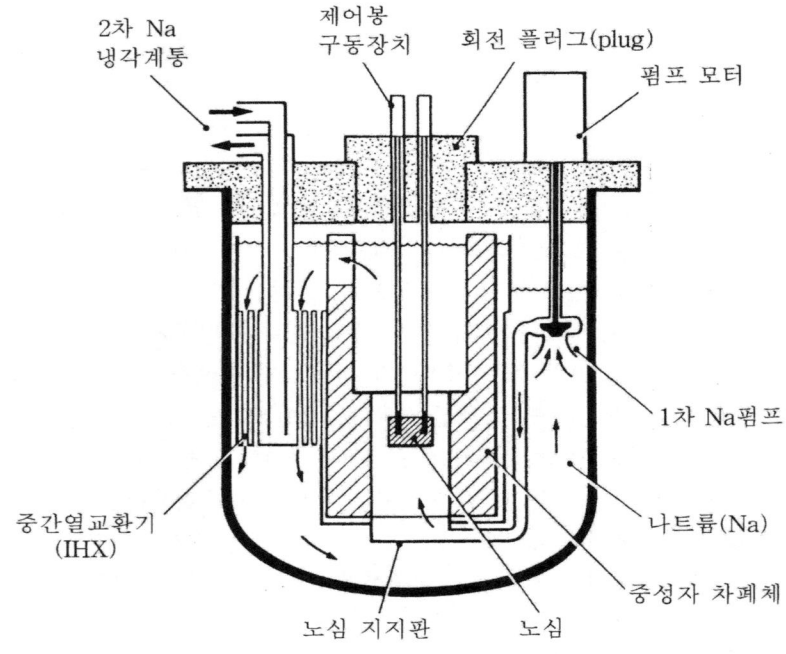

그림 6-1 풀(pool)형 고속로의 구조 개념도[1]

고속로는 중간열교환기를 원자로 용기 내부에 설치하느냐 또는 외부에 설치하느냐에
따라 풀형(pool type)과 루프형(loop type)으로 구분한다. 풀형 고속로는 그림 6-1에서 보
는 바와 같이 1차냉각계통 순환펌프와 중간열교환기가 용기 내부에 설치되므로 용기가
대형화되는 단점이 있다. 그러나 1차냉각계통 배관이 필요 없으며 원자로 용기의 피폭량
이 적어서 방사화가 작게 일어나므로 접근이 용이한 장점도 있다. 한편 루프형 고속로는
그림 6-2에서 보는 바와 같이 1차냉각계통 순환펌프와 중간열교환기가 용기 외부에 설치
되므로 용기가 작아지며 열수력학적 설계가 간단한 장점이 있다.

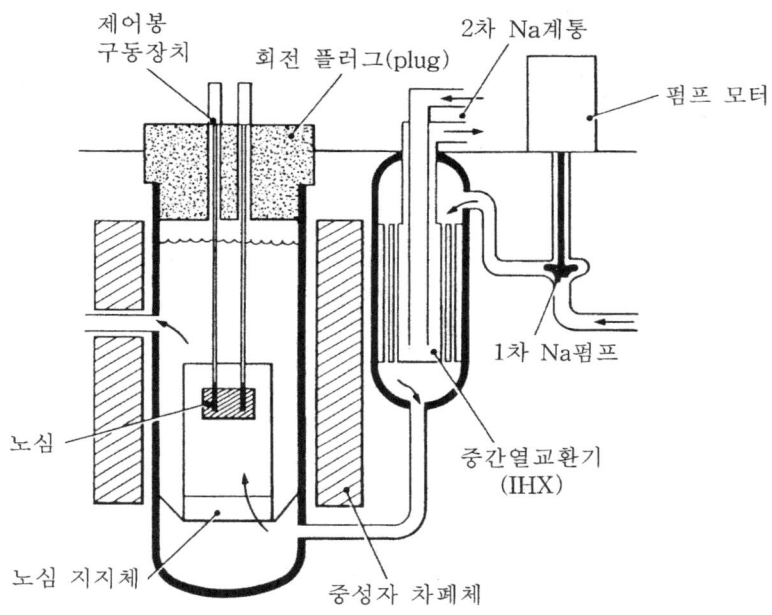

그림 6-2 루프(loop)형 고속로의 구조 개념도[2]

앞에서도 기술하였지만, 고속로는 경수로에 비해 우라늄 이용률이 60배 이상으로 높아
서 우라늄 자원의 효율적 이용을 위해 1950년대부터 여러 나라에서 개발에 착수하였는데
미국, 독일, 일본에서는 루프형 그리고 프랑스, 러시아 등에서는 풀형 고속로에 관심을 갖
고 개발을 추진하였다. 특히 프랑스, 러시아 등에서 활발한 개발이 추진되어 프랑스에서는
1968년에 원형로 Phenix 그리고 1977년에는 실증로 Super Phenix가 가동되었다. 러시아
(구소련 포함)에서도 1973년에 원형로 BN-350이 가동되었으며, 1980년에 원형로 BN-600
그리고 2014년에는 실증로 BN-800이 가동에 들어가서 상업운전을 하고 있으며, 2027년
에 상용로 BN-1200을 착공할 계획이었으나 아직 확정하지 못하고 있다. 한편 독일에서
는 1985년에 SRN-300이 건설되었으나 운전 허가를 얻지 못하여 1991년에 사업을 취소하
였으며, 중국에서는 원형로 CFR-600이 2025년(Xiapu-1)과 2026년(Xiapu-2) 그리고 인도
에서도 원형로 PFBR이 2025년에 가동에 들어갈 예정이다. 한편 일본에서는 1995년에 원형

로 Monju가 가동되었으나 냉각재 유출사고로 가동이 중단되었으며 2013년에 재가동에 들어갈 예정이었으나 후쿠시마 원전 사고의 여파로 2017년에 해체를 결정하였다. 표 6-1에 계획 및 건설된 주요 고속로가 있다.

표 6-1 계획 및 건설된 주요 고속로 (원형로 및 실증로)

원자로	국 가	노 형	출 력	가동년도	비 고
CRBR	미국	루프 (원형로)	375 MWe		1983년 계획 중지
PFR	영국	풀 (원형로)	270 MWe	1974	1994년 폐쇄
Phenix	프랑스	풀 (원형로)	250 MWe	1974	2010년 운전 종료
Super Phenix	프랑스	풀 (실증로)	1240 MWe	1986	1997년 폐쇄 결정
SNR-300	독일	루프 (원형로)	327 MWe		1991년 사업 취소
Monju	일본	루프 (원형로)	280 MWe	1995	2017년 해체 결정
BN-350	카자스탄	루프 (원형로)	350 MWe	1973	1999년 폐쇄
BN-600	러시아	풀 (원형로)	600 MWe	1980	상업 운전
BN-800	러시아	풀 (실증로)	880 MWe	2015	상업 운전
Xiapu-1	중국	풀 (원형로)	600 MWe		2025년 가동 예정
Xiapu-2	중국	풀 (원형로)	600 MWe		2026년 가동 예정
PFBR	인도	풀 (원형로)	500 MWe		2025년 가동 예정
BN-1200	러시아	풀 (상용로)	1220 MWe		2027년 착공 계획

6.2 원자로 용기

6.2.1 용기 구조

고속로는 가동온도가 500~600℃ 정도로 경수로에 비해 상당히 높지만, 냉각재로 사용하는 소듐의 비등점이 890℃ 정도로 높아서 원자로 노심을 가압하지 않아도 냉각재 비등이 일어나지 않는다. 그러므로 고속로는 원자로 용기의 내압도 풀형(pool type)의 경우는 약 0.098 MPa 그리고 루프형(loop type)의 경우에는 약 0.657 MPa로 경수로에 비해 상당히 낮아서 원자로 용기의 두께도 경수로에 비해 상당히 얇다. 고속로의 원자로 용기는 동체, 차폐 플러그(plug), 노내 구조물 등으로 구성되는데, 용기 동체에는 냉각재 입구 노즐과 출구 노즐 등 각종 노즐이 부착되며 차폐 플러그에는 연료 교환장치, 노내 연료중계구동장치, 제어봉 구동장치가 탑재된다. 풀형 고속로는 앞에서도 기술하였지만 원자로 용기 내부에 중간열교환기와 냉각재 순환펌프가 설치되므로 용기가 크지만 루프형 고속로는 중간열교환기와 냉각재 순환펌프가 원자로 외부에 설치되므로 용기가 작은데, 그림 6-3에 루프형 고속로의 원자로 구조가 있다.

고속로는 원자로의 긴급정지 등으로 출력이 급격하게 감소하면 노심을 통과하여 상부로 올라가는 냉각재의 온도가 급격히 떨어진다. 그러므로 노심 상부의 플레늄(plenum)에는 원자로가 정지하기 전에 노심을 통과한 고온의 소듐에 원자로가 긴급 정지되어 냉각된 노심을 통과한 저온의 소듐이 유입되는 현상이 일어난다. 이러한 경우에는 플레늄의 위쪽에는 고온의 소듐이 정체해 있는 반면에 아래쪽에는 저온의 소듐이 순환하므로 플레

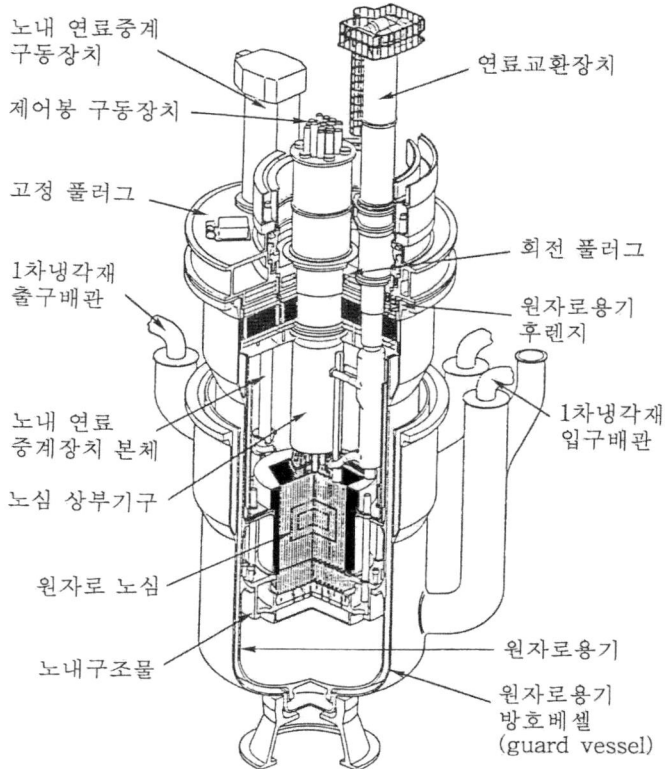

노내 연료중계
구동장치

제어봉 구동장치

고정 풀러그

1차냉각재
출구배관

노내 연료
중계장치 본체

노심 상부기구

원자로 노심

노내구조물

연료교환장치

회전 풀러그

원자로용기
후렌지

1차냉각재
입구배관

원자로용기

원자로용기
방호베셀
(guard vessel)

그림 6-3 루프형 고속로의 원자로 구조[3]

늄에서는 온도 계층화가 일어나게 되며, 이와 같은 현상이 일어나면 고온의 소듐과 저온의 소듐이 접촉하는 계면 부위에서 온도 구배가 생기므로 열응력을 받게 된다. 따라서 고온의 소듐과 저온의 소듐이 접촉하는 계면 부위에서 일어나는 원자로 용기의 열응력을 감소시키기 위해 용기 상단부에 열차폐 판을 설치한다. 주요 고속로의 원자로 용기 치수와 용기 재료가 표 6-2에 있다.

표 6-2 주요 고속로의 원자로 용기 치수 및 용기 재료

원자로	노형	용기 치수 (m)			용기 재료
		내 경	높 이	벽두께	
PFR	풀	12.2	14	0.02	321 SS
Phenix	풀	12	12	0.015	316 SS
Super Phenix	풀	21	19	0.04	316LN SS
SRN-300	루프	6.7	13.9	0.04	304 SS
Monju	루프	7.1	17.8	0.05	304 SS
BN-350	루프	6	13.9	0.03	304 SS 동급강
BN-600	풀	12.86	12.6	0.03	304 SS 동급강
BN-800	풀	12.96	14.8	0.03	304 SS 동급강

6.2.2 용기 재료

고속로는 노심에 유입되는 냉각재와 노심에서 유출되는 냉각재의 온도 차가 130~150℃ 정도로 크므로 정상 가동시에도 원자로 용기는 상당한 열부하를 받는다. 그리고 원자로의 긴급정지 등으로 열출력이 급격하게 감소하면 앞 절에서 기술한 바와 같이 용기 상부의 플레늄에는 위쪽은 고온의 소듐이 정체해 있는 반면에 아래쪽은 저온의 소듐이 순환하는 온도의 계층화가 일어나서 용기벽은 열부하를 받게 된다. 이에 따라 고속로 용기는 내압에 의한 1차응력은 작지만 원자로의 출력변동에 따라 일어나는 2차응력(열응력)은 크게 작용할 가능성이 있다. 이 외에도 고속로 용기는 가동온도가 높아서 경수로 압력용기에서 요구하는 기계적 특성 외에 고온에서의 크리프 강도, 크리프 파단변형률, 피로 강도 등을 추가로 요구하고 있다. 따라서 고속로 용기는 크리프 특성과 피로 특성도 중요하므로 경수로 압력용기에 적용하는 ASTM 코드 Section III, Division 1의 기준을 적용하기 어렵다. 그러므로 고속로 용기 재료는 경수로와 다른 기술기준이 요구되는데, 그 예가 고온에서의 크리프 특성과 피로 특성 등을 규정한 ASME Code Case N-47이다.

오스테나이트 스테인리스강은 고속로 원자로 용기에서 요구하는 조건에 적합한 특성을 갖고 있다. 이에 따라 개발 초기부터 오스테나이트 스테인리스강을 원자로 용기 재료로 선정하였는데, 처음에는 탄소와 친화성이 좋은 Ti를 첨가하여 탄화물을 안정화시킨 321 SS와 347 SS를 생각하였다. 그러나 용접성에 문제가 있으므로 321 SS나 347 SS에 비해 용접성이 우수한 304 SS나 316 SS를 용기 재료로 사용하게 되었는데, Mo가 합금원소로 첨가된 316 SS가 304 SS보다 인장 특성과 크리프 특성이 우수하다. 그리고 316 SS의 개량합금인 316LN SS는 316 SS의 조성에서 예민화(sensitization)를 유발하는 탄소의 함유량을 줄이고 그 대신 탄소보다 고용경화 효과가 큰 질소를 첨가한 합금으로 Cr 탄화물의 석출이 억제되어 입계의 응력부식균열이 완화되며, 크리프 강도와 파단연성 등 고온에서의 기계적 특성도 우수하다. 이 합금은 Super Phenix에서 원자로 용기 재료로 사용하였는데, 앞으로 고속로의 용기 재료로 유망해 보인다.

원자로 재료로 사용되는 스테인리스강은 합금원소로 Cr, Ni, Mo, Mn 등이 첨가되는데, 내식성을 확보하기 위해서는 적어도 Cr을 12 wt% 이상 함유해야 한다. 그리고 Ni는 기계적 성질과 내식성을 향상시키는 합금원소로 7 wt%까지는 첨가량에 따라 기계적 강도가 증가하며 부식피로에 대한 저항성도 첨가량에 따라 향상되지만 과도하게 첨가하면 가공경화가 크게 일어나므로 가공성이 악화되는 문제가 있다. 이 외에도 고온에서 내식성을 향상시키기 위해 Nb, Ti 등을 합금원소로 첨가하는 경우도 있는데 Nb와 Ti는 탄소와 친화성이 좋아서 NbC 또는 TiC와 같은 탄화물을 형성하여 기지 내의 탄소 양을 그만큼 줄여서 Cr 탄화물의 형성을 방해하므로 내식성이 개선되는데, 특히 480~900℃ 범위에서 내식성이 크게 향상된다.

고속로 원자로 용기는 500~600℃의 소듐 냉각재가 장기간(원자로 수명 40~60년)에 걸쳐 순환되며, 가동 중에는 $\sim 5 \times 10^{11}\,n/cm^2 \cdot sec$ 의 고속중성자($E > 0.1$ MeV)에 피폭되므로 재질 변화가 일어날 것으로 예상된다. 재질 변화를 일으키는 요인으로는 열이력 효과와 중성자 조사효과를 고려하여 볼 수 있는데, 열이력 효과로는 δ 페라이트에서 석출하는 Cr 탄화물과 σ 상을 생각할 수 있다. Cr 탄화물 석출은 입계를 예민화시켜 입계 부식을 촉진하는데[4,5] 소듐 냉각재에 산소가 50 ppm 이상 함유되면 입계 부식이 일어날 가능성이 크다. 그리고 δ 페라이트의 Cr 농도가 높은 부위에서는 σ 상의 석출이 잘 일어나는데, σ 상은 강도는 높고 인성(toughness)은 작아서 475℃ 취화를 일으킨다[6,7]. 그러므로 고속로 용기의 용접에서는 δ 페라이트 함유량을 제한하는 것이 필요할 것으로 보인다. 한편 고속로 용기의 중성자 조사량은 원자로 수명 말기에도 $10^{26} \, n/m^2$ ($E > 0.1$ MeV)에 도달하지 못하므로 원자로 용기에 미치는 중성자 조사효과는 무시할 수 있다.

6.2.3 용기 제작

가. 잉곳 주조

일반적으로 공업용 스테인리스강은 공기 분위기의 아크로(arc furnace)에서 용해한다. 그러나 원자로용 스테인리스강의 경우는 내부에 잔존하는 기체 성분의 감소와 불순물의 침입을 방지하기 위하여 진공 분위기의 아크로에서 용해하며, 금속 개재물을 줄이기 위해 진공 탄소탈산법도 실용화되고 있다. 그리고 잉곳(ingot)의 불순물을 감소시키기 위하여 합금 제조에 사용되는 원료도 불순물이 적은 원료를 사용하고 있다. 특히 원자로용 스테인리스강은 중성자 조사에서 생기는 유도방사능을 줄이기 위해 Co를 0.1 wt% 이하로 제한하고 있는데, Co는 합금원소로 첨가하는 Ni에 많이 함유되어 있으므로 원자로용 스테인리스강의 제조에서는 Co가 적게 함유된 Ni을 사용한다. 이 외에도 잉곳을 주조할 때는 용탕이 공기와 접촉하여 오염되는 것을 방지하기 위하여 Ar과 같은 불활성 기체로 공기를 차폐시키는 동시에 내부 결함 및 표면 결함이 없도록 용탕의 주입 온도와 주입 속도도 철저하게 관리해야 한다.

스테인리스강 잉곳을 주조할 때 잉곳을 크게 주조하면 할수록 주조시에 잉곳 내부의 응고 속도가 느려지므로 잉곳 내부에는 편석, 즉 기지와 조성이 다른 새로운 상이 생기므로 조성의 불균일이 일어날 수 있다. 이 외에도 잉곳을 크게 주조하면 용탕에 존재하는 개재물의 분리 상승이 잘 일어나지 못하여 잉곳 내부에 개재물이 남아 있을 가능성이 커진다. 이러한 잉곳의 조성 불균일과 개재물은 기계적 성질 및 용접에 문제가 될 수 있으므로 원자로 용기 제조용 잉곳을 주조할 때에는 조성에 불균일이 생기지 않도록 그리고 개재물이 잔존하지 않도록 많은 주의가 요구된다.

나. 단조 및 압연

스테인리스강은 단순하게 압연 공정만으로는 원자로 용기에서 요구하는 조건을 만족하기 어렵다. 그러므로 압연의 전 단계로 잉곳 내부에 존재하는 기포나 균열을 압착시키는 동시에 응고 조직을 파괴하기 위해 고온에서 단조(forging)를 한다. 그러나 스테인리스강은 공기와 접촉하는 표면에 산화층이 밀착되어 생성되므로 표면에 연결된 균열과 같은 결함이 잉곳에 존재하면, 고온에서 단조를 하여도 압착되지 않으므로 불량 가공의 원인이 된다. 따라서 스테인리스강은 단조하기 전에 우선 표면에 생성된 결함이나 또는 표면과 연결된 균열 등을 완전하게 제거하는 동시에 이물질 부착 등에 의한 오염이 일어나지 않도록 주의해야 한다.

일반적으로 스테인리스강은 저합금강에 비해 잉곳을 주조할 때 편석이 잘 일어나지 않지만 주조시에 특유의 거대한 주상결정이 잉곳의 중심부까지 생성되며, 미세한 편석인 δ 페라이트가 생성되는 특징을 갖고 있다. δ 페라이트는 기지보다 Cr 농도가 높은 반면에 Ni 농도는 작으므로 δ 페라이트가 생성되면 조성의 비균질성이 일어난다. 그러므로 충분한 확산처리를 통해 균질화시키는 것이 중요하다. 원자로 용기 제작용 스테인리스 강판은 고온에서 단조강을 압연하여 제작하는데, 1차 압연에서는 1회당 최대 15~20%의 압연율로 압연하고 마무리 압연에서는 1회당 최대 압연율을 15% 정도로 하고 있다.

다. 용체화처리

오스테나이트 스테인리스강의 용체화처리(solution treatment)는 Cr 탄화물의 고용을 목적으로 다시 말하면 Cr 탄화물을 분해하여 탄소를 기지에 재고용시키기 위해 재결정 온도 이상으로 가열하여 Cr 탄화물이 분해된 상태에서 급랭시키는 공정이다. Cr 탄화물의 용체화처리는 특히 크리프 특성과 입계 부식에 큰 영향을 주므로 오스테나이트 스테인리스강의 제조공정에서 대단히 중요하다. 일반적으로 열처리 온도가 높으면 결정립이 크게 생성되므로, 304 SS와 316 SS의 용체화처리는 보통 재결정 온도보다 약간 높은 1,010~1,050℃에서 급랭시킨다.

용체화처리에서 중요한 것은 고용시킨 후의 냉각속도인데, Cr 탄화물의 재석출을 방지하기 위한 냉각속도는 탄소 함유량에 영향을 받아 함유량이 많을수록 더 큰 냉각속도가 요구된다. 그리고 강판 두께에도 영향을 받아 두께가 두꺼울수록 중심부의 냉각속도가 떨어지므로 더 빠른 냉각속도가 필요하다. 스테인리스강을 열처리 후 퀜칭(quenching) 할 때 강판 두께에 따른 중심부의 냉각속도가 표 6-3에 있다. 표에서 보는 바와 같이 강판의 두께가 두꺼울수록 중심부의 냉각속도가 크게 떨어진다.

표 6-3 304 SS의 퀜칭시 강판 중심부의 냉각속도[8]

강판 두께	냉각개시 온도	냉각말기 온도	850~550℃에서의 평균 냉각속도
4.5 mm	965℃	120℃	120℃/sec
35 mm	1,000℃	280℃	14.3℃/sec
65 mm	1,000℃	410℃	5.4℃/sec

라. 용 접

일반적으로 대형 구조물은 용접으로 제작하는데, 고속로 원자로 용기도 용접하여 제작한다. 고속로 원자로 용기는 고온의 중성자 환경에서 30년 이상 장기간에 걸쳐 사용되므로 여러 문제가 예상되는데, 그중에서도 특히 용접 부위의 조성변화와 용접 부위와 모재 사이의 기계적 성질 차이로 인해 부분적으로 집중되어 일어나는 크리프 변형이 문제가 될 수 있다.

원자로 용기와 같은 대형 스테인리스강 구조물을 400~540℃ 범위에서 장기간 사용하면 용접 부위에서 조성변화, 즉 용접 부위에 생성된 δ페라이트에서 Cr 탄화물과 σ상(Cr 농도가 40~49 wt%인 Fe-Cr 금속간화합물로 취성이 매우 강함)이 석출하는데 σ상이 많을수록 475℃ 취화(embrittlement)에 약하다. 그러므로 원자로 용기의 475℃ 취화를 파하기 위해 용접 부위의 δ페라이트 함유량을 9 wt% 이하로 제한하는 것이 필요하다[9]. 그리고 모재와 용접 부위의 기계적 특성 차이로 인하여 국부적으로 집중되어 일어나는 크리프 변형에 대한 대책으로 모재에 필적하는 연성 확보가 중요하다고 생각하여 용접 부위의 크리프 파단연성을 모재의 75~80% 수준으로 요구하고 있다.

원자로 용기는 그림 6-4에 나타낸 바와 같이 두꺼운 강판과 노즐 등을 용접하여 제작하는데, 용기 동체는 보통 위에서 아래로 용접하여 조립하며 주로 SA 용접(submerged arc welding)이 사용되고 있다. SA 용접은 자동용접 방식으로 작업자에 따라 품질이 좌우되는 위험성이 적어 신뢰도가 높으며 용접 불량률도 낮아서 작업 능률면에서 유리하다. 그러나 SA 용접은 용접시에 용접부와 열영향부(HAZ, heat affected zone)가 서서히 냉각되므로 내식성 및 기계적 성질 특히 크리프 파단 특성에 나쁜 영향을 준다. 이 외에도 SA 용접은 용접선단(weld tip)에서 모재의 용해율이 크므로 용접 균열이 발생할 가능성이 많다.

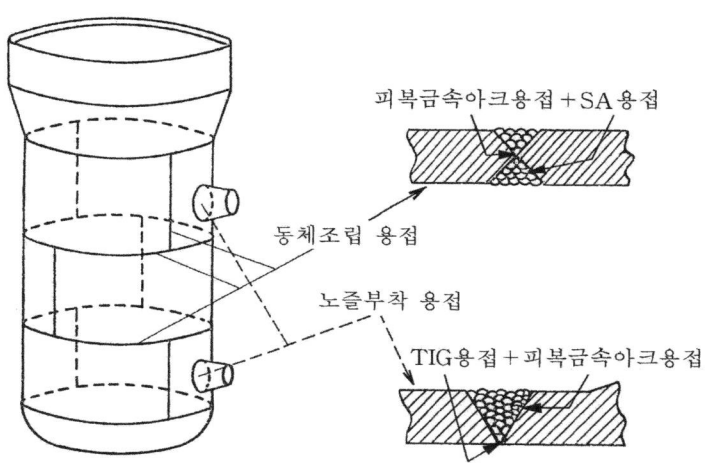

피복금속아크용접＋SA용접

동체조립 용접

노즐부착 용접

TIG용접＋피복금속아크용접

그림 6-4 원자로 용기 제작에 사용되는 용접방법

이에 따라 동체의 조립에서도 용접선단은 SA 용접 대신에 수동으로 용접하는 피복금속 아크 용접(SMA 용접, shielded metal arc welding)이 사용되고 있다. 그러나 SMA 용접을 동체 용접에 사용하면 작업능률이 현저하게 떨어질 뿐만 아니라 용접작업자의 부주의 또는 숙련도 부족 등으로 용접결함이 발생할 위험성이 크므로 신뢰성 있는 용접을 얻기 위해서는 철저한 품질보증 체계가 필요하다.

한편, 노즐(nozzle)을 용기 동체에 부착시키는 용접과 같이 구조적으로 불연속적인 부위의 용접에는 SMA 용접이 사용되고 있으며, 용접 선단(tip)은 깨끗한 용접을 얻기 위하여 TIG(tungsten inert gas) 용접이 사용되고 있다. 고속로 원자로 용기는 경수로 압력용기와는 다르게 용접 후에 열처리를 하지 않는 것이 일반적이지만 치수의 안정화와 용접시에 생기는 잔류응력을 제거하기 위해 용접 후에 열처리하는 방안도 일부에서 검토되고 있다.

6.3 증기발생기 및 배관

6.3.1 중간열교환기 및 증기발생기 재료

소듐(Na)은 원자로에서 (n, γ) 반응으로 ^{23}Na가 방사성 핵종인 ^{24}Na로 핵변환되어 γ선을 방출한다. 그러므로 원자로 노심을 순환하는 1차계통의 소듐을 원자로 외부로 순환하는 경우에는 소듐에서 방출하는 방사선을 차폐시켜야 할 뿐만 아니라 증기발생기의 유지보수에도 어려움이 많다. 이에 따라 고속로에서는 그림 6-1과 6-2에서 보는 바와 같이 노심과 증기발생기 사이에 중간열교환기(IHX, intermediate heat exchanger)를 설치하여 중간열교환기에서 열교환 된 2차계통의 냉각재를 증기발생기로 보내 증기를 생산한다. 고속로 증기발생기는 경수로와는 다르게 증기를 생산하는 증발기(evaporator)와 생산된 증기를 가열하여 과열증기로 만드는 과열기(steam reformer)로 구성되어 있는데, 중간열교환기에서 열을 전달받아 증기발생기로 들어오는 소듐 냉각재는 우선 과열기로 들어와 증기를 가열시킨 다음 증발기로 들어가 증기를 생산한다.

증발기와 과열기는 원자로의 안전성과 신뢰성에 큰 영향을 주는 주요 설비 중의 하나로 구조가 비슷하다. 증발기와 과열기에서 전열관은 직관으로 설계하는 경우와 나선(helical)형으로 설계하는 경우가 있는데, 나선형으로 설계하면 가공이 복잡해지는 단점이 있는 반면에 증발기나 과열기를 소형화시킬 수 있는 장점이 있다. 그러므로 전열관은 보통 나선형으로 설계하고 있다.

고속로 증발기의 예로서 나선형 증발기의 구조가 그림 6-5에 있다. 증발기에서는 소듐과 냉각수의 열교환에 의해 증기를 생산하는데, 소듐과 물은 격렬한 발열반응을 일으키므로 소듐과 냉각수의 경계인 전열관은 어떠한 경우에도 소듐 냉각재의 누출이 일어나지 않도록 고도의 품질이 요구된다. 그러므로 전열관 재료의 선택은 대단히 중요하다. 전열관은 고온의 소듐 분위기에서 사용되므로 고온강도가 요구되는 동시에 소듐 환경과 물·증기 분위기에서의 공존성도 요구된다. 이러한 조건 외에 가공성과 용접성 그리고 경제성도 고려하여 재료를 선택해야 한다.

고속로에서 증기발생기의 전열관 재료에는 내열재료로서 많은 사용 실적을 갖고 있는 저합금강($2\frac{1}{4}$Cr-1Mo강 등)과 오스테나이트계 스테인리스강(304 SS, 316 SS 등) 그리고

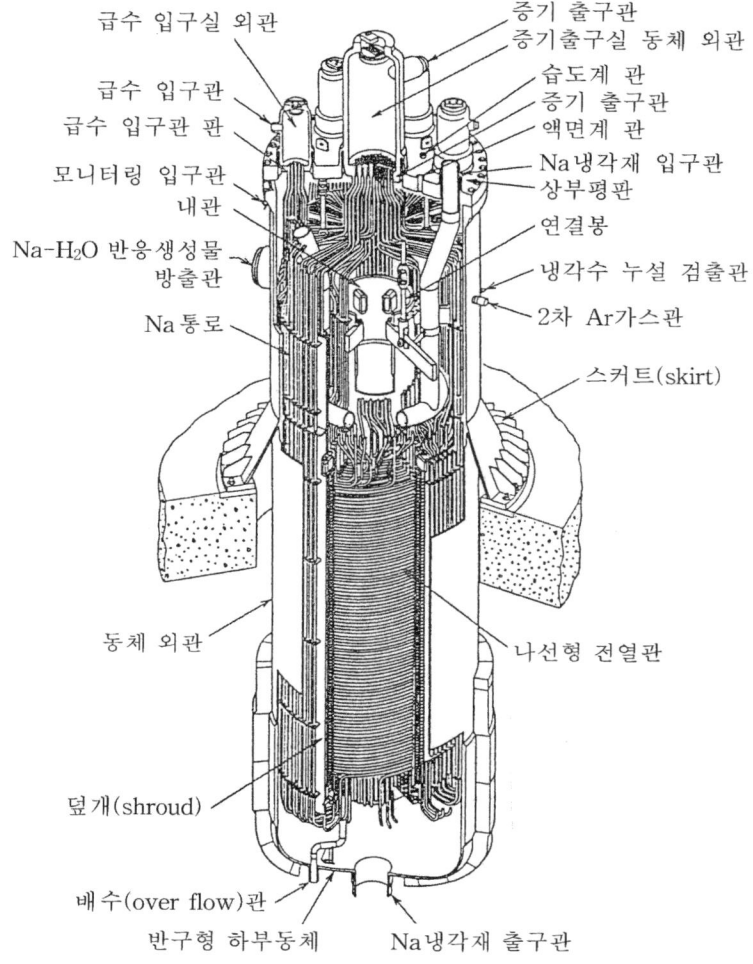

급수 입구실 외관
급수 입구관
급수 입구관 판
모니터링 입구관
내관
Na-H₂O 반응생성물
방출관
Na 통로
동체 외관
덮개(shroud)
배수(over flow)관
반구형 하부동체

증기 출구관
증기출구실 동체 외관
습도계 관
증기 출구관
액면계 관
Na 냉각재 입구관
상부평판
연결봉
냉각수 누설 검출관
2차 Ar가스관
스커트(skirt)
나선형 전열관
Na 냉각재 출구관

그림 6-5 증기발생기를 구성하는 증발기(evaporator)의 구조[3]

니켈이 많이 함유된 Alloy 800 등 고 Ni기(high Ni base) 합금이 사용되고 있는데, 저합금강과 스테인리스강의 장단점을 비교하여 보면 아래와 같다.

(1) 스테인리스강은 고온에서 장기간 사용해도 강도가 우수하므로 저합금강보다 높은 온도까지 사용할 수 있다.
(2) 저합금강은 응력부식균열(SCC)에 강하여 물·증기 분위기에서 응력부식균열의 위험성이 없다. 스테인리스강도 증기 분위기에서는 응력부식균열이 일어날 가능성이 크지 않다.
(3) 스테인리스강은 소듐 환경에서 탈탄(decarbonization)에 의한 강도 저하가 일어나지 않는다. 반면에 저합금강은 소듐 환경에서 탈탄이 일어나므로, 화학성분 조정(Nb 또는 Ti 첨가) 또는 열처리 방법의 개선 등에 의한 탄화물의 안정화가 필요하다.

　고속로 증기발생기의 전열관 재료는 위에서 언급한 특성을 고려하여 선택하는데, 영국의 PFR과 프랑스의 Phenix에서는 과열기의 전열관 재료로 스테인리스강을 선정하고, 비교적 저온의 물·증기 분위기에서 사용되는 증발기의 전열관 재료로는 저합금강을 선정하였다. 증발기의 전열관 재료로 PFR에서는 2¼Cr-1Mo-Nb(Nb 농도는 작음)강을, Phenix에서는 2개 루프(loop)는 Cr-1Mo강을 그리고 1개 루프는 2¼Cr-1Mo-Nb강을 사용하였으며, Super Phenix에서는 증발기와 과열기의 전열관 재료로 Ni를 다량 함유한 Alloy 800에 해당되는 고 Ni기(high Ni base) 합금을 사용하였다. Super Phenix에서 전열관 재료로 사용한 Alloy 800은 Ti와 Al의 농도를 고속로 조건에 맞도록 설계한 개량 합금으로 경수로나 고온가스로의 증기발생기에서 전열관 재료로 사용하는 Alloy 800과는 조성이 약간 다르다.

　한편 독일의 SRN-300과 미국의 CRBR에서는 증기 온도를 낮추어 증발기와 과열기의 전열관 재료로 저합금강을 선정하였는데, 저합금강은 탈탄(decarbonization)에 의해 강도가 저하된다. 그러므로 SRN-300에서는 소듐 분위기에서 탈탄에 강한 2¼Cr-1Mo-Ni,Nb강 그리고 CRBR에서는 열처리 방법으로 탈탄을 감소시킨 2¼Cr-1Mo강의 사용을 계획하였으나 고속로 건설계획이 중단되어 실제로는 사용되지 못했다. 표 6-4에 고속로 증기발생기에서 채택한 전열관의 재료가 있다.

표 6-4　고속로 증기발생기의 전열관 재료

원자로	전열관	
	증발기	과열기
PFR	2¼Cr-1Mo,Nb	9Cr-1Mo
Phenix	2¼Cr-1Mo,Nb	321 SS
Super Phenix	Alloy 800	Alloy 800
SRN-300	2¼Cr-1Mo-Ni,Nb	2½Cr-1Mo-Ni,Nb
CRBR	2¼Cr-1Mo	2½Cr-1Mo
Monju	2¼Cr-1Mo	321 SS
BN-350	2¼Cr-1Mo	2½Cr-1Mo 동급강
BN-600	2¼Cr-1Mo 동급강	304 SS 동급강

6.3.2 배관 재료

　루프형 고속로는 중간열교환기가 원자로 용기 외부에 설치되므로 배관도 1차계통 배관, 2차계통 배관 그리고 3차계통 배관으로 구분된다. 이에 반해 풀형 고속로는 중간열교환기가 용기 내부에 설치되므로 1차계통 배관이 없으며 다만 2차계통 배관과 3차계통 배관이 있을 뿐이다. 루프형 고속로의 1차계통 배관은 원자로 용기와 중간열교환기 사이를 연결하는 배관으로 방사화가 일어난 소듐 냉각재의 순환계통을 구성하는데, 노심에서 가열된 소듐 냉각재를 중간열교환기로 보내는 출구측 배관과 중간열교환기에서 다시 노심으로 들어오는 입구측 배관으로 구분된다. 그리고 2차계통 배관은 중간열교환기와 증기발생기 사이를 연결하는 배관으로 방사화가 일어나지 않은 소듐 냉각재의 순환계통을 구성한다. 1차계통과 2차계통 배관을 비교하면, 1차계통 배관은 사용조건이 가혹한 동시에 방사화가 일어난 소듐 냉각재가 순환하므로 2차계통 배관보다 더 높은 건전성이 요구된다. 1차계통 배관에서 요구하는 재료의 특성을 열거해 보면 아래와 같다.

  (1) 기계적 성질이 고온(~550℃)에서 장기간(30년) 사용에 대해 안정할 것
  (2) 긴급상태(과도적 고온상태)에 견딜 수 있는 재료 특성을 보유할 것
  (3) 소듐 냉각재와 양립성이 좋을 것

이와 같은 요구사항에 적합한 재료가 오스테나이트 계통의 304 SS 또는 316 SS인데, 표 6-5에 고속로 냉각계통에서 사용한 배관 재료의 예가 있다.

표 6-5 고속로 냉각계통의 배관 재료

원자로	노형	IHX 1차측 입구/출구 (℃)	IHX 2차측 입구/출구 (℃)	배관 재료 1차계통	배관 재료 2차계통
PFR	풀	550/399	370/540		321 SS
Phenix	풀	560/385	343/550		316 SS
Super Phenix	풀	542/395	345/550		316LN SS
SRN-300	루프	546/377	328/521	304 SS	304 SS
CRBR	루프	535/388	344/502	316 SS/304 SS	316 SS/304 SS
Monju	루프	529/397	325/505	304 SS	304 SS
BN-350	루프	500/300	270/450	304 SS 동급강	304 SS 동급강
BN-600	풀	550/377	328/518		304 SS 동급강
BN-800	풀	590/354	314/505		304 SS 동급강

IHX : 중간열교환기(intermediate heat exchanger)

6.4 스테인리스강 피복관

6.4.1 기본 물성

스테인리스강은 강도가 우수하고 소듐 환경에서 내식성이 좋으며 가공성도 양호하여 고속로에서 피복관으로 사용하고 있으며, 개량형 가스냉각로(AGR)에서도 피복관으로 사용되고 있다. 스테인리스강은 종류가 많아서 100여종 이상이 있지만 금속조직으로 구분하면 크게 오스테나이트계, 오스테나이트·페라이트계, 페라이트계, 마르텐사이트계 그리고 석출경화계 등으로 분류된다. 이 중에서 오스테나이트계 스테인리스강인 316 SS가 피복관 재료로 사용되고 있는데 316 SS는 열중성자 흡수단면적이 ~3.2 barn 정도로 지르칼로이의 ~0.23 barn에 비해 상당히 크지만 고속로는 핵분열에 고속중성자를 이용하므로 문제가 되지 않는다. 그러나 경수로는 핵분열에 열중성자를 이용하므로 우수한 내식성과 강도에도 불구하고 열중성자 흡수단면적이 커서 피복관 재료로 사용하지 못한다.

오스테나이트 스테인리스강은 내식성을 위해 Cr이 11% 이상 함유되며 이 외에 Ni, Mn, Mo 등이 합금원소로 첨가되는데, 첨가량이 많아서 종류에 따라 융점과 밀도에 큰 차이가 있다. 표 6-6에 고속로에서 피복관으로 사용하는 316 SS의 기본 물성이 있다.

표 6-6   316 SS의 기본 물성

융점 (℃)	밀도 (g/cm^3)	열전도도 (W/m · K)	열팽창률 (10^{-6}/℃)
1375~1400	8.0	16.2 (20℃)	15.9 (20℃)
		21.5 (100℃)	17.5 (100℃)

오스테나이트 스테인리스강은 결정구조가 fcc로 대칭성이 좋아서 일부 특성을 제외하면 조사손상에 대한 저항성이 양호하다. 특히 중성자 조사량이 적은 경수로에서는 노심 덮개 (shroud) 등 일부 부품에서 일어나는 조사유도 응력부식균열(IASCC)[10]을 제외하면 조사손상이 문제되지 않는다. 그러나 고속로와 같이 조사량이 많고 노심 온도가 높은 경우에는 사정이 다르다. 즉, 고속로는 조사량이 많으므로 (n, α) 반응으로 다량의 He가 생성되는 동시에 노심 온도가 높아서 이동도 잘 일어난다. 이에 따라 결정립계에서는 He의 기포 형성으로 입계가 취약해지는 소위 He 취성이 일어나는 동시에 보이드 생성으로 체적이 팽창되는 보이드 스웰링(void swelling)도 일어난다.

6.4.2 기계적 성질

고속로는 가동온도가 높아서 피복관 재료는 내열성이 중요하다. 스테인리스강은 내열성이 우수하여 고온에서 높은 강도가 유지되는데, 강도는 합금에 따라 차이가 있어서 400~500℃까지는 마르텐사이트나 페라이트계 강이 오스테나이트계 강보다 강도가 높지만 그 이상의 온도에서는 오스테나이트계 강이 더 높은 강도를 유지하며, 특히 Mo를 합금원소로 첨가한 오스테나이트계 강의 강도가 높다.

고속로에서 피복관은 빠른 유속으로 순환하는 고온의 소듐(Na) 환경에서 사용되므로 소듐과의 공존성이 중요한데, 소듐은 크리프 파단특성에 큰 영향을 준다. 그림 6-6은 공기 중과 소듐루프(sodium loop)에서 304 SS의 크리프 파단시간을 비교한 것으로, 공기 중에서보다 고속으로 순환하는 소듐에서 크리프 파단시간이 크게 단축된다. 소듐 환경에서 크리프 파단시간이 단축되는 원인으로는 두 요인을 생각할 수 있는데, 하나는 고속으로 순환하는 소듐에 의해 스테인리스강의 주요 성분원소인 Cr, Ni, Fe가 용해되어 두께가 감소되는 시닝(thinning)을 생각할 수 있다. 그리고 다른 요인으로는 스테인리스강이 소듐에 의해 용해될 때 구성원소의 용해율이 일정하지 않고 원소에 따라 다른 점을 생각하여 볼 수 있다. 즉, 소듐 환경에서 Cr과 Ni는 용해속도가 빠른 반면에 Fe는 상대적으로 느림으로 소듐과 접촉하는 표면층에서는 Cr과 Ni의 결핍 현상이 일어나며, 이에 따른 구성원소의 농도 변화가 미세구조를 변화시켜 기계적 성질에 영향을 주므로 파단시간이 단축되는 것으로 보고 있다.

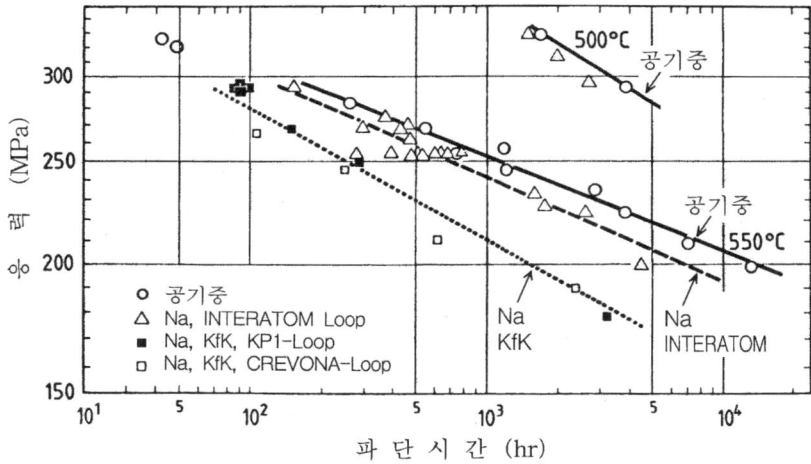

그림 6-6 공기(500℃, 550℃) 중과 소듐 루프(550℃)에서 304 SS의 크리프 파단수명[11]

6.4.3 소듐에서의 부식거동

고속로에서 냉각재로 사용하는 소듐은 빠른 속도로 노심과 중간열교환기사이를 순환하면서 노심에서 발생한 열을 이송하는데, 이와 같은 환경에서 일어나는 스테인리스강의 부식은 온도, 유속 그리고 용존산소 농도 등에 영향을 받는다. 그림 6-7은 원자로 외부에 설치한 비조사 분위기의 소듐 루프에서 온도, 유속, 용존산소 등이 316 SS의 부식에 미치는 영향을 보여 주는데 316 SS의 부식은 온도, 유속, 용존산소 등에 영향을 받으며 특히 온도에 크게 영향을 받아 온도가 상승하면 부식률이 크게 증가한다. 그리고 용존산소의 농도가 증가해도 부식이 활성화되며, 유속의 경우도 빠를수록 부식률이 증가한다. 그러나 유속이 부식에 미치는 영향은 어느 한도의 속도까지만 영향을 주는 한계속도가 있으며,

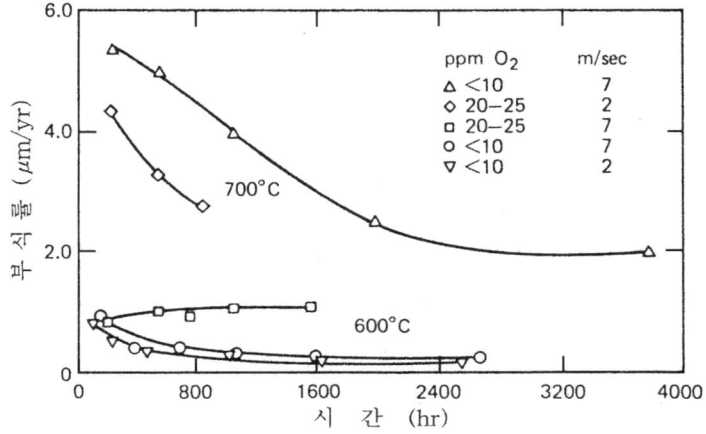

그림 6-7 소듐 냉각재의 온도, 유속, 용존산소가 316 SS의 부식에 미치는 영향[12]

그 이상에서는 영향을 미치지 않는다. 소듐의 한계속도에 대해서는 3 m/s[13], 3.8 m/s[14], 6~7 m/s[15] 등 여러 값이 제시되고 있는데, 한계속도는 소듐의 산소 농도와 관계가 있는 것으로 보인다.

6.4.4 피복관 제조

스테인리스강 피복관의 제조공정은 지르코늄 합금 피복관의 제조공정과 같이 3개 공정으로 구분할 수 있다. 즉 (1) 잉곳(ingot)을 주조하는 공정, (2) 잉곳에서 소관(shell)을 제조하는 열간압출 공정 그리고 (3) 소관에서 피복관을 제조하는 냉간가공 공정으로 구분할 수 있는데, 그림 6-8에 스테인리스강 피복관의 개략적인 제조공정이 있다.

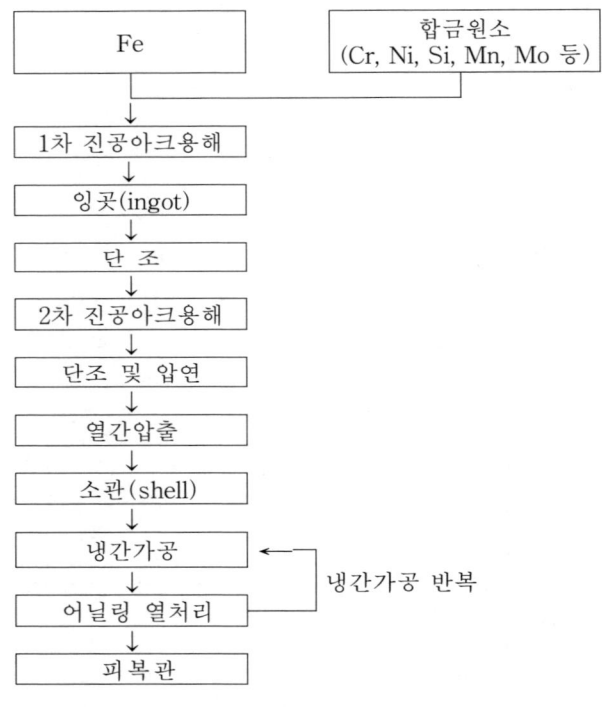

그림 6-8 스테인리스강 피복관의 제조공정

일반적으로 공업용 스테인리스강은 공기 분위기의 전기로에서 용해하지만, 원자로용 스테인리스강은 잉곳에 잔존하는 가스 성분의 감소와 불순물의 침입을 방지하기 위해 진공 분위기의 아크로에서 용해한다. 특히 원자로용 스테인리스강의 용해에서는 He 취성과 스웰링(swelling) 등 조사손상을 억제하기 위하여 (n, α) 반응단면적이 큰 붕소와 질소가 불순물로 함유되는 것을 극력 제한하고 있다. 이 외에도 유도방사선을 줄이기 위해 Co를 0.1 wt% 이하로 제한하고 있으며, 조사손상과는 관계가 없으나 내식성의 관점에서 탄소의 함유량도 일반 규정값보다 낮게 규제하고 있다. 그리고 합금원소로 첨가하는 Ni에는 불순물로 Co가 많이 함유되어 있으므로 Co가 적게 함유된 Ni을 합금원소로 사용하고 있다. 진공 아크로에서 1차 용해한 잉곳은 기체 성분을 제거하기 위해 단조하여 봉으로 만든 후에 이 봉을 전극으로 하여 아크로에서 2차 용해하며, 용해된 잉곳은 단조와 압연을 거쳐 봉의 형태로 가공한 후 적당한 길이로 절단하여 중심에 구멍을 뚫어 압출용 빌릿(billet)으로 만든다.

이 압출용 빌릿을 불활성 분위기의 가열로에서 1,000℃ 이상으로 가열한 후 순간적으로 압출하여 소관으로 가공하는데, 마찰력을 줄이기 위해 빌릿의 내면과 외면에 윤활제로 유리섬유를 붙여 압출하며, 압출된 소관은 물속에 넣어 급랭시키는 방법으로 탄소를 고용시킨다. 이와 같이 제조된 소관은 냉간가공과 어닐링을 반복하면서 피복관으로 가공하는데, 가공에는 필겔 압연기(Pilger mill)가 사용된다. 피복관의 1차 가공에서는 가공 효율을 높이기 위해 가공률을 크게 하며, 2차 가공인 마무리 가공에서는 요구하는 파단강도의 범위 내에서 보이드 스웰링(void swelling)을 억제하기 위해 5~15% 범위에서 냉간가공을 하고 있다.

6.4.5 조사거동

가. 헬륨 생성 및 취화

고속로에서 연료 피복관으로 사용하는 오스테나이트 스테인리스강은 고온강도와 내식성을 향상시키기 위해 Cr, Ni 외에도 Mo, Nb, Ti, V 등을 합금원소로 첨가하는데 대부분의 원소는 표 6-7에서 보는 바와 같이 (n, p) 반응에 의해 수소를 그리고 (n, α) 반응에 의해 He를 생성한다.

표 6-7 스테인리스강의 주요 성분 원소에 대한 고속중성자의 평균 (n, p) 및 (n, α) 반응단면적과 H, He의 생성량[16]

원 소	반응단면적 (mbarn)		H 생성량[a] (at%)	He 생성량[a] (at%)
	(n, p)	(n, α)		
^{54}Fe	66	0.74	0.292	0.0278
^{58}Ni	111	0.5	4.77	0.0376
^{50}Cr	25	0.65	0.111	0.0238
^{92}Mo	6.2	0.034	0.0712	0.0456
^{93}Nb	1.8	0.04	0.113	0.00252
^{46}Ti	12.8	0.66	0.194	0.0347
^{51}V	1.0	0.035	0.063	0.00221

a) $10^{16} \, n/cm^2 \cdot sec$의 고속중성자 속에서 2년간 조사시킨 경우의 생성량

경수로나 중수로와 같은 열중성자로(thermal reactor)는 중성자 조사량이 많지 않으므로 (n, α) 반응단면적이 큰 붕소와 같은 불순물을 허용범위 이상으로 함유하지 않으면 He 생성량이 많지 않다. 그러나 고속로의 연료 피복관은 사용 중에 조사량이 10^{26}~$10^{27} \, n/m^2$

정도(피크 조사량은 ~130 dpa)로 많아서 스테인리스강을 피복관으로 사용하는 경우에는 (n, α) 반응으로 다량의 He가 생성된다. 그리고 스테인리스강은 He 외에도 표 6-7에서 보는 바와 같이 (n, p) 반응으로 He보다 ~10여 배나 많은 양의 수소가 생성되지만 고속로의 가동온도에서는 확산이 빠르게 일어나므로 대부분의 수소가 외부로 유출되며, 이 외의 수소도 He 기포에 혼입되는 경우가 많으므로 (n, p) 반응에서 생성되는 수소는 스테인리스강의 기계적 성질에 영향을 주지 않는다.

스테인리스강을 피복관으로 사용할 때 (n, α) 반응에서 생성되는 He는 조사손상의 관점에서 대단히 중요하다. 열중성자로와 고속로에서 (n, α) 반응으로 생성되는 He 양을 비교하기 위해 허용된 조성범위 내에서 붕소와 질소를 함유한 304 SS를 열중성자로인 ATR (Advanced Test Reactor)과 고속중성자시험시설인 FFTF(Fast Flux Test Facilities)에서 조사시킨 경우에 He의 생성량 및 생성비가 표 6-8에 있다.

표 6-8 ATR 및 FFTF에서 조사시킨 304 SS(14 ppm B 함유)에 생성된 He[17]

ATR			FFTF		
ϕt(열중성자) $8.6 \times 10^{26} \text{n/m}^2$			ϕt(열중성자) $< 1.7 \times 10^{23} \text{n/m}^2$		
$\phi t (E > 0.18 \text{MeV})$ $6.1 \times 10^{26} \text{n/m}^2$			$\phi t (E > 0.18 \text{MeV})$ $6.6 \times 10^{27} \text{n/m}^2$		
원 소	He (ppm)	생성비 (%)	원 소	He (ppm)	생성비 (%)
Fe	18.1	34.5	Fe	77.0	51.4
B	14.0	26.7	N	42.4	28.3
N	7.9	15.1	B	13.1	8.8
Ni	6.9	13.2	Ni	9.6	6.4
Cr	5.5	10.5	Cr	7.6	5.1

표에서 보는 바와 같이 304 SS는 (n, α) 반응으로 생성되는 He 중에서 붕소에 의해 생성되는 비율이 ATR에서는 26.7%인데 비해 FFTF에서는 8.8%이며, 반대로 질소에 의해 생성되는 비율은 ATR에서는 15.1%인데 비해 FFTF에서는 28.3%이었다. 이러한 결과를 보면, 열중성자로에서는 붕소가 고속로에서는 질소가 He 생성에 중요한 역할을 하는 것을 알 수 있다.

He는 금속에 고용도가 1 at.ppm 이하로 아주 작아서 (n, α) 반응으로 He가 생성되면 기지에 용해되지 못하고 격자결함, 결정립계, 석출물 등에 집적되거나 또는 서로 모여서 기포를 형성하는데, He가 기포를 형성하면 강도, 연성, 크리프 등에 큰 영향을 준다. He가 결정 내에서 미세한 기포를 형성하면 분산경화에 의해 기지를 강화시킬 수도 있겠지만 He는 주로 입계로 확산하여 기포를 형성하므로 입계를 취화시켜 연성을 크게 악화시킨다. 이와 같이 He가 입계에서 기포를 형성하여 연성을 악화시키는 현상을 He 취성이라 한다. 일반적인 경향이지만 조사에 따른 He 취성은 석출경화형인 Fe-Ni-Cr계 오스테나이트 스테인리스강에서는 현저하게 나타나는데 반하여 고용경화형인 Fe-Cr계 페라이트·마르텐사이트강은 He 취성에 강한 것으로 알려져 있다. 오스테나이트 스테인리스강은 격자구조가 fcc로 입계에서 He의 기포 형성이 용이하여 He 취화를 일으키는데, He가 스테인리스강의 취화에 미치는 영향에 관하여 많은 연구가 수행되었다[18~20].

나. 기계적 성질의 변화

일반적으로 오스테나이트 스테인리스강을 저온에서 조사하면 전위루프나 전위와 같은 결함이 생성되어 경화가 일어나며, 고온에서 조사하면 (n, α) 반응에서 생성된 He가 결정 립계에서 기포를 형성하여 입계를 취화시키므로 변형 거동에 영향을 준다. 그림 6-9는 조사량과 조사온도가 냉간 가공한 316 SS의 항복강도에 미치는 영향을 조사한 것으로 그림에서 보는 바와 같이 ~500℃ 이하에서는 조사량에 따라 항복강도가 증가하지만, 조사량이 ~3×10^{26} n/m^2 이상으로 증가하면 포화되어 그 이상으로 조사량이 증가해도 항복강도는 증가하지 않는다. 이와 같이 항복강도가 포화되는 현상은 결함 생성과 관계가 있는데, 즉 조사 초기에는 조사량에 따라 결함이 생성되다가 조사량이 많아지면 결함 생성이 포화되어 조사량이 증가해도 더 이상 결함을 생성하지 않는다.

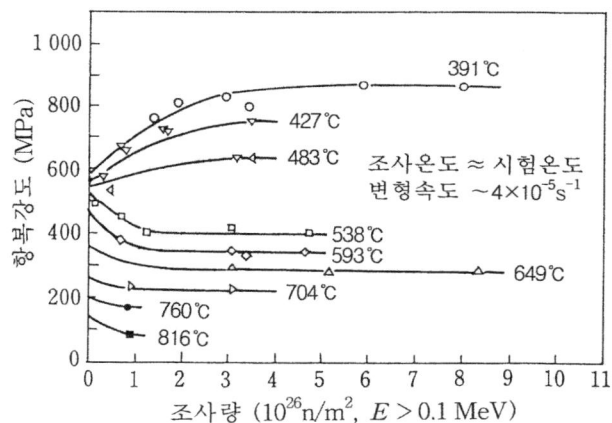

그림 6-9 조사량과 조사온도가 20% 냉간가공 316 SS의 항복강도에 미치는 영향[21]

그리고 조사온도가 ~500℃ 이상으로 상승하면 조사 중에 어닐링이 일어나서 조사손상이 회복되므로 경화가 일어나지 않는다. 그러므로 ~500℃ 이상에서는 항복강도가 조사량에 영향을 받지 않으며, 오히려 조사 초기에는 어닐링 효과로 냉간가공 조직의 회복이 일어나므로 항복강도가 감소한다.

한편 변형률의 경우는 저온 조사나 고온 조사에서는 감소하는데 반하여 중간 온도에서는 비교적 양호한데, 저온에서는 조사경화와 전위채널링이 일어나서 변형률이 작으며 고온에서는 입계에 He 기포가 형성되어 고온 취화를 일으키므로 변형률이 감소한다. 고온 취화를 유발하는 He 생성은 조사량뿐만 아니라 에너지 스펙트럼에도 영향을 받으므로 에너지 스펙트럼도 변형률에 영향을 미친다. 그림 6-10은 중성자의 에너지 스펙트럼이 냉간 가공한 316 SS의 변형률에 미치는 영향을 보여 주는 예로, He 생성률이 큰 HFIR(High Flux Radioisotope Reactor)와 상대적으로 He 생성률이 작은 EBR-Ⅱ(Experimental Breeder Reactor-Ⅱ)에서 비슷한 조사량으로 조사시켜 얻은 결과이다. 그림에서 보는 바와 같이 비조사의 경우에는 변형률이 ~550℃까지 일정하다가 그 이상에서는 온도에 따라 증가하지만 조사시킨 경우에는 반대로 온도에 따라 변형률이 급격하게 감소하는데, He 생성률이 큰 HFIR에서 조사시킨 경우가 생성률이 작은 EBR-Ⅱ에서 조사시킨 경우보다 더 크게 감소하였다. 이와 같이 중성자를 조사시킨 경우에 변형률의 급격한 감소는 He 생성이 변형률에 미치는 영향을 확실하게 보여주는 예이다.

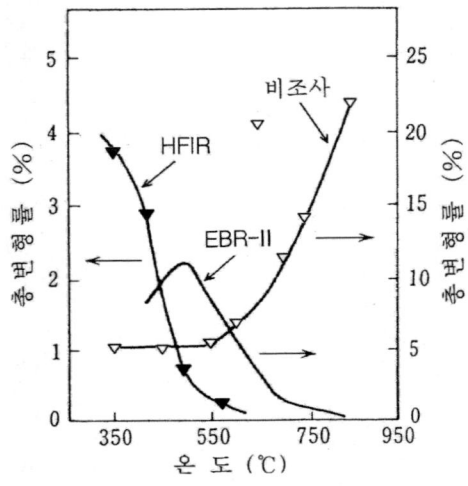

그림 6-10 20% 냉간 가공한 316 SS의 조사온도에 따른 변형률[22];
조사량 : HFIR 5.6~8.7×10^{26} n/m², EBR-Ⅱ 1.2~2.9×10^{26} n/m²

다. 크리프 특성

열크리프는 원자빈자리(vacancy)의 확산에 의해 일어난다. 이에 반해 조사크리프는 조사 중에 생성되는 원자빈자리와 격자간원자의 확산에 의해 일어나는데, 저온에서는 격자간원자의 확산이 그리고 고온에서는 원자빈자리의 확산이 크리프를 지배된다. 그러므로 중성자에 조사되면 원자빈자리와 격자간원자의 생성으로 크리프 속도가 증가하는 것이 일반적인 경향이지만, 재결정 지르칼로이-2와 같이 조사결함에 의한 동적경화로 크리프 속도가 감소하는 예외적인 경우도 보고되고 있다[23].

연료봉은 연소도 증가에 따라 핵분열생성 기체의 유출로 내압이 증가되어 원주방향으로 후프 응력(hoop stress)이 발생하여 크리프를 일으킨다. 그림 6-11은 조사량과 연료봉 내압이 냉간 가공한 316 SS 피복관의 조사중크리프에 미치는 영향을 조사한 것으로, 내압과 조사량이 증가하면 할수록 크리프가 더 크게 일어나며, 내압이 없는 무응력의 경우에도 조사량이 증가하면 조사유도 크리프에 의해 크리프가 일어난다.

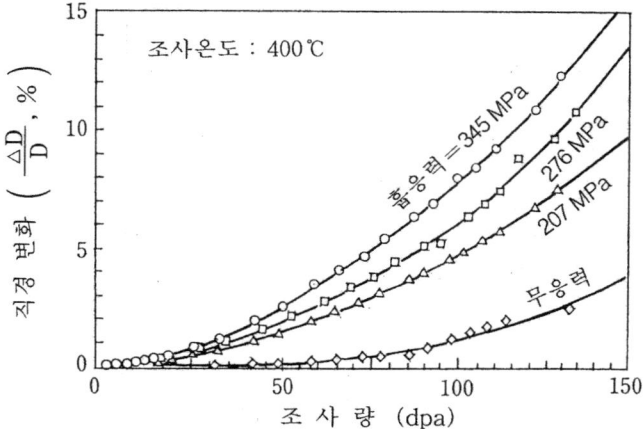

그림 6-11 조사량이 20% 냉간 가공한 316 SS의 조사중크리프에 미치는 영향[24]

그림 6-12는 304 SS의 크리프 파단수명에 미치는 조사량과 조사온도의 영향을 분석한 결과인데, 그림 (a)는 조사량에 따른 보이드 농도를 나타낸 것으로 A는 370~380℃의 조사온도에서 그리고 B는 460~470℃의 조사온도에서 $2 \times 10^{15}/cm^3$의 보이드 농도를 만드는데

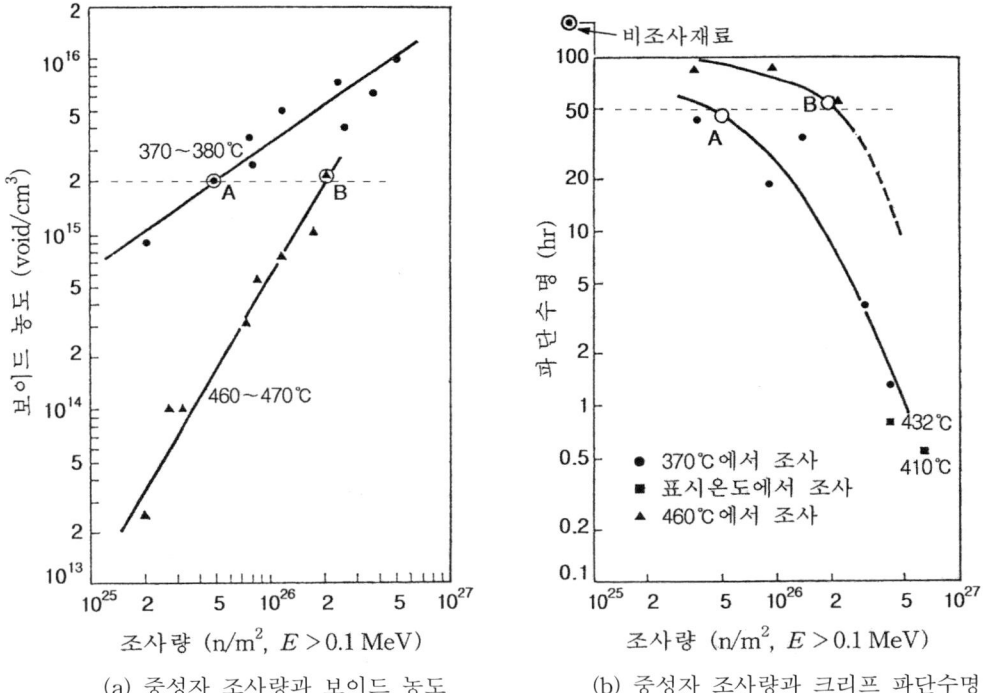

(a) 중성자 조사량과 보이드 농도   (b) 중성자 조사량과 크리프 파단수명

그림 6-12 304 SS의 조사량에 따른 보이드 농도와 크리프 파단수명[25]; 그림 (b)는 600℃에서 190 MPa 응력으로 수행한 조사후 크리프시험으로 같은 조건에서 비조사 재료의 파단수명 185 hr 이다.

소요되는 조사량이 각각 $5 \times 10^{25} \, \text{n/m}^2$와 $20 \times 10^{25} \, \text{n/m}^2$로 보이드 생성량이 조사온도에 영향을 받는 것을 보여 준다. 그리고 그림 (b)는 600℃에서 190 MPa의 부하응력으로 수행한 조사후 크리프시험으로 조사량과 크리프 파단시간의 관계를 나타낸 것인데, 조사온도에 따라 파단을 일으키는 조사량에 큰 차이가 있는 것을 보여 준다. 예를 들면 50시간에 파단이 일어나는 A와 B를 보면, 370℃에서 조사한 A는 $5 \times 10^{25} \, \text{n/m}^2$의 조사량에서 파단이 일어나지만 460℃에서 조사한 B는 $20 \times 10^{25} \, \text{n/m}^2$에서 파단이 일어난다. 이러한 사실로부터 유추해 보면 크리프 파단수명은 조사량보다는 보이드 농도와 관계가 있는 것을 알 수 있다.

그림 6-13은 중성자 조사가 316 SS의 크리프 파단수명에 미치는 영향을 조사한 것으로, 그림에서 보는 바와 같이 중성자 조사에 의해 파단수명이 크게 단축된다. 중성자 조사에 따른 크리프 변형률과 파단수명의 감소는 (n, α) 반응에서 생성되는 He가 결정립계에서 기포를 형성하여 연성을 악화시키는 것이 주요 원인이다.

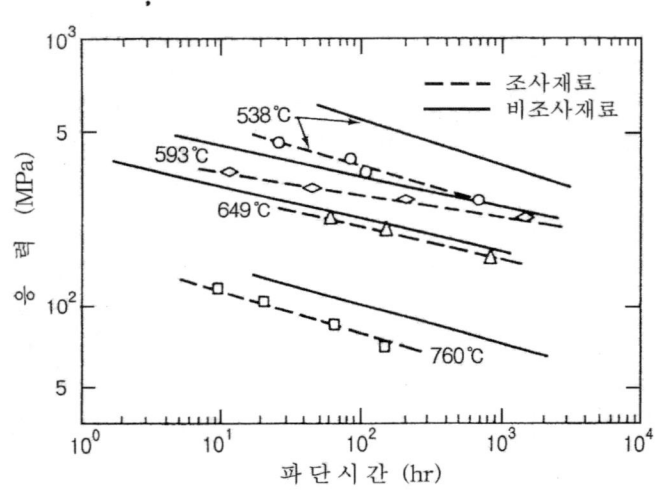

그림 6-13 316 SS의 조사후크리프 파단수명[26]; 조사온도 440℃,
조사량 $1.2 \times 10^{26} \, \text{n/m}^2$

일반적으로 크리프가 일어난 파단면을 관찰해 보면, 열크리프가 일어난 파단면에서는 작은 균열과 캐비티(cavity)가 나타나며 결정립도 응력방향으로 변형이 일어난다. 이에 반해 조사크리프가 일어난 파단면은 열크리프와는 다르게 파단이 입계 분리에 의해 일어나며, 파단면에 균열이 없고 결정립도 응력방향으로 변형되지 않는다. 이러한 파단 형태는 조사에 따른 경화로 결정립이 변형되지 못하고, 그 대신에 He의 기포 형성으로 인해 취약해진 입계를 따라 파단이 일어나기 때문으로 보인다. 중성자 조사에 따라 일어나는 입계 파단은 조사량이 증가하면 할수록 현저하게 일어난다.

라. 보이드 스웰링

보이드(void)는 원자빈자리가 모여 임계 크기 이상의 집합체, 즉 보이드 핵을 형성하여 성장한 것으로 원자빈자리의 확산과 밀접한 관계가 있다. 보이드는 보통 $0.3{\sim}0.5T_m$ (T_m은 절대온도로 표시한 융점) 범위에서 조사하면 생성되는데, $0.3T_m$보다 낮은 온도에서는 원자빈자리의 이동이 활발하지 못하여 보이드가 생성되지 못하고 반면에 $0.5T_m$보다 높으면 원자빈자리의 이동이 너무 활발하여 집합체를 형성하기 전에 입계로 확산하여 탈출하므로 보이드가 생성되지 못한다. 원자빈자리가 자유롭게 움직일 수 있는 $0.3{\sim}0.5T_m$ 범위에서 중성자를 조사시키면 Au, Ti, Zr 등 일부 금속을 제외한 대부분의 금속에서는 보이드가 쉽게 생성된다. 그림 6-14에 중성자를 조사시킨 316 SS에 생성된 보이드의 모양이 있다.

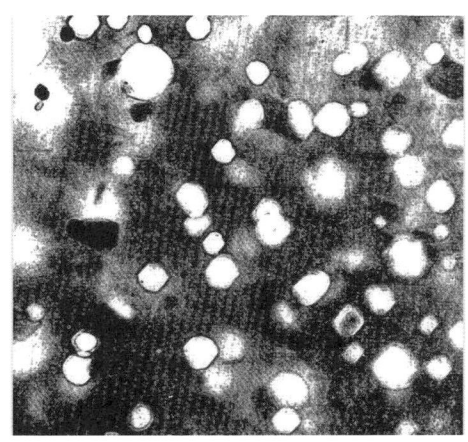

0.2 μm

그림 6-14   중성자를 조사시킨 316 SS에 생성된 보이드[27];
조사온도 525℃, 조사량 $7.1{\times}10^{26}$n/m^2 ($E > 0.1$ MeV)

조사에 따른 보이드의 생성은 체적을 팽창시키는 소위 보이드 스웰링(void swelling)을 일으키므로 문제가 되는데, 특히 고속로에서 피복관으로 사용하는 316 SS는 조사에 의해 스웰링이 크게 일어나므로 스웰링의 억제는 피복관의 건전성 측면에서 대단히 중요하다. 스테인리스강을 조사시킬 때 일어나는 스웰링 현상은 Cawthrone-Fulton[28]에 의해 처음으로 알려졌는데, 오스테나이트 스테인리스강에서 일어나는 스웰링 현상에 대해 연구된 결과를 종합하여 보면 아래와 같다.

(1) 스웰링이 최대로 일어나는 조사온도는 550~600℃이며, 조사량이 $4{\times}10^{26}$ n/m^2 ($E > 0.1$ MeV)를 초과하면 스웰링이 급격하게 증가한다.
(2) 저온일수록 보이드 직경이 작고, 반면에 보이드 밀도는 높다.
(3) 보이드 생성에는 잠복기, 즉 조사량이 어느 한도 이상을 초과해야 생성되는 문턱 조사량이 있다. 보이드 생성의 문턱조사량은 가공도와 조사온도에 영향을 받지 만 대략 $\sim 10^{26}$ n/m^2 정도이다.
(4) 보이드 생성은 원자빈자리의 흡수원인 전위 밀도에 영향을 받아 전위 밀도가 증가하면 스웰링이 억제된다. 따라서 냉간가공을 하면 스웰링이 억제된다.
(5) He는 보이드 핵의 생성을 용이하게 한다. 그러므로 He가 존재하면 보이드 밀도가 증가한다.

스테인리스강에서 일어나는 보이드 스웰링은 조사온도, 조사량, 합금원소, 가공 등에 영향을 받는다. 즉 조사온도는 보이드 핵의 생성과 보이드 크기에 영향을 주고, 조사량과 합금원소는 (n, α) 반응에 의한 He 생성에 영향을 주며 그리고 가공은 원자빈자리를 흡수하는 고착전위 생성에 영향을 주므로 보이드 스웰링에 영향을 준다. 그림 6-15는 316 SS의 스웰링에 미치는 조사량과 조사온도의 영향을 종합해 나타낸 것으로, 스웰링은 400℃ 부근에서 일어나기 시작하여 550~600℃에서 최대로 일어나며 그 이상에서는 감소하는데, 스웰링이 최대로 일어나는 550~600℃는 고속로에서 연료 피복관의 사용온도에 해당된다. 그리고 조사량도 ~4×10^{26} n/m² 이상이 되면 스웰링이 급격하게 증가하는데, 이 조사량도 고속로에서 피복관이 사용 중에 받는 조사량에 해당된다. 그러므로 고속로에서 연료 피복관으로 사용되는 스테인리스강은 보이드 스웰링의 억제가 대단히 중요하다.

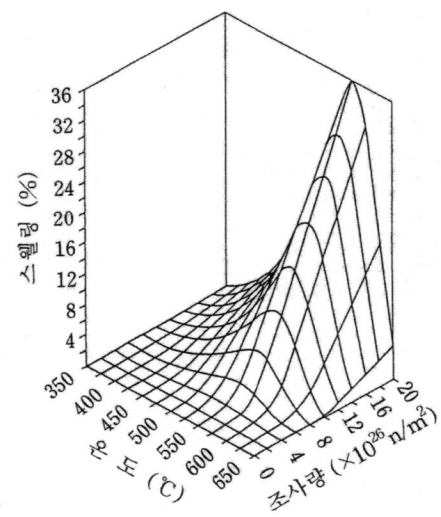

그림 6-15 조사량과 조사온도가 316 SS의 스웰링에 미치는 영향[29]

보이드 스웰링이 일어나기 위해서는 우선 원자빈자리나 He 원자가 모여 보이드 핵을 형성해야 하는데, 보이드 핵을 형성하기 위해서는 원자빈자리나 He 원자가 임계 크기 이상의 집합체를 만들어야 한다. 보이드 핵의 임계 크기는 온도에 영향을 받아 온도가 상승할수록 증가한다. 예를 들면 보이드 핵을 형성하려면 400℃ 이하에서는 10여 개의 원자빈자리나 He 원자가 집합체를 만들면 되지만 600℃에서는 수백 개 이상의 원자빈자리나 He 원자가 집합체를 만들어야 한다[30].

따라서 저온에서는 원자빈자리나 He 원자가 쉽게 집합체를 구성하여 보이드 핵으로 성장할 수 있는 반면에 고온에서는 원자빈자리나 He 원자가 보이드 핵을 형성하기가 어렵다. 그러므로 고온에서 보이드 핵을 형성하기 위해서는 원자빈자리나 He 원자가 집결할 수 있는 석출물, 전위 등과 같은 결함이 필요하다. 이러한 특성으로 그림 6-16에서 보는

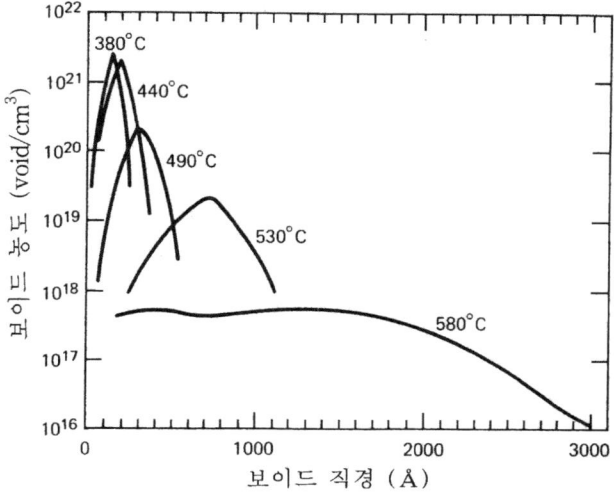

그림 6-16   조사온도가 316 SS의 보이드 분포에 미치는 영향[31];
조사량 $6 \times 10^{26}\,n/m^2$

바와 같이 저온에서는 다수의 작은 보이드가 생성되고, 온도가 상승할수록 보이드가 크게 생성된다. He는 보이드의 핵 형성에 중요한 역할을 하여 He가 존재하면 핵의 형성이 용이해 지는데, He와 원자빈자리는 $He_n V_m$의 형태로 보이드 핵을 형성한다.

고속로의 조건에서 보이드 핵인 $He_n V_m$의 형성에 대해서는 여러 연구가 수행되었는데, Russel[32]이 $He_n V_m$ 집합체의 자유에너지로부터 추정하여 얻은 보이드 핵의 임계조건은 n이 6 그리고 m이 11 정도이며, Wilson 등[33]은 $n \approx m$에서 $He_n V_m$가 가장 안정한 핵을

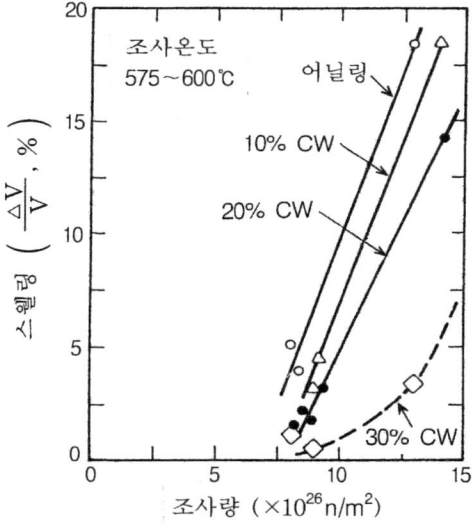

그림 6-17   냉간가공 및 조사량이 316 SS의 스웰링에 미치는 영향[34]

형성한다고 보고 있다. 앞에서도 기술하였지만 오스테나이트 스테인리스강을 연료 피복관으로 사용할 때 일어나는 가장 큰 문제는 보이드 스웰링이다. 그러므로 스웰링을 억제시키는 방법에 관해 많은 연구가 수행되었으며, 그 결과 냉간가공과 합금성분의 조절에 의해 보이드 스웰링을 억제시킬 수 있는 사실을 알게 되었다. 즉 냉간가공을 하면 움직이지 못하는 고착전위의 밀도가 증가하는데 고착전위는 원자빈자리의 흡수 장소가 되므로 스웰링을 억제하며, 합금원소는 보이드 생성 문턱조사량을 증가시키므로 보이드 생성을 억제한다. 그림 6-17에 냉간가공이 316 SS의 스웰링에 미치는 영향이 있는데, 그림에서 보는 바와 같이 냉간 가공도가 클수록 스웰링이 억제된다.

그러므로 보이드 스웰링을 억제하기 위해서는 냉간가공을 크게 해야 하지만 과도한 냉간가공은 파단강도에 나쁜 영향을 주므로 냉간가공은 제한을 받는다. 물론 냉간가공을 하면 그림 6-18에서 보는 바와 같이 단기간에서는 파단강도의 증가를 가져오지만 장기간으로 보면 어닐링에 비해 파단강도가 떨어진다. 따라서 파단강도의 관점에서 보면, 연료 피복관과 같이 장기간에 걸쳐 사용하는 경우에는 냉간가공보다 어닐링이 유리하다. 그러나 스테인리스강 피복관은 스웰링을 억제하는 것이 중요하므로 마지막 가공단계는 스웰링의 억제를 위해 냉간가공으로 마무리 가공을 하는데, 냉간가공에 따른 파단강도의 저하를 고려하여 보통 5~15% 범위에서 냉간가공을 하고 있다.

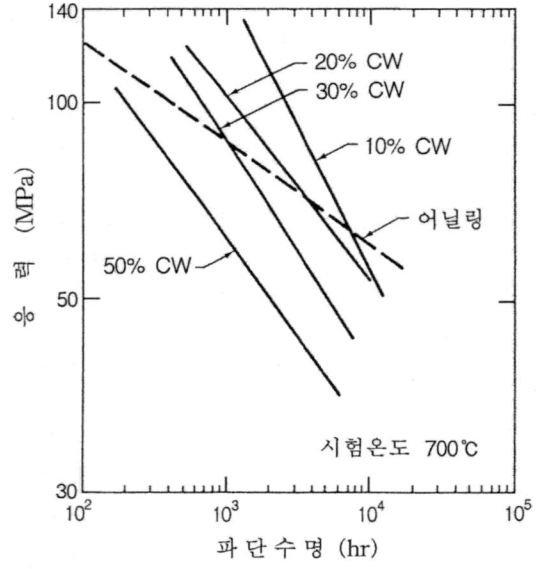

그림 6-18 냉간가공이 316 SS의 크리프 파단수명에 미치는 영향[35]

앞에서도 기술하였지만 스테인리스강의 보이드 스웰링은 합금원소에 의해서도 영향을 받는데, 영향을 주는 대표적인 원소로는 Ni와 Cr이 있으며 서로 반대되는 영향을 미치고 있다. 즉 Ni는 스웰링을 억제시키는 효과가 있는데 반해 Cr은 오히려 스웰링을 촉진시킨다. Ni가 스웰링을 억제시키는 원인으로는 보이드 생성에 필요한 잠복기(incubation fluence), 즉 문턱조사량을 증가시키기 때문으로 알려져 있으며, 이 외에 Si, Mo, Ti, C, P, Zr, Nb 등도 스웰링을 억제시키는데[36,37] TiC 및 Fe_2P 등과 같은 미세한 탄화물과 인화합물의 분포가 스웰링에 영향을 주는 것으로 알려져 있다[38,39].

참고 문헌

1) A. M. Judd, *"Nuclear Power Technology"*, Vol. 1, Reactor Technology, ed. by W. Marshall, Oxford Univ. Press, N.Y., 1986, p301

2) A. M. Judd, *ibid*, p323

3) 小木曾善一, 原子力工業(日本) 40(6) (1994), 23

4) 住友金屬工業, BWR 配管用ステンレス鋼の應力腐食割れ對策, 1979, p14

5) H. M. Chung, R. V. Strain, and W. J. Shack, Nucl. Eng. Design, 208 (2001), 221

6) J. Lee, I. Kim, and A. Kimura, J. Nucl. Sci. Technol., 40 (2003), 664

7) F. B. Waanders, S. W. Vorster, and H. Pollak, *Hyperfine Interactions*, 120-121 (1999), 751

8) 北村 等, 製鋼研究(日本) 282 (1969), 71

9) ASME, Cases of ASME Boiler and Pressure Vessel Code, Case 1592, 1974

10) S. M. Bruemmer, E. P. Simonen, P. M. Scott, P. L. Andresen, G. S. Was and J. L. Nelson, J. Nucl. Mater. 274 (1999), 299

11) H. U. Borgstedt and H. Huthmann, J. Nucl. Mater. 183 (1991), 127

12) S. L. Schrock, *et al.*, in *"Corrosion by Liquid Metals"*, ed. by J. E. Draley and J. R. Weeks, Amer. Inst. Min., Metall. Petrol. Engrs., N.Y., 1970

13) A. W. Thorley and C. Tyzack, Corrosion and mass transport of nickel alloys in sodium systems, Liquid Alkali Metals, BNES, London, 1973

14) R. H. Kolster, in: Proceedings of International Liquid Metal Technology in Energy Production, Champion, Pa, USA, 1976, p368

15) Sodium Technology Education Committee in JNC, Japan Atomic Energy Agency Public Report, JNC TN9410 2005-011, 2005

16) H. Alter and C. E. Weber, J. Nucl. Mater. 16 (1965), 68

17) A. de Pino Jr., Nucl. Appl. 3 (1967), 620

18) G. R. Odette, T. Yamamoto, H. J. Rathbun, M. Y. He, M. L. Hribernik, J. W. Rensman, J. Nucl. Mater. 323 (2003), 313

19) J. K. Sahu, U. Krupp, R. N. Ghosh and H. J. Christ, Materials Science and Engineering: A, 508 (2009), 1

20) Cem Örnek, M. G. Burke, T. Hashimoto and D. L. Engelberg, Metallurgical and Materials Transactions A, 48 (2017), 1653

21) R. L. Fish, N. S. Cannon and G. L. Wire, ASTM STP 683 (1978), p450

22) E. E. Bloom and F. W. Wiffen, J. Nucl. Mater. 58 (1975), 171

23) E. F. Ibrahim, J. Nucl. Mater. 46 (1973), 355

24) D. L. Porter and F. A. Garner, J. Nucl. Mater. 159 (1988), 114

25) E. E. Bloom and J. O. Stiegler, ASTM STP 484 (1970), p451

26) A. J. Lovell and R. W. Barker, *ibid*, p468
27) W. K. Appleby, *et al.*, in *"Radiation-Induced Voids in Metals"*, ed. by J. W. Corbett and L. C. Lanniello, USAEC Symposium Series, CONF-710601 (1971), p166
28) *"Voids Formed by Irradiation of Reactor Materials"*, ed., by S. F. Pugh, Brit. Nucl. Eng. Soc. 1971
29) J. F. Bates and M. K. Korenko, Nucl. Technol. 48 (1979), 303
30) 加藤雄大, *"東京大學 學位論文"*, 1994, p141
31) J. I. Bramman, *et. al.*, in *"Radiation-Induced Voids in Metals"*, ed. by J. W. Corbett and L. C. Lanniello, USAEC Symposium Series, CONF-710601 (1971), p125
32) K. C. Russel, Acta. Met., 20 (1972), 899
33) W. D. Wilson M. I. Baskes and C. L. Bisson, Phys. Rev. B13 (1976), 2470
34) W. K. Appleby, E. E. Bloom, J. E. Flinn and F. A. Garner, in *"Radiation Effects in Breeder Reactor Structural Materials"*, ed. by M. L. Bleiberg and J. W. Bennett, TMS-AIME, 1977, p509
35) T. Lauritzen, GEAP 13897 (1972)
36) M. Itoh, S. Onose and S. Yuhara, ASTM STP 955 (1987), p114
37) F. A. Garner and H. R. Brager, J. Nucl. Mater. 155-157 (1988), 833
38) K. Nakata, T. Kato and I. Masaoka, J. Nucl. Mater. 148 (1987), 185
39) T. Kimoto and H. Shiraishi, J. Nucl. Mater. 132 (1985), 266

7. 핵융합로 및 4세대 원자로 재료

7.1 핵융합로 구조 및 개발 현황

핵융합에는 중수소와 삼중수소를 융합시키는 D-T 반응과 중수소와 중수소를 융합시키는 D-D 반응이 있는데, 핵융합의 물리적 조건을 보면 D-T 반응을 일으키기 위해서는 1억℃ 이상의 온도가 필요하고 D-D 반응을 일으키기 위해서는 6억℃ 이상의 고온이 필요하다. 그리고 핵융합 반응에서 얻는 출력밀도도 D-T 반응이 D-D 반응에 비해 상당히 높으므로 핵융합에서는 D-T 반응이 D-D 반응보다 유리하다. 그러나 D-T 반응도 1억℃ 이상의 초고온이 필요하므로 플라스마를 용기 벽에 접촉시켜서는 안된다. 따라서 플라스마를 일반적인 개념의 용기에는 가둘 수 없으므로 새로운 개념의 밀폐방식이 도입되었는데, 하나는 자장밀폐 방식이고 다른 하나는 관성밀폐 방식이다.

자장밀폐 방식은 자장을 이용하여 플라스마를 가두는 방법으로 토카막(Tokamak) 방식이 있으며, 관성밀폐 방식은 반작용을 이용하여 플라스마를 순간적으로 가두는 방법으로 레이저-펠릿(laser-pellet) 방식이 있다. 레이저-펠릿 방식은 초저온에서 고화시킨 중수소와 삼중수소를 직경이 1 mm 이하인 구슬 모양의 캡슐에 주입하여 제조한 펠릿(pellet)에 레이저 빔을 여러 방향에서 극히 짧은 시간에 집중적으로 발진시켜 순간적으로 초고밀도의 플라스마를 가두는 방식으로, 강력한 레이저 빔을 펠릿에 집중적으로 쪼이면 표면에서 격렬한 증발이 일어나며 이의 반작용으로 펠릿이 순간적으로 크게 압축되면서 가열되어 초고밀도의 고온 플라스마가 형성되어 주위로 팽창한다. 이때 관성에 의해 플라스마 팽창이 순간적으로 억제되면서 핵융합이 일어나는데, 2023년에 미국 로렌스 리버모어 연구소에서 이 방식으로 2.05 MJ의 에너지를 투입하여 3.15 MJ의 핵융합에너지를 얻은 사례가 있다.

핵융합 연구는 자장밀폐 방식인 토카막에 집중되어 수행되고 있는데, 토카막 핵융합로의 노심은 그림 7-1에서 보는 바와 같이 고온의 플라스마를 가두는 진공용기, 삼중수소 생산과 핵융합에너지를 회수하는 블랭킷(blanket), 방사선 차폐체 그리고 초전도 자석 등으로 구성되어 있다. 핵융합 반응에서 발생하는 에너지는 ^{4}He (α입자)와 중성자의 운동에너지 형태로 방출되는데, α입자는 자장에 의해 쉽게 밀폐되어 진공용기 내에서 에너지를 상실하므로 플라스마를 가열하는데 기여한다. 그리고 중성자는 전하를 갖고 있지 않으므로 자유롭게 진공용기를 빠져나가 블랭킷에 흡수되어 열로 전환되는데, 블랭킷에는 냉각관이 설치되어 있어서 흡수한 열을 외부로 전달해 준다.

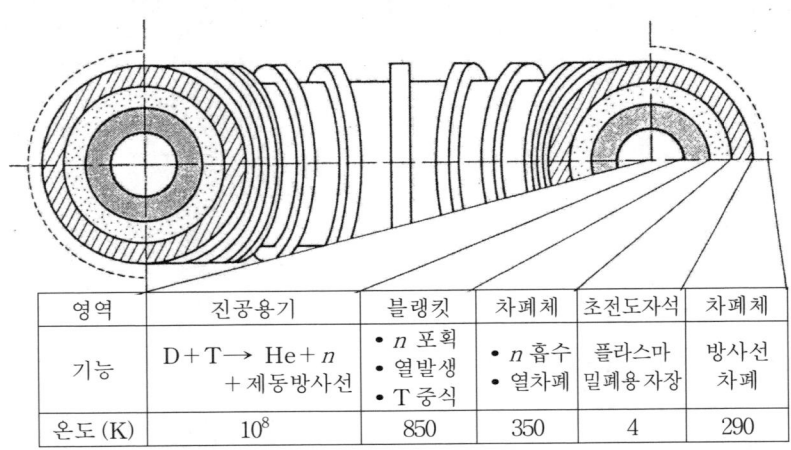

영역	진공용기	블랭킷	차폐체	초전도자석	차폐체
기능	$D+T \rightarrow He+n$ + 제동방사선	• n 포획 • 열발생 • T 중식	• n 흡수 • 열차폐	플라스마 밀폐용 자장	방사선 차폐
온도 (K)	10^8	850	350	4	290

그림 7-1 토카막(Tokamak) 핵융합로 노심의 영역별 기능 및 온도[1]

그림 7-2는 핵융합로의 개략적 구조를 보여 주는데 플라스마 주위에는 블랭킷이 설치되며, 플라스마 아래쪽에는 D-T 반응에서 생성되는 재(He)를 외부로 배출하기 위한 다이버터(divertor)가 설치된다. 블랭킷과 다이버터는 10^{-7} mmHg 정도의 진공도를 유지하는 진공용기 내부에 수납되며, 진공용기 외부에는 극저온 상태를 유지해야 하는 초전도 자석이 설치되므로 이 부분도 10^{-4} mmHg 이상의 진공도를 유지해야 한다.

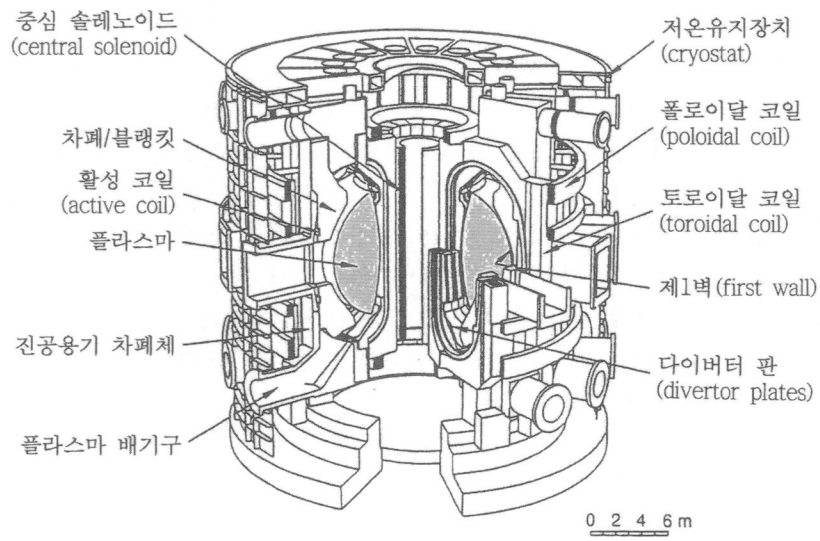

중심 솔레노이드 (central solenoid)
차폐/블랭킷
활성 코일 (active coil)
플라스마
진공용기 차폐체
플라스마 배기구

저온유지장치 (cryostat)
폴로이달 코일 (poloidal coil)
토로이달 코일 (toroidal coil)
제1벽(first wall)
다이버터 판 (divertor plates)

0 2 4 6 m

그림 7-2 토카막 핵융합로의 개략도[2]

핵융합 연구는 1968년 구소련에서 토카막 장치 T-3가 1천만℃에 도달하면서 본격적으로 추진되어 1980년대에는 미국의 TFTR, 유럽연합의 JET, 일본의 JT-60 등 대형 토카막 장치가 가동되어 핵융합 반응을 일으킬 수 있는 1억℃에 도달하였다. 그리고 플라스마 점화에서도 순간적이지만 1994년에 TFTR에서 10.7 MW 그리고 1997년에 JET에서 16 MW의 핵융합에너지를 얻었으며, 이러한 연구 성과를 토대로 핵융합로 가능성을 기술적으로 실증하기 위한 ITER(International Thermonuclear Experimental Reactor) 사업이 2007년부터 국제공동사업으로 추진되고 있다. ITER는 대형 핵융합 시험로로 열출력이 500 MWt이며, 플라스마 지속시간을 400초 이상 그리고 에너지 증배율(핵융합에서 발생한 에너지와 투입된 에너지의 비율) 10 이상을 목표로 하고 있다. ITER는 프랑스 카다라슈에 건설되고 있는데 2010년 상세설계를 완료하고 2016년 가동을 목표로 하였으나 가동 시기가 2020년, 2025년 그리고 2034년으로 연기되었다. ITER는 2034년에 첫 플라스마를 달성하고 2035년부터 D-D 플라스마 시험 그리고 2039년부터 D-T 핵융합 시험에 들어갈 예정이다.

ITER 사업에는 유럽연합과 우리나라를 비롯한 6개국(미국, 일본, 러시아, 중국, 인도)이 참여하고 있으며 건설, 운영 및 해체에 250억 Euro 이상이 소요될 것으로 추정되고 있다. ITER는 시험로이므로 에너지만 생산하고 전기는 생산하지 않으며, 전기 생산은 2050년대에 가동을 목표로 계획하고 있는 원형로 DEMO(Demonstration Power Plant)에서 한다. 현재 DEMO는 유럽연합을 비롯하여 여러 나라에서 설계하고 있는데, DEMO 계획이 순조롭게 진행된다면 그림 7-3에 예시한 바와 같이 실증로 단계를 거쳐 실용화 시대로 들어갈 것으로 기대하고 있지만, 아직 실증로에 대한 구체적인 계획은 논의되고 있지 않다.

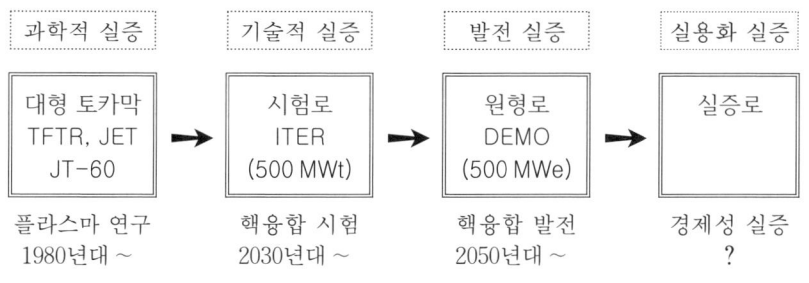

그림 7-3 핵융합에너지의 실용화 단계

7.2 핵융합로 재료의 조사손상 특징

7.2.1 14 MeV 중성자에 의한 조사손상

가. 핵융합로의 중성자 스펙트럼

^{235}U, ^{239}Pu 등의 핵분열에서 발생하는 중성자는 에너지가 1 MeV 정도인데 비해 D-T 핵융합에서 발생하는 중성자는 에너지가 14 MeV이므로, 핵융합로와 핵분열로는 중성자 스펙트럼에 큰 차이가 있다. 그림 7-4는 위스콘신 대학에서 설계한 핵융합로(UWMAK-1)와

핵분열로(열중성자로 HFIR, 고속로 EBR-II)의 중성자 스펙트럼을 보여 주는데, 그림에서 보는 바와 같이 핵융합로는 10 MeV 이상의 중성자가 많이 분포하는데 비해 HFIR은 열중성자와 1 MeV 중성자가 혼재되어 있으며 EBR-II도 1 MeV 부근의 중성자가 많은 비율을 차지하고 있다. 이러한 중성자 스펙트럼의 차이는 격자원자를 탈출시키는데 영향을 주므로 같은 조사량이라도 핵분열로보다 핵융합로에서 조사손상이 더 심하게 일어난다.

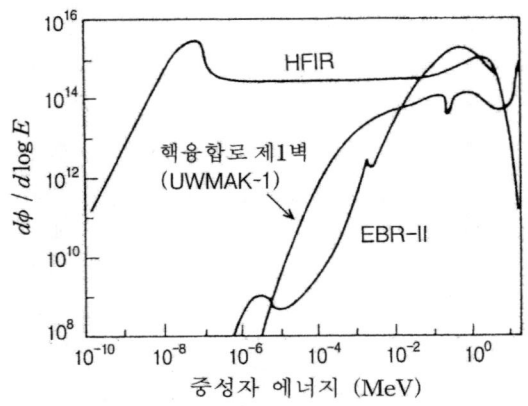

그림 7-4 핵융합로, HFIR 그리고 EBR-II의 중성자 스펙트럼[3]

나. 핵변환에 의한 이종원자 생성

중성자에너지가 높으면 (n, α), (n, p), (n, γ) 및 $(n, 2n)$ 등의 반응단면적이 증가하므로 핵변환에 의한 불순물 생성량도 증가한다. 그림 7-5는 중성자에너지가 스테인리스강의 주요 성분인 Fe, Ni, Cr의 (n, α) 반응단면적에 미치는 영향을 보여 주는데, Fe와 Cr은 에너지에 따라 (n, α) 반응단면적이 증가한다. 그러나 Ni 경우는 12 MeV까지는 에너지에 따라 (n, α) 반응단면적이 증가하다가 12 MeV를 초과하면 반대로 감소하지만 그 대신 $(n, n' \alpha)$ 반응단면적이 증가하므로 전체적으로 보면 반응단면적이 증가하는 것으로 볼 수 있다.

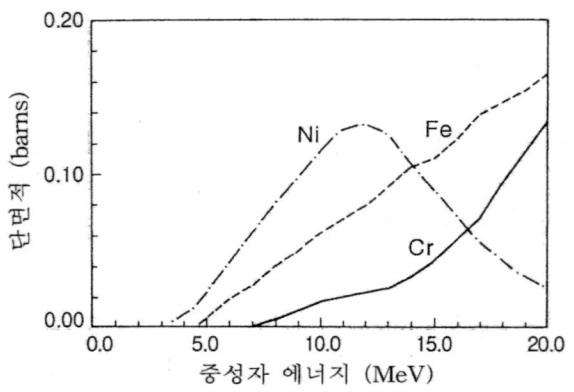

그림 7-5 중성자에너지에 따른 Ni, Cr, Fe의 (n, α) 반응단면적[4]

핵융합로 제1벽은 D-T 반응에서 생성되는 14 MeV의 중성자에 직접적으로 피폭되며, 피폭량(조사량)도 ~10^{27} n/m^2 정도로 예상되므로 벽재료에서는 구성 원소의 핵변환으로 불순물이 많이 생성된다. 그러므로 핵융합로 제1벽은 사용 중에 생성되는 불순물의 양과 불순물이 미치는 영향을 반드시 고려해야 한다. 예를 들면 제1벽 재료로 316 SS를 사용하면 핵변환에 의해 Mn의 농도가 현저하게 증가하고 Ti와 V도 상당한 양이 생성되며, 바나듐을 제1벽 재료로 사용하면 작은 양이지만 Cr이 생성된다. 그리고 니오브를 제1벽 재료로 사용하면 10 wt% 이상의 Zr과 Mo가 생성되므로 Nb가 Nb-Zr-Mo 합금으로 변하며, 몰리브덴을 제1벽 재료로 사용하면 다량의 Tc와 Nb가 생성되므로 Mo가 Mo-Tc-Nb 합금으로 변한다.

다. 보이드 스웰링

핵융합로에서 생성되는 중성자는 에너지가 14 MeV이므로 제1벽에서 1차탈출원자(PKA, primary knock-on atom)가 전달받는 최대에너지는 Fe 원자를 기준으로 하면 약 1 MeV로 서브 캐스케이드(subcascade)의 형성 능력이 아주 크다. 그러므로 원자빈자리(vacancy)가 많이 생성되는데, 원자빈자리가 모여 임계 크기 이상이 되면 보이드(void)로 성장한다. 보이드는 지르코늄 등 일부 금속을 제외하고는 대부분의 금속에서 0.3~0.5T_m(T_m은 절대 온도로 표시한 융점)에서 조사량이 1 dpa를 초과하면 생성되는데, 보이드가 생성되면 스웰링(swelling)이 일어난다.

핵융합로 제1벽의 조사량은 DEMO의 경우에 80~150 dpa로 예상되므로 보이드가 많이 생성되는데, 보이드 생성에는 (n, α) 반응에서 생성되는 He의 영향이 크다. 그림 7-5에서 보는 바와 같이 중성자 에너지가 크면 클수록 (n, α) 반응단면적이 증가하여 단위 조사량당 He 생성량, 즉 He/dpa 비가 증가하여 보이드 생성을 용이하게 한다. 예를 들면 316 SS에서 단위 조사량당 He 생성량이 고속로에서는 0.1 at.ppm/dpa 정도인데 비해 중성자 에너지가 14 MeV 정도로 큰 핵융합로에서는 20 at.ppm/dpa 정도로 예상되므로 같은 조사량이면 고속로보다는 핵융합로에서 스웰링(swelling)이 크게 일어난다.

7.2.2 스퍼터링

입자를 표적물질에 입사(bombarding)시키면 물질내 원자와 충돌하면서 자기가 보유한 에너지에 대응하는 깊이만큼 침투하여 들어간다. 이 과정에서 표면 근처에 있는 원자가 입사입자에 충돌되어 탈출문턱에너지 이상의 에너지를 전달받으면 외부로 탈출할 수 있으므로 표면에 미세한 마모가 일어나는데, 이러한 현상을 스퍼터링(sputtering)이라 한다. 스퍼터링에는 물리적 스퍼터링과 화학적 스퍼터링이 있다.

물리적 스퍼터링은 입사입자가 표적물질의 원자와 충돌하여 생성된 캐스케이드가 표면에 인접하여 원자의 일부가 외부로 튕겨 나가는 현상을 말하며, 화학적 스퍼터링은 입사입자가 수소와 같이 반응성이 있는 경우에 표면의 원자와 화학적으로 반응하여 기체 상태로 탈출하는 현상을 말한다. 화학적 스퍼터링의 예로는 수소 이온에 의한 흑연의 스퍼터링이 있는데, 수소 이온을 흑연에 조사시키면 수소와 탄소가 반응하여 생성된 CH_2, CH_4 등 탄화수소 가스가 외부로 방출되므로 스퍼터링이 일어난다.

핵융합로 제1벽은 플라스마와 직접 대면해 있으므로 플라스마에서 날아오는 수백~수만 eV의 중수소와 삼중수소에 충돌되며, 이 외에 D–T 반응에서 생성된 3.5 MeV의 α입자가 하전교환에 의해 중성으로 전환되면 자장의 영향을 받지 않으므로 직접 충돌된다. 그러므로 표면으로부터 약 $10\,\mu\mathrm{m}$ 내에 있는 원자는 중수소와 삼중수소 그리고 중성으로 전환된 α입자(He 입자)에 충돌되어 일부가 외부로 탈출하게 되는데, 이러한 현상은 제1벽을 마모시키는데 큰 역할을 한다.

스퍼터링이 일어나기 위해서는 표면 근처의 원자가 스퍼터링 문턱에너지 이상의 에너지를 전달받아야 하는데, 표면으로 향하는 후방 스퍼터링의 경우에 스퍼터링 문턱에너지 E_{th}는 아래와 같이 표시된다.

$$E_{th} = \frac{U_s}{\Lambda(1-\Lambda)} \qquad (M_2/M_1 > 2.5) \tag{7.1}$$

$$\Lambda = \frac{4M_1M_2}{(M_1+M_2)^2} \tag{7.2}$$

여기서 M_1, M_2는 각각 입사입자와 표적입자의 원자질량이고, U_s는 표적물질의 표면에서 원자와 원자의 결합에너지인데, 일반적으로 결합에너지 대신 표적물질의 기화에너지를 사용하고 있다. 그림 7-6에 M_2/M_1 비와 스퍼터링 문턱에너지 E_{th}와의 관계가 제시되어 있는데, 그림에서 보는 바와 같이 M_2/M_1 비가 크거나 작은 경우에는 스퍼터링 문턱에너지가 증가한다.

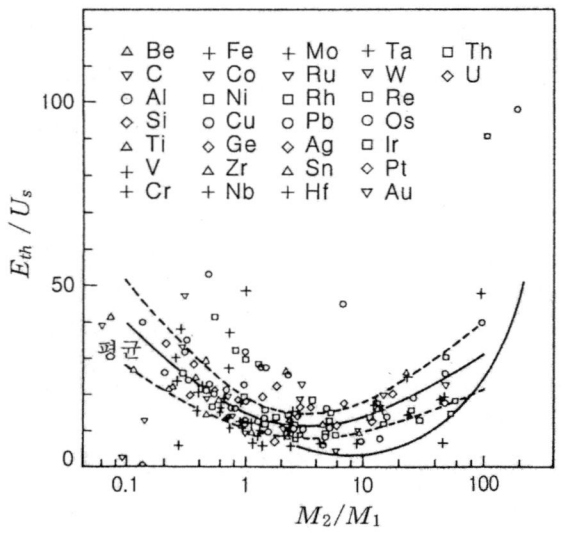

그림 7-6 스퍼터링 문턱에너지의 질량 의존성[5]

1개의 입사입자가 외부로 탈출시키는 평균적인 표적물질의 원자 수를 스퍼터링 율 (sputtering yield)이라 하는데, 스퍼터링 율은 입사입자의 에너지와 원자번호 그리고 표적 물질의 원자번호와 온도 등에 영향을 받는다. 입사입자의 에너지가 스퍼터링 율에 미치는 영향은 H, D, T, He와 같은 경이온은 $10^3 \, \mathrm{eV}$ 부근에서 가장 큰 값을 보이는 반면에 Fe, Ar, Ni과 같은 중이온은 입자의 에너지에 따라 계속 증가하는 경향이 있다[6].

표적물질의 원자번호도 스퍼터링 율에 영향을 주는데, 45 keV의 Kr^+이온과 표적물질의 자기이온(self ion)을 조사시켜 얻은 결과를 표적물질의 원자번호 순서대로 나타낸 것이 그림 7-7에 있다. 그림에서 보는 바와 같이 스퍼터링 율은 표적물질의 원자번호에 영향을 받는데, 원자번호에 따라 증가하기보다는 주기율표의 같은 주기에서만 원자번호에 따라 증가하는 경향을 보여 준다.

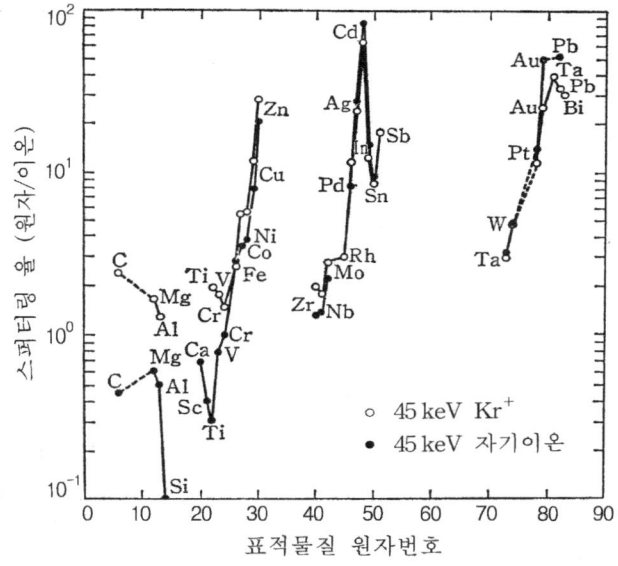

그림 7-7 표적물질의 원자번호에 따른 스퍼터링 율[7]

핵융합로 제1벽에서 일어나는 스퍼터링에 대해 생각하여 보면, 제1벽은 14 MeV의 중성자를 포함하여 여러 종류의 입자에 의해 피폭되는데 하전입자는 자장에 의해 밀폐되므로 제1벽에 도달하지 못한다. 그러나 하전입자가 하전교환을 통해 중성입자로 전환되면 자장의 영향을 받지 않으므로 제1벽에 도달한다. 예를 들면 D-T 반응에서 생성된 α 입자는 자장에 의해 밀폐되어 플라스마를 가열시키는 역할을 하지만, 하전교환에 의해 중성 He 로 전환되면 자장에 영향을 받지 않으므로 제1벽에 입사하여 스퍼터링을 일으켜 표면을 마모시킨다. 이 외에도 토카막 핵융합로는 플라스마 전류의 돌연 이상으로 플라스마 붕괴 가 일어나면 열 및 자기에너지에 의해 제1벽에서 열부하가 크게 일어나므로 스퍼터링보다 는 국부적인 증발에 의해 제1벽의 마모가 일어난다.

스퍼터링 등에 의해 제1벽에 마모가 일어나면 마모된 원자가 플라스마에 불순물로 유입되어 플라스마를 오염시키는데, 원자번호가 큰 중원소인 경우에는 작은 양이 유입되어도 플라스마를 크게 냉각시켜 핵융합 반응을 억제한다. 따라서 제1벽 재료로는 Be, C, SiC, TiC 등 원자번호가 작은 경원소가 좋지만 이러한 재료는 기계적 특성과 제조가공에 문제가 많으므로 제1벽 재료로 사용하기보다는 플라스마와 직접 대면하는 제1벽 벽면에 피복시키는 방안을 채택하고 있다.

7.2.3 블리스터링

불활성 기체인 He, Ne, Ar 또는 수소, 중수소, 질소와 같은 기체 이온을 금속이나 합금 등에 조사시키면 기체 이온이 표면층 바로 아래에 모여서 블리스터(blister)를 형성하여 그림 7-8에서 보는 바와 같이 표면층이 거품 모양으로 부풀어 오르는데 이러한 현상을 블리스터링(blistering)이라 한다. 블리스터링은 기체 이온이 모여 작은 기포를 형성하고, 작은 기포가 결합하여 블리스터를 형성하는 현상으로 조사량이 어느 한도 이상이어야 일어나므로 문턱조사량이 존재한다.

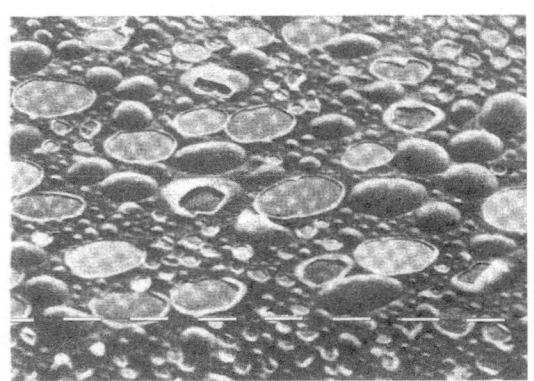

그림 7-8 He 이온($E = 100 \, keV$)을 조사시킨 몰리브덴 표면에 생성된 블리스터[8];
조사량 $10^{22} \, He^+/m^2$, 조사온도 25℃, 백선 $= 10 \, \mu m$

블리스터링 문턱조사량은 조사온도와 입자에너지에 영향을 받아 온도가 높으면 확산이 활발하여 블리스터 형성에 유리하므로 문턱조사량이 작아지고 반면에 에너지가 높으면 입자가 표적물질 내부로 깊이 침투하여 피막이 두꺼운 블리스터를 형성하므로 문턱조사량이 증가하는데, 문턱조사량은 $10^{21} \sim 10^{23} \, ions/m^2$ 범위에 있다. 플라스마에 직접 대면해 있는 핵융합로 제1벽은 플라스마에서 누설되는 중성입자의 침투로 블리스터가 형성되는데, 블리스터가 파괴되어 떨어져 나오면 플라스마를 오염시켜 플라스마 온도를 떨어뜨림으로 핵융합 반응이 억제된다.

D-T 핵융합 반응에서 생성되는 3.5 MeV의 α입자(He^+)는 하전교환이 일어나면 중성이 되며, 중성이 된 입자는 자장의 영향을 받지 않으므로 제1벽 벽면에 쉽게 침투하여 기포를

생성하는데 블리스터링이 일어나기 위해서는 기포가 블리스터를 형성해야 한다. He 이온의 경우에 조사량이 $10^{20}\,He^+/m^2$ 이상이면 표면층 아래에 직경이 수십 Å인 작은 기포가 생성되는데[9], 작은 기포들이 평면적으로 결합하면 렌즈 모양의 블리스터가 형성된다.

작은 기포는 원자빈자리(vacancy)가 잘 움직이지 못하는 낮은 온도(절대온도로 표시한 융점의 1/3 이하)에서도 형성되는데, 기포가 작으면 큰 내압을 갖고 있어서 주위에 강력한 응력장을 형성하므로 다량의 전위루프(dislocation loop)가 생성된다[10]. 이러한 경우에 기포의 높은 내압에 의해 야기된 응력은 기포와 기포 사이에 생성된 격자간원자 전위루프를 방출시키는 구동력으로 작용하거나 또는 기포와 기포 사이의 벽을 파괴시키는 기포간파단(inter-bubble fracture)을 일으키는 구동력으로 작용하여 기포를 결합시킨다. 이때 기포가 작으면 격자간원자 전위루프를 방출하는데 필요한 응력이 작으며, 반대로 기포가 크면 기포와 기포 사이의 벽을 파단하는데 필요한 응력이 작다. 따라서 기포가 작으면 격자간원자 전위루프의 방출에 의해 기포의 결합이 일어나고, 반대로 기포가 크면 기포간파단에 의해 기포의 결합이 일어난다고 보는데, 이러한 기포의 형성기구가 Evans[11]가 제시한 가스압력형 모델(gas pressure model)이다.

이 외에도 블리스터 형성기구에는 횡응력 모델(lateral stress model)[12,13]도 있는데, 이 모델에서는 기체 내압에 의한 기포의 표면층 변형은 고려하지 않고 그 대신에 표면층에 작용하는 횡응력에 의해 표면층의 얇은 막이 부풀어 올라서 스웰링이 일어난다고 보고 있다. 즉 입사이온이 침투한 표면층에서 표면에 평행한 횡응력이 발생하면, 표면층 두께 전반에 걸친 적분횡응력(integrated lateral stress)이 구동력으로 작용하여 표면층의 얇은 막에 변형을 일으키므로 블리스터링이 일어난다고 보고 있다.

블리스터링은 기체원자가 표면층 아래에서 블리스터를 형성하여 나타나는 현상으로 기체 원자의 확산에 의해 일어난다. 그러므로 조사온도에도 영향을 받는데, 블리스터링에 미치는 조사온도의 영향은 다소 복잡하다. 그림 7-9는 조사온도에 따른 표면의 손상거동

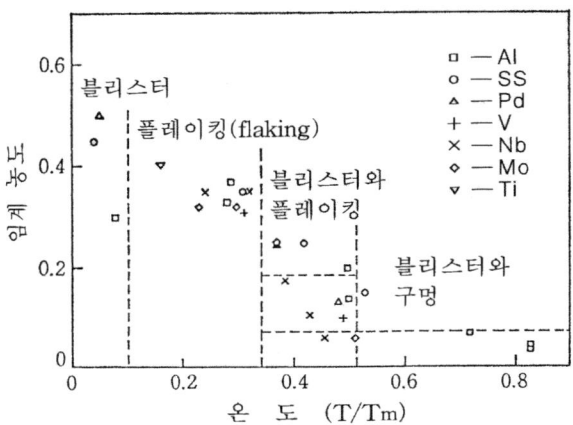

그림 7-9 He 이온($E = 20 \sim 300\ keV$)의 조사온도에 따라 표면에 나타나는 손상거동[14]; 온도는 융점(T_m)으로 규격화(normalizing) 시켰다.

을 나타낸 것으로 온도 상승에 따라 블리스터링과 작은 조각이 표면에서 떨어져 나오는 플레이킹(flaking)이 반복하여 일어나며, 온도가 좀 더 상승하면 블리스터의 표면층에서 He 원자가 빠져나간 흔적으로 추정되는 작은 구멍도 나타난다. 블리스터링과 플레이킹은 일어나는 현상이 다른데, 블리스터링이 일어나기 위해서는 ~1초 정도의 비교적 긴 시간이 소요되는데 비해 플레이킹은 10^{-3}초 이하의 짧은 시간에 일어난다.

7.3 제1벽 재료

핵융합로 제1벽(플라스마와 직접 대면하는 블랭킷 표면과 다이버터 표면) 재료는 노심설계와 밀접한 관계가 있다. 그러므로 제1벽 재료의 선정과 개발을 노심설계와 분리하여 생각할 수 없지만, 일반적으로 제1벽 재료에서 요구하는 조건을 열거하면 아래와 같다.

    (1) 중성자 조사특성이 좋을 것
    (2) 핵적 특성으로 붕괴열과 유도방사능이 작을 것
    (3) 열적 특성으로 융점이 높고, 열전도도가 큰 반면에 열팽창계수는 작을 것
    (4) 화학적 특성으로 냉각재 및 삼중수소 증식재인 Li와 양립성이 좋을 것
    (5) 기계적 특성으로 고온강도, 파괴인성, 크리프 특성 등이 좋을 것
    (6) 제조 특성으로 가공성과 용접성이 좋을 것

이 중에서 가장 중요한 것이 조사특성으로 핵융합로 제1벽의 사용수명은 조사특성에 크게 의존한다. 따라서 조사특성이 좋은 재료를 개발하기 위하여 다양한 재료를 대상으로 많은 연구가 수행되고 있는데, 제1벽 후보 재료로 오스테나이트 스테인리스강, 저방사화 F/M강, 바나듐 합금, SiC_f/SiC 복합재료 등이 제안되고 있다.

핵융합로 제1벽은 D-T 반응에서 생성되는 14 MeV의 강력한 중성자에 의해 가혹한 손상을 받으므로 제1벽 재료의 개발에는 핵융합중성자를 이용한 조사시험이 필요하다. 그러나 아직은 핵융합중성자로 조사시험을 할 수 있는 시설을 확보하지 못하여 제1벽 재료의 개발에서는 가속기 등을 이용한 모사시험을 통해 조사거동 자료를 확보할 수밖에 없는데, 예를 들면 그림 7-10과 같은 과정을 통해 필요한 자료를 수집하고 있다.

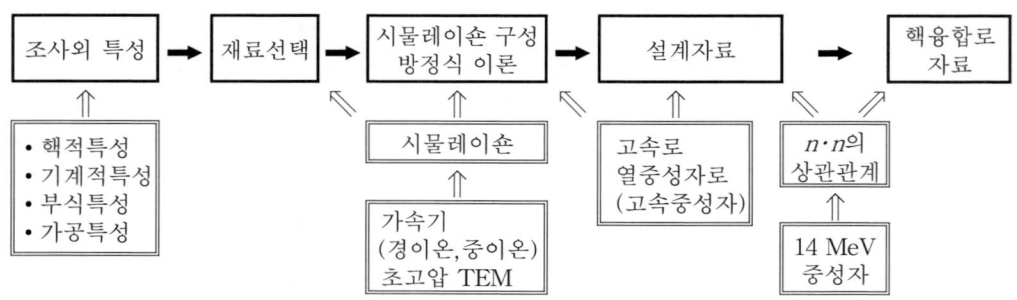

그림 7-10 핵융합로 제1벽 재료의 개발과정 예

그러나 모사시험은 많은 한계를 갖고 있으므로 핵융합로 재료의 건전성을 실증하기 위해서는 핵융합로와 유사한 조건에서의 조사시험이 필요하다. 특히 ITER의 후속 사업으로 추진되고 있는 원형로 DEMO(Demonstration Power Plant) 사업의 성공을 위해서는 제1벽 재료의 건전성 실증이 절대적으로 필요하다. 이에 따라 핵융합 반응에서 생성되는 중성자와 에너지 스펙트럼이 비슷한 중성자로 조사시험을 할 수 있는 시설을 구축하기 위한 국제 핵융합재료조사시설(IFMIF, international fusion material irradiation facility) 사업이 일본과 유럽연합의 국제협력으로 추진되어 일본 롯카쇼무라에 구축 중에 있다.

IFMIF에서는 가속기에서 가속시킨 40 MeV의 중양성자(D^+)를 초속 15 m의 빠른 속도로 낙하하는 액체 리튬에 입사시켜 일으키는 $Li^7(d,n)Be^8$의 스트리핑(stripping) 반응으로 핵융합중성자와 에너지 스펙트럼이 유사한 14 MeV 중성자를 고밀도($4.5 \times 10^{13} n/cm^2 \cdot s$)로 발생시킬 수 있다. 따라서 이 시설을 이용하면 핵융합로와 유사한 조건으로 조사시험을 수행할 수 있는데, 2030년 이후에서나 본격적인 조사시험이 가능할 것으로 보인다.

7.3.1 오스테나이트 스테인리스강

핵융합로 제1벽 재료로 거론되고 있는 오스테나이트 스테인리스강은 316 SS 및 그 개량강으로 내식성과 기계적 특성이 우수할 뿐만 아니라 고속로에서 핵연료 피복관으로 사용되고 있어서 조사특성에 관한 자료가 많이 축적되어 있다. 그러므로 제1벽 재료로써 갖추어야 할 조사성능을 검증하는데 다른 재료보다 유리하여 제1벽 후보 재료로 제안되고 있다. 그러나 오스테나이트 스테인리스강은 사용온도가 낮고 스웰링과 He 취성(helium embrittlement)이 크게 일어나므로 제1벽 재료로 사용하기 위해서는 해결해야 할 점도 갖고 있다. 2033년에 가동될 예정인 ITER는 발전로가 아니고 핵융합을 공학적·기술적으로 실증하기 위한 시험로이므로 냉각재 온도가 300~400℃ 정도로 낮게 설계되고 조사량도 적어서 제1벽 재료로 316 SS를 선정하였다.

가. 조사결함의 생성

결함 생성은 조사량뿐만 아니라 에너지 스펙트럼에도 영향을 받는다. 그러므로 조사경화도 조사량과 에너지 스펙트럼에 영향을 받게 된다. 그림 7-11은 어닐링 시킨 316 SS를 저온(20~100℃)에서 핵분열중성자와 핵융합중성자로 조사시킬 때 생성되는 결함 밀도를 나타낸 것으로 그림 (a)는 결함 밀도를 조사량의 함수로 나타낸 것이고, 그림 (b)는 결함 밀도를 손상에너지(damage energy, 조사량을 격자원자 1개가 전달받는 평균 에너지로 환산한 값)의 함수로 나타낸 것이다. 그림 (a)에서 보는 바와 같이 결함 밀도를 조사량의 함수로 나타내면 같은 조사량이라도 에너지 스펙트럼에 따라 큰 차이가 있다

예를 들면 동일한 밀도의 조사결함을 생성하기 위해 1 MeV인 핵분열중성자는 14 MeV인 핵융합중성자보다 더 많은 조사량이 필요하다. 이는 캐스케이드를 형성하는 능력에 차이가 있기 때문이다. 그러나 그림 (b)와 같이 결함 밀도를 손상에너지의 함수로 나타내면 입자의 에너지 스펙트럼이 다른 경우에도 같은 함수로 나타낼 수 있다.

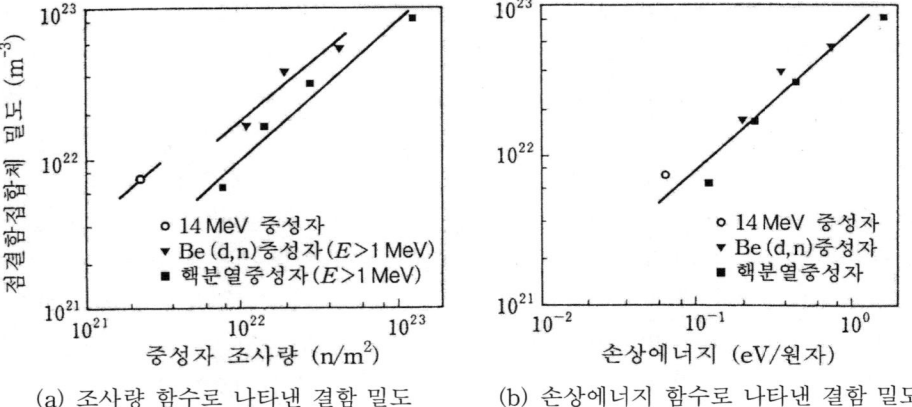

(a) 조사량 함수로 나타낸 결함 밀도   (b) 손상에너지 함수로 나타낸 결함 밀도

그림 7-11 어닐링 316 SS에 생성된 조사결함 밀도[15]; 조사온도 20~100℃

나. 헬륨 취성

핵융합로 제1벽은 강력한 14 MeV의 핵융합중성자에 조사되므로 (n, α) 반응에 의한 He 생성량이 많아서 보이드 스웰링뿐만 아니라 기계적 성질도 영향을 받는다. 오스테나이트 스테인리스강이 중성자에 조사되면 ~350℃부터 He가 결정립계에서 기포를 형성하여 입계를 취화시키는데, He에 의한 입계 취하는 He 생성량과 관계가 있으므로 조사량뿐만 아니라 단위 조사량당 He 생성량, 즉 He/dpa에도 영향을 받는다. He/dpa가 316 SS의 기계적 성질에 미치는 영향이 그림 7-12에 있는데, 그림에서 보는 바와 같이 He/dpa가 큰 HFIR

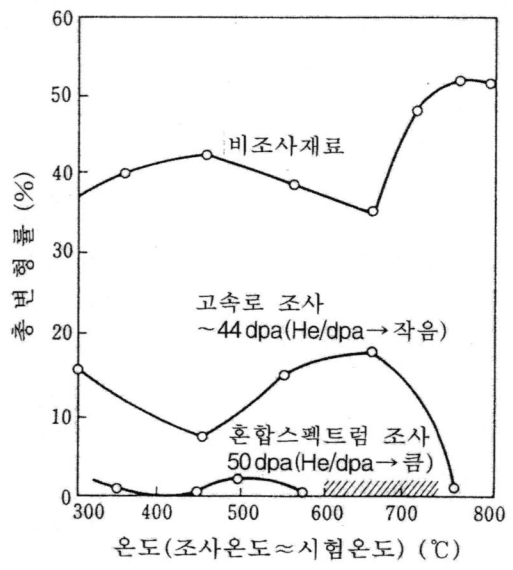

그림 7-12 He 생성률(He/dpa)이 어닐링 316 SS의 변형에 미치는 영향[16];
고속로 조사는 EBR-II, 혼합스펙트럼 조사는 HFIR에서 실시하였다.

(High Flux Isotope Reactor)에서 조사시킨 경우가 상대적으로 He/dpa가 작은 EBR-II에서 조사시킨 경우에 비해 조사량은 비슷하여도 변형률에는 큰 차이가 있다.

핵융합로는 단위 조사량당 He의 생성량이 큰 것이 특징이다. 316 SS의 단위 조사량당 He 생성량이 고속로는 0.1 at.ppm/dpa 정도인데 비해 핵융합로는 20 at.ppm/dpa로 비교할 수 없을 정도로 크다. 그러므로 같은 조사량이라도 핵융합로는 고속로보다 상당히 많은 He이 생성되므로 He 취성이 가혹하게 일어난다. 따라서 316 SS를 제1벽 재료로 사용하는 경우에는 이러한 점도 유의해야 한다.

다. 피로 특성

토카막 핵융합로는 펄스 운전을 한다. 즉 핵융합 반응을 일으키기 위해 주기적으로 플라스마를 초고온 상태로 가열한다. 그러므로 플라스마와 직접 대면하는 제1벽은 펄스 운전에 따른 열펄스(thermal pulse)를 주기적으로 받는 동시에 플라스마의 고온에 의한 열부하도 받는다. 이에 따라 제1벽은 열펄스에 의한 저사이클 피로 특성과 함께 열부하에 따른 인장응력으로 크리프가 일어날 수 있으므로 크리프 특성도 검토해야 한다.

그림 7-13은 HFIR에서 조사시켜 200~1,000 at.ppm의 He가 생성된 316 SS에 대한 피로 시험 결과를 나타낸 것으로, 피로 사이클의 변형 범위가 클수록 파단이 일어나는 사이클 수가 감소하는 것을 보여 준다. 그리고 피로 파단을 일으키는 사이클 수는 중성자 조사에도 영향을 받아, 조사량이 $0.8 \sim 2 \times 10^{26}$ n/m^2(5~15 dpa)이면 피로 사이클 수가 비조사에 비해 약 1/3~1/20로 감소한다[3]. 한편 파단이 일어나지 않는 피로 사이클의 변형 한계는 비조사의 경우에는 약 0.3%인데 비해 $0.8 \sim 2 \times 10^{26}$ n/m^{2}로 조사시킨 경우는 ~0.25%로 크게 영향을 받지 않는다.

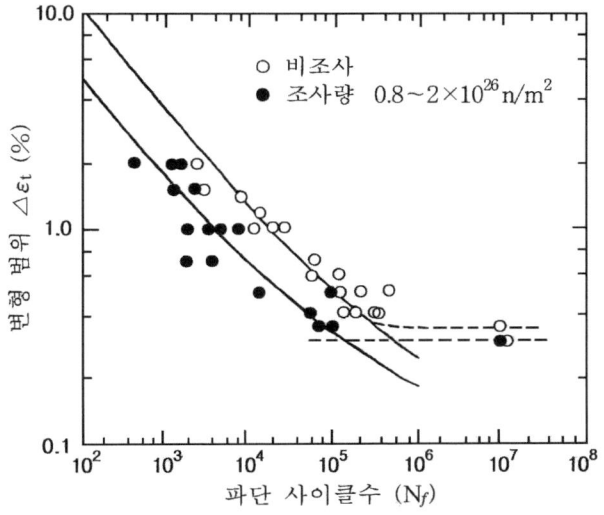

그림 7-13 HFIR에서 조사시킨 20% 냉간가공 316 SS의 피로 수명[3]; 조사온도 및
시험온도 430℃, 조사량 5~15 dpa, He 생성량 200~500 at.ppm

앞에서도 기술하였지만 핵융합로 제1벽에서는 저사이클 피로 외에 크리프도 예상되므로 제1벽 재료는 피로·크리프의 복합효과도 고려해야 한다. 그림 7-14는 응력제거, 어닐링, 응력제거와 시효처리 등 여러 방법으로 열처리를 한 304 SS와 316 SS을 저사이클 피로시험을 통해 피로·크리프 복합효과를 나타낸 것으로, 피로 사이클의 반복속도가 작으면 작을수록, 즉 인장응력의 유지시간이 길면 길수록 그리고 변형 범위가 크면 클수록 파단에 이르는 피로 사이클 수가 감소하였다.

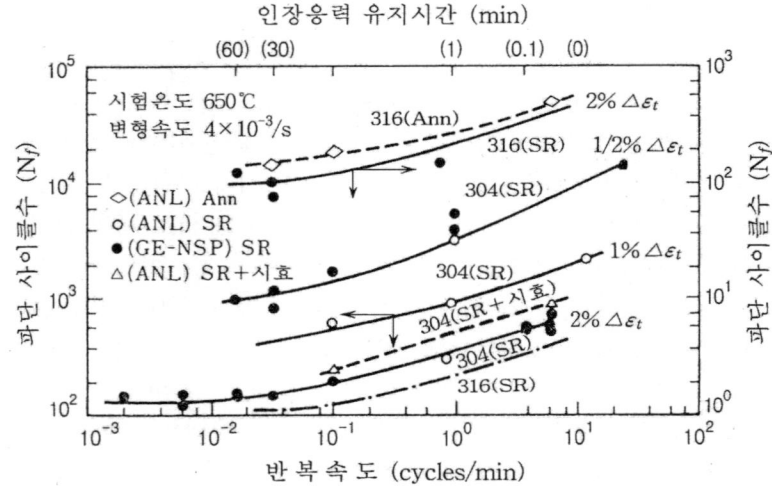

그림 7-14 어닐링(Ann), 응력제거(SR) 및 SR+시효 처리한 304 SS와 316 SS의 저사이클 피로수명에 미치는 인장응력의 유지시간[17]

라. 보이드 스웰링

오스테나이트 스테인리스강은 결정구조가 fcc로 보이드 스웰링(void swelling)이 잘 일어난다. 그러므로 오스테나이트강을 핵융합로 제1벽 재료로 사용하는 경우에 직면하는 문제 중의 하나가 보이드 스웰링이다. 보이드 스웰링이 일어나기 위해서는 우선 He 원자나 원자빈자리(vacancy)가 보이드 핵을 형성하여 성장해야 하는데, 핵융합중성자는 에너지가 14 MeV 정도로 높아서 (n, α) 반응단면적이 크다. 이에 따라 He의 생성량이 많아지므로 보이드 핵의 생성과 성장이 촉진된다.

그림 7-15는 중성자에너지 스펙트럼과 냉간가공이 316 SS의 보이드 스웰링에 미치는 영향을 규명하기 위하여 어닐링시킨 316 SS와 냉간 가공한 316 SS를 에너지 스펙트럼이 다른 HFIR와 EBR-II에서 조사시킨 결과이다. 그림에서 보는 바와 같이 316 SS의 스웰링은 냉간가공에 영향을 받지만 중성자의 에너지 스펙트럼에도 영향을 받는다. 즉 어닐링시킨 316 SS를 HFIR에서 42~60 dpa로 조사시켜 핵융합로의 환경과 유사하게 He를 3,000~4,000 at.ppm 생성시킨 경우가 EBR-II에서 140 dpa로 조사시켜 23 at.ppm의 He을 생성시킨 경우에 비해 조사량은 30~40%가 작지만 스웰링은 더 크게 일어난다.

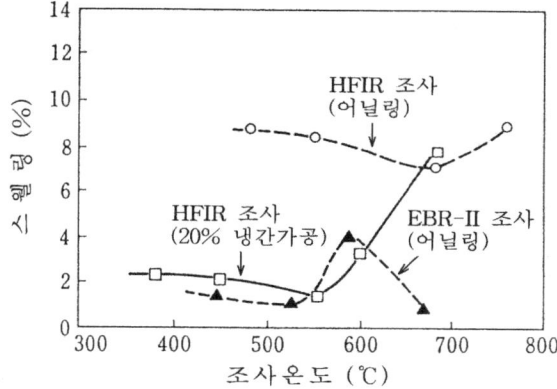

HFIR
조사량 42~60 dpa
He 생성량 3,000~4,000 at.ppm

BER-II
조사량 140 dpa
He 생성량 23 at.ppm

그림 7-15 EBR-II와 HFIR에서 조사시킨 316 SS의 조사온도와 스웰링의 관계[18]

7.3.2 저방사화 페라이트 · 마르텐사이트강

저방사화 페라이트 · 마르텐사이트강(RAFS, reduced activation ferritic martensitic steel)
은 내열성이 좋으며, 스웰링이 거의 일어나지 않는 장점을 갖고 있으므로 조사에 따른 연
성-취성 천이온도의 상승에도 불구하고 핵융합로 제1벽 재료로 개발되고 있다. 핵융합로
재료로 개발되는 저방사화 페라이트 · 마르텐사이트강은 노르말라이징에 의해 100% 오스
테나이트 조직이 되도록 그리고 퀜칭에 의해 100% 마르텐사이트 조직이 되도록 합금을
설계하며 750~780℃의 템퍼링으로 많은 마르텐사이트 조직이 페라이트 조직으로 변태한
다. 저방사화 페라이트 · 마르텐사이트강(보통 RAFS 또는 저방사화 F/M강으로 약칭하여
부름)은 유럽연합에서 개발하는 Eurofer 97과 일본에서 개발하는 F82H강이 대표적인데,
1980년대 중반부터 핵융합로 제1벽 재료로 사용하기 위해 개발이 추진되었다.

저방사화 F/M강은 열교환기 등에 사용되는 페라이트 · 마르텐사이트계 내열합금인
T91(9Cr-1MoVNb강)의 화학조성을 기본 성분으로 하여 방사화를 줄이기 위해 합금원소
Mo와 Nb를 W와 Ta로 교체하였는데, Eurofer 97은 인성을 중요시 하여 F82H강에 비해
W 첨가량을 감소시킨 대신에 Ta 첨가량을 증가시켰다. 저방사화 F/M강의 기본 특성은
개량 T91강과 유사한데, 우리나라를 비롯하여 여러 나라에서 핵융합 원형로인 DEMO의
제1벽 재료로 제안하고 있다. 저방사화 F/M강의 기본 특성에 관해서는 국제에너지기구
(IEA)에서 추진하는 저방사화 F/M강에 대한 공동연구로 많은 자료가 데이터베이스화 되
어 있으며, 국제적으로 데이터의 공유가 시도되고 있다. 표 7-1에 DEMO의 제1벽 재료로
거론되고 있는 저방사화 F/M강 Eurofer 97과 F82H의 화학조성이 있다.

표 7-1 Eurofer 97, F82H의 화학조성 (wt%)

합금	Cr	C	Si	V	W	Ta	Mn	N	B	Fe
Eurofer 97	9.40	0.11	0.05	0.25	1.0	0.08	050	0.03	0.005	bal.
F82H	8.0	0.10	0.20	0.20	2.0	0.04	0.50	≤0.01	0.003	bal.

가. 인장 특성

그림 7-16에 저방사화 F82H강의 인장특성이 있다. 핵융합로에서 저방사화 F/M강의 최고 사용온도는 550℃ 부근으로 예상하고 있는데, 그림에서 보는 바와 같이 상온에서의 항복강도와 인장강도는 각각 550 MPa과 680 MPa 정도이며 550℃에서도 항복강도는 약 360 MPa를 유지한다. 그리고 변형률은 상온에서는 약 20%로 온도 상승에 따라 약간 감소 하는 경향을 보이다가 500℃부터는 온도에 따라 상승하며, 파단면의 단면 감소율도 상온 에서 약 80%이며 온도에 따라 증가한다.

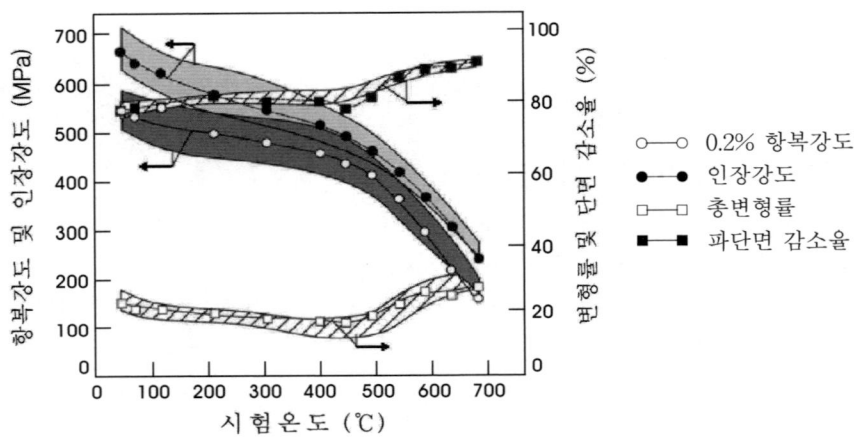

그림 7-16   저방사화 F82H강의 인장특성[19]

나. 조사경화

일반적으로 금속을 조사시키면 조사결함의 생성과 석출물의 석출 등으로 경화가 일어 나는데, 저방사화 F/M강도 조사시키면 조사결함의 생성과 G상($T_6Ni_{16}Si_7$, T는 Ti, Mn, Cr, V, Ta, Nb 등)의 석출 등으로 경화가 일어난다[20]. 그림 7-17에 조사량에 따른 F82H 강의 항복강도가 있는데, 조사경화는 400℃ 이하에서 일어나며 200~300℃ 사이에서 가장 크게 일어난다. 그리고 조사온도가 400℃ 이상이 되면 경화는 거의 일어나지 않으며, 조사 온도가 600℃ 이상으로 상승하면 마르텐사이트 모상(오스테나이트)의 회복으로 오히려 연 화가 일어난다.

조사시킨 재료에서 나타나는 특이한 현상의 하나로 항복강도 이상에서 응력과 균일 변 형률이 급격하게 감소하는 경우가 있는데, 저방사화 F28H강에서도 이러한 현상이 보고되 고 있다[21]. 항복강도 이상에서 응력과 균일 변형률의 급격한 감소는 전위채널링(dislocation channelling)에 의해 일어나는 현상으로, 전위채널링이 일어나면 그 영역에서는 조사에 의 해 생성된 결함(전위루프)이 소멸되어 조사손상이 회복되므로 조사경화가 일어난 다른 영 역에 비해 강도가 떨어진다. 이에 따라 변형이 이 영역에 국부적으로 집중되어 일어나므 로 강도와 균일 변형률이 급격하게 감소하게 된다.

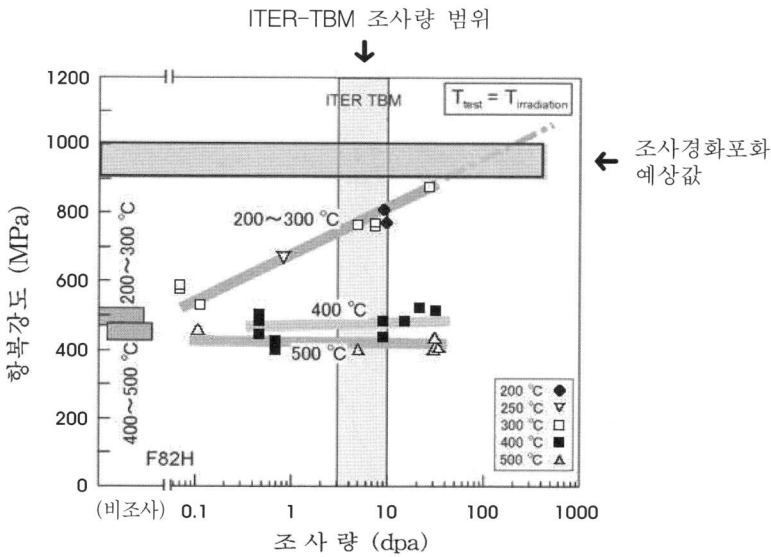

그림 7-17 저방사화 F82H강의 조사량에 따른 항복강도 변화[22]

다. 조사취화

저방사화 F/M강은 bcc 금속 특유의 연성-취성 천이온도(DBTT)를 갖고 있는데, 조사량에 따라 연성-취성천이온도가 고온 측으로 이동한다. 그림 7-18에 비조사 그리고 300℃에서 2.2 dpa와 8 dpa로 조사시킨 저방사화 F/M강 Eurofer 97의 온도에 따른 충격흡수에너지가 있는데, 그림에서 보는 바와 같이 조사량에 따라 충격흡수에너지가 감소하는 동시에 연성-취성 천이온도가 고온 측으로 이동하는데, 2.2 dpa에서는 약 60℃ 그리고 8 dpa에서는 약 120℃ 정도 고온 측으로 상승하였다.

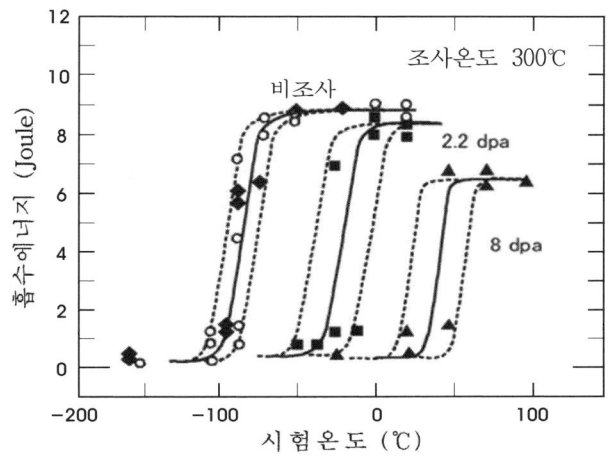

그림 7-18 Eurofer 97의 중성자 조사에 따른 샤르피 흡수에너지의 천이곡선[23]

라. 보이드 스웰링

저방사화 F/M강이 핵융합로 제1벽 후보 재료로 선정된 이유 중의 하나는 보이드 스웰링이 작게 일어나는 것이다. 실제로 저방사화 F/M강은 380~615℃에서 30 dpa의 조사량으로 조사시켜도 스웰링이 거의 일어나지 않으며[24], 그림 7-19에서 보는 바와 같이 100 dpa로 조사시킨 경우에도 스웰링은 1% 이하로 무시할 수 있을 정도로 작게 일어난다[25]. 이와 같이 보이드 스웰링이 작게 일어나는 현상은 노심 재료의 치수 안전성의 관점에서 보면 핵융합로 제1벽 재료로서 대단히 유리한 조건이 된다.

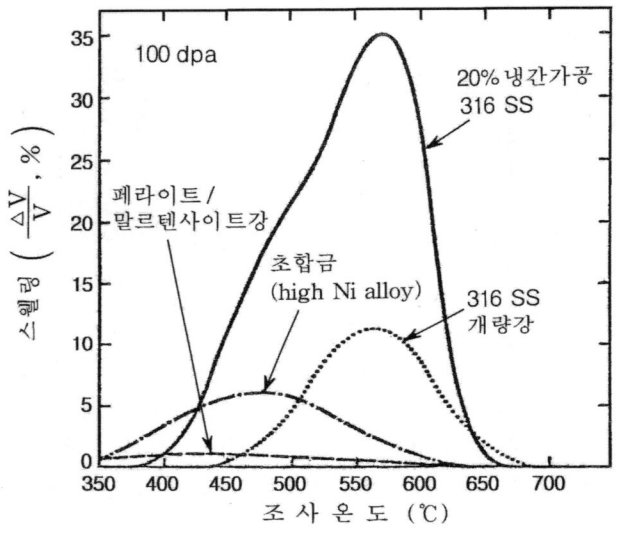

그림 7-19 페라이트강, 오스테나이트강, 초합금의 조사온도에 따른 스웰링[25]

보이드 스웰링은 fcc인 오스테나이트강에서는 크게 일어나는데 반하여 bcc인 페라이드강에서는 거의 무시할 정도로 작게 일어나는데, 오스테나이트강에서 보이드 스웰링이 작게 일어나는 이유로 아래와 같은 것을 생각하여 볼 수 있다.

(1) Bcc 격자는 전위의 편향(bias) 효과가 fcc 격자에 비해 본질적으로 작다.
(2) 페라이트강은 격자구조가 bcc로 C, N 등 침입형 원자가 잘 이동하므로 조사 중에 생성된 원자빈자리와 쉽게 결합한다. 그리고 Cr, Mo, V, Mn 등 치환형 원자도 고온에서 이동도가 좋아서 원자빈자리를 쉽게 포획하므로 보이드 생성을 억제한다.
(3) 보이드 스웰링을 일으키기 위해서는 격자간원자가 전위 등에 흡수되어 과잉의 원자빈자리가 존재해야 한다. 페라이트강은 C, N 등 침입형 원자와 Cr, Mo, V, Mn 등 치환형 원자가 단독 또는 복합적으로 전위 주위에 집결하여 격자간원자가 전위에 흡수되는 것을 억제하므로 보이드 생성을 어렵게 한다.
(4) Bcc 금속은 조사 초기에 고밀도의 작은 보이드가 급속히 생성되므로 보이드가 스웰링을 일으킬 정도로 크게 성장하지 못한다.

7.3.3 바나듐 합금

바나듐 합금은 내열성이 우수한 동시에 방사화가 작게 일어나며 삼중수소 증식재인 리튬과 공존성이 좋다. 그리고 열팽창계수가 작아서 핵융합로의 펄스 운전에 따라 제1벽에서 생기는 열응력도 작게 일어난다. 이와 같이 바나듐 합금은 핵융합로 제1벽에서 요구하는 특성을 많이 갖고 있어서 액체금속(Li 또는 Li-Pb 합금)을 증식재와 냉각재로 겸용하는 액체 블랭킷에서 제1벽의 후보 재료로 거론되고 있다. 표 7-2에 바나듐의 물리적 및 핵적 성질 그리고 표 7-3에 제1벽 재료로 유망한 바나듐 합금의 조성이 있다.

표 7-2 바나듐의 물리적 및 핵적 성질

결정구조	융 점	밀 도	열전도도	열팽창계수	H 생성률[a]	He 생성률[a]
bcc	1835℃	6.1 g/cm^3	W/cm·℃	8.3×10^{-6}/℃	6.30×10^{-4}	2.21×10^{-5}

a) 10^{16} n/cm^2·sec의 고속중성자 속(flux)에서 2년간 조사시킨 경우에 (n, p) 및 (n, α) 반응에 의해 생성된 H 및 He 원자의 바나듐 원자에 대한 분율

표 7-3 핵융합로 제1벽 재료로 유망한 바나듐 합금의 화학조성

합 금	화학성분 (wt%)							
	Cr	Ti	Si	Al	Y	O	C	N
V-4Cr-4Ti	4.39	4.48	0.02	0.029	<0.01	0.0496	0.0064	0.0174
V-4Cr-4Ti-0.1SiAlY	4.31	4.54	0.13	0.13	0.07	0.0112	0.0086	0.0094
V-15Cr-5Ti	15.3	5.0	–	–	–	0.023	0.017	0.052

현재 바나듐 합금 중에서는 V-4Cr-4Ti계 합금이 유력한 후보 재료로 제시되고 있는데 좋은 점이 있는 반면에 가공성, 수소 투과성, 조사에 따른 연성-취성 천이온도 상승 등의 문제도 갖고 있다. 특히 수소는 천이온도 상승에 크게 영향을 주므로[26-28] 수소 흡수를 저지하기 위한 특수한 표면처리가 필요하다. 바나듐 합금은 가공성, 용접성, 조사거동 등이 불순물에 영향을 받으므로, 이트륨(Y)을 스캐빈저(scavenger)로 첨가하여 불순물을 제거하면 기계적 특성[29]과 조사거동[30]이 크게 개선된다. 그리고 바나듐의 산화거동은 산소나 수분에 크게 영향을 받으므로 He를 냉각재로 사용하는 액체 블랭킷에서는 He에 함유되는 산소나 수분의 관리에 각별히 유의해야 한다. 바나듐은 산화 억제를 위해 합금원소로 Cr, Ti 등을 첨가하는데, 산화는 Cr에 의해 크게 억제되며 Ti의 경우는 Cr만큼 억제 효과가 크지는 않으며 TiO$_2$ 형성으로 내부산화도 일으킨다[31].

V-Cr-Ti 합금은 400℃ 이하의 조사에서는 경화가 크게 일어나며, 300℃ 이하의 조사에서는 전위루프의 대량 생성에 따른 전위채널링에 의해 변형이 국부적으로 집중되므로 소성변형이 불안정하다[32]. 그리고 고온조사에서는 4 nm 이하의 초미세 Ti(C,O,N) 석출물이 고밀도로 생성되므로[33] 취화가 일어난다. 조사전 어닐링 온도도 조사취화에 영향을 주는데, 그림 7-20에서 보는 바와 같이 800~1,000℃의 어닐링에서는 연성-취성천이온도의 상승이

작지만 1,100℃의 어닐링에서는 천이온도의 상승이 크게 일어난다. 1,100℃의 어닐링에서 천이온도 상승이 크게 일어나는 것은 조대한 Ti(C,N,O) 석출물이 어닐링으로 분해되기 때문으로 보인다[34]. 즉 Ti(C,N,O) 석출물이 분해되면 기지에 C, N, O 등의 불순물 농도가 증가하므로 조사시에 초미세 Ti(C,N,O) 석출물을 많이 형성하게 된다.

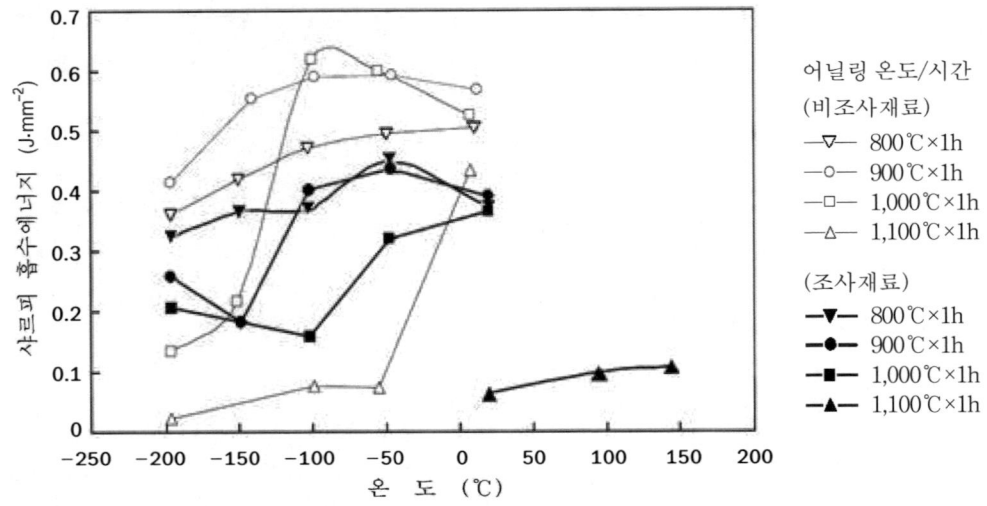

그림 7-20 V-4Ci-4Ti 합금의 조사취화에 미치는 어닐링 온도의 영향[34];
조사재료는 400℃에서 0.1 dpa로 조사하였다.

보이드 스웰링도 제1벽 재료를 선정하는 주요 요소 중의 하나인데, 그림 7-21에 바나듐과 바나듐 합금을 이온(^{58}Ni$^+$, ^{51}V$^+$, ^{3}He$^+$ 등)과 중성자로 조사시킨 경우에 일어나는 스웰링 거동이 있다. 그림에서 보는 바와 같이 순수한 바나듐은 조사에 따라 스웰링이 비교적 크게 일어나는데 비해 Cr과 Ti를 합금원소로 첨가한 바나듐 합금은 스웰링이 거의

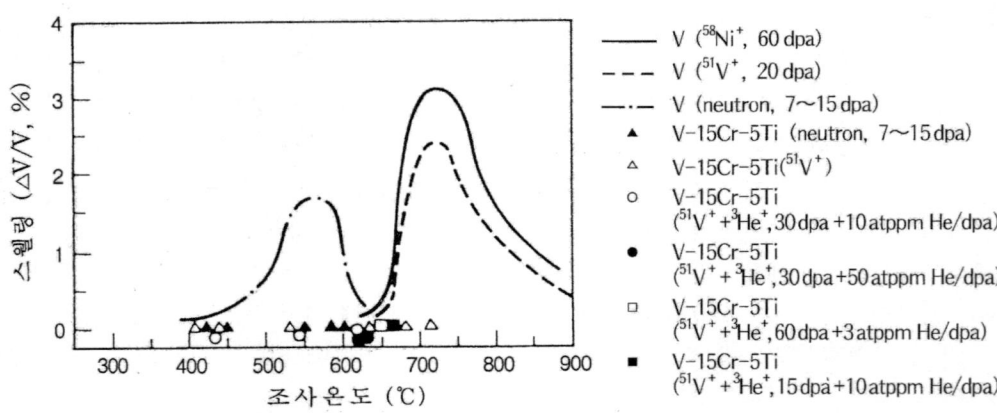

그림 7-21 바나듐 및 바나듐 합금의 조사온도에 따른 스웰링[35]

일어나지 않는다. 그리고 이온으로 조사하는 경우가 중성자로 조사하는 경우보다 스웰링이 크게 일어나는 피크 온도(peak temperature)가 고온 측으로 이동하는데, 이러한 현상은 이온 조사가 중성자 조사보다 점결함의 생성 속도가 크기 때문이다.

7.3.4 SiC$_f$/SiC 복합재료

SiC는 고온 강도가 우수하고 화학적으로 안정하며 방사화가 작게 일어나는 장점을 갖고 있다. 그뿐만 아니라 조사 특성도 양호하여 높은 결정성의 SiC 섬유와 SiC 기지로 구성된 SiC$_f$/SiC 복합재료는 조사에 따른 열화가 일어나지 않아서[36] 핵융합로 환경과 양립성이 좋다. 그림 7-22는 제1벽 후보재료의 사용온도 범위와 그에 따른 순사이클 효율을 나타낸 것으로, 그림에서 보는 바와 같이 SiC$_f$/SiC 복합재료는 사용온도가 높아 핵융합로의 발전 효율을 비약적으로 향상시킬 수 있는 장점을 갖고 있다.

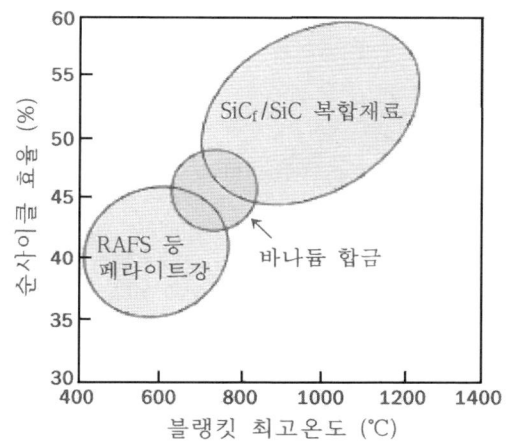

그림 7-22 제1벽 후보재료의 최고 사용온도와 순사이클(net cycle) 효율[37];
순사이클 효율은 핵융합에너지를 열로 변환시키는 비율을 의미한다.

그러나 SiC$_f$/SiC 복합재료는 가공이 어려우며, 세라믹 고유의 작은 인성으로 쉽게 파단되는 문제를 갖고 있으므로 핵융합로 제1벽 재료로 사용하기 위해서는 가공성과 접합성의 해결이 중요한 관건이 된다. SiC$_f$/SiC 복합재료는 SiC 섬유의 개량과 기포가 거의 없는 고밀도 기지의 제조기술 개발로 조밀한 고밀도의 기지를 제조할 수 있으며, 이와 같이 제조된 SiC$_f$/SiC 복합재료는 나사 형태를 가공할 수 있을 정도의 가공성을 갖고 있다[38]. 그리고 접합에 대해서도 고온에서 고압을 가할 수 있는 조건이 확보되면 비교적 견고하게 결합시키는 기술도 개발되어 있지만[39] SiC$_f$/SiC 복합재료를 제1벽 재료로 사용하기 위해서는 좀 더 완벽한 가공기술과 접합기술의 개발이 필요하다.

SiC$_f$/SiC 복합재료는 제1벽 외에도 액체금속을 사용하는 블랭킷의 유동채널 재료로도 주목을 받고 있다. 액체금속인 LiPb를 증식재겸 냉각재로 사용하는 액체 블랭킷은 온도를 높이기 위해 유동채널삽입(FCI, flow channel insert) 개념을 도입하고 있다. 이 개념의 목적은 안전성은 높지만 사용온도가 낮은 페라이트 강을 블랭킷 구조재로 사용하고 내부에 액체금속이 순환하는 SiC$_f$/SiC 채널을 삽입하여 페라이트 강의 사용온도를 초과하는 높은 온도로 액체금속을 순환시켜 핵융합로의 열효율을 향상시키는데 있다. ITER의 TBM 및 원형로인 DEMO의 블랭킷을 개발하는 유럽연합의 dual-coolant blanket[40]과 미국의 ARIES-ST[41]에서는 FCI 개념을 도입하여 블랭킷을 개발하고 있다.

7.4 제1벽의 내면 피복

7.4.1 내면 피복의 필요성

플라스마에 불순물이 함유되면 플라스마 온도가 떨어진다. 그러므로 핵융합에 필요한 임계 플라스마 온도를 유지하기 위해서는 플라스마에 유입되는 불순물의 양을 낮추는 것이 필요하다. 핵융합로에서 플라스마를 오염시키는 불순물은 플라스마와 제1벽의 상호작용에 의해 생성되는데, 상호작용으로 아래와 같은 반응을 들 수 있다.

    (1) 고에너지 이온에 의한 스퍼터링
    (2) 불순물 이온에 의한 스퍼터링
    (3) 중성자를 포함한 중성 입자에 의한 스퍼터링
    (4) 아킹(arcing)
    (5) 블리스터링(blistering)

플라스마의 불순물 농도가 D-T 반응의 점화온도에 미치는 영향은 그림 7-23에서 보는 바와 같이 불순물 원소에 따라 크게 차이가 나는데, 원자번호가 작은 경원소가 원자번호가

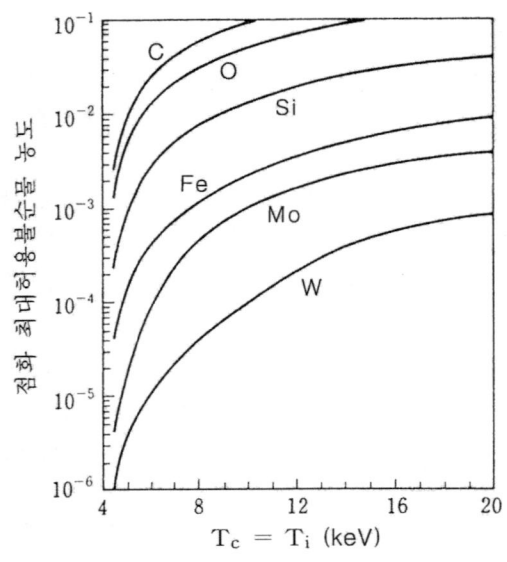

그림 7-23 D-T 반응의 점화온도에 대한 불순물 허용농도[42]

큰 중원소에 비해 플라스마 점화에 허용되는 농도가 높다. 따라서 플라스마와 직접 대면하는 제1벽을 경원소 물질로 피복시키면 플라스마를 점화시키는, 즉 핵융합 반응을 일으키는 임계 온도를 유지하는데 허용되는 불순물의 농도를 높일 수 있다.

제1벽의 피복에서는 밀착성도 중요하다. 특히 토카막 핵융합로는 펄스 운전을 하므로 플라스마에 직접 대면해 있는 제1벽은 주기적으로 심한 열충격을 받는다. 이에 따라 제1벽에서는 반복적으로 열응력이 크게 일어나며, 이로 인해 피복물질과 제1벽 접착면이 분리되어 피복물질이 떨어져 나와 플라스마를 오염시킬 수 있다. 이 외에도 피복물질은 플라스마에 직접 대면해 있으므로 삼중수소와 반응이 작게 일어나는 동시에 증기압이 작고 스퍼터링, 블리스터링에 의한 내마모성도 양호해야 하는데, 표 7-4에 제1벽 피복물질로 제시되었던 후보 물질이 있다. ITER에서는 설계시 제1벽 피복물질로 경원소인 베릴륨을 선정하였지만 베릴륨은 호흡기 계통에 큰 장해를 일으키는 독성 물질로 제조가공의 어려움, 피복면 침식에 따른 공기의 베릴륨 오염 등 여러 문제가 제기되어서 내마모성, 높은 융점 그리고 삼중수소의 낮은 유보율 등 장점을 갖고 있는 텅스텐으로 교체하였다.

표 7-4 제1벽 피복물질로 제시된 후보 물질

분 류	후보 물질
경원소	Be, B, C
경원소 화합물	BeO, B_4C, BN
중간 원자번호의 원소 화합물	SiC, SiO_2, Si_3N_4, Al_2O_3
천이금속 화합물	TiC, TiB_2, VB_2
중원소	W, Mo

7.4.2 내면 피복기술

가. 화학증착법 (CVD법)

화학증착법(CVD법, chemical vapor deposition)은 가열시킨 기판을 반응기체(피복물질의 할로겐 화합물과 탄화수소 등의 혼합 기체)의 기류 내에 설치하여 열분해반응 또는 환원반응에서 생성되는 반응물을 기판 표면에 증착시키는 방법이다. 이 방법은 일반 산업 분야에서 내마모성 TiC, TiB_2 등의 피복과 반도체 웨이퍼의 표면 피막증착 등에 사용되고 있는데, 증착속도가 $\sim 1\,\mu m/\text{min}$ 이상으로 빠르고 증착물질로 사용할 수 있는 경원소 화합물의 종류도 많이 있다.

화학증착법은 특히 융점이 높은 TiC와 TiB_2를 리미터(limiter)에 피복하는 경우에 적합한 방법으로 보이는데, TiC는 CH_4와 $TiCl_4$의 반응에서 생기는 생성물로 피복시키며 TiB_2는 BCl_4와 $TiCl_4$ 또는 B_2H_6와 $TiCl_4$의 반응에서 생기는 생성물로 피복시킨다. 그리고 제1벽 피복물질로 유망한 SiC는 $C_2H_5SiCl_3$와 H_2의 반응에서 생기는 생성물로 피복시킨다. 화학 증착법은 결정조직을 제어할 수 있고 기체를 이용하는 장점이 있지만, 반응에 필요한 기판의 온도가 높으며 반응기체가 부식성인 단점을 갖고 있다.

나. 플라스마 분사법

피복물질을 Ar 등 고온의 플라스마에 첨가하여 용해 상태로 기판 표면에 분사하여 접착시킨 후 열처리를 하면 피복층을 개선시키고, 기판과의 밀착성도 향상시킬 수 있다. 플라스마 분사법(plasma spray)은 피막층의 생성속도가 빠르므로 보통 수백 μm의 두께까지 피복이 가능하며, 고온에서 분해가 일어나는 SiN_4 등을 제외하면 이 방법에서 사용할 수 있는 물질도 많이 있다.

이 방법은 넓은 면적에 고속으로 두꺼운 막을 피복시킬 수 있다. 그러나 피막층에 기공이 많이 생성되어 보통 5~15%의 기공을 함유하므로 블리스터링 관점에서 보면 불리하지만, 피막층에서 He가 유출되면 블리스터링이 감소한다. 그러므로 플라스마 분사시에 용사입자(molten spray particle)의 크기 조절을 통해 기공 밀도와 기공 크기를 적절하게 조절하는 방법이 개발된다면 He의 외부 유출을 촉진시켜 블리스터링을 감소시킬 수 있다.

다. 플라스마 CVD법

저압의 반응기체에서 글로우 방전이 일어날 때 발생하는 플라스마 화학반응을 이용하여 기판에 경원소 화합물을 피복시키는 방법이다. 글로우 방전은 고주파 들뜸 또는 수 kV의 직류 고전압으로 일으키며, 기판에 바이패스 음전압을 걸어주면 밀착성이 좋은 피막층을 얻을 수 있다.

이 방법은 결정립이 작고 밀도가 높은 피막층을 얻을 수 있는 장점이 있지만, 증착속도가 화학증착법이나 플라스마 분사법에 비해 1/10 이하로 느린 것이 단점이다. 플라스마 CVD법은 피복시에 기판 온도가 보통 500℃ 정도로 화학증착법에 비해 낮으므로 스테인리스강과 같이 융점이 높지 않은 금속에 밀착성이 좋은 피막을 얻는데 적합하다.

라. 클래드(clad) 접착법

기판에 원자번호가 작은 경원소 금속 박막을 밀착시켜 압연하거나 또는 폭발시에 생기는 강력한 충격파를 이용하여 기판과 박막을 접착시키는 방법으로 대형 제품의 피복에도 이용이 가능하다. 리미터(limiter) 후보 재료인 Cu에 Ti 또는 V를 피복시키는 기술을 개발하기 위하여 Cu 기판에 Ti, V 박막을 밀착시킨 후 폭발시의 충격파로 압착시키는 연구가 수행되었는데, Cu 기판에 두께가 ~50 μm인 Ti를 접착시킨 Ti/Cu 피복층과 V를 접착시킨 V/Cu 피복층을 얻은 예가 있으며, 이 외에도 Cu 기판에 50 μm의 V와 250 μm의 Mo를 동시에 접착시킨 V/Mo/Cu 피복층을 얻은 경우도 보고되고 있다[43].

마. In Situ 피복법

핵융합로의 제1벽 벽면은 플라스마와 직접 대면해 있으므로 스퍼터링에 의한 마모 손상이 심하게 일어나지만 방사화로 인한 방사선 방출과 구조 설계상의 문제 등으로 운전 중에는 제1벽의 유지보수나 리미터의 교체 등을 자주 실시할 수 없다. 이러한 운영상의 문제가 있음에도 불구하고 제1벽이나 리미터에 일정 두께 이상으로 두꺼운 피막층을 만들 수 없는데, 그 이유는 핵융합로의 펄스 운전에 따른 열사이클의 영향으로 피막층이 제1벽 벽면에서 떨어져 나올 위험성이 크기 때문이다.

그러므로 핵융합로에서는 운전기간 중에 핵융합로를 해체하지 않고 보수가 가능한 In-Situ 피복기술의 개발이 필요할 것으로 예상되는데, In-Situ 피복법으로는 플라스마 CVD법, 플라스마 분사법, 반응증착법 등이 고려되고 있다.

7.5 블랭킷 구성재료 및 초전도 재료

7.5.1 블랭킷 구성재료

블랭킷(blanket)은 삼중수소의 생산과 회수, 핵융합에너지의 회수, 중성자 증배 그리고 방사선 차폐기능을 갖고 있다. 특히 플라스마와 직접 대면하는 블랭킷 구조재는 극한에 가까운 환경, 즉 가혹한 전자장, 열 그리고 강력한 방사선 분위기에서 사용되므로 이러한 환경에서 기계적, 물리적, 핵적 특성 등이 유지되어야 한다. 그리고 열응력과 플라스마 붕괴시에는 전자장이 아주 크게 작용하므로 강도에 미치는 열응력과 전자장의 영향도 함께 고려해야 한다.

블랭킷은 핵융합로에서 가장 중요한 장치 중의 하나로 핵융합로 개발에서 중요한 위치를 차지하고 있는데, 증식재의 형태에 따라 고체 블랭킷과 액체 블랭킷으로 구분된다. 블랭킷은 구조재, 삼중수소 증식재, 중성자 증배재, 냉각재 등으로 구성되어 있으며, 주요 후보 재료가 표 7-5에 있다.

표 7-5 블랭킷 구성재의 후보 재료

구조재	삼중수소 증식재	냉각재	중성자 배증재
오스테나이트강 저방사화 F/M강 바나듐 합금(V-15Cr-5Ti) SiC_f/SiC 산화물분산강화강(ODS강)	액체금속: Li 　　　　　$Li_{17}Pb_{83}$ 　　　　　Li-Pb-Bi 금속간화합물: $Li_{17}Pb_{83}$ 세라믹　: Li_2O 　　　　　Li_2TiO_3 　　　　　γ-$LiAlO_2$ 　　　　　Li_4SiO_4 　　　　　Li_2ZrO_3	H_2O He 용융염	Be Be_2Ti Zr_5Pb_3

가. 구조재

냉각재로 물이나 또는 $Li_{17}Pb_{83}$ 등 액체금속을 사용하는 블랭킷의 구조재로는 오스테나이트강이나 저방사화 페라이트·마르텐사이트강(RAFS, reduced activation ferrite/martensite steel, 저방사화 F/M강으로 많이 사용)이 우선적으로 거론되고 있다. 그러나 냉각재로 기체인 He를 사용하는 경우에는 냉각재의 열전달능이 불량하므로 열효율을 높이기 위해 냉각재 온도를 높여야 한다. 따라서 He를 냉각재로 사용하는 블랭킷에서는 내열성이 부족한 오스테나이트강이나 저방사화 F/M강 보다는 내열성이 좋고 삼중수소 증식재인 Li와 공존성도 우수한 바나듐 합금 또는 고온 특성이 우수한 산화물분산강화강(ODS강, oxide dispersion strengthened steel)이 블랭킷 구조재로 기대되고 있다.

현재 블랭킷 구조재로는 오스테나이트강, 저방사화 F/M강, 바나듐 합금, ODS강 그리고 SiC$_f$/SiC 복합재료 등이 제시되고 있는데, ITER에서는 오스테나이트강인 316 SS를 블랭킷 구조재로 선정하였으며 ITER의 TBM(test blanket module)과 ITER 후속으로 건설이 추진되고 있는 핵융합 원형로인 DEMO에서는 저방사화 F/M강이 블랭킷 구조재로 가장 유력하게 거론되고 있다. 그리고 바나듐 합금, ODS강, SiC$_f$/SiC 복합재료 등도 앞으로 구조재로 활용이 기대되는 선진재료인데, 사용온도가 높은 블랭킷 구조재로 사용하기 위한 연구가 수행되고 있다.

현재 건설 중에 있는 ITER에는 핵융합 원형로인 DEMO의 블랭킷을 개발하기 위한 실증시험 장치로 TBM이 설치되는데, 표 7-6에서 보는 바와 같이 우리나라를 비롯하여 대부분의 ITER 사업 참여국이 저방사화 F/M강을 TBM 구조재로 선정하고 있다. 이러한 사실을 보면, 참여국의 대부분이 DEMO의 블랭킷 구조재로 저방사화 F/M강을 생각하고 있다는 것을 알 수 있다. 특히 저방사화 F/M강과 바나듐 합금은 유도방사능이 작아서 방사화가 크게 일어나지 않는데, 이러한 저방사화는 블랭킷 재료의 선정에서 중요한 기준의 하나가 된다. 즉 블랭킷을 고에너지 영역과 저에너지 영역으로 나누어 고에너지 영역은 영구용으로 그리고 저에너지 영역은 교체용으로 설계하는 경우에 교체용 블랭킷은 정기적으로 교체하는 소모성 장치이므로, 저방사화 재료를 사용하면 작업자의 방사선 피폭을

표 7-6 ITER-TBM에 제안한 블랭킷 형식과 구조재[44]

제안국	TBM 형식		구조재	
			1단계	2단계
한국	HCSB	고체증식 / He냉각	저방사화 F/M강	
EU	HCSB	고체증식 / He냉각	저방사화 F/M강	저방사화 F/M강 · ODS강 (SiC$_f$/SiC)
일본	WCCB	고체증식 / 수냉각	저방사화 F/M강	저방사화 F/M강 · ODS강
미국	DCLL	액체 LiPb 증식 / 2상류냉각	저방사화 F/M강	저방사화 F/M강 · ODS강 (SiC/SiC)
중국	HCSB	고체증식 / He냉각	저방사화 F/M강	저방사화 F/M강 · ODS강 (SiC$_f$/SiC)
러시아	HCML	액체 Li 증식 / He냉각	F/M강	바나듐 합금
인도	LLCB	액체 LiPb · 고체증식 / He냉각	F/M강	저방사화 F/M강

HCSB (He-cooled solid breeder)   DCLL (dual-coolant lead-lithium)
HCML (He-cooled molten lithium)   LLCB (lead lithium ceramic breeder)
WCCB (water-cooled ceramic breeder)

줄일 수 있어서 교체와 유지보수에 유리하다.

나. 삼중수소 증식재

현재 핵융합로 개발은 D-T 반응을 목표로 추진하고 있는데, 중수소는 자연계의 바닷물에 150 ppm 정도 존재하지만 삼중수소는 자연계에 거의 존재하지 않는다. 그러므로 삼중수소는 블랭킷에서 친물질(fertile material)을 핵변환시켜 생산하는데, 이러한 친물질을 삼중수소 증식재라 한다. 삼중수소 증식재로는 Li 또는 그 화합물이 사용되는데, Li는 D-T 반응에서 발생하는 중성자와 아래와 같은 반응으로 삼중수소를 생성한다.

$$^6\text{Li} + \text{n} \rightarrow \text{T} + {}^4\text{He} + 4.80\,\text{MeV} \tag{7.3}$$
$$^7\text{Li} + \text{n} \rightarrow \text{T} + {}^4\text{He} + \text{n} - 2.47\,\text{MeV} \tag{7.4}$$

삼중수소를 생성하는 위의 두 반응 중에서 식 (7.3)은 작은 에너지의 중성자에 의해 일어나는 발열반응인데 반해 식 (7.4)는 약 3.5 MeV 이상의 중성자에 의해 일어나는 흡열반응으로 삼중수소와 함께 중성자도 생성한다. 삼중수소를 생산하는 위의 두 반응 중에서 핵융합로는 식 (7.3)의 발열반응을 채택하고 있으며, 핵융합로에서 필요한 양의 삼중수소를 생산하기 위해서는 ^6Li(천연리튬 중의 ^6Li 농축도는 7.4%)가 30~60% 농축된 리튬이 필요하다.

삼중수소 증식재로는 액체금속 Li와 Li 화합물이 후보 재료로 제시되고 있는데, 물성을 비교해 보면 Li_2TiO_3는 삼중수소 방출률이 좋고 화학적으로도 안정하며, LiO_2는 액체금속 Li 보다 Li의 원자밀도가 높고 열전도도와 융점도 높지만 저온에서 수분을 흡수하여 LiOH 또는 LiOT를 생성하므로 삼중수소 회수를 방해하는 단점이 있다. 그리고 Li_2ZrO_3는 화학적으로 안정하고 지르코늄도 중성자 증배재의 역할을 하지만 유도방사능이 큰 ^{95}Zr을 생성하는 문제가 있다.

한편 액체금속 Li는 삼중수소 증식비가 큰 것이 장점이며, 액체공정합금 $\text{Li}_{17}\text{Pb}_{83}$도 Pb가 중성자 증배재로 작용하므로 Li의 원자 밀도는 낮지만 삼중수소 증식비가 크다. 그러나 액체금속 Li와 액체공정합금 $\text{Li}_{17}\text{Pb}_{83}$는 스테인리스강을 구조재로 사용하는 경우에 스테인리스강과 반응이 일어나므로 양립성에 문제가 있다. 현재 삼중수소 증식재로는 Li_2TiO_3가 유력하게 거론되고 있는데, Li 화합물은 조사시에 체적 변화가 일어나서 균열이 잘 생긴다. 그러므로 균열 생성을 억제하고, 블랭킷에 장전율을 높이기 위해 직경이 작은 구형 입자를 사용하는 방안이 고려되고 있다.

시험로인 ITER와 원형로인 DEMO의 운전조건에서 30% 농축한 Li_2TiO_3를 900℃에서 2년간 사용하면, ITER에서는 Li 손실률이 8% 이하인데 반해 DEMO에서는 핵변환 증가와 고온 증발로 Li 손실률을 27% 정도로 예상하고 있다[45]. 따라서 ITER에서는 Li_2TiO_3가 안전하게 삼중수소를 방출할 수 있을 것으로 보이지만 DEMO에서는 Li의 손실이 크므로 Li_2TiO_3가 $\text{Li}_{2-x}\text{TiO}_{3-y}$, $\text{Li}_4\text{Ti}_5\text{O}_{12}$, LiTiO_2 등 3상 혼합물이 된다. 그리고 수소 분위기에서는 Li_2TiO_3 중의 Ti가 환원되므로 산소 결손에 의한 결정구조의 변화도 일어난다[45].

그러므로 DEMO와 같이 고온에서 장시간 가동하는 핵융합로에서는 각종 특성 변화가 크게 일어날 가능성이 있으므로, Li_2TiO_3를 핵융합 발전로의 증식재로 사용하기 위해서는 좀 더 면밀한 검토가 필요할 것으로 보인다.

다. 중성자 증배재

핵융합로 블랭킷에서는 연료로 소비되는 양 이상의 삼중수소를 생산해야 하는데, 이를 위해서는 삼중수소를 생산하는 식 (7.3)의 반응을 활성화시켜야 한다. 이에 따라 블랭킷에서는 삼중수소 생성반응을 위하여 많은 중성자가 필요하므로 중성자 증배재 Be를 이용한 (n, 2n) 반응으로 중성자의 양을 증가시킨다. 2033년에 가동 예정인 ITER에서는 중성자 증배재로 직경이 1 mm 이하인 소구경의 Be를 고려하고 있는데, Be 증배재는 마그네슘 환원시에 부산물로 얻거나 또는 회전 전극법으로 제조한다. Be는 산화성이 강하여 표면에 산화막을 쉽게 형성할 뿐만 아니라 결정 내에서도 산화물(BeO)을 형성하는데, 산화막과 산화물은 삼중수소의 흡수와 방출을 방해한다. 그러므로 Be 증배재는 BeO와 불순물의 함유량이 적어야 한다.

ITER의 블랭킷은 사용온도가 300~400℃, He 생성량이 3,000 at.ppm 그리고 조사량을 10~30 dpa 정도로 예상하고 있으므로 순수한 Be를 중성자 증배재로 선정하였다. 그러나 발전을 목적으로 하는 DEMO 이후의 핵융합로는 ITER보다 가동온도가 높으며, He 생성량도 20,000 at.ppm 정도로 예상되므로 ITER보다 가혹한 조사환경이 예상된다[45]. 그러므로 DEMO 이후의 핵융합로에서는 ITER에서 고려하고 있는 순수한 Be 대신에 보다 가혹한 환경에서 견디는 새로운 증배재의 개발이 필요하다. 더욱이 중대사고를 고려한다면 고온의 냉각수와 반응성이 작으며 방사화도 작게 일어나는 Be 금속간화합물이 새로운 증배재로 유망해 보이는데, 그중에서 Be_2Ti가 많은 주목을 받고 있다.

라. 삼중수소 투과 저지막

블랭킷은 핵융합 반응에서 발생하는 에너지를 회수하기 위하여 삼중수소 증식재와 중성자 증배재 사이로 냉각 배관이 통과하는데, 냉각 배관으로 사용되는 스테인리스강은 수소를 쉽게 통과시키므로 삼중수소의 일부가 냉각배관을 통해 냉각재로 누설된다. 따라서 핵융합 연료의 안전공급과 삼중수소의 안전취급 관점에서 배관을 통한 삼중수소의 누설을 억제하는 것이 중요하며 이에 대한 대책으로 블랭킷 용기의 내면 및 냉각 배관에 세라믹 막을 치밀하게 형성시키는 방법이 고려되고 있는데, 이를 위해서는 세라믹 피막의 건전성을 증명·확인할 수 있는 비파괴검사기술의 개발과 확립이 중요하다.

삼중수소 누설을 저지하기 위한 대책으로 각종 표면개질 기술을 이용하여 Al_2O_3[46], TiN/TiC[47], Cr_2O_3-SiO_2-$CrPO_4$[48], Er_2O_3[49] 등 세라믹 재료를 배관에 피막시키는 방법에 관한 연구와 막 특성, 즉 수소 투과를 감소시키는 막의 기능에 관해 많은 연구가 수행되고 있다. 배관에 세라믹 막을 형성시키면 수소 투과가 저지되는데, 막의 형성으로 수소 투과량을 1/10~1/1000 정도로 감소시킨 연구 결과도 보고되고 있다[45].

블랭킷 표면이나 냉각 배관에 세라믹 막을 형성시키는 방법에는 용사(molten spray)법, 확산침투법 그리고 증착법 등이 고려되고 있다. Al_2O_3 막을 형성시키는 방법에는 용사법과 확산침투법이 그리고 TiN/TiC 막을 형성시키는 방법에는 증착법이 제시되고 있는데, 용사법을 사용하기 위해서는 일정한 간격이 필요하므로 배관 또는 용기 내면에 막을 형성시키기 어려운 단점이 있으며, 확산침투법은 고온의 염욕(salt bath)에 침적시키므로 기재에 미치는 열 영향이 큰 것이 단점으로 되어 있다. 그리고 증착법에는 물리적 증착법과 화학적 증착법이 있는데, 물리적 증착법은 치밀한 막을 형성시킬 수 있는 장점이 있지만 기재의 크기 및 막의 두께가 제한을 받으며, 화학적 증착법은 막의 형성 속도가 느리고 반응 온도가 기재에 영향을 미치는 단점이 있지만 기재의 크기 및 막의 두께가 제한을 받지 않는 장점을 갖고 있다.

7.5.2 초전도 재료

핵융합로는 투입되는 에너지와 핵융합에서 얻는 에너지의 균형 관점에서, 투입 에너지를 줄이는 것이 대단히 중요하다. 핵융합 반응을 일으키기 위해서는 초고온의 플라스마를 밀폐시켜야 하는데, 현재 개발하고 있는 토카막 핵융합로는 자장을 이용하여 플라스마를 밀폐시키고 있다. 그러므로 핵융합에 투입되는 에너지를 줄이기 위해서는 플라스마 밀폐에 소요되는 에너지를 줄이는 것이 중요하다. 핵융합로 개발에서는 식 (7.5)의 η가 0.1 이하가 되도록 설정하고 있는데, 이를 달성하기 위해서는 자장 발생에 소요되는 전력을 줄여야 하므로 초전도 재료의 사용이 불가피하다.

$$\eta = \frac{\text{자장 발생에 소요되는 전력}}{\text{핵융합로의 전기출력}} \tag{7.5}$$

초전도는 양자효과(quantum effect)가 거시적으로 나타나는 현상으로 전기저항이 완전히 소실되므로 에너지의 손실없이 많은 전류를 보내는 것이 가능한데, 일정온도 이하의 저온에서 일어나므로 임계온도가 존재한다. 그리고 자계도 초전도에 영향을 주어 어느 값 이하에서는 초전도 상태가 되지만 그 이상이 되면 본래의 상태(상전도 상태)로 되돌아오는 성질이 있으므로 임계자계가 있으며, 강한 자계를 얻기 위해서는 전류밀도가 높아야 한다. 따라서 초전도 재료는 아래와 같은 조건을 만족해야 한다.

(1) 사용온도(T)가 초전도 임계온도(T_c)보다 낮을 것 ($T \leq T_c$)
(2) 자계(H)가 임계자계(H_c)보다 작을 것 ($H \leq H_c$)
(3) 전류밀도(J)가 임계전류밀도(J_c)보다 작을 것 ($J \leq J_c$)
(4) 전류가 직류일 것 (교류의 경우에는 교류 손실에 의해 열 발생)
(5) 응력에 의한 초전도 특성의 열화가 어떤 제한값 이하일 것 (설계에 따라 다름)
(6) 방사선 조사에 의한 열화가 어떤 제한값 이하일 것 (설계에 따라 다름)

핵융합로 설계에서는 자장 발생에 소요되는 전력을 줄이기 위해 초전도 온도, 자계, 전류밀도 등이 높으며, 기계적 특성이 좋은 동시에 방사화가 작게 일어나는 초전도 재료를 요구하고 있다. 그러나 현실적으로 초전도 온도, 자계, 전류밀도가 높은 초전도 재료의 개발에는 많은 어려움이 있다. 예를 들면 초전도 임계온도가 액체질소 온도 정도로 높은 금속 초전도체의 개발이 바람직하지만 임계온도가 액체질소 온도보다 높은 금속 초전도체의 개발이 현재로는 가능성이 많아 보이지 않는다.

초전도체는 상부임계자장과 임계전류밀도가 높아야 하며, 이 외에도 초전도체를 냉각시키는 비용이 저렴해야 한다. 그리고 금속간화합물 초전도체의 경우에는 와이어로 가공하는 선제화 기술도 필요하다. 현재 개발된 초전도체 재료로는 Nb_3Sn 금속간화합물과 Nb-Ti계 합금이 있는데, Nb_3Sn이 상부임계자장이 높아서 큰 자장을 발생시킬 수 있으므로 ITER에서는 초전도 재료로 Nb_3Sn 금속간화합물을 선정하였다.

7.6 4세대 원자로 재료

7.6.1 원자로 노형 및 구조재 조건

4세대 원자로(Generation IV Nuclear Reactor)는 피동 안전성을 크게 높이고, 핵폐기물 발생을 최소화시키는 동시에 경제성과 핵비확산성도 획기적으로 개선시킬 목적으로 2000년 미국 에너지부(DOE)가 제시한 차세대 원자로 개념이다. 미국 에너지부는 2030년경에 실용화하는 것을 목표로 4세대 원자로 개발 프로그램을 제안하였으며, 이 프로그램을 국제 협력사업으로 추진하기 위하여 미국, 한국, 영국, 일본, 프랑스, 캐나다, 아르헨티나, 브라질, 남아프리카공화국 등 9개국이 기본 협정에 서명하여 4세대 국제포럼(GIF, Generation IV International Forum)을 결성하였으며, 2002년에 스위스 그리고 2006년에 중국과 러시아가 참여하여 활동하고 있다.

현재 가동되고 있는 발전용 원자로는 대부분이 2세대 원자로이며, 안전성을 보완한 3세대 그리고 피동 안전성을 일부 추가한 APWR, ABWR 등 3.5세대 원자로가 일부 가동되고 있다. 피동 안전성을 적극적으로 도입하는 4세대 원자로는 2세대나 3세대 원자로에 비해 안전성, 장수명화(설계수명 60년 이상), 비핵확산 등에 목표를 두고 개발하고 있다. 표 7-7에 현재 제안되어 있는 4세대 원자로의 종류와 가동조건 그리고 후보 재료가 있는

표 7-7 4세대 원자로의 가동조건 및 후보 노심재료[50]

원자로형	SCWR	SFR	GFR	LFR	VHTR	MSR
냉각재	경수	Na	He	Pb 합금	He	용융염
운전압력 (MPa)	24	0.1	7	0.1	7	0.1
운전온도 (℃)	280~550	350~550	480~850	550~800	600~1000	500~720
노심재료	Ni기 합금 F/M강	F/M강 F/M ODS강	SiC_f/SiC	F/M강 ODS강	C/C SiC_f/SiC	Hastelloy

SCWR : super critical water reactor   SFR : sodium cooled fast reactor
GFR : gas cooled fast reactor   LFR : lead-alloy cooled fast reactor
VHTR : very high temperature reactor   MSR : molten salt reactor

데, 표에서 보는 바와 같이 초임계수냉각로(SCWR)를 비롯하여 우라늄 이용률이 높은 고속로(SFR, GFR, LFR 등)와 전기 생산과 함께 냉각재 폐열을 수소 생산, 석탄과 바이오매스의 탄화수소 제조, 화학공장의 열공정(heat process) 등에 이용하는 초고온로(VHTR) 그리고 토륨 연료를 이용하는 용융염로(MSR) 등 6개의 노형이 선정되어 있다. 4세대 원자로는 노형에 따라 가동온도와 조사량에 큰 차이가 있는데, 각종 노형의 가동온도와 사용기간 중에 받는 조사량이 그림 7-24에 제시되어 있다.

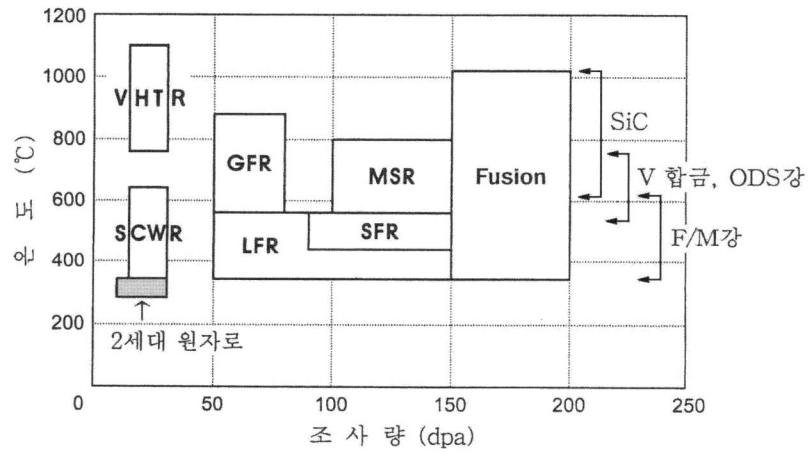

그림 7-24   4세대 원자로의 노형에 따른 가동 온도, 조사량 및 후보 구조재[51]

4세대 원자로는 그림에서 예시한 바와 같이 초임계수냉각로(SCWR)를 제외하면 가동온도가 높으며 조사량도 많아서 기존 원자로에 비해 가동 조건이 가혹하다. 즉 2세대나 3세대 경수로(LWR)는 가동 온도가 300℃ 부근인데 비해 4세대 원자로는 초임계수냉각로를 제외하면 가동 온도가 400℃ 이상이며 초고온가스로(VHTR)의 경우는 1,000℃ 이상을 목표로 하고 있다. 그리고 원자로의 설계 수명도 2세대와 3세대 경수로는 30~60년 정도인데 비해 4세대 원자로는 60년 이상을 목표로 하고 있어서 조사량이 많아지므로 조사손상에 대해서도 검토할 필요가 있다.

따라서 2세대나 3세대 원자로에서 사용하고 있는 재료를 4세대 원자로에서 그대로 사용할 수 있는지를 평가하기 위해서는 많은 검토가 필요하다. 예를 들면 2세대와 3세대 원자로에서 압력용기 재료로 사용하고 있는 A508 등 저합금강은 가동 온도가 낮은 초임계수냉각로를 제외하면 4세대 원자로에서 사용하기 어려우며, 초고온가스로의 경우도 1000℃ 이상의 가동 온도를 목표로 하고 있으므로 새로운 고온재료의 개발이 필요하다. 그리고 초임계수냉각로도 압력용기가 현재의 가압경수로에 비해 2배 정도 크므로 압력용기를 제조하기 위해서는 거대한 구조물의 단조 기술이 필요하며, 가공 및 용접 조건도 기존 원자로보다 엄격할 것으로 보인다.

4세대 원자로는 기존 원자로보다 가혹한 환경에서 가동되므로 구조재에서 요구하는 조건도 상당히 엄격할 것으로 보이는데, 4세대 원자로에서 요구하는 재료 조건을 열거해 보면 아래와 같다.

(1) 고온강도, 연성, 크리프, 피로 등 기계적 특성이 양호할 것
(2) 높은 조사량(10~200 dpa)에서 보이드 스웰링, 조사취화 등 조사손상에 강할 것
(3) 고온에서 He 취성이 없을 것
(4) 구조재와 냉각재 그리고 구조재와 연료 사이에 공존성이 좋을 것

그러므로 4세대 원자로 개발 프로그램을 성공적으로 추진하기 위해서는 위에서 제시한 조건에 합당한 재료의 개발이 요구되는데, 현재 4세대 원자로의 구조재로 검토되고 있는 후보 재료가 표 7-8에 있다.

표 7-8 4세대 원자로 구조재의 후보 재료 평가[52]

	A-SS	F/M강	ODS강	N기 합금	흑연	고용점합금	세라믹
SFR (소듐냉각고속로)	P	P	P				
GFR (가스냉각고속로)	P	P	P	P		P	P
LFR (납합금냉각고속로)	P	P	S			S	S
VHTR (초고온로)	P	P	S	S	P		
SCWR (초임계수냉각로)		S		P		S	P
MSR (용융염로)	–			P	P	S	S

주) P : 1차 후보로, 재료 특성에 관한 데이터베이스가 있으므로 검증만 필요한 재료
   S : 2차 후보로, 재료 특성에 관한 데이터베이스 생산과 검증에 광범위한 연구가 필요한 재료
   A-SS : 오스테나이트 스테인리스강
   F/M강 : 페라이트·마르텐사이트강
   ODS강 : 산화물분산강화강

7.6.2 오스테나이트 스테인리스강

오스테나이트 스테인리스강은 고온 특성과 내식성이 우수하여 2세대나 3세대 원자로에서 노심 재료로 사용하고 있으며, 핵융합 시험로 ITER에서도 제1벽 재료로 선정되었다. 특히 316 SS는 고속로에서 피복관으로 사용하고 있어서 조사 특성도 지르코늄 합금 다음으로 많이 연구되었으며, 이런 배경을 근거로 4세대 원자로에서 구조재의 하나로 검토되고 있다. 그러나 500℃ 이상에서 He 취성과 스웰링이 크게 일어나는 문제가 있다.

4세대 원자로는 2세대나 3세대 원자로에 비해 조사량이 많으므로 (n, α) 반응으로 He이 많이 생성되는데, He은 기지에 고용되지 못하고 입계로 확산하여 기포를 형성하므로 취화를 일으킨다. 그림 7-25는 조사량이 316 SS의 취화에 미치는 영향을 보기 위하여 HFIR (High Flux Isotope Reactor)에서 약 60 dpa까지 조사시켜 조사량에 따른 변형률을 측정한 것으로, 조사 초기에는 변형률이 급격하게 감소하다가 조사량이 증가하면 완만하게 감소하여 He이 3,500 at.ppm 정도 생성되어도 450℃ 이하에서는 2~4%의 변형률을 보인다. 그러나 575℃에서는 연성이 거의 나타나지 않는다.

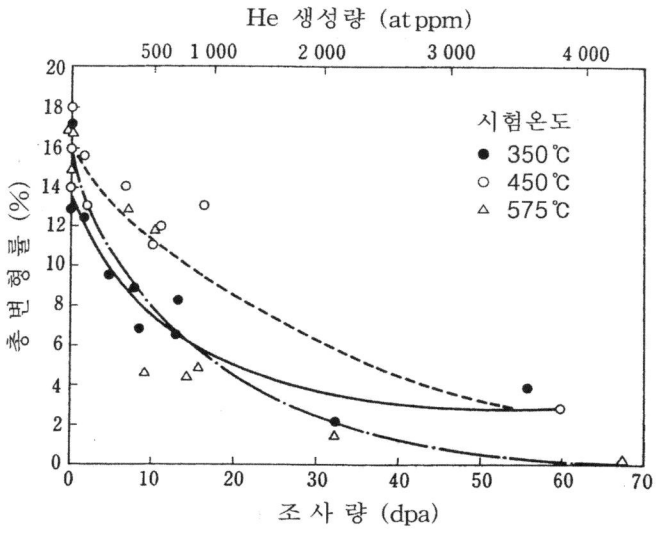

그림 7-25   HFIR에서 조사시킨 20% 냉간가공 316 SS의 조사량에 따른 변형량[3]

　　스웰링은 오스테나이트강을 원자로 재료로 사용하는데 큰 장애가 되는데, 특히 450~
550℃ 사이에서 크게 일어나므로 핵연료 피복관으로 사용하면 연소도가 제한을 받을 수
있다. 그림 7-26은 조사량에 따른 스테인리스강의 스웰링 거동을 보여 주는데, 페라이트강
은 스웰링을 무시할 수 있는데 반해 오스테나이트강 316 SS는 스웰링이 크게 일어나서
조사량이 30 dpa이면 스웰링은 5~15% 정도 일어난다.

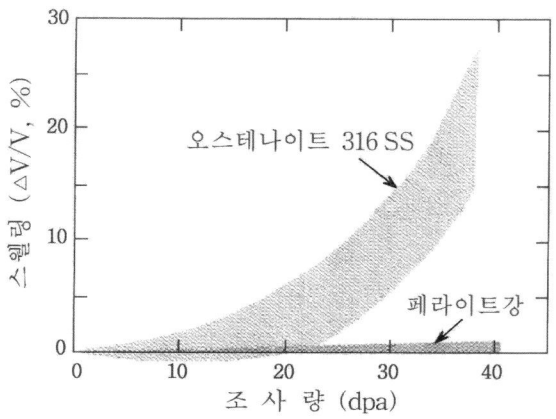

그림 7-26   EBR-II에서 조사한 페라이트강과 316 SS의 스웰링 거동[53]

　　납합금냉각고속로에서는 Pb-Bi 액체합금을 냉각재로 사용하는 것을 고려하고 있는데,
그림 7-27에 Pb-Bi에서의 오스테나이트강과 페라이트강의 부식 거동이 있다. 그림에서
보는 바와 같이 오스테나이트강과 페라이트강 모두 Cr 농도가 높을수록 내식성이 개선되
어, Cr 농도가 12wt% 이상이면 부식 특성이 양호하다. 그리고 특기할 것은 Si를 첨가한

오스테나이트강의 내식성이 아주 우수한 것으로 나타났는데, 관련 자료가 충분하지 못하여 단정할 수 없으므로 추가적인 연구가 필요하다. 이 외에도 오스테나이트강은 입계에서 Cr 이 결핍되는 예민화가 일어나서 내식성을 악화시키므로 예민화에 의한 입계 부식의 개선도 필요할 것으로 보인다.

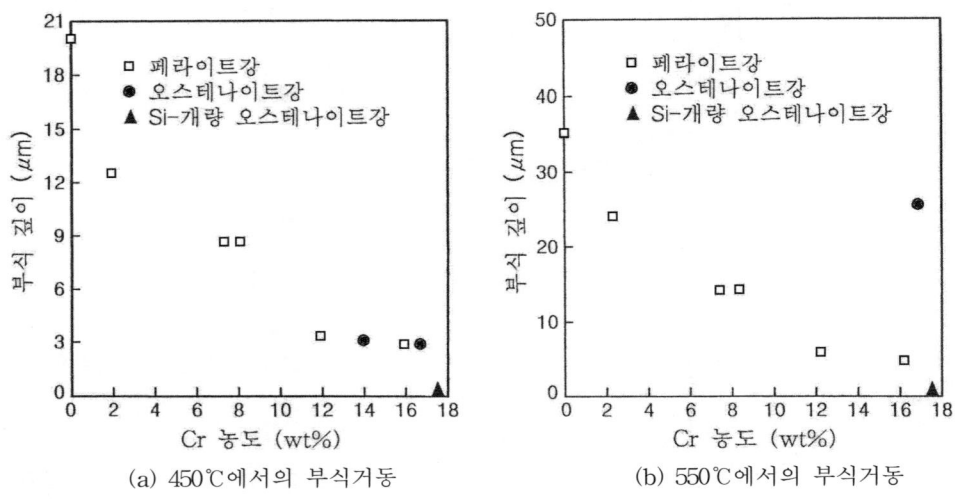

(a) 450℃에서의 부식거동   (b) 550℃에서의 부식거동

그림 7-27 액체금속 Pb-Bi에서 오스테나이트강과 페라이트강의 Cr 농도에 따른 부식 거동[54]

7.6.3 페라이트·마르텐사이트강

Cr을 9~12 wt% 함유하는 페라이트·마르텐사이트강(F/M강)은 우수한 기계적 특성과 내식성 등으로 4세대 원자로의 압력용기나 1차계통의 유력한 후보 재료로 검토되고 있는 데, 조사량에 따라 연성-취성 천이온도가 상승하는 단점이 있지만 스웰링을 무시할 수 있는 장점을 갖고 있다. 그리고 용융납과 Li-Pb 액체합금에서 내식성이 우수하여 납합금냉각 고속로(LFR)에서 연료 피복관 재료로 검토되고 있다. 표 7-9에 4세대 원자로 재료로 주목받고 있는 F/M강의 조성과 사용온도가 있다.

표 7-9 4세대 원자로용 페라이트·마르텐사이트강의 합금 조성

합금명	화 학 성 분 (mass %)										사용온도
	Cr	C	Si	Mn	Mo	W	V	Nb	B	N	
T91	9.0	0.10	0.4	0.40	1.0	–	0.2	0.08	–	0.05	593℃
HT-9	12.0	0.20	0.4	0.60	1.0	0.50	0.25	–	–	–	565℃
NF12	11.0	0.08	0.2	0.50	0.20	2.6	0.20	0.07	0.004	0.05	650℃

F/M강은 템퍼링에 의해 마르텐사이트 조직이 페라이트 조직으로 변태한 것으로, 처음에 는 화력발전소 구조재로 개발되었으나 합금설계 연구와 조직 개질을 통해 원자로 재료로 개발되었다. 원자로용 F/M강으로는 T91(9Cr-1MoVNb강), HT-9(12Cr-1MoVW강) 그리

고 텅스텐을 합금원소로 첨가한 NF12강 등이 개발되었는데 내식성과 내산화성이 우수할 뿐만 아니라 크리프 특성이 양호하고 열팽창률이 작아 치수 변화도 작게 일어난다. F/M강 은 G상($T_6Ni_{16}Si_7$, T는 Ti, Mn, Cr, V, Ta, Nb 등) 석출과 결함 생성으로 조사경화가 일어 나는데[21], 조사온도가 HT-9강의 경화에 미치는 영향이 그림 7-28에 있다. 그림에서 보는 바와 같이 ~400℃까지는 경화가 크게 일어나지만 400~500℃에서는 조사결함 소멸로 경 화가 급격하게 감소하며 500℃ 이상에서는 경화가 일어나지 않는다.

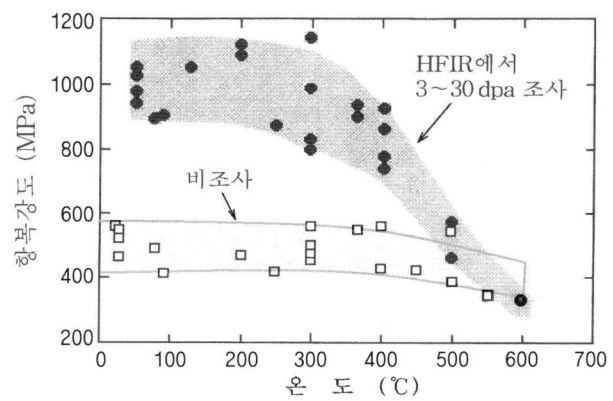

그림 7-28 HFIR에서 조사한 HT-9강의 온도에 따른 항복강도[55]

그림 7-29는 T91강을 400~550℃에서 9 dpa로 조사시켜 온도에 따른 항복강도와 변형 률의 변화를 나타낸 것으로 그림 (a)는 온도에 따른 항복강도를 보여주는데, 400℃에서는 조사경화에 의해 비조사 보다 항복강도가 크게 증가하지만 그 이상의 온도에서는 조사결함 소멸로 경화가 일어나지 않았다. 그리고 변형률은 그림 (b)에서 보는 바와 같이 조사경화 가 일어난 400℃에서는 비조사 보다 작지만 그 이상의 온도에서는 차이가 없었다.

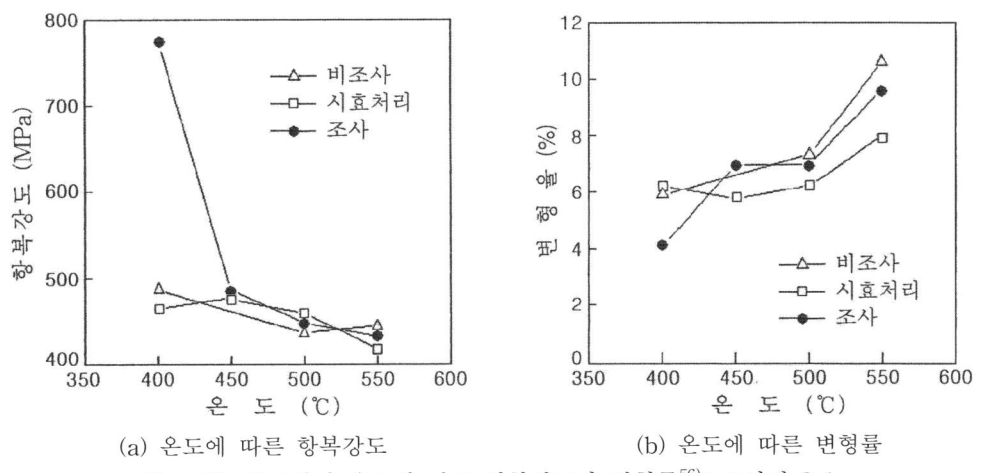

(a) 온도에 따른 항복강도   (b) 온도에 따른 변형률

그림 7-29 T91강의 온도에 따른 항복강도와 변형률[56]; 조사량 9 dpa

원자로 구조재는 원자로 수명이 끝날 때까지 고온에서 장기간에 걸쳐 사용되므로 크리프 특성이 중요하다. F/M강은 크리프 특성을 향상시키기 위해 두 방향으로 연구되고 있는데, 하나는 열처리에 의해 입계에 미세한 $M_{23}C_6$(M : Cr, W, Mn, Mo) 탄화물을 석출시켜 아결정립(subgrain) 구조를 안정화시키는 방법이고 다른 하나는 제조 공정에서 열가공처리(thermo-mechanical treatment)에 의해 결정립을 미세화시키고 석출물의 생성핵 밀도를 증가시키는 방법이다. 그림 7-30은 열가공처리(TMT)와 노르말라이징/템퍼링(N&T) 열처리를 한 T91강, T91에 텅스텐을 합금원소로 첨가한 개량 T91강 그리고 저방사화 F/M강인 Eurofer 97과 F82H의 파단수명을 650℃에서 측정한 결과이다. 그림에서 보는 바와 같이 제조 공정에서 열가공처리를 하면 크리프 특성이 크게 향상되며, 텅스텐을 합금원소로 첨가해도 크리프 특성이 향상된다. 그러나 열가공처리는 크리프 특성을 향상시키는 대가로 용접성 악화를 초래하는 문제가 있다.

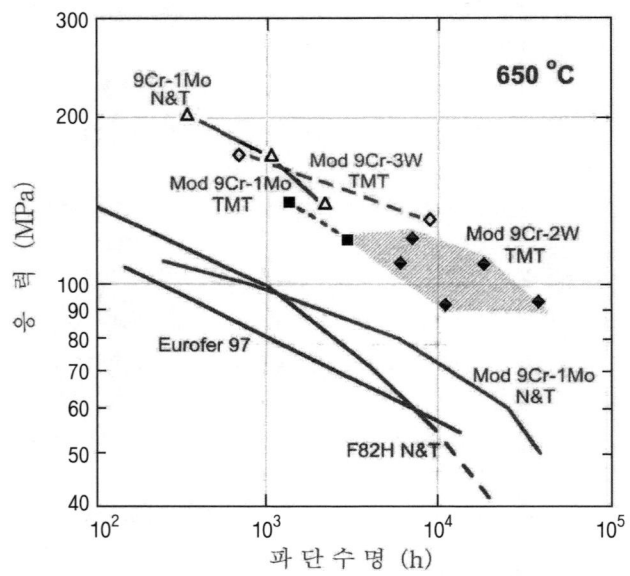

그림 7-30 T91 계통의 F/M강과 저방사화 F/M강(Eurofer 97, F82H)의 파단강도[57] ; TMT : thermo-mechanical treatment, N&T : normalizing & tempering

앞에서도 기술하였지만 F/M강은 bcc 금속 특유의 연성-취성 천이온도(DBTT)를 갖고 있는데, DBTT는 시효 처리에 영향을 받지만 조사(irradiation)에 의해서도 영향을 받는다. 그림 7-31은 HT-9강의 DBTT에 미치는 시효처리와 중성자 조사의 영향을 보기 위해 1,050℃에서 용체화시킨 여러 조건의 HT-9 시편, 즉 (1) 가공 상태에서 제작한 시편, (2) 427℃와 538℃에서 각각 5,000시간씩 시효 처리한 시편 그리고 (3) EBR-II에서 조사시킨 시편 등을 충격시험 하여 얻은 결과이다. 그림에서 보는 바와 같이 시효처리 온도가 충격 특성에 미치는 영향을 보면, 427℃에서 시효 처리한 경우는 별로 영향을 미치지 않으나 538℃에서 시효 처리한 경우는(그림에서 절선으로 표시) 흡수에너지가 감소하고 DBTT도 30℃ 이상 고온 측으로 이동하였다. 그리고 427℃에서 $1×10^{26}$ n/m² ($E > 0.1$ MeV)의 조사량으로 조사시킨 경우는 조사경화의 영향으로 흡수에너지가 크게 감소하고 DBTT도 100℃ 이상 고온 측으로 이동하였다.

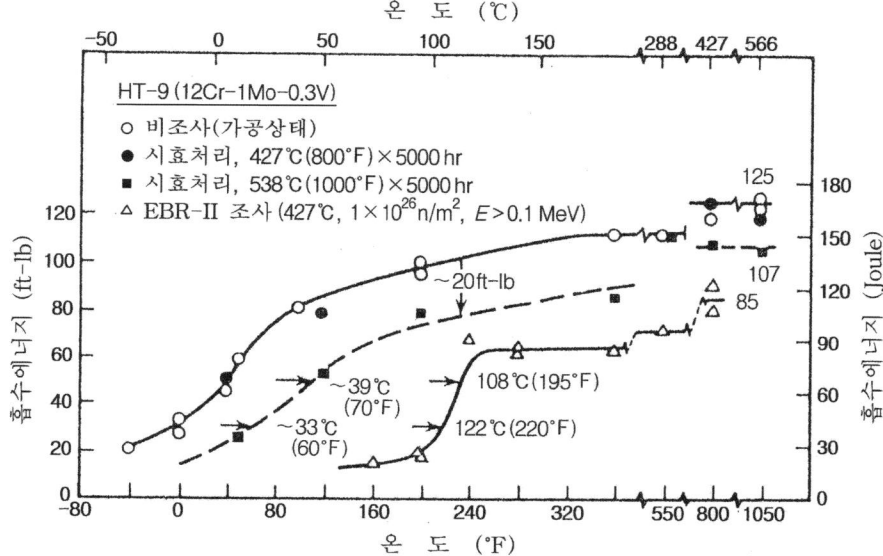

그림 7-31　EBR-Ⅱ에서 조사한 HT-9강의 온도에 따른 샤르피 흡수에너지의 변화[58]

7.6.4 산화물분산강화강

　페라이트·마르텐사이트 기지에 산화물을 분산시킨 산화물분산강화강(ODS강, oxide dispersion strengthened steel)은 고온에서 크리프 특성이 우수하고 스웰링도 무시할 수 있어서 소듐냉각고속로(SFR)에서 피복관 재료로 고려되고 있다. 4세대 원자로용 재료로는 Cr 농도가 9~12%인 ODS강이 광범위하게 연구되고 있는데, 산화물에 의한 내부 부식과 ~880℃ 부근에서 일어나는 상변태의 해결이 중요하다. 따라서 900℃ 이상에서 사용하기 위하여 ODS강의 Cr 농도를 14 wt% 또는 그 이상을 검토하고 있는데, Cr를 14 wt% 이상으로 첨가하면 연성-취성 천이온도가 고온 측으로 크게 상승하는 문제가 있다[59].

　페라이트·마르텐사이트 기지에 미세한 산화물 입자를 분산시키면 고용경화와 석출경화에 의해 강화가 일어나는데, 석출경화는 석출물과 석출물사이의 간격에 의존하므로 석출물간의 간격이 작을수록 경화가 크게 일어나서 크리프 특성이 개선된다. Fe-12%C에 W, Ti, Y_2O_3을 첨가한 12YWT(Fe-12Cr-2.5W-0.4Ti-0.25Y_2O_3)의 경우를 보면, 평균 직경이 5~6 nm의 작은 산화물 미립자(nanocluster)가 전위운동을 방해하는 동시에 조사결함의 흡수장소 기능도 하므로[52] 크리프 강도가 우수한데, 이러한 합금을 NFA(nanostructured ferritic alloy)라고 부른다.

그림 7-32는 산화물 입자의 크기가 ODS강의 크리프 강도에 미치는 영향을 보여 주는 것으로, 미세한 산화물 입자(직경 1~10 nm)가 분포한 12YWT의 크리프 강도가 상대적으로 큰 산화물 입자(직경 10~30 nm)가 분포한 12Y1(12YWT 성분에서 W와 Ti 제거한 ODS강)이나 12YW(12YWT 성분에서 Ti 제거한 ODS강)보다 우수하다. 이러한 결과는 페라이트·마르텐사이트계 ODS강에서 산화물 입자의 크기가 크리프 강도에 미치는 영향을 보여 주는 예이다.

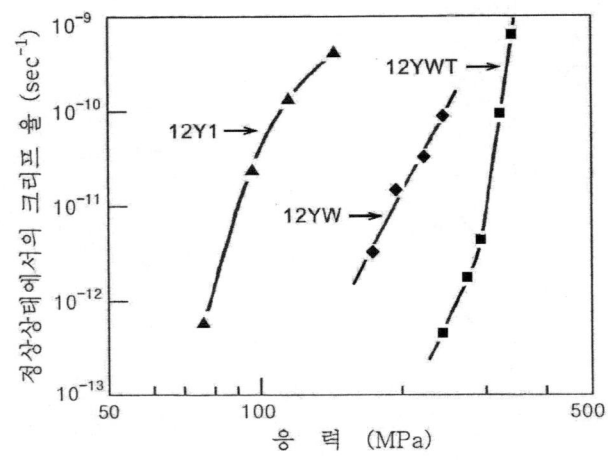

그림 7-32 페라이트·마르텐사이트계 ODS강의 응력과 크리프 변형률의
관계[60] ; 시험온도 700℃

7.6.5 Ni기 합금

Ni기 합금(Ni-base alloy)은 니켈 함유량이 많은 고강도 합금으로 내열성과 내식성이 우수하여 고온용 재료로 많이 사용되고 있다. 특히 니켈을 70~75 wt% 함유한 초합금 (superalloy)은 내열성과 내식성이 양호하여 고온에서 사용되는 증기발생기의 전열관 재료로 사용되고 있으며, 고속로 개발 초기에 영국에서 피복관 재료(Nimonic PE16)로 사용한 경험도 있다. Ni기 고용강화 합금은 우수한 고온 특성과 내식성으로 초고온로(VHTR)의 1차계통 재료로도 고려되고 있는데 독일에서는 Inconel 617[61], 일본에서는 Hastelloy XR[62] (개량 Hastelloy X) 그리고 프랑스는 Haynes 230[49]을 1차계통 재료로 검토하고 있다. 그러나 Ni기 합금은 내열성과 내식성이 우수하지만, 고온에서 He 취성이 잘 일어나는 문제가 있다. 그러므로 Ni기 합금을 4세대 원자로의 구조재로 사용할 수 있는지 없는지에 대해서는 좀 더 많은 연구가 필요할 것으로 보인다.

초고온로는 열효율을 높이는 방안으로 He/He 중간열교환기 또는 He/Gas 중간열교환기와 같은 고효율 장치를 설계에 도입하는 방안이 검토되고 있는데, 이러한 장치는 가혹한 조건, 즉 800~1,000℃의 고온과 5~8 MPa의 고압에서 사용되므로 현재로는 합당한 재료를 찾지 못하고 있다. 특히 초고온로 열교환기 터빈의 회전날개 바퀴는 사용조건(6만

시간마다 유지보수, 불순물이 함유된 He 분위기, 가동온도 700~750℃)이 매우 가혹한데, 이러한 조건을 만족하는 재료는 아직 개발되지 못하고 있는 실정이며 다만 일부에서 Ni기 초합금인 Udimet 72를 유망한 재료로 거론하고 있다. 이 합금은 주조·단조 공정 또는 고온 정수압(hydrostatic) 프레스 분말야금법으로 제조하는데, 주조·단조 공정은 양호한 크리프 특성을 얻을 수 있는 장점이 있으나 회전날개 바퀴의 크기가 제한을 받으며, 반면 에 분말야금법은 큰 회전날개 바퀴는 제조할 수 있으나 고온·저응력에서 크리프 특성이 떨어지는 단점이 있다[50].

7.6.6 고융점 합금

고융점 합금은 융점이 2,000℃를 초과하는 합금을 말하는데, 고온강도가 우수하여 일반 초고온용 재료로도 많은 관심을 받고 있다. 고융점 합금은 결정구조가 보이드 스웰링에 강한 bcc로 높은 조사량에서도 스웰링을 무시할 수 있으며 크리프 특성도 양호하여 4세대 원자로의 후보재료로 검토되고 있지만, 연성-취성 천이온도(DBTT)를 갖고 있으며 가공성 과 용접성이 불량한 것이 큰 단점이다. 몰리브덴 합금을 예로 들면 800℃ 이상에서 어떤 내열합금보다 기계적 특성이 우수하며 탄성계수가 큰 반면에 열팽창계수는 작아서 초고온 용 재료에 적합한 장점을 갖고 있지만, 가공성과 용접성이 불량하여 구조물 제작이 어려운 문제가 있다. 이에 따라 관련된 연구가 많이 수행되었지만[63-66], 해결하지 못하고 있다.

가공성과 용접성의 불량은 고융점 합금을 원자로 재료로 사용하는데 가장 큰 장애가 되고 있으며, 이 장애를 극복하지 못하면 고융점 합금을 원자로 재료로 사용하기 어렵다. 원자로 재료로서의 고융점 합금을 평가하기 위하여 여러 공학적 특성을 10단계로 구분하여 나타낸 것이 표 7-10에 있다.

표 7-10 고융점 합금의 공학적 특성[67]

	Nb-1Zr	Ta-10W	Mo-0.5Ti-0.1Zr	W-Re	Re
가공성	8	7	4	3	4
용접성	7	7	4	3	7
크리프 강도	6	8	8	8	9
내산화성	1	1	3	3	7
금속 공존성	8	9	9	9	8
조사손상	6	6?	5	4	4?
비용	4	3	4	3	2

주) 최상 단계를 10, 최하 단계를 1로 규정한 10등급 수치

7.6.7 세라믹 재료

초고온로(VHTR)의 노심 재료와 1차계통 열교환기 그리고 열차폐체는 1,000℃(사고시는 1600℃) 부근의 고온에서 사용되므로 내열성의 관점에서 세라믹 재료의 사용이 검토되고 있다. 이 외에도 세라믹 재료는 고온용 가스터빈의 회전체 날개 또는 H_2O의 열-화학적

분리공정의 고온부에서 황산을 분해하는 중간열교환기 부품으로도 고려되고 있다. 세라믹 재료의 연구는 복합재료와 나노 구조의 연성 세라믹 개발에 집중되어 있는데 SiC를 대상으로 많은 연구가 수행되고 있으며[68], 탄화물(TiC, ZrC 등)과 질화물(TiN, ZrN 등)도 연구의 대상이 되고 있다[69,70].

복합재료로는 탄소 복합재료(C/C)와 세라믹 복합재료(C/SiC, SiC/SiC 등)가 주목을 받고 있으며, 재료 개발과 기계적 특성의 보증을 위하여 많은 연구가 수행되고 있다. 특히 탄소 복합재료는 1,000℃ 이상의 고온에서 높은 비저항과 양호한 기계적 성질을 갖고 있으므로 초고온로의 부품 재료로 주목을 받는데, 고온에서 산화에 민감하고 조사거동이 불량한 것이 문제로 되어 있다. 그리고 세라믹 복합재료는 금속재료와는 다르게 불균질・비등방성이어서 기계적 특성에 관련된 시험자료가 넓은 범위로 분산되어 분포하므로 기계적 특성을 확정하는데 많은 어려움이 있다. 이에 따라 시험자료의 분포 범위를 줄이기 위해 섬유조직과 기지의 적합성을 향상시키려는 연구도 많이 수행되고 있다.

참고 문헌

1) A. M. Judd, *"Nuclear Power Technology"*, Vol. 1, Reactor Technology, ed. by W. Marshall, Oxford Univ. Press, N.Y., 1986, p447
2) B. R. T. Frost, *"Material Science and Technology"*, Vol. 10B Nuclear Materials, Part II, 1994, N.Y., p248
3) R. E. Gold, E. E. Bloom, F. W. Clinard, Jr., D. L. Smith, R. D. Stevenson and W. G. Wolfer, Nucl. Technol./Fusion 1 (1981), 169
4) JAERI, JENDL-2 (Japanese Evaluated Nuclear Data Library Version 2)
5) N. Matsunami, et al., Radia. Eff. Lett., 50 (1980), 39
6) J. B. Roberto, ORNL/TM-8593 (1983)
7) O. Almén and G. Bruce, Nucl. Instr. Methods 11 (1961), p257, 279
8) J. H. Evans, *"Irradiation Effects in Crystalline Solids"*, ed. by J. Gittus, App. Sci. Publishers
9) S. Sass and B. L. Eyre, Phil. Mag. 27 (1973), 1447
10) W. R. Wampler, T. Schober and B. Lengeler, Phil. Mag. 34 (1976), 129
11) J. H. Evans, J. Nucl. Mater. 68 (1977), 128
12) E. P. Eer Nisse and S. T. Picraux, J. Appl. Phys. 48 (1977), 9
13) M. Risch, J. Roth and B. M. V. Scherger, Proc. Inter. Symp. on Plasma Wall Interaction, Jülich, Swiss, 1976, p391
14) W. Bauer, J. Nucl. Mater. 76 & 77 (1978), 3
15) R. R. Vandervoort, E. L. Raymond and C. J. Echer, Rad. Effects 45 (1980), 191
16) International Tokamak Reactor, Zerophase, IAEA, Vienna, 1980
17) C. F. Cheng, C. Y. Cheng, D. R. Diercko and R. W. Weeks, ASTM STP 520 (1973), p355
18) E. E. Bloom, *et al.*, Nucl. Tecnol. 31 (1976), 115
19) 芝清之, 菱沼章道, 遠山晃, 正村克身, JAERI-Tech 97-038, 1997

20) K. Lechtenberg, J. Nucl. Mater. 133 & 134 (1985), 149

21) K. Shiba, M. Enoeda and S. Jitsukawa, J. Nucl. Mater. 329 (2004)

22) K. Shiba, S. Jitsukawa, J. E. Pawel and A. F. Rowcliffe, DOE/ER-0313/15 FRM Semiannual Progress Report, 367-197, 2007

23) J. Rensmana,*, E. Luconb, J. Boskeljona, J. van Hoepena, R. den Boefa, P. ten Piericka, J. Nucl. Mater. 329-333 (2004), 1113

24) E. A. Little and D. A. Stow, J. Nucl. Mater. 87 (1979), 25

25) J. J. Laidler and J. W. Bennett, Nucl. Eng. Inter. 25 (1980), 31

26) G. T. Hahn, A. Gilbert and R. I. Jaffee, *"Refractory Metals and Alloys* II*"*, Metall. Soc. Conf., 1962, Interscience Publ.,, 1963, p23

27) C. V. Owen and T. E. Scott, Metall. Trans. 3 (1972), 1715

28) 諸住正太郎, 町田裕, 日本金屬學會誌 41 (1977), 1256

29) K. Fukumoto, H. Matsui, M. Narui, T. Nagasaka, T. Muroga, J. Nucl. Mater. 335 (2004) 103

30) T. Chuto, M. Satou, A. Hasegawa, K. Abe, T. Muroga, N. Yamamoto, J. Nucl. Mater. 326 (2004), 1

31) B. A. Loomis and G. Wiggins, J. Nucl. Mater. 122 & 123 (1984), 693

32) K. Fukumoto, M. Sugiyama, H. Matsui, J. Nucl. Mater. 367 (2007), 829.

33) H. M. Chung, D. L. Smith, J. Nucl. Mater. 258 - 263 (1998), 1442

34) J. M. Chen, V. M. Chernov, R. J. Kurtz and T. Muroga, J. Nucl. Mater. 417 (2011), 289

35) B. A. Loomis and G. Ayrault, DAFS Oct.-Dec. 1982, Quartary Progress Report, 1982, p194

36) G. Newsome, L. L. Snead, T. Hiniki, Y. Katoh and D. Peters, J. Nucl. Mater. 371 (2007), 71

37) Katoh Yutai, J. Plasma Fusion Res. Vol. 80, No 1 (2004), 12

38) T. Hinoki and A. Kohyama, Annales de chimie science des materiaux, 30[6] (2005), 659

39) T. Hinoki, N. Eiza, S. Son, K. Shimoda, J. Lee and A. Kohyama, Ceramic Engineering & Science Proceedings, 26[2] (2005), 399

40) P. Norajitra, L. Buhler, U. Fischer, S. Gordeev, S. Malang and G. Reimann, Fusion Eng. Des. 69 (2003), 669

41) F. Najmabadi and The ARIES Team, Fusion Eng, Des. 65 (2003), 143

42) G. M. McCracken and P. E. Stott, Nucl. Fusion 19 (1979), 889

43) D. M. Mattox, Thin Solid Films 63 (1979), 213

44) 木村晃彦, プラズマ核融合學會誌 87 (2011), 161

45) 小西哲之, 星野毅, 柴山環樹, 中道勝, 檜木達也, 鈴木晶大, プラズマ核融合學會誌 84 (2008), 646

46) A. Perujo, K. S. Horcey and T. Sample, J. Nucl. Mater. 207 (1993), 86

47) K. S. Forcey, A. Perujo, F. Reiter and P. L. Lolli-Ceroni, J. Nucl. Mater. 200 (1993), 417

48) M. Nakamichi, T. V. Kulsartov, K. Hayashi, S. E. Afanasyev, V. P. Shestakov, Y. V. Chikhray, E. A. Kenzhin and A. N. Kolbaenkov, Fusion. Eng. Des. 82 (2007), 2246

49) D. Levchunk, S. Levchunk, H. Maler, H. Bolt and A. Suzuki, J. Nucl. Mater. 367-370 (2007), 1003

50) P. Yvon, F. Carrè, J. Nucl. Mater. 385 (2009), 217

51) S. J. Zinkle, in: NEA Workshop Proceedings, Karlsruhe, June 4-6, 2007

52) K. L. Murty and I. Charit, J. Nucl. Mater. 383 (2008), 189

53) R. L. Kluek, International Materials Reviews 50 (2005), 287

54) Y. Kurata, M. Futakawa and S. Saito, J. Nucl. Mater. 343 (2005), 333

55) J. P. Robertson, R. L. Klueh, K. Shiba and A. F. Rowcliffe, DOE/ER 0313/23 (1997), p179

56) W. R. Corwin, Nucl. Eng. Technol. 38 (2006), 591

57) S. J. Zinkle, J-L. Boutard, D. Hoelzer, A. Kimura, R. Lindau, G. Odette, M. Rieth, L. Tan, H. Tanigawa, Nucl. Fusion 57 (2017) 092005

58) F. A. Smidt, Jr., J. R. Hawthorne and V. Provenzano, DOE/ER-0045/2 (1980), p163

59) J. L. Sèran, A. Alamo, A. Maillard, H. Touron, J. C. Brachet, P. Dubuisson and O. Rabouille, J. Nucl. Mater. 212-215 (1994), 588

60) I. Kim, B. Y. Choi, C. Y. Kang, T. Okuda, P. Maziasz and K. Miyahara, ISIJ Int. 43 (2003), 1640

61) F. Schubert *et al.*, Nucl. Eng. Des. 78 (1984), 252

62) Y. Kurata and H. Nakajima, J. Nucl. Mater. 228 (1996), 176

63) K. S. Lee, S. Suzuki and S. Morozumi, J. Less-Com. Metals, 99 (1984), 215

64) 李基淳, 諸主正太朗, 日本金屬學會誌 49 (1984), 262

65) Y. Hiraoka, M. Okada and H. Irie, J. Nucl. Mater., 155-157 (1998), 381

66) B. Tabernig, N. Reheis, International Journal of Refractory Metals and Hard Materials, 28 (2010), 728

67) S. Zinkle, J. T. Busby, K. J. Leonard, L. L. Snead, D. T. Hoelzer and T. S. Byun, in: Embedded Topical Meeting – Nuclear Fuels and Structural Materials for the Next Generation Nuclear Reactors, ANS 2006 Annual Meeting, Reno, NV, USA, 2006

68) L. L. Snead, Y. Katoh, A. Kohyama, J. L. Bailey, N. L. Vaughn and R. A. Lowden, J. Nucl. Mater. 283-287 (2000), 551

69) A. Gusev, A. Remple, G. Shveikin, Phys. Chem. 357 (4-6) (1997), 373

70) D. Gosset, M. Dollè, D. Simèone, G. Baldinozzi and L. Thomè, J. Nucl. Mater. 373 (2008), 123

8. 기타 원자로 재료

8.1 중성자 제어재

원자로를 안전하게 가동하기 위해서는 출력을 섬세하게 조정해야 하는데, 원자로 출력은 주로 제어재(control material)의 중성자 흡수에 의해 조정된다. 원자로는 연소도 증가와 온도 상승에 따라 핵반응도가 감소하며, 핵분열생성물인 Xe, Sm의 중성자 흡수에 의해서도 핵반응도가 감소한다. 그러므로 원자로는 이에 대한 보상과 출력 변동 등을 고려하여 중성자의 실효증배율을 1 이상으로, 즉 초과반응도를 갖도록 설계하고 있다. 표 8-1에 각종 원자로의 초과반응도와 제어반응도의 예가 있다.

표 8-1 원자로의 초과반응도와 제어반응도 예[1]

	PWR	BWR	HWR	FBR	GCR
초과 반응도					
• 연소도 보상	~0.17	~0.17	0.15	~0.01	
• 온도 보상	~0.03		0.03	~0.025	
• Xe, Sm 보상	~0.05	~0.08	0.04		
• 기 타			0.03	~0.005	
(계)	~0.25	~0.25	0.25	~0.04	0.04
제어 반응도					
• 제어봉	~0.06	~0.17	0.12	~0.084	0.08
• 액체 첨가제	~0.16		0.16		
• 연소독성물질	~0.07	~0.12			
(계)	~0.29	~0.29	0.28	~0.084	0.08

앞에서도 기술하였지만 원자로는 초과반응도를 갖도록 핵연료를 설계한다. 그러므로 원자로를 안전하게 가동하기 위해서는 초과 반응도를 충분히 제어할 수 있어야 하는데 초과반응도는 제어봉, 냉각재에 첨가하는 액체 첨가제(chemical shim) 그리고 핵연료에 첨가하

는 연소독성물질(burnable poison) 등으로 제어할 수 있다. 중성자 제어재에서 요구하는
주요 특성으로는 우선 열중성자 흡수단면적이 커야 하는데, 표 8-2에 제어재로 사용하고
있는 주요 물질의 열중성자 흡수단면적이 있다.

표 8-2 주요 제어재의 열중성자 흡수단면적

원소	흡수단면적 (barn)	원소	흡수단면적 (barn)
B	755 ± 4	Eu	4,600 ± 400
Ag	62 ± 2	Sm	5,500 ± 200
Cd	2,550 ± 100	Gd	46,000 ± 2,000
In	190 ± 10	Dy	1,100 ± 150
Hf	105 ± 5	Ta	23.1 ± 1.0

제어재의 중성자 흡수는 크게 에너지에 의존하는 $1/v$ 흡수(v는 중성자 속도)와 공명흡
수로 구분되는데, 그림 8-1에 주요 제어재의 중성자에너지에 따른 $1/v$ 흡수단면적과 공
명흡수단면적이 있다. 그림에서 보는 바와 같이 붕소는 전체 에너지 구간에서 $1/v$ 법칙
이 성립하여 에너지의 감소에 따라 흡수단면적이 증가하는데 반하여 Cd, Ag, In 등은 열
중성자 영역에서는 $1/v$ 법칙이 성립하나 에피서멀(epithermal) 영역에서는 공명흡수가 많
이 일어난다.

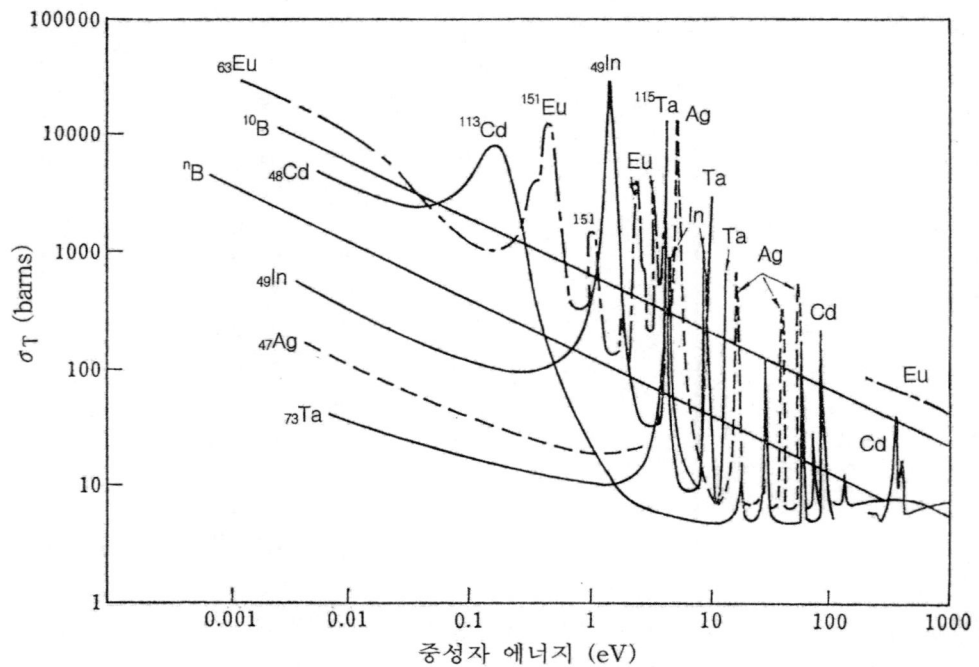

그림 8-1 0.05 eV ~ 100 eV 범위에서 주요 제어재의 중성자 흡수단면적[2]

원자로에서 제어재는 원자로 노형과 용도에 따라 여러 형태로 사용되고 있는데, 표 8-3 에 원자로에서 사용되는 주요 제어재의 종류와 그리고 제어재에서 일어나는 중성자 흡수 반응(핵반응)의 종류가 있다.

표 8-3 원자로에서 사용되는 주요 제어재의 종류 및 핵반응

제어재 종류	원자로	피복재	중성자 흡수 (핵반응)
$^{n}B_4C$ 분말충진, 펠릿	BWR, PWR, HWR	스테인리스강	$1/v$ 흡수, (n, α) 반응
$^{E}B_4C$ 펠릿	FBR	스테인리스강	$1/v$ 흡수, (n, α) 반응
붕소강 (Boron steel)	GCR	강 (steel)	$1/v$ 흡수, (n, α) 반응
B_4C (탄소결합)	HTGR	Alloy 800	$1/v$ 흡수, (n, α) 반응
Ag-In-Cd	PWR	스테인리스강	공명흡수, (n, γ) 반응
Ta	FBR	스테인리스강	(n, γ) 반응
Gd_2O_3 (연소독성물질)	BWR		공명흡수, (n, γ) 반응
H_3BO_3 (액체 첨가제)	PWR		$1/v$ 흡수, (n, α) 반응
$Gd(NO_3)_3$ (액체 첨가제)	HWR		공명흡수, (n, γ) 반응

8.1.1 붕소 및 붕소 화합물

붕소의 동위원소에는 ^{10}B와 ^{11}B가 있으며, 천연붕소(^{n}B)에는 중성자 흡수단면적이 큰 ^{10}B 가 약 20% 함유되어 있다. 붕소의 동위원소 중에서 ^{11}B는 중성자를 거의 흡수하지 않으므로 용도에 따라서는 ^{10}B를 농축하여 사용하는데, 농축붕소는 보통 ^{E}B로 표시하며 고속로에서 제어재로 사용하고 있다. 제어재로 사용되는 붕소는 보통 B_4C의 형태로 사용되는데, B_4C는 화학적으로 안정하여 산 및 알칼리에 잘 부식되지 않는 특성을 갖고 있다. 그러나 500℃ 이상으로 온도가 상승하면 산화가 일어나기 시작하여 표면에 산화물 B_2O_3가 생성된다. B_4C는 우수한 제어재의 하나로 경수로와 고속로에서 제어봉으로 사용하고 있다.

B_4C 제어봉은 스테인리스강 피복재에 B_4C 분말을 장전하여 압착하는 스웨징(swaging) 방법 또는 B_4C 소결체를 스테인리스강 피복관에 장전하는 방법으로 제조하는데, 비등경수로의 제어봉은 스웨징 방법으로 그리고 가압경수로와 고속로의 제어봉은 소결체를 피복관에 장전하는 방법으로 제조한다. B_4C 분말을 판상의 피복재에 주입하여 스웨징 방법으로 제조하면 (n, α) 반응에서 생성되는 He가 쉽게 유출되므로 스웰링이 일어나지 않는다. 한편 B_4C 소결체의 경우는 400℃ 이하에서는 He의 확산이 활발하게 일어나지 못하므로 스웰링이 크게 일어나지 않지만 그 이상의 온도에서는 He의 확산이 활발하게 일어나서 기포를 성장시키므로 그림 8-2에서 보는 바와 같이 스웰링이 급격하게 증가한다. 다만 500℃ 이상에서는 온도에 따라 스웰링이 증가한다는 연구결과가 있는가 하면 반대로 감소한다는 연구 결과도 보고되고 있다.

B_4C 소결체의 제조방법에는 핫프레스(hot press)법과 소결법이 사용되고 있다. 핫프레스법은 2,000~2,200℃의 고온에서 흑연 틀(die)에 B_4C 분말을 주입 후 높은 압력으로 가압하여 제조하는데, 거의 이론밀도에 가까운 밀도를 얻을 수 있으므로 고밀도 소결체를

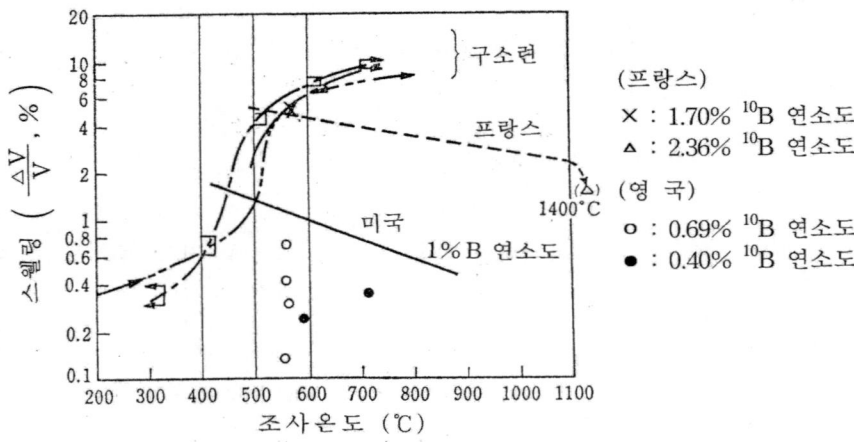

그림 8-2 고속로에서 조사시킨 B₄C 소결체의 조사온도에 따른 스웰링[3]

제조하는 경우에 사용한다. 한편 소결법은 1,700℃ 이상에서 소결하는데, 소결온도가 낮으면 소결체에 유리탄소가 남아 있으며 반대로 높은 온도에서 장시간 소결하면 붕소가 휘발되므로 B/C 비가 낮아진다. 그러므로 B₄C 소결체의 제조에서는 소결온도가 대단히 중요하다. 앞에서도 기술하였지만 B₄C 소결체의 스웰링은 ^{10}B의 (n, α) 반응에서 생성되는 He의 유출률과 밀접한 관계가 있으며 제어봉에 적합한 B₄C 소결체의 밀도는 이론밀도의 92% 정도로 보고 있다.

원자로를 기동하거나 정지할 때는 제어봉을 원자로 노심에 삽입하거나 또는 노심에서 인출하는 방법을 사용한다. 그러나 원자로의 출력 변동이 크지 않은 경우에도 일일이 제어봉을 구동시켜 원자로 출력을 조정하기에는 운전상의 어려움뿐만 아니라, 제어봉 주위에서 중성자속(neutron flux)의 분포도 균일하지 않으므로 전체적으로 보면 원자로의 출력밀도가 감소한다. 그러므로 가압경수로에서는 열중성자 흡수단면적이 큰 붕산(H₃BO₃)을 냉각재에 첨가하여 냉각재의 붕소 농도를 조절하는 방법으로 원자로 출력을 제어하고 있다.

8.1.2 하프늄

하프늄은 지르코늄과 같은 족의 원소로 화학적 성질이 지르코늄과 비슷하여 수소화가 잘 일어나는데, 일단 수소화가 일어나면 체적이 크게 팽창하므로 건전성에 문제를 줄 수 있다. 하프늄의 물리적 성질이 표 8-4에 있다.

표 8-4 하프늄의 물리적 성질

결정구조	융 점	밀 도 (20℃)	열전도도[a] (300℃)	열팽창계수 (0~1,000℃)
α (hcp): < ~1,700℃ β (bcc): > ~1,700℃	2,150℃	13.29 g/cm³	0.210 W/cm·℃	5.9×10⁻⁶/℃

a) Hf-2wt%Zr

하프늄의 중성자 흡수단면적은 표 8-2에서 보는 바와 같이 다른 제어재에 비해 떨어지지만 그림 8-3에서 보는 바와 같이 에피서멀(epithermal) 중성자에 대해 다수의 공명흡수 피크를 갖고 있으므로 경수로의 제어재로서 우수한 핵적 특성을 갖고 있다. 이러한 핵적 특성으로 원자로 개발 초기에 가압경수로에서는 하프늄을 제어봉으로 사용하려는 시도가 있었으나 당시에는 가격이 비싸므로 Ag-In-Cd 합금으로 대체하였다.

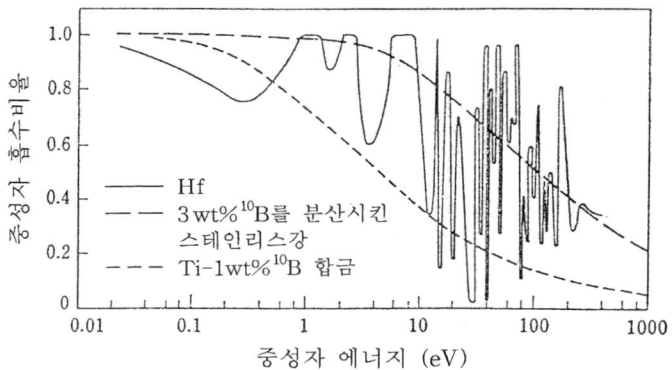

그림 8-3 두께 5 mm의 흡수재에 의한 중성자 흡수 비율[4]

그러나 지르코늄 합금이 핵연료 피복관으로 사용되면서 지르코늄 제련에서 하프늄이 부산물로 생산되어 가압경수로에서는 다시 하프늄을 제어봉으로 사용하려는 계획이 추진되었다. 그러나 수소화에 의한 벌질(bulging) 문제로 사용을 포기하였으며 다만 연구용 원자로의 일부에서 하프늄을 제어봉으로 사용하고 있는데, 한국원자력연구원에 설치된 연구용 원자로인 하나로(HANARO, High Flux Neutron Application Reactor)에서도 하프늄을 제어봉으로 사용하고 있다.

하프늄은 지르코늄보다 내식성이 우수하여 950℃에서 2시간을 산화시켜도 산화막의 두께는 약 $4\,\mu$m 정도에 불과하며[5], 고온수 및 고온 증기에서도 우수한 내식성을 갖고 있다. 한편 수소화의 경우는 표면에 산화막이 형성되면 수소가 침투하기 어려우므로 잘 일어나지 못하지만 산화막이 없으면 수소 침투가 용이하여 수소화가 잘 일어난다. 그러므로 표면을 산화시킨 하프늄을 피복관에 넣어 사용하는 경우에도 제어봉의 진동 등으로 접촉 마찰이 일어나서 산화막이 파괴되면 피복관을 통과하여 침투한 수소를 흡수하여 수소화를 일으키므로 문제가 될 수 있다.

실제로 가압경수로에서 B_4C 소결체와 하프늄 봉을 304SS 피복관에 넣은 하이브리드(hybrid) 제어봉을 사용한 결과에 의하면, 하프늄 봉과 B_4C 소결체의 접촉면에서 하프늄의 수소화에 의한 스웰링으로 제어봉이 국부적으로 팽창하는 벌징이 일어난다[6,7]. 이러한 현상이 크게 일어나면, 제어봉을 연료집합체에 삽입 또는 인출할 때 안내관과 접촉 마찰에 의해 벌징 부위가 마모되어 제어봉이 파손될 위험이 있으므로 가압경수로에서 하프늄을 제어봉으로 사용하는 것은 문제가 있다.

8.1.3 카드뮴

카드뮴은 Zn, Pb, Cu의 제련시에 부산물로 생산되며 제반 특성도 Zn과 비슷하다. 카드뮴은 연한 금속으로 융점이 321℃에 불과하여 고온에서는 사용하지 못하고 가동온도가 낮은 연구용 원자로에서 제어봉으로 사용하고 있다. 카드뮴의 물리적 특성이 표 8-5에 있다.

표 8-5 카드뮴의 물리적 성질

결정구조	융 점	밀 도 (20℃)	열전도도 (20℃)	열팽창계수 (100℃)
hcp a : 2.9787Å c : 3.6173Å	321℃	8.65 g/cm³	0.20 cal/cm · ℃	31.8×10⁻⁶/℃

카드뮴은 표 8-6에서 보는 바와 같이 ^{113}Cd를 제외하면 중성자 흡수단면적이 상당히 작은데, 천연카드뮴에서 중성자 흡수단면적이 큰 ^{113}Cd는 12.2 at%에 불과하므로 천연카드뮴의 중성자 흡수단면적은 약 2,550 barn에 불과하다. ^{113}Cd의 중성자 흡수단면적은 그림 8-1에서 보는 바와 같이 0.18 eV 이상에서는 상당히 작으며, 주로 열중성자 영역에 집중되어 있다.

표 8-6 카드뮴 동위원소의 중성자 흡수단면적

동위원소	^{106}Cd	^{108}Cd	^{110}Cd	^{111}Cd	^{112}Cd	^{113}Cd	^{114}Cd	^{116}Cd
흡수단면적 (barns)	1.0	2.0	0.2	–	0.3	20,800	0.14	1.5

그러므로 카드뮴을 제어봉으로 오랜 기간 사용하면 ^{113}Cd와 열중성자의 반응으로 ^{113}Cd의 감소가 크게 일어난다. 이러한 핵적 특성을 고려하면, 카드뮴이 제어재로서 우수하다고 볼 수 없다. 그러나 카드뮴은 가격이 저렴하고 가공성도 양호하여 가동 온도가 낮은 연구용 원자로에서 제어봉으로 사용하고 있다. 카드뮴은 내식성이 불량하므로 알루미늄 또는 스테인리스강으로 피복하여 사용한다.

8.1.4 Ag-In-Cd 합금

Cd는 융점이 낮으며 중성자 흡수단면적도 그림 8-1에서 보는 바와 같이 열중성자 영역에 집중되어 있다. 그러므로 발전용 원자로에서는 Cd를 단독으로 사용하지 못하고 제어봉의 합금원소로 사용하고 있는데, 대표적인 합금으로 Ag-In-Cd 합금이 있다. 이 합금은 가압경수로 개발 초기에 Hf 제어봉의 대체 합금으로 개발되었으며, Ag-In 합금의 열중성자 흡수능을 개선하기 위해 Cd를 첨가하였다. 그림 8-4에 중성자에너지에 따른 Ag, In, Cd의 중성자 흡수 비율과 그리고 이들 원소를 동일한 비율로 혼합한 경우의 흡수 비율이 있다.

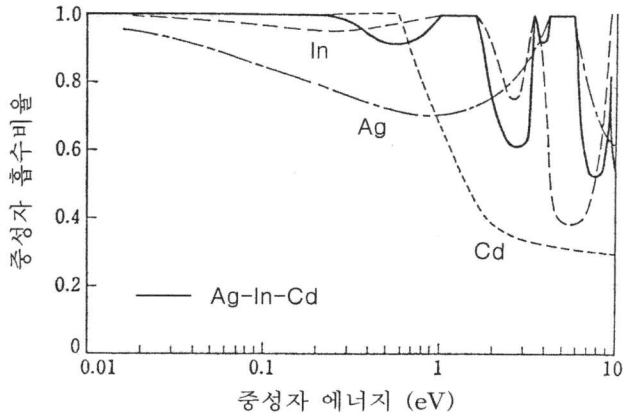

그림 8-4 Ag, In, Cd 및 Ag-In-Cd(1:1:1) 혼합물의 중성자 흡수 특성[8)]

Cd는 중성자 흡수에 의해 마모가 크게 일어나므로 핵반응도 관점에서 많은 양을 첨가
할 수 없다. 그리고 Ag-In-Cd 합금을 상변태 없이 fcc 단상 구조에서 사용하기 위해서도
Cd를 많이 첨가할 수 없다. 이러한 점을 고려하여 Ag-In 합금에 Cd를 5 wt% 정도 첨가
한 합금이 가압경수로에서 제어봉으로 사용하고 있는 Ag-15w/oIn-5w/oCd 합금이다. 이
합금은 융점이 775~825℃ 범위에 있으며 사용기간, 즉 조사량에 따라 반응도가 감소하는
데 감소는 주로 (n, γ) 반응에 따른 ^{113}Cd의 감소에 의해 일어난다.

8.1.5 희토류 원소 산화물

Eu, Gd, Dy 등 희토류 원소는 가격은 비싸지만, 중성자 흡수단면적이 크므로 제어재로
사용하고 있다. 원자로에서 희토류 원소는 제어봉보다는 핵연료에 첨가하는 연소독성물질
(burnable poison)로 사용되고 있으며, 중성자를 흡수하여 핵반응이 일어나면 중성자 흡수
단면적이 작은 다른 핵종으로 변환되는 특성을 갖고 있다. 그러므로 회토류 원소는 원자
로 가동기간 중에 중성자속과 원자로 출력을 평탄하게 유지시키는 기능이 있다.

연소독성물질인 Eu, Gd, Dy는 산화물인 Eu_2O_3, Gd_2O_3, Dy_2O_3의 형태로 사용되는데,
Gd_2O_3는 경수로에서 UO_2 연료에 연소독성물질로 첨가하며, Dy_2O_3는 연료봉의 끝단에 장
전하는 연료 소결체에 소량 첨가하고 있다. 이 외에도 CANDU 원자로에서는 Gd를 질산
가돌리움($Gd(NO_3)_3$)의 형태로 감속재에 첨가하여 원자로 출력 제어에 사용하고 있다.

8.2 감속재 및 반사체

감속재(moderator)의 주기능은 고속중성자를 감속시켜 열중성자로 만드는 것이며, 반사
체(reflector)의 주기능은 원자로 노심에서 외부로 누설되는 중성자를 다시 노심으로 반사
시켜 노심의 중성자 밀도를 높이는데 있다. 원자로에서 요구하는 감속재의 중요한 조건

을 열거하면 아래와 같다.

    (1) 중성자와 질량 차이가 작아서 에너지 전달률이 클 것
    (2) 중성자 흡수단면적이 작고, 산란단면적은 클 것

  이러한 감속재의 요구 조건에 부합되는 재료가 경수(H_2O), 중수(D_2O), 흑연 등이며, 반사체의 조건에 합당한 재료로는 흑연과 베릴륨이 있다. 표 8-7에 주요 감속재와 반사체의 특성이 있다.

표 8-7 주요 감속재 및 반사체의 물리적 및 핵적 특성

재 료	H_2O	D_2O	흑 연	Be
원자(분자)질량, amu	18	20	12	9
밀도, g/cm^3	1.00	1.10	1.70	1.84
열전도도, $cal/cm \cdot sec \cdot ℃$	1.43×10^{-3}	1.45×10^{-3}	$0.3 \sim 0.5$	0.4
에피서말(epithermal) 중성자				
• 산란단면적, σ_s (barns)	44.4	10.5	4.7	6.1
• 거시산란단면적, Σ_s (cm^{-1})	1.47	0.35	0.38	0.79
열중성자				
• 흡수단면적, σ_a (barns)	0.66	0.0011	0.0045	0.009
• 거시흡수단면적, Σ_a (cm^{-1})	0.022	36×10^{-6}	0.00036	0.0011
감속능, $\zeta\Sigma_s$ (cm^{-1})	1.36	0.18	0.16	0.060
감속비, $\zeta\Sigma_s/\Sigma_a$	62	5,000	165	148

8.2.1 경수 및 중수

  수소에는 3개의 동위원소, 즉 수소(^1H), 중수소(^2D) 그리고 삼중수소(^3T)가 있다. 중성자가 감속재 원자와 충돌할 때 감속재 원자에게 전달하는 에너지의 전달률은 1장의 식 (1.17)에서 보는 바와 같이 중성자와 질량 차이가 작을수록 크며 그리고 중성자 산란단면적이 클수록 감속재로서 우수하다. 수소는 질량이 중성자와 같은 동시에 산란단면적도 크므로 경수(H_2O)는 표 8-7에서 보는 바와 같이 다른 감속재에 비해 감속능(slowing down power, $\zeta\Sigma_s$)이 크지만 반면에 중성자 흡수단면적이 다른 감속재에 비해 아주 크므로 중성자 감속비(moderating ratio, $\zeta\Sigma_s/\Sigma_a$)는 중수나 흑연 등 다른 감속재보다 떨어진다. 그러나 경수는 취급이 편리하고 가격도 저렴하므로 대부분의 발전용 원자로에서 감속재와 냉각재로 사용하고 있다.

  중수(D_2O)는 중수소가 수소보다 질량이 2배이고 중성자 산란단면적은 4분의 1에 불과하므로 감속능이 경수에 비해 작다. 그러나 중수는 열중성자 흡수단면적이 경수의 600분의 1에 불과하므로 에너지 감속비는 중수가 상당히 커서, 순수한 중수는 경수보다 150배 이상 그리고 불순물로 경수를 0.2 at% 함유한 중수도 경수에 비해 30배 정도 크다[9]. 그러므로 원자로에서 중수를 감속재로 사용하면 열중성자 경제성이 크게 향상되어 천연우라늄을 연료로 사용할 수 있다.

8.2.2 흑 연

흑연은 가스냉각로에서 감속재와 반사체로 사용되고 있는데, 감속재로서 흑연의 장점을 열거해 보면, (1) 흡수단면적이 작은 반면에 산란단면적이 커서 중성자의 감속능이 우수하고, (2) 고온으로 갈수록 강도가 증가하며 그리고 (3) 공업적으로 대량 생산이 가능하여 가격이 저렴한 점 등을 들 수 있다. 이러한 장점 때문에 가스냉각로는 개발 초기부터 흑연을 감속재와 반사체로 사용하였는데, 원자로급 흑연은 일반 공업용 흑연과는 달리 불순물 특히 열중성자 흡수단면적이 큰 붕소나 카드뮴의 함유량이 적어야 하므로 엄격하게 함유량을 규제하고 있다.

흑연은 압력이 아주 높지 않으면 액화되지 못하고 바로 기화되므로 용해시키는 방법으로는 제조하지 못하고 분말야금법으로 제조한다. 즉 코크스 원료와 결합제(binder)를 균질하게 혼합하여 성형체를 만들고 이 성형체를 고온에서 소성하여 흑연을 제조한다. 다만 원자로급 흑연은 고순도, 고밀도, 등방성, 가공성 등이 요구되므로 원료 선정과 제조공정에 세심한 주의가 필요하다. 흑연 제조에서는 일반적으로 대형물의 경우에는 큰 입자의 코크스를 그리고 소형물의 경우에는 작은 입자의 코크스를 사용하고 있지만 원자로급 흑연은 정밀가공이 요구되는 경우가 많으므로 작은 입자의 코크스를 원료로 사용하고 있다. 그리고 원자로급 흑연은 높은 순도가 요구되므로 코크스도 불순물이 적은 코크스, 특히 카드뮴이나 붕소와 같은 불순물을 적게 함유한 코크스를 사용해야 한다. 이 외에도 원자로에서 일어나는 흑연 마모는 방사선 강도와 기공률에 비례하여 증가하므로 원자로급 흑연의 제조에서는 가능한 한 기공의 함유량을 낮추고 있다.

8.2.3 베릴륨

베릴륨은 비중이 $1.8445 \, g/cm^3$으로 알루미늄의 약 75%에 불과할 정도로 아주 가벼운 금속인데, 탄성계수가 높고 고온에서 기계적 성질도 우수하다. 베릴륨은 중성자 흡수단면적이 작은 반면에 산란단면적은 비교적 크므로 중성자 반사능이 우수하여 높은 중성자속이 요구되는 연구용 원자로에서 반사체로 사용하고 있다. 베릴륨은 인체에 아주 유해한 금속으로 흡입하면 호흡기 계통에 큰 장해를 일으키므로 제조와 취급에 많은 주의가 요구된다.

베릴륨은 주로 분말성형법으로 제조하는데, 우선 진공에서 용해시킨 베릴륨 잉곳을 절삭·분쇄하여 약 200 mesh의 분말로 만들고 이 분말을 흑연 틀(die)에 주입하여 1,050℃의 고온에서 높은 압력으로 가압하여 블록을 만든다. 이러한 제조법을 핫프레스(hot press) 성형법이라 하는데, 거의 이론밀도에 가까운 높은 밀도를 얻을 수 있다. 베릴륨은 연성이 불량한 금속으로 상온에서는 가공이 어려워 보통 500~900℃ 또는 1,000~1,100℃에서 판, 봉, 관 등으로 가공하는데, 고온에서 가공하는 경우에는 산화를 방지하기 위해 연강(mild steel) 등으로 피복하여 가공한다. 베릴륨은 고온에서 산소와 친화성이 좋아서 산화가 잘 일어나므로 용접시에는 불활성 분위기 또는 진공 중에서 용접해야 한다.

베릴륨은 내식성이 양호한 금속의 하나로 산소 분위기에서도 650℃까지는 산화막이 보호되어 산화가 진행되지 않는다. 그러나 750℃부터는 산화막이 모재에서 떨어져 나가는 소위 산화막의 이탈 현상이 일어나서 표면과 산소의 접촉이 증가하므로 산화가 빠르게 진행된다. 한편 수중에서의 베릴륨 내식성은 온도, 용해 이온, pH 등에 영향을 받으며, Cl^-(1~10 ppm), SO_4^{2-}(5~15 ppm), Cu^{2+}(0.1~5 ppm), Fe^{2+}(1~10 ppm) 등의 이온이 함유되어 있으면 내식성이 악화된다[10].

8.3 냉각재

원자로에서 냉각재의 주 기능은 노심에서 발생하는 대량의 열을 외부로 운반하여 노심을 효율적으로 냉각시키는데 있다. 따라서 냉각재에서 요구하는 특성을 열거해 보면 아래와 같다.

(1) 중성자 흡수단면적이 작은 동시에 유도방사능이 작을 것. 단, 고속로 냉각재는 중성자 흡수단면적을 고려하지 않는다.
(2) 열전도도가 크고 잠열이 커서 열전달능이 좋을 것. 특히 고속로는 노심 온도와 출력밀도가 높으므로 열전달능이 중요하다.
(3) 낮은 압력에서 고온을 얻을 수 있도록 비등점이 높을 것
(4) 화학적으로 안정하여 연료 피복재나 노심 구조재와 양립성이 좋을 것
(5) 융점이 낮아서 원자로 정지상태에서 제거가 간단할 것

냉각재는 위에서 요구하는 조건 외에도 냉각재 순환펌프의 가동전력을 줄이기 위하여 낮은 밀도와 낮은 점성이 요구되며, 경제적인 측면에서 저렴한 가격이 요구되는데, 이러한 요구 조건에 부합되는 재료로 경수(H_2O), 중수(D_2O), CO_2, He, Na, NaK 그리고 각종 염(salt) 등이 있다. 현재 원자로에서 사용하고 있는 주요 냉각재의 핵적, 물리적, 열적 특성이 표 8-8에 그리고 원자로 노형에 따른 냉각재 및 냉각재 관리기준의 예가 표 8-9에 있다.

표 8-8 주요 냉각재의 핵적, 물리적, 열적 특성

냉 각 재	$H_2O^{a)}$	$D_2O^{a)}$	$CO_2^{b)}$	$He^{b)}$	$Na^{c)}$
유도방사능	^3T, ^{16}N	^3T, ^{16}N	^{14}C, ^{16}N		^{24}Na
융점 (℃)	0	3.8			97.8
비등점 (℃)	100	101			881
밀도 (g/cm³)	0.712	0.77	2.8×10^{-3}	2.4×10^{-3}	0.832
정압비열 (cal/g·℃)	1.36	1.48	0.28	1.26	0.302
열전도도 (cal/cm·sec·℃)	1.28×10^{-3}	1.28×10^{-3}	1.4×10^{-4}	6.6×10^{-4}	0.161

a) 300℃의 포화수(saturated water)에서의 값
b) 500℃, 50 atm에서의 값
c) 500℃, 1 atm에서의 값

표 8-9 원자로 노형에 따른 냉각재 및 냉각재 관리기준의 예

원자로	PWR[11]	BWR[12]	HWR[13]	FBR[14]	HTGR[14]
냉각재	H_2O	H_2O	H_2O	Na	He
순 도	pH $4.5\sim10.5$ H $15\sim50$ cc/kg O ≤0.1 ppm B ≤2200 ppm Li $0.2\sim2.2$ ppm Cl ≤0.15 ppm F ≤0.15 ppm	pH $5.6\sim8.6$ Cl <0.1 ppm	pH $10.2\sim10.8$ H $3\sim10$ cc/kg O <0.01 ppm Li $0.35\sim1.4$ ppm Cl <0.2 ppm F <0.1 ppm	H <2 ppm O $<5\sim10$ ppm C $<15\sim25$ ppm	H_2O <0.5 ppm H_2 <9 ppm O_2 ~0 ppm CO_2 ~2 ppm CO <10 ppm N_2 <10 ppm CH_4 <2 ppm H/H_2O $\sim10^2$

8.3.1 경수 및 중수 냉각재

경수는 열전달능이 좋으며 취급이 간편할 뿐만 아니라 가격도 저렴한 경제적인 냉각재로 발전용 원자로의 90% 정도가 경수를 냉각재와 감속재로 사용하고 있다. 한편 중수는 가격은 비싸지만 중성자 감속비(moderating ratio, $\zeta \Sigma_s/\Sigma_a$)가 우수하여 천연우라늄을 연료로 사용하는 중수로에서 감속재와 냉각재로 사용하고 있다. 경수와 중수는 원자로에서 방사선에 의해 분해가 일어나서 용존산소, 용존수소, 라디칼(radical, OH)을 발생시켜 노심내 장치와 1차냉각계통의 부식을 촉진시킨다. 특히 중수의 경우는 방사선에 의해 분해되어 중수소가 생성되며, 생성된 중수소는 (n, γ) 반응에 의해 삼중수소로 핵변환되는데 삼중수소는 반감기가 12.3년으로 β선을 방출하는 방사성 핵종이다. 그러므로 중수로의 냉각재 관리에서는 방사선 안전관리를 위해 삼중수소의 제거가 대단히 중요하다.

8.3.2 CO_2 냉각재

기체 냉각재의 장점으로는 안전성과 취급 편리성을 들 수 있는데, 특히 CO_2는 열전달능이 우수한 동시에 흑연과 양립성이 좋으며 가격도 저넘하여 가스냉각로(GCR)의 개발 초기부터 냉각재로 사용하였다. CO_2와 흑연 사이에 일어나는 반응은 600℃ 이하에서는 무시되지만, 원자로와 같은 방사선 분위기에서는 600℃ 이하에서도 아래와 같은 반응이 일어나서 CO를 생성하므로 흑연을 마모시킨다. 그러나 가스냉각로나 개량형 가스냉각로(ATR)의 가동 온도에서는 반응이 활발하게 일어나지 않으므로 CO_2를 냉각재로 사용해도 건전성에 문제가 없다.

$$CO_2 \rightarrow CO_2^* \text{ (들뜸 상태)}$$
$$CO_2^* + C \rightleftharpoons 2CO$$

CO_2 냉각재는 원자로 가동기간에 따라 방사화가 일어나서 방사능이 높아지는 문제가 있는데, CO_2 냉각재에서 일어나는 방사화는 크게 두 과정이 있다. 그중 하나는 CO_2에 함유된 ^{16}O이 (n, p) 반응으로 ^{16}N으로 핵변환되어 일어나는 방사화이고 다른 하나는 연료 교체시 냉각재에 유입되는 공기 중의 ^{14}N과 ^{40}Ar이 (n, p) 반응과 (n, γ) 반응에 의해 ^{14}C와

^{41}Ar로 핵변환되어 일어나는 방사화인데, ^{41}Ar과 ^{16}N은 반감기가 각각 111분과 7.5초에 불과하므로 CO_2의 방사능을 높이는데 미치는 영향이 크지 않다. 그러나 ^{14}C는 반감기가 5730년이나 되므로 CO_2 냉각재의 방사능을 높이는데 결정적인 역할을 한다.

8.3.3 He 냉각재

CO_2는 불활성이고 가격도 저렴하여 냉각재로 좋은 조건을 갖고 있지만 600℃ 이상에서는 흑연과의 반응을 무시할 수 없다. 그러므로 고온가스로와 같이 냉각재 온도가 750℃ 이상인 경우에는 냉각재로 사용할 수 없다. 따라서 고온가스로(HTGR)나 초고온가스로 (VHTR)에서는 가격은 비싸지만 고온의 방사선 분위기에서 안정성이 좋은 He를 냉각재로 사용한다. He는 불활성 기체로 열전달률이 우수하고 밀도가 작으므로 냉각재 순환계통의 펌프 용량을 줄일 수 있는 장점이 있다. 이 외에도 He는 중성자 흡수단면적이 작아서 유도방사능이 작으며, 연료나 노심 구조물과 양립성도 우수하다.

고온가스로에서 He 냉각재는 순도관리가 중요한데, He에 함유되는 불순물로는 연료에서 유출되는 핵분열생성물과 공기, 수분 등의 유입에 의한 화학적 불순물이 있다. 고온가스로의 피복입자 연료는 핵분열생성물의 유출률이 $10^{-5} \sim 10^{-4}$ 범위에 있으므로 연료에서 유출되는 핵분열생성물의 제거를 위해 냉각재 순환계통에는 정화장치가 필요하다.

8.3.4 Na 냉각재

고속로는 핵분열에 고속중성자를 이용하므로 중성자를 감속시키는 감속재가 필요하지 않다. 이에 따라 원자로 노심을 밀집시킬 수 있으므로 노심이 작아지는 반면에 출력밀도가 높아서 단위 체적당 많은 열이 발생한다. 그러므로 고속로는 노심의 효율적인 냉각을 위해 열전달능이 좋은, 즉 열전도도가 높고 잠열이 큰 액체금속을 냉각재로 사용하는데, 액체금속 냉각재에서 요구하는 조건을 열거하면 아래와 같다.

    (1) 열전도도가 높고 잠열이 커서 열전달능이 좋을 것
    (2) 융점이 낮고 비등점은 높을 것
    (3) 중성자 흡수단면적이 작을 것
    (4) 화학적으로 안정하여 노심 구조재와 양립성이 좋을 것

이러한 요구 조건에 부합되는 액체금속으로는 Na, NaK, Bi, Pb 등이 있는데, 이 중에서 Na는 열전도도와 잠열이 커서 열전달능이 우수하며 중성자 흡수단면적도 0.48 barn에 불과하다. 그러므로 Na는 고속로 냉각재로 적합한 특성을 많이 갖고 있는데, 주요 특성을 열거해 보면 아래와 같다.

    (1) 열전도도가 높아서 좋은 열전달 매체가 된다.
    (2) 비중이 1 이하로 가벼워서 냉각재 순환펌프의 구동력이 작아도 된다.
    (3) 점성계수가 작아서 유동성이 좋다.
    (4) 융점이 97.8℃ 그리고 비등점이 881℃로 가압하지 않아도 비등이 일어나지 않으므로 넓은 온도 범위에 걸쳐 사용할 수 있다.

(5) 산소의 함유량이 10 ppm 이하이면 Fe, Ni, Cr, Co 등과 공존성이 좋다. 그러므로 노심 구조재인 스테인리스강, Cr강, Ni 합금 등과 양립성이 좋다.

(6) U, Pu, Th 등 금속연료 및 그들의 산화물, 탄화물, 질화물 연료와 공존성이 좋다.

(7) 화화적으로 독성이 없으며 조사손상도 일어나지 않는다.

그러나 Na는 위에서 열거한 좋은 특성이 있는 반면에 냉각재로서 불리한 성질도 갖고 있는데, 냉각재로서 불리한 성질은 아래와 같다.

(1) 융점이 97.8℃로 상온보다 높아서 원자로 가동을 중지하면 응고가 일어난다. 그러므로 Na 순환계통에는 가열장치가 필요하다.

(2) 화학적으로 활성이 강하여 물·증기와 격렬한 발열반응을 일으키므로 취급에 많은 불편이 있다.

(3) ^{23}Na가 (n, γ) 반응으로 반감기 15시간인 ^{24}Na로 핵변환되어 방사선을 방출하므로 1차냉각계통의 방사선 준위가 높다. 그러므로 1차냉각계통을 원자로 외부에 설치하는 루프형 고속로의 경우에는 냉각재 탱크, 배관, 펌프, 중간열교환기 등에 방사선 차폐가 필요하다.

앞에서도 기술하였지만 Na는 활성이 강하므로 제조공정에서는 물론이고 냉각재로 사용하는 경우에도 순도 관리가 대단히 중요하다. 특히 Na에 물이나 습기가 유입되면 격렬한 발열반응이 일어나므로 물이나 습기가 유입되지 않도록 적극적으로 관리해야 한다.

참고 문헌

1) 長谷川正義, 三島良積 監修, "原子爐材料 ハンドブック", 日刊工業新聞社, 東京, 1977, p395

2) D. J. Hughes and R. B. Schwartz, BNL 325 (1967)

3) 秋元, 植松, 日本原子力學會誌 16(3) (1973), 128

4) R. W. Dayton, BMI 1196 (1957)

5) L. B. Prus, in "Reactor Handbook", ed. by C. R. Tipton Jr., 2nd ed., Chap. 36, Interscience Publ., N.Y., 1960, p783

6) 민덕기, 이기순 등, "고리원자력 3호기 손상제어봉 핫셀시험", KAERI/TR/141/89 (1989)

7) W. J. Johnson, Letter to C. E. Rossi, NS-NRC-88-3389 (1988)

8) H. E. Stevens, Nucl. Sci. Eng. 4 (1958), 373

9) F. J. Rahn, A. G. Adamantiades, J. E. Kenton and C. Braun, "A Guide To Nuclear Power Technology", Hohn Wiley & Sons Inc., N.Y., 1984, p439

10) C. R. Tipton, in "Reactor Handbook", ed. by C. R. Tipton Jr., 2nd ed., Interscience Publ., N.Y., 1960

11) 한국전력공사, "울진 3, 4호기(한울 3, 4호기로 개명) 최종안전성분석보고서 (FSAR)", 1997

12) Y. Mishima, IAEA Specialists' Meeting on Influence of Water Chemistry on Fuel Element Cladding Behavior in Water Cooled Power Reactors, Leningrad, USSR, June, 1983

13) 한국전력공사, "월성 3, 4호기 최종안전성분석보고서 (FSAR)", 1997

14) 長谷川正義, 三島良積 監修, "原子爐材料 ヘンドブック", 日刊工業新聞社, 東京, 1977, p452

부록 : 주요 원자로 재료 규격

A-1 압력용기용 저합금강 및 용접금속

	ASTM 규격	화학조성 (wt%)										항복강도 (MPa)	인장강도 (MPa)	변형율 (%)
		C	Mn	P	S	Si	Ni	Cr	Mo	V	Cu			
압연강판	A302B	≤0.25	1.15–1.50	≤0.035	≤0.040	0.15–0.30			0.45–0.60			≥345	550–690	≥15.0
	A533B Cl.1	≤0.25	1.15–1.50	≤0.035	≤0.040	0.15–0.30	0.40–0.70		0.45–0.60			≥345	550–690	≥18.0
	Cl.2	"	"	"	"	"	"		"			≥345	620–795	≥16.0
단조품	A508 Gr.1	≤0.35	0.40–1.05	≤0.025	≤0.025	≤0.40	≤0.40	≤0.25	≤0.10	≤0.05	≤0.20	≥345	485–655	≥20.0
	Gr.1a	≤0.30	0.70–1.35	"	"	"	≤0.40	≤0.25	≤0.10	"	"			
	Gr.2	≤0.27	0.50–1.00	≤0.015	"	"	0.50–1.00	0.25–0.45	0.55–0.70	"	"	Cl.1 ≥345 Cl.2 ≥450	Cl.1 550–725 Cl.2 620–795	≥18.0 ≥16.0
	Gr.3	≤0.25	1.20–1.50	"	"	"	0.40–1.00	≤0.25	0.45–0.60	"	"	Cl.1 ≥345 Cl.2 ≥450	Cl.1 550–725 Cl.2 620–795	≥18.0 ≥16.0
	Gr.4N	≤0.23	0.20–0.40	≤0.020	≤0.020	"	2.8–3.9	1.50–2.00	0.45–0.60	"	≤0.25	Cl.1 ≥585 Cl.2 ≥690	725–895 795–965	≥18.0 ≥16.0
용접금속	ASME II, Part C SFA5.23 F3	≤0.17	1.25–2.25	≤0.030	≤0.030	≤0.80	0.70–1.10	0.60	0.40–0.65		≤0.35			
	ASME II, Part C SFA5.23 F4	"	1.60	"	≤0.035	"	0.40–0.80	0.60	0.25	T+V+Zr ≤0.35	"			

(주) • A533B   : 노심영역 (core beltline region)은 Cu ≤0.10%, P ≤0.012%, S ≤0.015%, V ≤0.05%로 제한
 • A508 Gr.3 : 노심영역은 Cu ≤0.10%, P ≤0.012%, S ≤0.015%로 제한

A-2 지르코늄 합금

종류	ASTM규격	표준조성 (wt%)								불순물(wt ppm)
		Sn	Fe	Cr	Ni	Fe+Cr	Fe+Cr+Ni	Nb	O	
Zircaloy-2	B353 (R60802)	1.20– 1.70	0.07– 0.20	0.05– 0.15	0.03– 0.08		0.18– 0.38		구매자 선택사항	Al <75 Co<20 Mg<20 Si<120 B <0.5 Cu<50 Mn<50 Ti<50 C <270 H <25 Mo<50 W <100 Cd<0.5 Hf <100 N<65 U(total)<3.5
Zircaloy-4	B353 (R60804)	1.20– 1.70	0.18– 0.24	0.07– 0.13		0.28– 0.37			구매자 선택사항	Zircaloy-2 불순물에 Ni <70 추가
Zirlo		1	0.1	0.1				1	0.12	
Low Sn Zirlo		0.7	0.1					1	0.12	
HANA-4		0.4	0.2	0.1				1.5		
M5			0.015– 0.06					0.8– 0.12	0.09– 0.12	
MDA		0.8	0.2	0.1				0.5	0.12	
NDA		1	0.3	0.2				0.1	0.12	
E-110			0.014	<0.003	0.0035			0.9– 1.1	0.05– 0.07	
Zr-2.5Nb	B353 (R60901)							2.40– 2.80	0.09– 0.13	Zircaloy-2 불순물에 아래 불순물 추가 Cr<200, Fe<1500, Ni<70, Sn<50 AECL은 ASTM규격에 아래 불순물 추가 Cl<200, Hf<50, Pb<130, Sn<100, V<50

(주) • HANA-4 합금은 J. Nucl. Mater., 372 (2008), p153에서 인용
• 그 외 합금은 "Welding of Zirconium Alloys", ANT International, Sweden, 2007, p1-5에서 인용
• AECL은 Nucl. Tecnology, 57 (1982), p413에서 인용

A-3 원자로용 오스테나이트 스테인리스강

종류	조성 (wt %)										항복강도 (MPa)	인장강도 (MPa)	변형률 (%)
	C	Mn	P	S	Si	Cr	Ni	Mo	N	기타			
SS 304	≤0.08	≤2.00	≤0.045	≤0.030	≤0.75	18.00–20.00	8.00–10.50	–	≤0.10		205	515	40.0
SS 304L	≤0.030	"	"	"	"	"	8.00–12.00	–	"		170	485	40.0
SS 304N	≤0.08	"	"	"	"	"	"	–	0.10–0.16		240	550	30.0
SS 304LN	≤0.030	"	"	"	"	"	"	–	"		205	515	40.0
SS 316	≤0.08	≤2.00	≤0.045	≤0.030	≤0.75	16.00–18.00	10.00–14.00	2.00–3.00	≤0.10		205	515	40.0
SS 316L	≤0.030	"	"	"	"	"	"	"	"		170	485	40.0
SS 316N	≤0.08	"	"	"	"	"	"	"	0.10–0.16		240	550	35.0
SS 316LN	≤0.030	"	"	"	"	"	"	"	"		205	515	40.0
SS 321	≤0.08	≤2.00	≤0.045	≤0.030	≤0.75	19.00–20.00	9.00–12.00	–	–	min Ti5×(C+N) max 0.70	205	515	40.0
SS 347	≤0.08	≤2.00	≤0.045	≤0.030	≤0.75	17.00–19.00	9.00–13.00	–	–	Nb10×C min, max 0.10	205	515	40.0
TP 304N	≤0.08	≤2.00	≤0.040	≤0.030	≤0.75	18.00–20.00	8.00–11.00	–	0.10–0.16		240	550	ε_L 35 ε_T 25
TP 304LN	≤0.035	"	"	"	"	"	"	–	"		–	–	–
TP 316N	≤0.08	≤2.00	≤0.040	≤0.030	≤0.75	16.00–18.00	11.00–14.00	2.00–3.00	0.10–0.16		240	550	ε_L 35 ε_T 25
TP 316LN	≤0.035	"	"	"	"	"	"	"	"		–	–	–

(주) SS계통 : ASTM A240, TP계통 : ASTM A376

A-4 원자로용 내열합금

ASTM 규격	화학 조 성 (wt%)										항복강도 (MPa)	인장강도 (MPa)	변형률 (%)
	C	Mn	P	S	Si	Ni	Cr	Fe	Mo	기타			
B163 Ni-Cr-Fe (Alloy 600)	≤0.15	≤1.0	-	≤0.015	≤0.5	≥72.0	14.0–17.0	6.0–10.0		Cu ≤0.5	≥241	≥552	≥30
B163 Ni-Cr-Fe (Alloy 690)	≤0.15	≤1.0	-	"	"	≥58.0	27.0–31.0	7.0–11.0		Cu ≤0.5	≥241	≥586	≥30
B163 Ni-Cr-Fe (Alloy 800)	≤0.10	≤1.5	-	"	≤1.0	30.0–35.0	19.0–23.0	≥39.5		Cu ≤0.75 Al : 0.15–0.65 Ti : 0.15–0.60	≥207	≥517	≥30
Alloy 800 (KWU 사양)	≤0.03	0.4–1.0	≤0.020	≤0.015	0.3–0.7	32.0–35.0	20.0–23.0	Bal.		Cu ≤0.75 Ti ≤0.60 N ≤0.03 Co ≤0.10 TiC ≥12 Ti/C+N : ≥8 N+P : ≤0.050	≥206	≥516	≥30
B444 Ni-Cr-Mo-Nb (Inconel 625)	0.05	0.25	-	-	0.25	61.0	21.5	2.5	9.0	Nb : 3.7 Ti : 0.2 Al : 0.2			
B814 Ni-Cr-Fe-Mo-W (Hastelloy X)	0.05–0.15	1.0	≤0.040	≤0.030	1.0	bal.	20.5–23.0	17–20	8–10	Co : 0.5–2.5 B ≤0.10 W : 0.2–1.0b			
A542A (2¼Cr-1Mo)	≤0.15	0.30–0.60	≤0.25	-	≤0.50	≤0.40	2.00–2.50	-	0.90–1.10	Cu ≤0.40 V ≤0.03	380–690	585–860	13–20
A542B (2¼Cr-1Mo)	0.11–0.15	"	≤0.15	-	"	≤0.25	"	-	"	Cu ≤0.40 V ≤0.25	380–690	585–860	13–20
Nimonic PE-16	≤0.10	≤0.2		≤0.015	≤0.3	42.0–45.0	15.0–18.0	bal.	2.5–4.0	Co ≤2.0 Ti : 0.9–1.5 Al : 0.9–1.5			

A-5 고온가스로(HTGR)용 주요 흑연

제료 종류	H-327	H-451	ATJ	PGX	ATR-2E	ASR-1RS	V-483T	IG-100	ASR-ORB
코크스 · 종류 · 입자직경(㎜)	큰입자 이방성 흑연	큰입자 순등방성 흑연	작은입자 이방성 흑연	큰입자 준등방성 흑연	큰입자 이방성 흑연	큰입자 등방성 흑연	작은입자 등방성 흑연	작은입자 등방성 흑연	큰입자 등방성 탄소
	석유계 1.7	석유계 1.6	석유계 0.15	석유계 0.76	석탄계 1.0	석탄계 1.5	석탄계 0.1	석유계 0.02	석탄계 1.5
성형법	압출	압출	주형주입	주형주입	압출	진동주입	고무프레스	고무프레스	진동주입
겉보기 밀도 (g/cm³)	1.78	1.74	1.78	1.74	1.80	1.81	1.75	1.76	1.69
석회 함유량 (ppm)	300	50	1200	1000	<500	140	500	20	3000
이방성 (aL/aT)	4.8	1.21	0.70	0.85	1.12	0.95	0.45	0.90	0.90
열전도율 (W/m·K) · L / · T	188 / 139	163 / 149	98 / 122	92.9 / 108	179 / 163	130 / 134	109 / 109	124 / 138	9.7 / 10.8
열팽창계수 (10⁻⁶/℃) · L / · T	5 / 24	3.3 / 4.0	3.7 / 2.6	2.6 / 2.2	4.8 / 4.3	4.2 / 4.3	4.1 / 4.3	4.0 / 3.6	5.5 / 4.9
영률, E (GPa) · L / · T	14.8 / 6.96	10.6 / 9.55	8.90 / 12.40	6.6 / 8.2	6.6 / 8.4	9.8 / 10.2	9.4 / 9.3	9.42 / 9.97	14.2 / 15.6
인장강도 (MPa) · L / · T	12.1 / 6.86	14.2 / 13.9	24.7 / 29.5	7.9 / 7.3	12.6 / 12.4	17.9 / 18.1	21.1 / 18.8	24.9 / 24.0	6.41 / 6.72

(주) · 압출 공정에서는 압출방향이 L, 압축주입 공정에서는 가압방향이 L, 그리고 등압가압(정수압) 공정에서는 길이 방향이 L
· T는 L방향에 수직 방향
· 제반 특성은 20℃에서의 값

찾아보기